Sanierung

best of DETAIL

Refurbishment

Edition DETAIL

Impressum • *Credits*

Diese Veröffentlichung basiert auf Beiträgen, die in den Jahren von 2011 bis 2015 in den Fachzeitschriften **DETAIL** und **DETAIL**green erschienen sind.
This publication is based on articles published in the journals **DETAIL** *and* **DETAIL***green between 2011 and 2015.*

Redaktion • *Editors:*
Christian Schittich (Chefredakteur • *Editor-in-Chief*);
Steffi Lenzen (Projektleitung • *Project Manager*);
Sophie Karst, Jana Rackwitz, Melanie Zumbansen

Lektorat deutsch • *Proofreading (German):*
Carola Jacob-Ritz, München

Lektorat englisch • *Proofreading (English):*
Stefan Widdess, Berlin

Zeichnungen • *Drawings:*
Institut für internationale Architektur-Dokumentation GmbH & Co. KG, München

Herstellung/DTP • *Production/layout:*
Simone Soesters

Druck und Bindung • *Printing and binding:*
Kessler Druck + Medien, Bobingen

Herausgeber • *Publisher:*
Institut für internationale Architektur-Dokumentation GmbH & Co. KG, München
www.detail.de

Bibliografische Information der Deutschen Nationalbibliothek
Die Deutsche Nationalbibliothek verzeichnet diese Publikation in der Deutschen Nationalbibliografie; detaillierte bibliografische Daten sind im Internet über <http://dnb.d-nb.de> abrufbar.

Bibliographic information published by the German National Library
The German National Library lists this publication in the Deutsche Nationalbibliografie; detailed bibliographic data is available on the Internet at <http://dnb.d-nb.de>.

ISBN 978-3-95553-255-0 (Print)
ISBN 978-3-95553-256-7 (E-Book)
ISBN 978-3-95553-257-4 (Bundle)

Inhalt • *Contents*

theorie + wissen • *theory + knowledge*

projektbeispiele • *case studies*

anhang • *appendices*

Vorwort • *Preface*

Die Auftragslage im Gebäudebestand nimmt für Architekten stetig zu. Dies liegt zum einen am zunehmenden Gebäudealter, zum anderen am steten Wandel baulicher, aber auch gesellschaftlicher Anforderungen. Die gewünschten oder erforderlichen Maßnahmen sind jedoch immer individuell und variieren enorm.
Es gibt daher keinen allgemeingültigen Begriff, der alle Baumaßnahmen an bestehenden Gebäuden beschreibt und generell verstanden wird. Entsprechend umfassend präsentiert »best of DETAIL Sanierung« die Highlights aus DETAIL zum Thema Umbau, Anbau, Instandsetzung, Modernisierung oder Umnutzung.
Die Publikation bietet neben theoretischen Fachbeiträgen einen umfangreichen Projektbeispielteil, der von XS-Maßnahmen bis zur XXL-Kategorie jede Menge Inspirationen und Lösungsansätze liefert.

For architects, the amount of work to be done on existing buildings is steadily increasing. This is partially a reflection of the advancing age of buildings, but it is also due to constant changes in building and social requirements. The desired or necessary measures, however, are always personalised and vary considerably.
As a result, there is no standardised or widely understood term that can be used to describe the range of construction activities related to existing buildings. Reflecting this, "best of DETAIL Refurbishment" presents a comprehensive range of highlights from DETAIL on the topics of renovation, extension, restoration, refurbishment and conversion.
In addition to specialised theoretical contributions, the publication features an extensive section with examples of projects. From small-scale measures to the supersized category, it offers abundant inspiration as well as a variety of approaches to solving problems.

Die Redaktion / *The Editors*

theorie + wissen
theory + knowledge

Klimarettung oder Kulturzerstörung? Energetische Sanierung am Scheideweg

Saving the Climate or Destroying Culture? Energy Renovation at the Crossroads

Jakob Schoof

Der Weg vom Hoffnungsträger zum Sündenbock ist mitunter recht kurz. 2007 erstellte die Beratungsfirma McKinsey ihre erste große Kosten-Nutzen-Analyse weltweiter Maßnahmen gegen den Klimawandel [1]. Darin lag der Gebäudesektor einsam an der Spitze: Nirgends sonst ließen sich zu so geringen Kosten so viel Treibhausgasemissionen vermeiden wie durch energieeffizientes Bauen und Sanieren. Auch im Energiekonzept der Bundesregierung vom September 2010 spielte die energetische Gebäudesanierung eine Schlüsselrolle. Erstmals wurde darin das Ziel formuliert, in Deutschland bis 2050 einen nahezu klimaneutralen Gebäudebestand zu erreichen. Deswegen will die Regierung den Anteil aller Gebäude, der pro Jahr energetisch saniert wird, von derzeit 1 % auf 2 % verdoppeln.

1

Fünf Jahre später stehen die politischen Ziele noch immer im Raum. Doch die öffentliche Diskussion über die energetische Sanierung hat sich grundlegend gewandelt. Befeuert wird sie immer wieder durch Zeitungsartikel und Fernsehdokumentationen mit Titeln wie »Wahnsinn Wärmedämmung«. Deren Botschaft lautet kurz gefasst: Energetische Gebäudesanierung – und vor allem die Dämmung von Fassaden mit Polystyrol – schadet der Baukultur, rechnet sich ökonomisch nicht und ist ökologisch widersinnig, weil die verwendeten Dämmsysteme notorisch kurzlebig und nicht recyclingfähig sind.
Die Trendwende hat inzwischen auch den Immobilienmarkt erreicht. Das spiegelt sich unter anderem im »Marktmonitor Immobilien« wider [2], für den der Immobilienökonom Stephan Kippes von der Hochschule für Wirtschaft und Umwelt Nürtingen-Geislingen jährlich mehrere Hundert Immobilienmakler befragt. Sein Fazit: Der energetische Standard einer Immobilie spielt für deren Vermarktung eine immer geringere Rolle. Für Mietshäuser etwa sahen 2014 bereits 44 % aller Befragten keinen nennenswerten Einfluss des Energiestandards auf die Miethöhe. Ebenso berichteten 2014 auch so viele Makler wie nie zuvor von einem gesunkenen Interesse von Hauskäufern und Mietern am energetischen Standard von Wohngebäuden.

Dimensionen der energetischen Sanierung
Um Auswege aus der derzeitigen Lage zu finden, ist eine ganzheitliche Betrachtung aller Ebenen der energetischen Sanierung erforderlich. Diese sind weit vielfältiger, als in der meist auf das Spannungsfeld zwischen Ökologie und Ökonomie reduzierten, öffentlichen Diskussion oft suggeriert wird.

Die ökologische Ebene
Der scheinbare Widersinn, Erdölderivate an Gebäudefassaden zu kleben, um damit Heizöl einzusparen, will vielen Menschen nicht einleuchten. Aus rein energetischer Sicht macht der Tauschhandel jedoch Sinn: Saniert man eine nicht oder schlecht gedämmte Altbauwand (U > 0,5 W/m²K) auf Neubauniveau (U = 0,23 W/m²K), so amortisiert sich die im Dämmstoff gebundene »graue Energie« durch Heizenergieeinsparungen binnen maximal eineinhalb Jahren [3]. Dabei spielt auch die Art des Dämmstoffs eine Rolle: Bei expandiertem Polystyrol (EPS) dauert die energetische Amortisation rund 60–80 % länger als bei Mineralwolle. Holzfaserdämmplatten benötigen für ihre Herstellung ähnlich viel nicht erneuerbare Primärenergie wie Mineralwolle, besitzen allerdings deutliche Vorteile bei der CO_2-Bilanz [4]. Verglichen mit der Einsparung an Heizenergie, die die Dämmung bewirkt, sind all diese Unterschiede jedoch marginal.
Zugegeben: Die ökologische Bilanz einer energetischen Sanierung lässt sich nicht allein an der energetischen Amortisation der Dämmung messen. Auch Biozide in Fassadenputzen und die mangelnde Recyclingfähigkeit von Wärmedämmverbundsystemen (WDVS) stellen ökologische Probleme dar, die von keiner Energiebedarfsrechnung erfasst werden. Sie treten jedoch nicht nur bei Sanierungen auf und beschränken sich überdies auf bestimmte Baustoffe. Doch ausgerechnet diese Konstruktionen sind bei Sanierungen derart verbreitet, dass giftbelastete Sondermüll-WDVS-Fassaden in der öffentlichen Diskussion praktisch zum Synonym für die energetische Sanierung geworden sind.

Die gestalterische Ebene
Auch in den Publikumsmedien fällt im Zusammenhang mit Gebäudesanierungen immer öfter der Begriff »Baukultur«. Die Warnungen vieler Architekten vor dem unreflektierten »Verpacken« historischer Bausub-stanz scheinen in der Öffentlichkeit anzukommen. Selbst die Dämmstoffhersteller propagieren inzwischen verstärkt Innendämmungen, die bisher – weil bauphysikalisch nicht unproblematisch und

2

1 Sanierung eines Studentenwohnheims im Olympischen Dorf in München, 2013, Architekten: Knerer und Lang Architekten 2013 (siehe S. 91–93): Trotz Auflagen des Denkmalschutzes gelangen hier spürbare Energieeinsparungen.
2 Energetische Sanierung ist mehr als nur Fassadenverpackung – und wird in der öffentlichen Diskussion doch häufig mit ihr gleichgesetzt.

1 Refurbishment of a student residence in the 1972 Olympic Village in Munich, Knerer und Lang Architects 2013 (pp. 91–93): Despite constraints due to heritage protection, significant energy savings were achieved in the listed building.
2 Energy-efficient refurbishment is more than merely applying thick insulation layers on facades. Nonetheless, it is often limited to precisely this aspect in the public discourse.

meist weniger energieeffizient als eine Außendämmung – nur als Notlösung galten. Allerdings stellt sich die Frage, ob jedes Stuckgesims und jede Fensterlaibung aus Naturstein wirklich erhaltenswert ist. Die verbreitete Nostalgie gegenüber »sanierungsgefährdeter« Bausubstanz resultiert auch aus der gestalterischen Plumpheit und sterilen Glätte vieler energetisch sanierter Fassaden. Allzu selten findet man bislang Gegenbeispiele wie die der Münchener Architekten Hild und K, die beweisen, dass sich auch mit Dämmstoffen Fassaden dreidimensional gestalten lassen (Abb. 5).
Oft gerät zudem in Vergessenheit, dass nicht jede Sanierungsmaßnahme überhaupt gestalterische Konsequenzen hat. Die opaken Außenwände – an denen sich fast alle gestalterischen Diskussionen entzünden – sind nur für rund 20–30% der Wärmeverluste eines Wohnhauses verantwortlich. Über zwei Drittel des Einsparpotenzials lassen sich also mithilfe von Maßnahmen heben, die gestalterisch nicht oder kaum in Erscheinung treten.

Die konstruktiv-technologische Ebene

»Es hat keinen Sinn, die bauphysikalische Wirksamkeit von Wärmedämmung in Frage zu stellen. Aber wir brauchen eine größere Bandbreite an Lösungen bei der energetischen Gebäudesanierung«, sagt Thomas Auer, Partner im Ingenieurbüro Transsolar und Professor für Gebäudetechnologie und Bauklimatik an der TU München. Das stimmt, doch es ist eher ein Problem der Finanzen und der Offenheit gegenüber Neuem als der Verfügbarkeit. Denn an technischen Möglichkeiten und an Innovationskraft der Hersteller mangelt es eigentlich nicht: In den letzten zehn Jahren erlebten unter anderem bauaufsichtlich zugelassene Vakuumdämmungen, Aerogel-Dämmputze sowie immer neue, hoch wärmedämmende Fenstersysteme und Dachverglasungen ihre Markteinführung. Auch in ästhetischer Hinsicht hat sich manches verbessert. Fenster besitzen heute bessere U-Werte bei deutlich schlankeren Profilen als noch vor 15 Jahren.
Meistens kosten diese Lösungen jedoch deutlich mehr als die Standardkombination aus WDVS und Kunststofffenstern. Und diese dürfte wohl auch künftig den Markt für die energetische Sanierung von Wohngebäuden dominieren. Denn eines scheint sicher: Der Kostendruck beim Sanieren wird auch künftig kaum nachlassen. Die Kosten von Sanierungsleistungen sind mit rund 3% pro Jahr zuletzt deutlich stärker gestiegen als das allgemeine Preisniveau [5]. Allenfalls ein Ende der derzeitigen Baukonjunktur in Deutschland könnte verhindern, dass sich dieser Trend auch in naher Zukunft fortsetzt. Trotzdem wäre ein Perspektivwechsel bei der Sanierungsdiskussion hilfreich. Bei aller Fokussierung auf wirksame, aber teure und gestalterisch problematische Außenwanddämmungen wird oft übersehen, welches Potenzial auch in gering investiven Maßnahmen steckt. Unlängst ergab z.˘B. eine Untersuchung der Verbraucherzentrale Berlin, dass nur bei einem Drittel aller Heizungsanlagen ein hydraulischer Abgleich vorgenommen worden war. Solch eine Maßnahme führt üblicherweise zu rund 10% Heizenergieeinsparung und amortisiert sich binnen einem bis zwei Jahren. Auch bei bereits gedämmten Häusern ist sie sinnvoll; hier sind die Einsparpotenziale sogar noch höher. [6]

Die ökonomische Ebene

Der volkswirtschaftliche Nutzen der energetischen Sanierung ist weitgehend unstrittig: Sie generiert Arbeitsplätze, senkt die Abhängigkeit von Energieimporten und vermeidet Folgekosten des Klimawandels. Auch für den Staatshaushalt bedeutet die Sanierungsförderung ein Netto-Plus. Es werden zwar derzeit rund 2 Milliarden Euro pro Jahr in die Programme »Energieeffizient Bauen« und »Energieeffizient Sanieren« der KfW investiert, doch die dadurch generierten Steuereinnahmen und zusätzlichen Sozialbeiträge übersteigen diesen Betrag deutlich [7].
Ob sich Sanierungsmaßnahmen auch für einzelne Gebäudeeigentümer rechnen, hängt von drei wesentlichen Faktoren ab: den Sanierungskosten, den erwarteten künftigen Energiepreissteigerungen und der Amortisationsdauer, die die Eigentümer zu akzeptieren gewillt sind. Die Kosten für Gebäudesanierungen stiegen zuletzt um knapp 3% pro Jahr – das ist deutlich mehr als die durchschnittliche Inflationsrate. Als besondere Preistreiber entpuppten sich Dämmstoffe, bei denen der Preisanstieg binnen zwölf Jahren bis zu 60% betrug. Möglich, dass dabei nicht alles mit rechten Dingen zuging: Seit Frühjahr 2014 ermittelt das Bundeskartellamt wegen des Verdachts auf Preis- und Gebietsabsprachen gegen 20 Unternehmen aus der Branche.
Demgegenüber stehen die Einsparpotenziale durch eine energetische Sanierung. Die Heizkosten deutscher Haushalte haben sich zwischen 2000 und 2013 nahezu verdoppelt. Die Erdgaspreise stiegen im selben Zeitraum um 4,2% pro Jahr, die Heizölpreise sogar um 8,8%. [8] Derzeit scheint der Aufwärtstrend vor allem durch das verstärkte Fracking von Öl und Gas in den USA erst einmal durchbrochen. Doch ob diese Atempause von Dauer ist, bleibt abzuwarten. Schon jetzt ziehen sich immer mehr Investoren aus dem Fracking-Geschäft zurück, weil die Gas- und Ölfelder nicht mehr kostendeckend auszubeuten sind.
Bei der Amortisationsdauer energetischer Sanierungen kalkulieren Gebäudebesitzer deutlich anders als Volkswirte. Theoretisch sind entsprechende Maßnahmen dann profitabel, wenn die eingesparten Energiekosten (unter Berücksichtigung von Preissteigerungen und Zinsen) die Sanierungskosten wieder »hereinspielen«, bevor das sanierte Bauteil das Ende seiner Lebensdauer erreicht. In der Praxis jedoch erwarten die meisten Gebäudebesitzer den »Break-even« spätestens nach 15 Jahren. Und eine Zwangsverpflichtung zur Sanierung ist laut einem Gerichtsurteil des Landgerichts München sogar nur dann zulässig, wenn die Amortisationsdauer höchstens zehn Jahre beträgt. [9]
Bliebe noch eine weitere strittige Frage: Welcher Teil der Sanierungskosten sollte sich durch die eingesparten Energiekosten amortisieren? Sanierungsexperten betonen immer wieder: nur derjenige Teil der Kosten, der tatsächlich der energetischen Verbesse-

3 Entwicklung der Mieten und Energiekosten deutscher Haushalte (siehe Anm. [11])
4 Sanierung eines Wohnhochhauses im Olympischen Dorf in München, 2013, Architekten: Knerer und Lang Architekten, Fassadenausschnitt
5 Sanierung des Abgeordnetenhauses in München, 2013, Architekten: Hild und K., Fassadenausschnitt mit dreidimensional gestaltetem WDVS

3 Development of rents and energy costs in German households (according to [11])
4 Refurbishment of a high-rise residential building in the 1972 Olympic Village in Munich, Knerer und Lang Architects 2013: Facade detail
5 Refurbishment of the Bavarian House of Representatives in Munich, Hild und K. 2013: Detail of the facade with three-dimensional structure of the ETICS system.

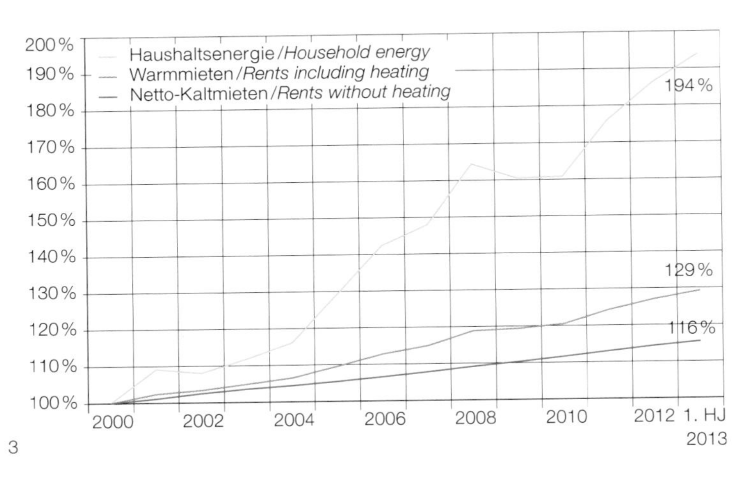

3

rung des jeweiligen Bauteils dient. Wer sich ein spritsparendes Auto kauft, erwartet schließlich auch nicht, dadurch die kompletten Anschaffungskosten zurückzuerhalten. Lediglich die Mehrkosten gegenüber einem Standardmodell sollten sich durch den geringeren Benzinverbrauch amortisieren. Diese Argumentation setzt voraus, dass das jeweilige Bauteil zum Zeitpunkt der energetischen Sanierung ohnehin hätte erneuert werden müssen. (Ist das nicht der Fall, besteht nach EnEV aber auch keine Verpflichtung zur Sanierung). Die energiebedingten Mehrkosten betragen bei einer Außenwanddämmung mit WDVS rund 40% der Gesamtmaßnahme, bei einer Dachdämmung hingegen nur 20% und bei neuen Fenstern (Dreifach- statt Zweifachverglasung) rund 15% [10]. Der Rest sind »Sowieso-Kosten«, die auch bei einem energetisch gleichwertigen Ersatz des Bauteils hätten gezahlt werden müssen. Das Problem bei alledem ist, dass die wenigsten Gebäudebesitzer auf dieser Grundlage kalkulieren, da sie die sanierungsbedingten Mehrkosten in der Regel gar nicht kennen. Welcher Stuckateur rechnet schon die Kosten des Dämmstoffs im Wärmedämmverbundsystem separat ab? Die »gefühlte« Wirtschaftlichkeit einer energetischen Sanierung unterscheidet sich daher oft deutlich von den Rechenergebnissen der Wissenschaftler.

Die soziale Ebene

»Wir machen Klimaschutz auf Kosten der sozialen Balance«, sagt Axel Gedaschko, Präsident des Bundesverbandes deutscher Wohnungs- und Immobilienunternehmen (GdW), und wendet sich damit vor allem gegen die seiner Meinung nach überzogenen Dämmvorschriften des Gesetzgebers. Mieterverbände hingegen äußern Kritik an der Verteilung der Kostenlast: Derzeit können Eigentümer 11% der Sanierungskosten pro Jahr auf die Mieter umlegen. Diese Regel gilt ohne Zeitbegrenzung und wird auch durch die 2014 eingeführte Mietpreisbremse nicht tangiert. Zwar treiben nicht allein energetische Maßnahmen die Mieten in die Höhe, sondern auch Badsanierungen, der Einbau von Aufzügen oder Änderungen an Wohnungsgrundrissen. Oft genug bleibt bei den Betroffenen dennoch die Gleichung »energetische Sanierung gleich Mietkostensteigerung« im Gedächtnis hängen, zumal – wie eine Untersuchung in Berlin ergab – die Energiekostenersparnis nach Sanierungen im Schnitt nur ein Drittel der Mietsteigerung kompensiert. [11] Kritiker fordern daher, die Elf-Prozent-Regelung komplett abzuschaffen. Allenfalls Maßnahmen, die der Steigerung der Energieeffizienz und der Barrierefreiheit dienen, sollten künftig noch in dieser Form weiterberechnet werden können; bei allen anderen Sanierungen müsste sich der neue Mietpreis an der ortsüblichen Vergleichsmiete orientieren. [12]

Die regionale Ebene

Dass Pauschalrezepte in der Sanierungspolitik nicht weiterhelfen, zeigt schon ein Blick auf die stark divergierenden Wohnungsmärkte in Deutschland. Die Elf-Prozent-Regelung z.˘B. ist nur in Städten mit stark wachsender Wohnungsnachfrage wirklich relevant, in denen viel saniert wird – allen voran in Berlin. In Metropolen mit Wohnungsmangel wie München hingegen sind derzeit Wohnungen jeglichen Standards vermietbar. Entsprechend sinkt die Motivation der Vermieter zu sanieren.
In schrumpfenden Regionen wiederum ist das Mietniveau oft so gering, dass eine Refinanzierung der Maßnahmen schwierig wird. Und wenn ein Vermieter versucht, tatsächlich 11% der Sanierungskosten pro Jahr auf die Miete aufzuschlagen, weichen die Mieter im Zweifel auf billigere, unsanierte Wohnungen aus.

Die politische Ebene

Längst nicht alle, die in Deutschland gegen die energetische Sanierung zu Felde ziehen, wollen damit ernsthaft den Klimaschutz behindern. Oft drückt ihre Haltung lediglich eine tiefe Abneigung gegen die Einmischung des Staates in die Eigentumsverhältnisse der Bürger aus – ganz gleich, ob diese durch Subventionen oder in Form von Sanierungsvorschriften stattfindet. Daher ist die Politik bei der energetischen Sanierung zunehmend zum Prinzip »Fördern statt fordern« übergegangen. In der letzten Novelle der Energieeinsparverordnung verzichtete die Regierung darauf, die Vorschriften für Bestandssanierungen weiter zu verschärfen. Und das Verbot von Nachtspeicherheizungen, das eigentlich ab 2020 greifen sollte, wurde sogar vollständig gekippt. Dass diese notorischen »Energiefresser« weiter betrieben werden dürfen, ist für viele Experten unverständlich.
Immerhin hat die Bundesregierung die Förderprogramme der KfW zuletzt kontinuierlich ausgeweitet und wird dies wohl auch weiterhin tun. Dagegen bleibt die über Jahre immer wieder diskutierte steuerliche Absetzbarkeit energetischer Sanierungen ein uneingelöstes Versprechen der Politik. Noch Ende 2014 hatte die Regierung im »Nationalen Aktionsprogramm Energieeffizienz (NAPE)« ein entsprechendes Gesetzesvorhaben angekündigt. Dieses scheiterte dann jedoch an der koalitionsinternen Uneinigkeit über eine Gegenfinanzierung der Steuernachlässe.
Im europaweiten Vergleich liegt Deutschland mit seiner Sanierungsförderung nach wie vor in der Spitzengruppe. Das Politikziel, einen klimaneutralen Gebäudebestand bis 2050 zu erreichen, dürfte mit den derzeitigen Maßnahmen dennoch verfehlt werden. Mehrere Studien sind zu dem Ergebnis gelangt, dass die bisherige jährliche KfW-Förderung etwa verdoppelt werden müsste [13].

Die zeitliche Ebene

Energetische Sanierungen finden selten in einem Zug statt. Meist wird jedes Bauteil dann energetisch saniert, wenn es defekt ist. Inzwischen hat auch die Politik mit ihren Förderprogrammen diesen Grundsatz verinnerlicht. Die KfW fördert (nach zwischenzeitlicher Pause) seit 2011 wieder Sanierungsmaßnahmen an einzelnen Bauteilen. Und das Land Baden-Württemberg hat 2013 ein 3,5 Millionen Euro schweres Förderprogramm für gebäudeindividuelle Sanierungsfahrpläne aufgelegt. Dabei handelt es sich um Dokumente, in denen der Architekt oder

4

5

Energieberater aufzeigt, wie sich ein Altbau auch durch mehrere Einzelmaßnahmen sukzessive auf ein ambitioniertes Energieniveau bringen lässt. Dazu müssen diese in einer sinnvollen Reihenfolge erfolgen und bei jedem Schritt bereits die folgenden mitbedacht werden, um wichtige Details (z. B. einen ausreichenden Dachüberstand für spätere Fassadendämmung) von Anfang an vorzusehen.
Der Bund fördert Sanierungspläne inzwischen im Rahmen der BAFA-Vor-Ort-Beratung, und in Baden-Württemberg gelten die Fahrpläne als Maßnahme zur Teilerfüllung des Erneuerbare-Wärme-Gesetzes (EWärmeG). Experten empfehlen überdies, Sanierungsfahrpläne künftig zur Voraussetzung für den Erhalt von KfW-Fördermitteln für Einzelmaßnahmen zu machen. [14]
Sanierungsfahrpläne und Förderprogramme sollten zudem einen zweiten zeitlichen Aspekt berücksichtigen: Jüngere Hausbesitzer, die ihre Immobilie eben erst erworben haben, sind eine der sanierungswilligsten Zielgruppen. Allerdings verfügen sie oft nicht über ausreichende finanzielle Ressourcen und sind daher besonders auf Fördermittel angewiesen. Bei älteren Eigentümern tendiert die Sanierungsbereitschaft dagegen oft gegen null – vor allem dann, wenn sie subjektiv glauben, ihr Haus »gut in Schuss« gehalten zu haben.

Die psychologische Ebene
Dass der Mensch kein reiner »Homo oeconomicus« ist, hat sich inzwischen herumgesprochen. Rein ökonomisch geleitete Entscheidungen pro oder contra Sanierung dürften bei gewerblichen Vermietern zwar die Regel sein. Bei selbst genutzten Immobilien spielen jedoch auch viele andere Faktoren eine Rolle. Ökologische Überzeugungen, der Werterhalt der Immobilie und der Wunsch nach Komfortsteigerung begünstigen energetische Sanierungen, während die Abneigung gegen Schmutz, Staub und Lärm sowie die Angst vor unsachgemäßer Bauausführung sie behindern. Eine unabhängige, vertrauenswürdige Beratung und das Gefühl von (auch finanzieller) Sicherheit sind für Einfamilienhausbesitzer essenziell. Spätestens seit dem Ausbruch der Weltfinanzkrise stehen viele von ihnen selbst zinsgünstigen Krediten skeptisch gegenüber. Wichtiger als exakte Renditeberechnung ist für private Selbstnutzer die Amortisationsdauer der gewählten Maßnahmen. Die Kernfrage, die sie stellen, lautet: Wann ist mein Kredit abbezahlt?
2010 kam eine Studie des Projektverbunds ENEF-Haus daher zu dem Schluss: Wer private Hausbesitzer zum Sanieren motivieren will, sollte nicht vorrangig auf wissenschaftliche Studien und Medienkampagnen setzen, sondern auf die persönliche, dialogische Ansprache und eine niederschwellige, im Idealfall kostenlose Erstberatung. Wichtig ist es dabei in jedem Fall zu vermitteln, welche Vorteile eine energetische Sanierung im konkreten, gebäudebezogenen Einzelfall bringt und wie sich diese mit den finanziellen Ressourcen des Bauherrn vereinbaren lässt. [15]

Die Theorie- und Realitätsebene
Ein Grund für die oft behauptete, mangelnde Rentabilität energetischer Sanierungen liegt in der Diskrepanz zwischen (errechnetem) Energiebedarf und (realem) Energieverbrauch (Abb. 7). Eine Untersuchung an 42 Hamburger Wohngebäuden ergab 2009, dass der reale Verbrauch bei nicht modernisierten Gebäuden etwa 40–60 kWh/m^{2}a unter dem berechneten Energiebedarf lag. Bei neueren und modernisierten Gebäuden war der Verbrauch hingegen um 20–30 kWh/m^{2}a höher als der rechnerische Bedarf [16]. Das hat viele Gründe: Unsanierte Wohngebäude werden oft nur teilweise genutzt sowie weniger beheizt und gelüftet, als dies in den Rechenregeln für den Energiebedarf angenommen wird. Nach der Sanierung (die oft mit einem Eigentümer- oder Nutzerwechsel einhergeht) ist das Gebäude dann meist wieder komplett bewohnt und wird auf höhere Temperaturen beheizt. Vor allem aber gehen die U-Wert-Berechnungen für Altbauten (deren Konstruktion häufig nicht bekannt ist) oft von einem »Worst Case« aus, der deutlich über den realen U-Werten liegen kann.
Zwar existieren inzwischen Verfahren für die Klima- und Leerstandsbereinigung von Energiebedarfswerten [17]. Doch diese decken nur einen Teil der möglichen Fehlerquellen ab und werden aus Unkenntnis oft nicht angewandt. Ferner gilt, dass für das Erreichen der Einsparziele speziell bei Komplettsanierungen auch eine Änderung des Nutzerverhaltens erforderlich ist. Vor allem bei Mietwohnhäusern lassen sich die letzten 15 bis 20 % Einsparung nach der Sanierung oft erst durch eine individuelle Energieberatung der Bewohner erreichen [18]. Solche Maßnahmen sind aber bislang noch die absolute Ausnahme.

Die Qualifikationsebene
Es gibt wenig Schädlicheres für das Image der energetischen Sanierung als deren unqualifizierte Planung und Ausführung. Vor diesem Hintergrund ist es eigentlich unverständlich, welch geringe Rolle Baumaßnahmen im Bestand – und das dafür erforderliche technische Detailwissen – in den Curricula deutscher Architekturhochschulen immer noch spielen. Auch die von den Architektenkammern angebotenen Fortbildungen zum Energieberater hatten, nach vielversprechendem Beginn vor rund zehn Jahren, vielerorts Rückgänge der Teilnehmerzahlen zu verzeichnen. Zuletzt jedoch hat eine Regeländerung der KfW-Förderprogramme für einen erneuten Run auf die Fortbildungen gesorgt. Seit Mitte 2014 müssen Sanierungsmaßnahmen, um Fördermittel zu erhalten, von einem in der Liste der Deutschen Energie-Agentur (dena) eingetragenen Energieberater geplant werden. Voraussetzung für die Eintragung sind entweder eine entsprechende Fortbildung oder die Vorlage von zwei selbst geplanten Referenzobjekten, die die Standards KfW 40 oder 55 (bei Neubauten) bzw. KfW 70 (bei Sanierungen) aufweisen.
Der »Zwang zur Qualifikation« ist im Grunde durchaus begrüßenswert. Allerdings steht die Qualifikation zum Energieberater prinzipiell allen Bauberufen – also z. B. auch Stuckateuren oder Schornsteinfegern – offen. In diesem Wettbewerb werden Architekten vor

6 Umbau eines Luftschutzbunkers in München, 2014, Architekten: raumstation Architekten. Nach dem Totalumbau beherbergt das Bauwerk vier mehrgeschossige Wohnungen und eine Galerie.
7 Der reale Energieverbrauch liegt bei ineffizienten (unsanierten) Gebäuden meist deutlich niedriger als der errechnete Bedarf, wie diese Auswertung von über 14 000 österreichischen Wohnungen zeigt (siehe Anm. [19]). Entsprechend geringer als erwartet fallen oft die Einsparungen durch eine Sanierung aus.
8 Umbau des ehemaligen Arbeitsamts in Frankfurt/M. in ein Wohngebäude, 2014, Architekten: Gruber + Kleine-Kraneburg. Die einstige Ganzglasfassade aus den frühen 1990er-Jahren ist verklinkerten und gedämmten Massivwänden gewichen.
9 Sanierung eines Wohnhochhauses in Freiburg (Passivhausstandard), 2011, Architekt: Roland Rombach. Neben Dämmmaßnahmen und dem Einbau einer Lüftungsanlage fand hier auch eine umfassende Umgestaltung der Wohngrundrisse statt.

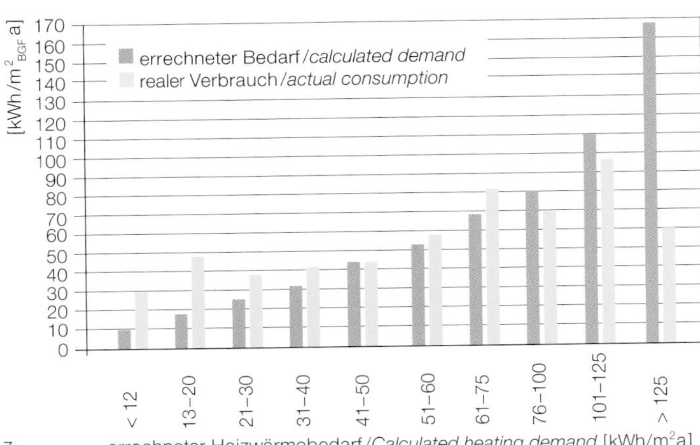

7

allem versuchen müssen, mit ihrer Unabhängigkeit und dem ganzheitlichen Blick auf Bauaufgaben zu punkten, den sie qua Ausbildung zu leisten imstande sind.
Im Gegenzug wird kaum ein Architekt, der sich mit Gebäudesanierungen auseinandersetzt, um vertiefte Kenntnisse in Energiefragen herumkommen. Denn gerade Besitzer kleinerer Wohnimmobilien erwarten im Sanierungsfall eine kompetente Beratung aus einer Hand, die auch die anstehenden energetischen Maßnahmen einschließt.

Die städtische Ebene
Eine Vielzahl unkoordinierter Sanierungsmaßnahmen an Einzelgebäuden ist nicht unbedingt dazu geeignet, Energieeinsparungen auf möglichst kosteneffizientem Wege zu erreichen. Seit 2011 bietet die KfW daher das Förderprogramm »Energetische Stadtsanierung« an, um Kommunen bei der Umsetzung quartiersbezogener Sanierungsprojekte zu unterstützen. Sie umfassen in der Regel zwei große Bausteine: die energetische Sanierung des Gebäudebestands sowie Konzepte zur gemeinschaftlichen Versorgung mit Wärme und Strom. Noch vor der Umsetzung konkreter Maßnahmen müssen jedoch Richtung und Schwerpunkte der Quartierssanierung mit den – oft zahlreichen – Gebäudebesitzern abgestimmt werden. Ein wesentlicher Baustein des Förderprogramms ist daher die Finanzierung sogenannter Sanierungsmanager. Das sind Einzelpersonen oder Planungsteams, die das Sanierungskonzept im Auftrag der Kommune vorbereiten und mit den Anwohnern abstimmen. Die Erfahrung aus den bisher geförderten Projekten zeigt, wie wichtig diese Funktion eines Koordinators und Kommunikators für den Sanierungserfolg ist.
Grundsätzlich können Kommunen die energetische Sanierung von Bestandsgebäuden lediglich fördern, aber nicht einfordern. Allerdings zeigen Untersuchungen, dass kommunale Beratungskampagnen zur energetischen Sanierung oft besonders erfolgreich ausfallen: Sie sind häufig genauer auf den Bedarf vor Ort abgestimmt als bundesweite Programme, binden Netzwerke lokaler Planer und Experten ein und profitieren überdies von »kurzen Wegen« zwischen Bauherren, Energieberatern, lokalen Medien, Fördermittelgebern und der Lokalpolitik. Außerdem können lokale Sanierungsprogramme Synergien mit anderen Baumaßnahmen im Quartier bilden. Oft steigt die Akzeptanz energetischer Sanierungen, wenn sie mit einer Aufwertung öffentlicher Räume oder einer besseren ÖPNV-Anbindung eines Quartiers einhergeht.

6

Fazit und Ausblick
Wie wird es weitergehen mit der energetischen Sanierung? Hierzu lassen sich aus dem bisher Gesagten einige Thesen ableiten:

- Die erforderlichen Technologien für energetische Sanierungen sind (weitestgehend) vorhanden. Zielführender als das Warten auf die technische »Wunderwaffe« – und überdies vertrauensbildender – ist die rigorose Qualitätssicherung und kontinuierliche Qualifikation aller Beteiligten. Wichtige Weichen hierfür wurden in den vergangenen Monaten gestellt.
- Auch künftig wird im Sanierungsbereich nur mit öffentlichen Fördermitteln etwas vorangehen. Doch der Staat kann nicht alles regeln und finanzieren. Ebenso wichtig sind daher kommunale und regionale Initiativen, die auch Expertennetzwerke vor Ort einbinden. Sie setzen jedoch eine adäquate Ausstattung der Kommunen mit Fachpersonal und Finanzmitteln voraus.
- Das Ziel einer Verdopplung der Sanierungsquote bleibt – trotz der jüngsten Aufstockung der Fördermittel – weit entfernt. Allein die darniederliegenden Energiepreise bilden momentan die größte Sanierungsbremse. Wer die Sanierungsquote wirklich langfristig erhöhen will, kommt daher um eine politisch gesteuerte Erhöhung der Öl- und Gaspreise nicht herum – sei es nun durch eine höhere Besteuerung der Brennstoffe oder die Einbeziehung des Wärmesektors in den EU-weiten CO_2-Emissionshandel.
- Sanierung ist mehr als nur Energie – das Bewusstsein hierfür gilt es zu schärfen. Zwar wird sich der Einfluss von Architekten wohl auch künftig auf Sanierungen konzentrieren, bei denen neben energetischen auch räumlich-funktionale Maßnahmen im Zentrum stehen. Dennoch ist vielen Gebäudebesitzern der Mehrwert einer unabhängigen, ganzheitlichen Beratung durchaus bewusst. Beides sind Kernkompetenzen der Architekten. Um sie jedoch auszuspielen, ist die weitere Qualifikation aller Architekten – und nicht nur der ausgewiesenen Energieberater – in Energiefragen erforderlich.

DETAILgreen 01/2015

8

6 Conversion of a former bunker in Munich, raumstation architects 2014. Today the building houses four luxury residences and an art gallery.
7 The actual energy consumption in inefficient (unrefurbished) buildings is often significantly lower than the calculated demand, as this evaluation of more than 14,000 Austrian apartments shows (according to [19]). As a consequence, the energy savings after an energy efficiency upgrade are often lower than expected.
8 Conversion of a former employment centre into residences in Frankfurt, Gruber + Kleine-Kraneburg 2014. The formerly fully glazed facade from the early 1990s has been replaced with massive, insulated outer walls with clinker cladding.
9 Refurbishment of a residential high-rise building in Freiburg (Passive House Standard), Roland Rombach 2011: Alongside insulating the facades and roof and installing mechanical ventilation with heat recovery, the measures also included the remodelling of the floor plans.

The distance from bearer of hope to problem case can be short as is shown by the current situation of energy-efficient refurbishments in Germany. In the country that, up to now, has often been regarded as a pioneer with regard to energy-efficient building, it is possible to ascertain how far political intentions and the reality of energy renovation can be removed from one another – and how far there is to go until all the building stock in Europe has been renovated.

In its energy concept, published in autumn 2010, the German Federal Government announced that it was aiming for a "climate-neutral" building stock by 2050. The proportion of all buildings in Germany that are renovated to improve their energy efficiency each year would therefore have to double from 1% to 2%. Five years later, the political targets still remain. But the public discussion on energy renovation has changed considerably, being regularly fuelled by newspaper articles and television documentaries with titles such as, "The Madness of Thermal Insulation". Their message in brief: The energy renovation of buildings is damaging to building culture, does not make economic sense, and is ecologically absurd as a lot of the insulation material used is non-recyclable.
The change in direction is now also noticeable in the real-estate market. In a recent survey of real-estate agents, 44% of those questioned said that the energy standard of apartment buildings no longer had any influence on rent levels. At the same time, more estate agents than ever before reported that buyers and tenants have become less concerned with the energy standard of buildings.
To find ways to resolve the present situation, a holistic consideration of all levels of energy renovation is essential. These are far more varied than is suggested in public discourse, which is often reduced to the conflict between ecology and economy.

The ecological level

The practice of attaching polystyrene and other oil derivatives to building facades in order to reduce fuel consumption seems counter-intuitive to many people. From a purely energy point of view, however, the trade-off is justifiable. If the uninsulated, or poorly insulated, wall of an existing building ($U > 0.5$ W/m²K) is renovated to bring it up to the level of a new building ($U = 0.23$ W/m²K), the embodied energy in the insulating material is amortised by savings in heating energy within a maximum of one and a half years.
The fact that such fundamental facts are still frequently misconstrued – including by some professionals – is also connected to the negative image of many thermal insulating materials in Germany. Two of the main problems here are, firstly, the supposedly short life span of composite thermal insulation systems and, secondly, the fact that they cannot be recycled. These notions are so widespread in Germany that they have practically become a synonym for energy renovation.

The design level

Even in the public media, the term "building culture" has started to crop up in connection with the insulation of existing buildings. The warnings of many architects against the ill-considered "packaging" of historic buildings in insulating materials seem to be gradually trickling down to the public. However, the question arises as to whether every stucco moulding and every stone lintel are really worth preserving. The prevalent nostalgia for the charming features of old buildings that are being lost due to renovation is also the result of the crude design and sterile sleekness of many facades that have undergone energy renovation. Counter-examples, such as those of the Munich architects Hild und K, which demonstrate that facades can also be designed three-dimensionally with insulating materials, are all too rare (Fig. 5).

The economic level

At around 3% per year, the cost of energy renovations in Germany has risen significantly faster than average prices in recent years.
A reversal of this trend is unlikely due to the generally strong construction industry in Germany. This particularly applies to established technologies in the low-price sector, which make up the bulk of the renovation work being carried out. There is definitely room for cost reductions in isolated areas such as innovative insulation materials or ventilation systems with heat recovery. All in all, however, there is little hope that renovating in Germany will become less expensive in the future.

The political level

The legal stipulations relating to energy renovation are becoming less and less popular in Germany and are often perceived as state interference in the property of private owners. In the latest amendment to the German Energy Saving Ordinance, the government therefore refrained from tightening the regulations for the renovation of existing buildings.

9

10

11

10 Umbau eines Wohnhochhauses (Tour Bois-le-Prêtre) in Paris, 2011,
Architekten: Druot, Lacaton & Vassal
11 Sanierung eines Bürogebäudes in Bozen, 2005, Architekt: Michael Tribus. Mit der ersten Passivhaussanierung eines Bürobaus etablierte sich das – seither vielfach kopierte – Motiv der abgeschrägten Fensterlaibungen, die hohen Tageslichteinfall auch bei dicken Dämmschichten ermöglichen.

10 Refurbishment of a residential high-rise (Tour Bois-le-Prêtre) in Paris, Druot, Lacaton & Vassal 2011.
11 Refurbishment of an office building in Bolzano, Michael Tribus 2005: With the first ever Passive House refurbishment of an office building, the theme of chamfered window reveals was (re-)introduced into contemporary architecture. This device allows for ample daylighting in the interior rooms, despite thick insulation layers on the facades.

In any case, the programmes promoting energy-efficient building and renovation now seem to rest on a secure financial basis. But the 1.8 billion euros that flow into the corresponding programmes from government coffers will hardly be enough to achieve the political goal of a climate-neutral building stock in 2050. Each of several studies has independently come to the conclusion that three to five billion euros a year would be necessary.

The qualification level

Like many other European countries, Germany has had bad experiences in the past with ill-conceived and poorly implemented energy renovations. In view of the importance of the issue, it is also astonishing how small a role construction measures for existing buildings play in the curricula of faculties of architecture in Germany. When it comes to skilled trades, the situation is not much better. Politicians are therefore trying to intervene. As of the middle of 2014, public grants are only given to renovation projects planned by accredited energy consultants. In order to be added to the consultants' list of the Deutsche Energie-Agentur (dena), it is stipulated that planners have either undergone extensive further training or completed relevant reference projects.

The urban level

A large number of uncoordinated renovation measures carried out on individual buildings is not necessarily the best way to achieve energy savings in the most cost-efficient manner. Starting in 2011, the semi-governmental development bank KfW therefore has been offering a range of funding services that helps communities to implement neighbourhood renovation projects. This usually includes two large components: energy renovation of the building stock and concepts for the communal supply of heat and electricity. Apart from this, an important component of the funding programme is the financing of so-called "renovation managers". These are individual people or planning teams who draw up the renovation concept on behalf of communities and in consultation with local residents. Experience gathered in the projects funded so far shows how vital the role of coordinator and communicator is for successful renovation.

Summary and outlook

What does the future look like for energy renovation? Several theses can be derived from what has been stated thus far:

- *The technologies needed for energy renovations are (mostly) already available. Rigorous quality assurance and continuous education and training of all the parties involved are more fit-for-purpose – and also more confidence-building – than waiting for more, ground-breaking technological innovations. Important political groundwork for this has been undertaken in the past few months.*
- *Germany will probably fail to reach the target of doubling the rate of energy renovations. The public funds available for financing them are insufficient – and an increase is not anticipated at present. The demand for energy renovations could soon rise again due to escalating energy prices (e.g. due to the Ukraine crisis) but, if the aim is to really increase the rate of renovations, a politically controlled rise in oil and gas prices is unavoidable – whether this means higher taxes on fossil fuels or inclusion of the heating sector in EU-wide CO_2 emissions trading.*
- *The issue of renovation is about more than merely energy – and it is necessary to sharpen awareness of all the dimensions involved. The quality of design and execution is difficult to express in terms of statistics and hence is often overlooked by political decision-makers. Nevertheless, many building owners are well aware of the added value of being able to obtain independent and holistic advice. Both of these are core competencies of architects. However, if they are to be utilised to the full, further training of all architects – and not only the listed energy consultants – in energy questions is imperative.*

Anmerkungen / References:

[1] McKinsey & Company: Greenhouse Gas Abatement Cost Curves, 2007/2010. http://bit.ly/sanierung1
[2] www.marktmonitor-immobilien.de
[3] Lützkendorf, Thomas: »Graue Energie« von Dämmstoffen – ein Teilaspekt, Vortrag FIW Wärmeschutztag. München 2013
[4] Holger König u. a.: Lebenszyklusanalyse in der Gebäudeplanung. München 2009, S. 139
[5] Institut für Wohnen und Umwelt – IWU (Hrsg.): Akteursbezogene Wirtschaftlichkeitsrechnungen von Energieeffizienzmaßnahmen im Bestand, S. 12. http://bit.ly/sanierung11
[6] VdZ Information Nr. 6: Heizungsoptimierung mit System, S. 3. www.hydraulischer-abgleich.de/file/VdZ_Info6_hydraulischer_Abgleich.pdf
[7] Rainer Durth: Mehr Energieeffizienz lohnt sich! KfW Economic Research Nr. 62, 2014. http://bit.ly/sanierung2
[8] Deutsche Unternehmensinitiative Energieeffizienz (DENEFF): Branchenmonitor Energieeffizienz 2014, S. 10. http://bit.ly/sanierung3
[9] Beschluss des Landgerichts München I vom 8.12.2007, Az: 1 T 15543/05
[10] Institut Wohnen und Umwelt (Hrsg.): Untersuchung zur weiteren Verschärfung der energetischen Anforderungen an Wohngebäude mit der EnEV 2012. Teil 1. Darmstadt 2010, S. 5ff. http://bit.ly/sanierung4
[11] Heinrich-Böll-Stiftung (Hrsg.): Energetisch modernisieren bei fairen Mieten? Berlin 2014 http://bit.ly/sanierung10
[12] Deutsche Umwelthilfe (Hrsg.): Energetische Gebäudesanierung? Ja, bitte! Berlin 2013. http://bit.ly/sanierung5
[13] z.B. Naturschutzbund Deutschland (NABU) (Hrsg.): Anforderungen an einen Sanierungsfahrplan. Berlin 2014. http://tinyurl.com/EnSan1
[14] Martin Pehnt: Der gebäudeindividuelle Sanierungsfahrplan. In: Jürgen Pöschk (Hrsg.): Jahrbuch Energieeffizienz in Gebäuden. Berlin 2014, S. 73ff.
[15] Projektverbund ENEF-Haus (Hrsg.): Zum Sanieren motivieren, 2010, S. 12ff. http://tinyurl.com/EnSan5
[16] Norbert Raschper: Energieeinsparpotenziale bei Bestandsgebäuden – Teil 2. In: Die Wohnungswirtschaft 11/2010. http://bit.ly/sanierung6
[17] Bundesministerium für Verkehr, Bau und Stadtentwicklung (BMVBS): Bekanntmachung der Regeln für Energieverbrauchskennwerte im Wohngebäudebestand vom 30.07.2009. http://bit.ly/sanierung7
[18] Stadt Zürich, Amt für Hochbauten (Hrsg.): Schlussbericht Nutzerverhalten beim Wohnen. Zürich 2011, S. 23f. http://bit.ly/sanierung8
[19] Österreichischer Verband gemeinnütziger Bauvereinigungen: Energieeffizienz und Wirtschaftlichkeit, 2013, S. 24. www.gbv.at/Document/View/4345

Nachträgliche Innendämmung von Außenwänden

Retrofit Interior Insulation of Exterior Walls

Michael Balkowski

Dipl.-Ing. Michael Balkowski, Physik- und Bauingenieurstudium, gründete 1985 das Institut Bau Energie Umwelt, das sich mit der Planung, Messung und Ausführung von bauphysikalisch relevanten Bauteilen an Gebäuden im Neu- und Altbau beschäftigt.

Michael Balkowski studied physics and structural engineering and founded the Institut Bau Energie Umwelt in 1985, which deals with planning, analysis, and application of construction components that impact building physics in new and existing construction.

1 Kalziumsilikatschaumplatte
1 Calcium silicate foam panel

Von vielen Architekten und Bauherren wird Innendämmung kategorisch abgelehnt: »Der Taupunkt wird verschoben! Die Wand kann nicht mehr atmen. Das führt nur zur Schimmelbildung.« Dieses schlechte Image mag aus Erfahrungen entstanden sein, beruht allerdings in der Regel allein auf mangelhafter Bestandsanalyse, Planung und Bauausführung.
Basierend auf den Klimaschutzzielen der Europäischen Union und den endlichen Reserven an Brennstoffen werden im Abstand von wenigen Jahren die Anforderungen an die Wärmedämmung von Gebäuden immer wieder verschärft. Da Neubauten nur einen minimalen Anteil am gesamten Heizenergieverbrauch haben, muss in Zukunft der Gebäudebestand verstärkt energetisch saniert werden.
Nicht nur bei denkmalgeschützten Gebäuden steht der Planer vor dem Problem, dass die bauphysikalisch meist unbedenkliche Außendämmung nicht durchführbar ist. Grenzbebauung, Erhaltung der Fassadenverkleidung und ein begrenztes Budget können weitere Gründe sein.
Dies hat auch die Industrie erkannt, und es vergeht kein Jahr, in dem nicht ein neues Produkt zur Innendämmung auf den Markt kommt. Alle neuen und seit Jahrzehnten bekannten Erzeugnisse werden von den Herstellern derart beworben, dass man meinen könnte, Planung und Ausführung seien unproblematisch.
Firmen bieten oftmals nur unzureichende Unterlagen an, um eine bauphysikalisch einwandfreie Planung und schadensfreie Ausführung sicherzustellen. Innendämmung führt daher immer wieder zu Feuchtigkeitsschäden, Schimmelbildung und Materialzersetzungen bis hin zur Holzzerstörung in Fachwerkgebäuden. Diese Schadensbilder haben außerdem eine negative Auswirkung auf den Energieverbrauch, da die wärmedämmende Wirkung eines feuchten Dämmstoffs erheblich reduziert wird.
Neben der mangelhaften Optik von Feuchtigkeits- und Schimmelschäden kann auch die Gesundheit der Bewohner in derart belasteten Räumen Schaden erleiden.
Planer und Ausführende sollten sich daher intensiv mit dem Thema Innendämmung befassen, um Bauschäden zu vermeiden.

Ursachen der Schäden bei Innendämmung
Ein entscheidender Faktor für den Feuchtegehalt in der Außenwand ist die Dämmstärke. Bei einer zu geringen Wärmedämmung (»Wärmedämmtapeten«) unterschreiten die inneren Oberflächentemperaturen der Wand auch bei ausreichender Beheizung den Taupunkt und bei Raumluftfeuchten von 50–60 % relativer Luftfeuchtigkeit (r. F.) entsteht Oberflächenkondensat, das Schimmelbildung zur Folge hat.
Durch das Aufbringen einer sehr dicken Innendämmung wird die Außenwand raumseitig nicht mehr erwärmt, sodass durch thermische Spannungen Risse im Mauerwerk auftreten können, die dazu führen, dass die Schlagregendichtheit der Fassade nicht mehr gewährleistet ist. Eine vorherige diffusionsoffene Hydrophobierung der Fassade ist daher dringend ratsam. Bei einer Ständerwand mit dazwischenliegender diffusionsoffener Innendämmung muss eine richtig dimensionierte diffusionshemmende Schicht – früher als Dampfbremse bezeichnet – als innenseitiger Abschluss die Dampfdiffusion minimieren. Wichtig ist deren luftdichter Anschluss an alle einbindenden Bauteile, damit keine warme feuchte Raumluft hinter die Wärmedämmung gelangt und dort an der kalten Außenwand kondensiert. Installationen jedoch durchdringen den Wandaufbau. Die Industrie hat daher luftdichte Leerdosen und Manschetten entwickelt, die die Dichtheit der Gesamtkonstruktion bei einwandfreier Ausführung gewährleisten. Bei der Verwendung von feuchteadaptiven Folien ist die dampfbremsende Wirkung in der Heizperiode größer als im Sommer, da der Wasserdampfdiffusionswiderstand von der relativen Raumluftfeuchte abhängig ist. Somit wird im Winter die Tauwasserbildung in der Konstruktion minimiert und im Sommer die Verdunstung von Feuchte nach innen erhöht.
Kapillaraktive Wärmedämmstoffe (Abb. 1, 10) wie Kalziumsilikat, Mineralschaum oder Korkdämmlehm können Tauwasser kapillar aufnehmen und es schnell zum Innenraum leiten, wo es – bei ausreichender Lüftung und Beheizung – von der Raumluft abtransportiert wird. Derartige Konstruktionen dürfen raumseitig nicht mit Tapeten oder Anstrichen versehen werden, die deren bauphysikalisches Verhalten verändern.
Die nachträgliche Innendämmung von Kellerräumen birgt ein noch höheres Risiko für massive Bauschäden. Wenn sowohl die horizontale als auch die vertikale Abdichtung der Außenwand nicht funktionstüchtig sind, kann das zu erheblichen Feuchteschäden mit Schimmelbildung an der inneren Wandoberfläche führen. Innenliegende dampfdichte Dämmsysteme (Abb. 3, 9) verhindern die Reduzierung der Feuchtigkeit in der Außenwand. Diese kann daher weiter hochsteigen und das Erdgeschoss schädigen. In Kellerräumen sind wärmedämmende Sanierputze zur energetischen Verbesserung sinnvoller. Eine ausreichende Lüftung und Heizung muss jedoch sichergestellt sein, damit die dem Kellerraum von außen zugeführte Feuchtigkeit weggelüftet werden kann.
Die Art der Ausführung ist entscheidend für eine auf Dauer schadensfreie Innendämmung. Die Platten sollten immer vollflächig auf planebenem Untergrund verklebt werden (Abb. 9, 10). Ist dieser nicht vorhanden, muss vor dem Verlegen ein Glattstrich erfolgen. Namhafte Hersteller lassen auch heute noch das Anbringen von steifen Polystyrolplatten mittels Batzen auf unebenen Untergrund zu. Von derartigen Ausführungen kann man nur abraten.
Besonders wichtig ist es, Wärmebrücken zu vermeiden, da sonst an diesen wärmetechnischen Schwachstellen das Auftreten von Schimmel vorprogrammiert ist. Die Hersteller bieten für die Innendämmung in der Regel Laibungsplatten für Fenster und Dämmkeile für einbindende Betondecken an. Auf die Problematik der einbindenden Innenwände und der inneren Fensterbänke wird jedoch in den Unterlagen nicht hingewiesen.Aber auch der Nutzer ist für viele Schäden verantwortlich. Eine bautechnisch einwandfrei aus-

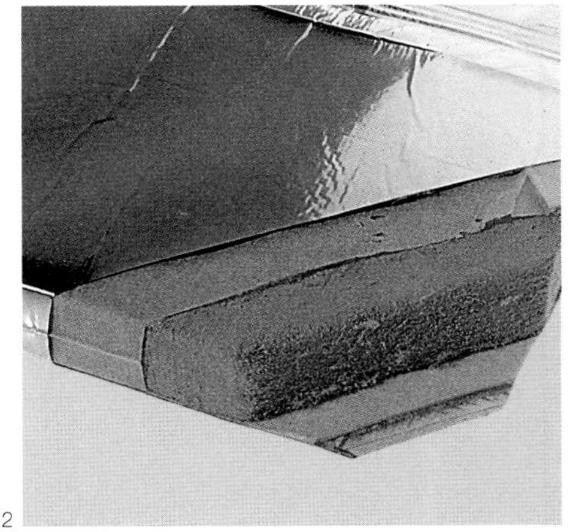

2

3

geführte, luftdichte Innendämmung ohne Wärmebrücken kann zu Feuchteschäden führen, wenn nicht entsprechend geheizt und gelüftet wird.

Wärmedämmstoffe
Wärmedämmstoffe bestehen aus natürlichen oder synthetischen Rohstoffen und lassen sich in organische und anorganische Materialien unterteilen (Abb. 5). Es gibt auch Dämmungen aus einer Mischung verschiedener Rohstoffe. Hersteller bringen in kurzen Zeitabständen immer wieder neue Produkte auf den Markt, deren Tauglichkeit und dauerhafte Schadensfreiheit sich erst in den nächsten Jahren zeigen muss. Je nach Rohstoff und Herstellungsprozess unterscheidet sich die Wärmeleitfähigkeit der Produkte in einer großen Bandbreite (Abb. 4).
Im Bauwesen dürfen nur Baustoffe mit einer bauaufsichtlichen Zulassung eingesetzt werden. Die für eine Innendämmung geeigneten Wärmedämmstoffe müssen mit dem Kürzel WI und entsprechendem Piktogramm gekennzeichnet sein. Bezüglich des Brandschutzes erfolgt die Einteilung in Baustoffklassen A und B gemäß DIN 4102-1.

Eine weitere Differenzierung entsprechend der Anforderungen an die Wasseraufnahme, den Schallschutz und an die Verformung müssen auf den Beipackzetteln vermerkt sein:

- wk: keine Anforderungen an die Wasseraufnahme, geeignet für Innendämmung im Wohn- und Bürobereich
- sk: keine Anforderungen an schalltechnische Eigenschaften, geeignet für alle Anwendungen ohne schalltechnische Anforderungen
- tk: keine Anforderungen an die Verformung, geeignet für Innendämmung

Klimaeinflüsse auf die Außenwand
Die drei Grafiken Abb. 6a–c zeigen den Temperaturverlauf innerhalb der Außenwand bei monolithischem Mauerwerk sowie Außen- und Innendämmung im Winter. Es wird deutlich, dass sich bei der nachträglichen Innendämmung die thermische Belastung der Außenwand erheblich verändert, sodass auch der Aufbau der Fassade beachtet und eventuell modifiziert werden muss. Neben Temperaturschwankungen ist die Außenwand auch diversen Feuchtebelastungen sowohl von innen als auch von außen ausgesetzt (Abb. 8).

Vor- und Nachteile einer Innendämmung
Im Vergleich mit anderen Konstruktionen einer energetischen Sanierung lassen sich die Vor- und Nachteile einer Innendämmung wie folgt zusammenfassen:

Vorteile:

- nachträgliche Wärmedämmung von einzelnen Räumen und Wohnungen möglich
- schnelle Aufheizung unregelmäßig genutzter Räume
- Verbesserung der Wärmedämmung denkmalgeschützter Gebäude
- preisgünstig (entsprechend Materialwahl)

Nachteile:

- große thermische Bewegungen der tragenden Außenwand
- Wärmebrücken im Bereich einbindender innerer Bauteile
- weniger Speichermasse für sommerliches Raumklima
- keine/geringere Austrocknung nach innen möglich

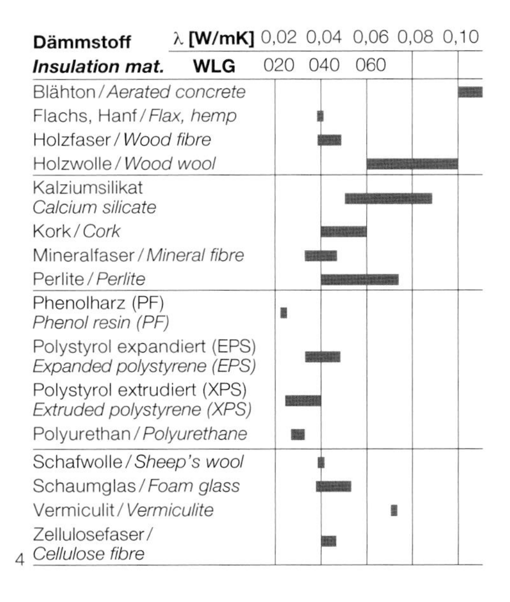

4

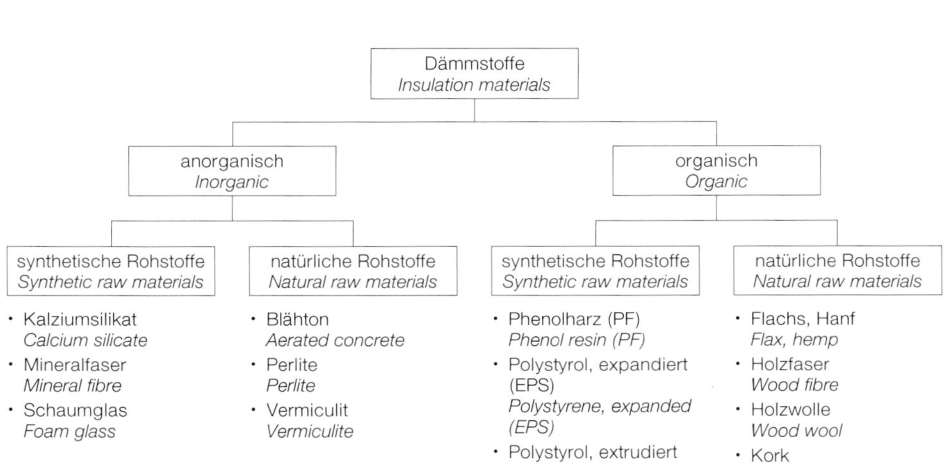

5

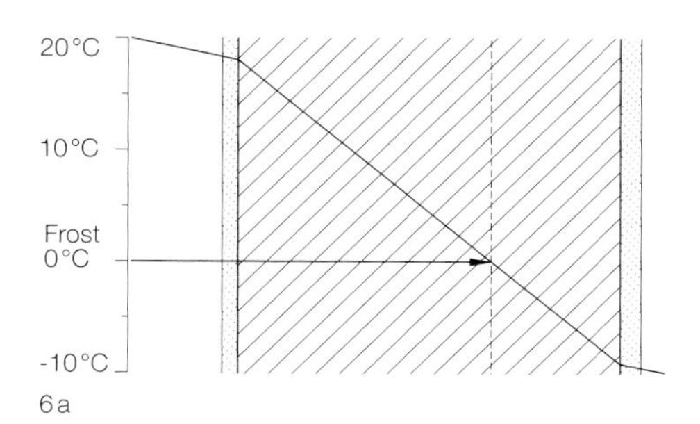

6a

Innenputz 15 mm
Leichtmauerwerk 365 mm
Außenputz 20 mm

15 mm interior render
365 mm light masonry wall
20 mm exterior render

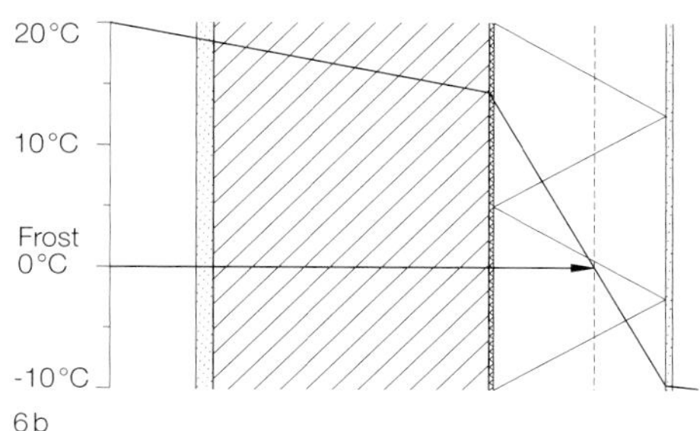

6b

Innenputz 15 mm
leichtes bis schweres Mauerwerk 240 mm
Ansetzkleber 4 mm
Wärmedämmung 150 mm
Beschichtung 6 mm

15 mm interior render
240 mm light to heavy masonry wall
4 mm adhesive layer
150 mm thermal insulation
6 mm coating

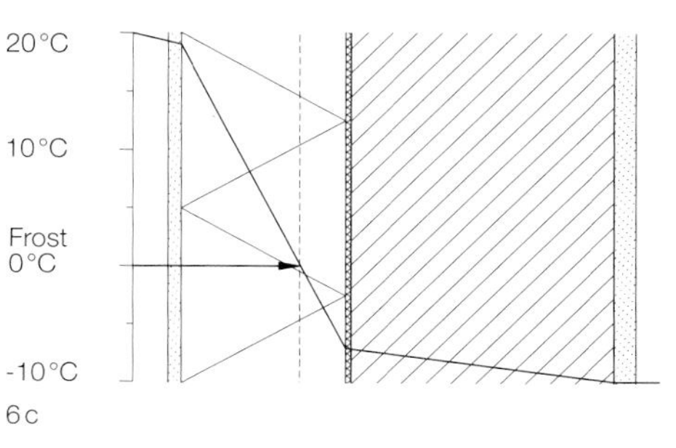

6c

Gipskartonplatte 12 mm
Wärmedämmung 150 mm
Ansetzkleber 5 mm
leichtes bis schweres Mauerwerk 240 mm
Außenputz 20 mm

12 mm gypsum board
150 mm thermal insulation
5 mm adhesive layer
240 mm light to heavy masonry
20 mm exterior render

Feuchtenachweis
Seit Jahrzehnten dient zum Nachweis des Feuchteschutzes gegen Tauwasser im Bauteil das sogenannte Glaser-Verfahren. In den letzten Jahren kommen verstärkt instationäre Berechnungsverfahren zur Anwendung, da sich nur damit alle physikalischen Feuchteprozesse im Bauteil abbilden lassen.

Glaser-Verfahren:
- stationäres Verfahren zur Berechnung der Tauwassermasse durch Diffusion
- in der DIN 4108-3 (2001) geregelt
- Kennwerte der Baustoffe genormt
- seit Jahrzehnten anerkannte Regel der Technik

WUFI, ESTHER, DELPHIN u.a.:
- instationäre Verfahren zur hygrothermischen Simulation
- keine Feuchteschutznorm
- DIN EN 15026 legt nur Gleichungen und Annahmen fest
- für eine Vielzahl von Aufbauten inzwischen vom Fraunhofer-Institut validiert
- Kennwerte nur durch Messungen ermittelbar

Die Problematik bei allen Nachweisen ist die korrekte Bestandsanalyse. Diese führt nur eingeschränkt zu nachvollziehbaren Kennwerten für die Berechnungen (Anstriche, Beschichtungen etc.).
Das Beispiel in Abb. 7 zeigt die Ausführung einer Innendämmung mit Polystyrol-Extruderschaum an einem Massiv-Fertigteilhaus mit Beton-Sandwich-Außenwänden von 1975. Der Wandaufbau ist gemäß der Berechnung nach DIN 4108 korrekt. Der Nachweis mit einem instationären Rechenprogramm zeigt hingegen eine von Jahr zu Jahr anwachsende Wasseransammlung im Bauteil. Die Innendämmung eines Nachbarraums mit Kalziumsilikatplatten ist nach dem Glaser-Verfahren nicht zulässig (Abb. 11).
Der Nachweis mit einem instationären Rechenprogramm zeigt jedoch keine Wasseransammlung im Bauteil. Über einen Zeitraum von vier Jahren konnte in beiden Ausführungsvarianten kein signifikanter Anstieg des Feuchtegehalts festgestellt werden. Der Vergleich der beiden Praxisfälle offenbart das Dilemma, in dem wir uns zurzeit befinden: Es gibt keinen rechnerischen Nachweis, der die Praxiserfahrungen wiedergibt und juristisch durch normierte Kennwerte abgesichert ist.

Anforderungen der EnEV an Innendämmung
Beim Einbau innenliegender Dämmschichten gelten die Anforderungen als erfüllt, wenn der Wärmedurchgangskoeffizient des entstehenden Wandaufbaus 0,35 W/m²K nicht überschreitet. Die notwendigen Dämmstoffstärken in Abhängigkeit der Wärmeleitfähigkeit des Materials zeigt die Tabelle in Abb. 12. Bei Außenwänden in Sichtfachwerkbauweise, die der Schlagregenbeanspruchungsgruppe I nach DIN 4108-3 : 2001-06 zuzuordnen sind und in besonders geschützten Lagen liegen, gelten die Anforderungen als erfüllt, wenn der Wärmedurchgangskoeffizient des entstehenden Wandaufbaus 0,84 W/m²K nicht überschreitet.
Ist die Dämmschichtdicke aus technischen Gründen begrenzt, so gelten die Anforderungen als erfüllt, wenn die nach anerkannten Regeln der Technik höchstmögliche Dämmschichtdicke (bei einem Bemessungs-

Material / ***Material***	**Dicke s** / ***Thickness*** **[mm]**	**Dichte** / ***Density*** **[kg/m²]**	**λ** **[W/mK]**	**R** **[m²K/W]**	**μ**
Luftübergang Warmseite / *Air transmission, warm side* R_{Si} 0,13					
1 Faserzementplatten DIN 274 / *1 Fibre cement panels DIN 274*	10,00	2000,0	0,580	0,017	20–50
2 Polystyrol Extruderschaum 035 / *2 Extruded polystyrene foam 035*	80,00	25,0	0,035	2,286	80–250
3 Beton B I / *Concrete B I*	120,00	2400,0	2,100	0,057	70–100
4 Ziegel / *Brick*	115,00	1000,0	0,450	0,256	5–10
5 Klinker (Hochloch) / *5 Lightweight vertically perforated brick*	55,00	1800,0	0,810	0,068	50–100
Luftübergang Kaltseite / *Air transmission, cold side* R_{Se} 0,04					

Dicke / *Thickness* = 380 mm; Gewicht / *Weight* = 524 kg/m²; R = 2,68 m²K/W; U-Wert / *U-value* = 0,350 W/m²K

Tauwasser in der Tauperiode / *Dew water during dew period:*	(1440 h)	0,105 kg/m²
mögliche Verdunstungsmenge / *Possible evaporation amount:*	(2160 h)	0,124 kg/m²
verbleibende Restmenge / *Remaining quantity:*		0,000 kg/m²

gemäß DIN 4108: Aufbau ist korrekt – auch in der Praxis kein signifikanter Anstieg des Feuchtegehalts
according to DIN 4108: correct composition – *no significant increase of moisture, also during performance*

vom Ausfall betroffene Schichten / *Impacted borders:*

Material / *Material*	μ1/μ2	Diffusionswiderstand / *Diffusion resistance* μ
2 Polystyrol Extruderschaum 035 / *2 Extruded polystyrene foam 035*	μ1	80
3 Beton B I / *Concrete B I*	μ2	100

7

2 Vakuumisolationspaneel (VIP)
3 extrudierter Polystyrolschaum (XPS)
4 Wärmeleitfähigkeit je nach Rohstoff und Herstellungsprozess
5 Untergliederung der Dämmstoffe (Rohstoffbasis)
6 Temperaturverlauf innerhalb der Außenwand
 a in monolithischem Mauerwerk
 b in Mauerwerk mit Außendämmung
 c in Mauerwerk mit Innendämmung
7 Feuchtenachweis nach DIN 4108 (Glaser-Verfahren): Innendämmung mit Polystyrol-Extruderschaum (XPS)

2 Vacuum insulation panel (VIP)
3 Extruded polystyrene foam (XPS)
4 Thermal conductivity according to raw material and manufacturing
5 Insulation material components according to raw material base
6 Temperature distribution within exterior wall
 a in solid masonry wall
 b masonry wall with exterior insulation
 c masonry wall with interior insulation
7 Moisture analysis according to DIN 4108 (Glaser method): interior insulation with extruded polystyrene foam (XPS)

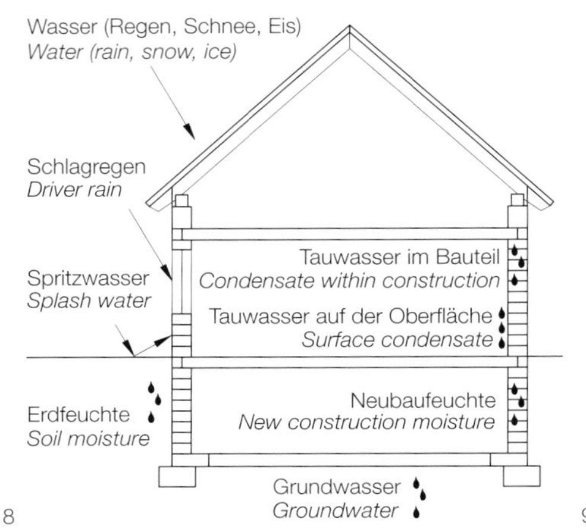

8

9

10

wert der Wärmeleitfähigkeit λ = 0,040 W/mK) eingebaut wird. Möglichkeiten, von diesen Vorgaben abzuweichen, bietet der § 24 der EnEV, dessen Nachweise und Genehmigung allerdings noch nicht eindeutig festgelegt sind.

Praxisbeispiel: Südstadtschule in Hannover
Das Schulgebäude aus den 1960er-Jahren wurde bis 2011 zu einem Gebäude mit 18 Wohneinheiten, Büros und einer Bibliothek im Erdgeschoss umgebaut. Die Fassade mit ihrem Wechsel von geschlossenen Flächen aus roten Ziegelsteinen bzw. weißen Fliesen und transparenten, durch dünne Fensterprofile gegliederten Glasflächen gilt als markantes Gestaltungselement und steht unter Denkmalschutz (Abb. 14). Eine energetische Sanierung der Fassade von außen war somit ausgeschlossen.
Das oberste Ziel der Umnutzung in energetischer Hinsicht war das Erreichen des KfW-Effizienzhausstandards 70 für die künftigen Wohnungen. KfW-Effizienzhäuser 70 dürfen den Jahres-Primärenergiebedarf (QP) von 70 % und den Transmissionswärmeverlust (HT) von 85 % der nach Anlage 1 der EnEV 2009 für das Referenzgebäude errechneten Werte für zu errichtende Gebäude (Neubauten) nicht überschreiten. Gleichzeitig darf der Transmissionswärmeverlust nicht höher sein als nach Tabelle 2 der Anlage 1 der EnEV 2009 zulässig. Die bauphysikalische Beratung und Betreuung für das Gesamtprojekt umfasste daher die energetischen Berechnungen und Nachweise sowie insbesondere die Minimierung der Wärmebrückenwirkung der Anschlussdetails. Eine Innendämmung von mehr als 50 % der Außenwandfläche hat nach Abschnitt 8.1, Anlage 3 der EnEV zur Folge, dass eine pauschale Erhöhung der Wärmedurchgangskoeffizienten von □UWB = 0,15 W/m²K für die gesamte wärmeübertragende Umfassungsfläche anzusetzen ist. Die Alternative wäre eine exakte Wärmebrückenberechnung.
Ebenfalls von Bedeutung für die Beurteilung der einzelnen Anschlussdetails ist der sogenannte T_{min}-Wert, der die niedrigste innere Oberflächentemperatur im Bereich der Anschlüsse angibt und somit ein wesentliches Kriterium für die Gefahr des Tauwasserausfalls und der Schimmelpilzbildung an dieser Stelle darstellt. Liegt T_{min} unter 12,6 °C (Randbedingung: Innentemperatur 20 °C, Außentemperatur -5 °C), so ist hier die Gefahr der Schimmelpilzbildung gegeben.

Des Weiteren hat die Oberflächentemperatur großen Einfluss auf das Behaglichkeitsempfinden in einem Raum und sollte schon aus diesem Grund deutlich höher liegen als der Grenzwert. Die Lösungsvorschläge für eine Wärmebrückenoptimierung sind immer abhängig von den einzelnen im Bestand bereits vorhandenen Bauteilschichten und der im Rahmen der Sanierung vorgesehenen Art der Innendämmung.
Im Rahmen dieser Beratung kamen drei mögliche Konzepte in Frage:

- Innendämmung mit einem inhomogenen Aufbau (C-Profile oder Konstruktionsholz) mit Dämmung in den Gefachen und diffusionshemmender Beplankung oder Folie
- Innendämmung mit einem homogenen Aufbau mit diffusionshemmender Dämmung oder Beplankung (Hartschaum mit Gipskartonbeplankung)
- Innendämmung mit einem homogenen Aufbau mit kapillaraktiver Dämmung (Kalziumsilikat, Korkdämmlehm, Mineralschaum, Perlite)

Die Bewertung muss immer objektbezogen erfolgen. Hier waren folgende Gesichtspunkte für die Innendämmung ausschlaggebend:

- Gefährdung durch in die Konstruktion eindringenden Schlagregen
- Innenklima (Feuchteregulierung)
- Komplexität der Verarbeitung
- Luftdichtheitskonzept (Installationen)
- Verfügbarkeit der Dämmstoffdicken
- Mindestanforderung an U-Werte (Behaglichkeit)
- Reduzierung von Wärmebrücken
- Kosten (Material und Lohn)
- sommerlicher Wärmeschutz
- Beschränkung der Gestaltung der inneren Wandoberflächen

Material *Material*	**Dicke s** ***Thickness*** **[mm]**	**Dichte** ***Density*** **[kg/m²]**	**λ [W/mK]**	**R [m²K/W]**	**μ**
Luftübergang Warmseite / *Air transmission, warm side* R_{Si} 0,13					
1 Kalziumsilikat *1 Calcium silicate*	50,00	300,0	0,050	1,000	4
2 Beton B I / *Concrete B I*	120,00	2400,0	2,100	0,057	70–100
3 Ziegel / *Brick*	115,00	1000,0	0,450	0,256	5–10
4 Klinker (Hochloch) *4 Lightweight vertically perforated brick*	55,00	1800,0	0,810	0,068	50–100
Luftübergang Kaltseite/*Air transmission, cold side* R_{Se} 0,04					
Dicke / *Thickness* = 340,00 mm; Gewicht / *Weight* = 517,0 kg/m²; R = 1,38 m²K/W; U-Wert / *U-value* = 0,645 W/m²K					

Tauwasser in der Tauperiode / *Dew water during dew period:*	(1440 h)	3,079 kg/m²
mögliche Verdunstungsmenge / *Possible evaporation amount:*	(2160 h)	3,065 kg/m²
verbleibende Restmenge / *Remaining quantity:*		0,014 kg/m²

gemäß DIN 4108: Aufbau ist fehlerhaft – in der Praxis jedoch kein signifikanter Anstieg des Feuchtegehalts
according to DIN 4108: incorrect composition – *no significant increase of moisture during performance*

Vom Ausfall betroffene Schichten / *Impacted layers:*

Material / *Material*	μ1/μ2	Diffusionswiderstand / *Diffusion resistance* μ
1 Kalziumsilikat / *Calcium silicate*	μ1	4
2 Beton B I / *Concrete B I*	μ2	100

11

U_{soll} [W/m²K]	Dicke des Wärmedämmstoffs [cm] bei einer Wärmeleitfähigkeit von x [W/mK] *thickness of thermal insulation material [cm] with thermal conductivity of x [W/mK]*					
	0,025	0,030	0,035	0,040	0,045	0,050
0,20	10	12	14	16	18	20
0,25	8	10	11	12	14	15
0,30	6	8	9	10	12	12
0,35	5	6	7	8	9	10
0,40	4	5	6	6	7	8
0,50	2	3	4	4	5	5

12

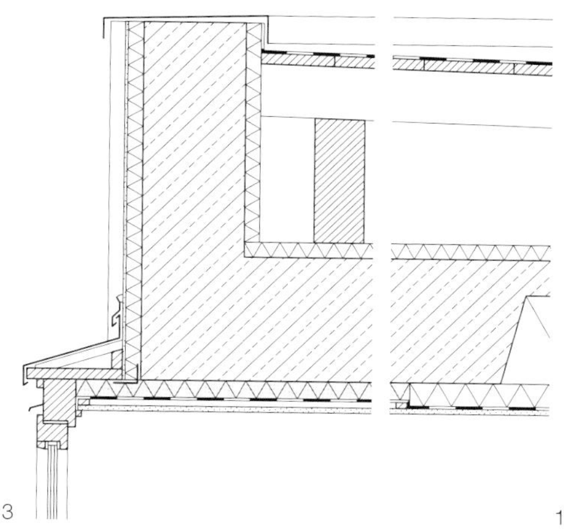

13

14

Zur Ausführung kam das dritte Konzept, eine Innendämmung mit homogenem Aufbau und kapillaraktiver Dämmung.
Dabei wurde als Material die Verwendung von 120 mm dicken Mineraldämmplatten festgelegt, da diese die Anforderungen vor dem Hintergrund der Wirtschaftlichkeit am ehesten erfüllen konnten.
Der Nachweis für die Einsetzbarkeit der gewählten Dämmplatten konnte mit einem feuchtedynamischen Berechnungsprogramm geführt werden. Im Rahmen dieses Nachweises wurde der Wassergehalt der Mineraldämmplatte über einen Zeitraum von sieben Jahren eingeschätzt.
Die ermittelten Feuchtegehalte in der Mineraldämmplatte entsprechen den zulässigen Werten. Nach anfänglicher Anreicherung in der Konstruktion pendeln sich die Feuchteverhältnisse nach ca. 18 Monaten ein und die anfallende Feuchte kann im Verdunstungszeitraum immer wieder austrocknen. Dabei ist zu beachten, dass der im Programm hinterlegte und verwendete Klimadatensatz auf den Standort Holzkirchen im Alpenvorland, dem Sitz des Fraunhofer-Instituts, bezogen ist. Diese klimatischen Rahmenbedingungen sind deutlich ungünstiger als in Hannover.
Die Tatsache, dass die gewählte Konstruktion bereits unter den hier angenommenen ungünstigeren klimatischen Verhältnissen funktioniert, zeigt deutlich, dass die Funktionalität der Gesamtkonstruktion am Objektstandort Hannover gegeben ist.

Wie wichtig die Optimierung der Anschlussdetails ist, wird am konkreten Beispiel deutlich. Eine zweigeschossige Wand schließt an die eingeschossige Bibliothek an (Abb. 17). Konkret sollte untersucht werden, wie weit die Innendämmung von der Unterkante des Dachaufbaus (gesehen nach unten in den Innenraum) in Abhängigkeit der Dämmstärke geführt werden muss. Das Ergebnis ist in diesem Fall 50 cm. Bei Ausführung einer größeren Höhe verändern sich der Psi- sowie der T_{min}-Wert kaum noch. Bei Höhen unter 50 cm verschlechtern sich beide Werte deutlich (Abb. 18).

Die Vermeidung von Wärmebrücken ist von entscheidender Bedeutung, das zeigen die Temperaturverläufe folgender Beispiele.
Im ersten Beispiel handelt es sich um die Fensterbrüstung:

- im Bestand (Abb. 19a)
- mit Mineralschaumdämmung auf der Brüstung (Abb. 19b)
- mit Mineralschaumdämmung auch unterhalb der Fensterbank (Abb. 19c)

Das zweite Beispiel behandelt den Einfluss des Fensteranschlusses an eine Betonstütze, an die von innen eine Wohnungstrennwand anschließt:

- im Bestand (Abb. 20a)
- Fensterband vor der Stütze (Abb. 20b)
- Fensterband vor der Stütze und Betonstütze zusätzlich von innen wärmegedämmt (Abb. 20c)

Bei den Stahlbetonkassettendecken stellte sich heraus, dass diese entgegen den Bestandsplänen in allen Geschossen an den Gebäuderändern komplett ausbetoniert sind und somit nicht ausgedämmt werden konnten, wie dies ursprünglich vorgesehen war. Daher wurde beschlossen, den Randbereich mit einem Vakuumisolationspaneel (Abb. 2) zu dämmen, um die Wärmebrücken zu minimieren (Abb. 13). Die Tabelle in Abb. 16 zeigt die Auswirkung auf den Psi-Wert, dieser beschreibt die Wärmeverluste pro Meter, und die minimale innere Oberflächentemperatur. Entscheidend für die Vermeidung von Feuchtigkeitsschäden sind auch die luftdichte Ausführung von Folien an den Stößen sowie deren Anschlüsse an die angrenzenden Bauteile (Abb. 15). Insgesamt mussten für diese Sanierung rund 100 Wärmebrücken rechnerisch nachgewiesen werden. Der Wärmebrückenzuschlag reduzierte sich so von laut EnEV pauschal anzusetzenden 0,15 W/m²K auf □UWB = 0,014 W/m²K und der KfW-Effizienzhausstandard 70 wurde erreicht. Ohne exakte Berechnung wäre pauschal eine zusätzliche Wärmedämmung an allen Außenbauteilen von etwa 4 cm notwendig gewesen.

Resümee
Eine nachträgliche Innendämmung von Gebäuden stellt oft die einzige Möglichkeit zur Reduzierung des Energieverbrauchs und der CO_2-Emissionen im Gebäudebestand dar. Die Auswahl von Materialien und Systemen ist groß und führt nur durch die Bewertung – unter fachlicher Beratung eines erfahrenen Bauphysikers – zu einer dauerhaften Lösung. Grundlage dafür sind eine genaue Bestandsanalyse, eine Berücksichtigung der Bauherrenwünsche (baubiologisch, Minimierung des Schadensrisikos, Kosten usw.), eine exakte Detailplanung, eine mängelfreie Ausführung sowie eine umfassende Bauüberwachung.
DETAIL 05/2011

8 Feuchtebelastungen innen und außen
9 Innendämmung mit diffusionsdichter Ebene
10 kapillaraktive Innendämmung
11 Feuchtenachweis nach DIN 4108 (Glaser-Verfahren): Innendämmung mit Kalziumsilikatplatten
12 erforderliche Dämmstärken bei maximal zulässigem Wärmedurchgangskoeffizienten in Abhängigkeit der Wärmeleitfähigkeit
13 Dämmung des Deckenrandbereichs mit Vakuumisolationspaneel (VIP)
14 denkmalgeschützte Fassade vor der Sanierung

8 Moisture impact, interior and exterior
9 Interior insulation with diffusion-proof layer
10 Capillary active interior insulation
11 Moisture analysis according to DIN 4108 (Glaser method): Interior insulation with calcium silicate panels
12 Required insulation thickness at max. permissible thermal transmission coefficient related to thermal conductivity
13 Insulation, ceiling border area, vacuum insulation panel (VIP)
14 Listed facade, before renovation

15

Auswirkung auf Psi-Wert (längenbez. Wärmebrückenverlustkoeffizient) und minimale innere Oberflächentemp.
Impact, Psi-value (length-related thermal bridge loss coefficient), and minimum interior surface temperature

Bauteil ***component***	**U-Wert** ***U-value*** **[W/m²K]**	**Psi-Wert** ***Psi-value*** **[W/mK]**	T_{min} T_{min} [°C]
Kassettendecke ursprüngliche Planung, vollflächig mit Dämmung gefüllt *Coffered ceiling, original plans, infilled with insulation*	0,371 mit einer errechneten äquivalenten Wärmeleitfähigkeit für den Dachaufbau von 0,436 W/mK *0.371 Calculated equivalent thermal conductivity of roof composition: 0.436 W/mK*	-0,127	12,93
Kassettendecke neue Planung, ausbetoniert mit VIP-Dämmpaneelen *Coffered ceiling, new plans, infilled with concrete, with VIP insulation panels*	0,226 mit einer errechneten äquivalenten Wärmeleitfähigkeit für den Dachaufbau von 0,418 W/mK *0.226 Calculated equivalent thermal conductivity: 0.418 W/mK*	-0,342	16,22

16

Many architects and clients categorically reject interior insulation. "It shifts the dew point!" "Walls can no longer breathe." "This only leads to mould." This bad image may be a result of experience. However, it is generally based on inadequate analysis of existing conditions, planning, and application. Based on European Union climate protection goals and the finite supply of fuel, thermal insulation requirements are repeatedly stepped up every couple of years. Since new construction uses only a minor share of overall heating, existing construction increasingly requires renovation to reduce energy consumption. Not only listed buildings confront planners with the problem that exterior insulation, while mostly permissible from the viewpoint of building physics, can't be applied. Bordering construction, preservation of facade materials, and limited budgets comprise further potential difficulties. The construction industry has recognised this. Year after year, new interior insulation products are introduced to the market. All new products and those familiar since decades are advertised by manufacturers in a way that suggests risk-free planning and application. Companies often only provide inadequate documentation for guaranteeing sound planning and damage-free application from a building physics standpoint. As a result, interior insulation again and again leads to moisture-related damage, mould, degradation and corrosion phenomena. These damage symptoms also have a negative impact on thermal insulation of exterior walls, since dampness significantly decreases their performance. Aside from the visual appearance of damage caused by moisture or mould, inhabitants' health may be affected within impacted interiors. Planners and builders should therefore thoroughly reflect on the subject of interior insulation in order to prevent construction-related damages.

Interior insulation and damages

A decisive factor for the moisture content of exterior walls is insulation thickness. In the case of inadequate thermal insulation ("thermal wallpaper"), the surface temperatures of interior walls fall below the dew point, even if heating is sufficient. At interior humidity of 50 to 60 percent relative humidity (RH), surface condensation develops that can lead to mould. By applying a very thick layer of interior insulation, the exterior wall is no longer heated on its interior side. Thus, thermal tension no longer leads to wall cracks that can reduce impermeability of facades to driving rain. A prior diffusion-open hydrophobic treatment of facades is, thus, urgently recommended. In a partition wall with infilled diffusion-open interior insulation material, a properly dimensioned diffusion impairment layer – which used to be called a vapour barrier – is required to serve as innermost layer for minimising vapour diffusion. An airtight connection to all embedded components is important to prevent warm, moist interior air from passing behind thermal insulation and producing condensation along cold exterior walls. Installations, however, penetrate wall construction and its components. Therefore, the industry developed airtight boxes and collars to guarantee that construction remains airtight in the case of flawless application. When using moisture adaptive foil, vapour retardation is more effective during the heating period than in summer, since vapour diffusion resis-

15 luftdichter Folienanschluss der gedämmten Kassettendecke an die Außenwand mit Innendämmung aus Mineralschaumplatten
16 Gegenüberstellung der ursprünglich geplanten und der neuen Innendämmung des Deckenrandbereichs
17 Optimierung des Dachanschlusses an aufgehende Wand aus Ziegelmauerwerk und beidseitigem Sichtmauerwerk
18 Wärmebrückenberechnung zu Tabelle in Abb. 16

15 Air-tight foil connection, insulated coffered ceiling along exterior wall, with mineral foam interior insulation panels
16 Comparison, interior insulation of ceilings along perimeter, as per original and new plans
17 Optimisation, ceiling slab connection to wall
18 Thermal bridge calculation (compare Fig. 16)

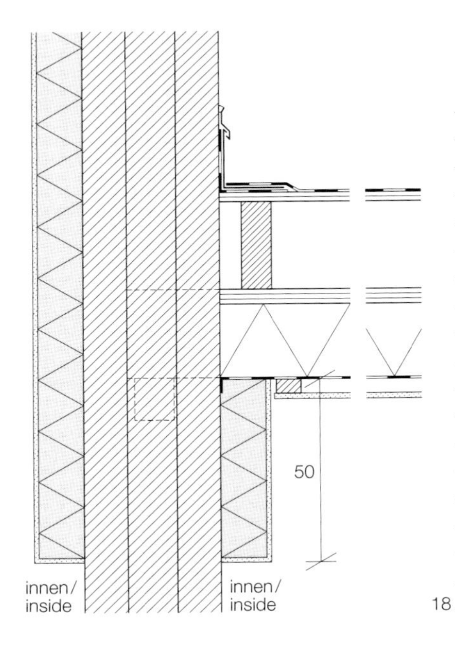

17

Höhe der Dämmung ab UK Dachschräge [cm] ***Insulation thickness above roof slope [cm]***	**Psi-Wert** ***Psi-value*** **[W/mK]**	T_{min} T_{min} [°C]
250	0,264	17,69
150	0,247	17,54
130	0,248	17,54
120	0,249	17,54
110	0,250	17,55
100	0,251	17,55
90	0,253	17,56
80	0,256	17,57
70	0,260	17,59
60	0,266	17,61
50	0,274	17,64
40	0,284	17,29
30	0,300	16,79
20	0,322	15,96
15	0,337	15,68
10	0,355	15,11
5	0,377	14,70
0	0,406	13,94

18

Psi-Wert/*Psi-value* [W/mK]: 0,648
T_{min} [°C]: 6,58

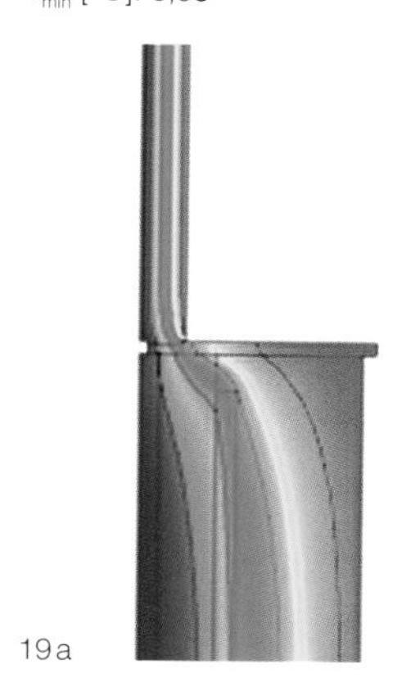

19a

Psi-Wert/*Psi-value* [W/mK]: 0,383
T_{min} [°C]: 7,37

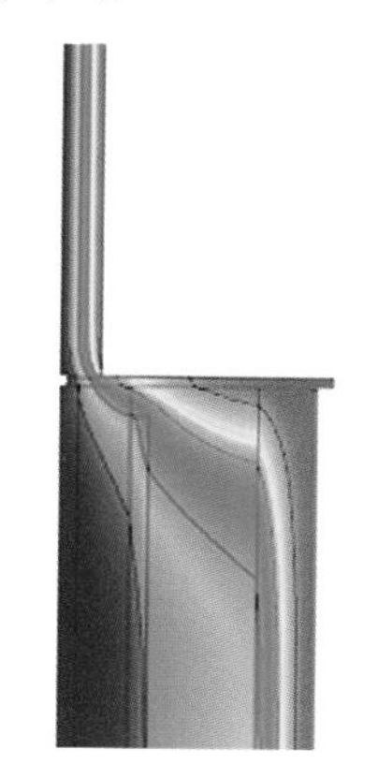

19b

Psi-Wert/*Psi-value* [W/mK]: 0,183
T_{min} [°C]: 14,96

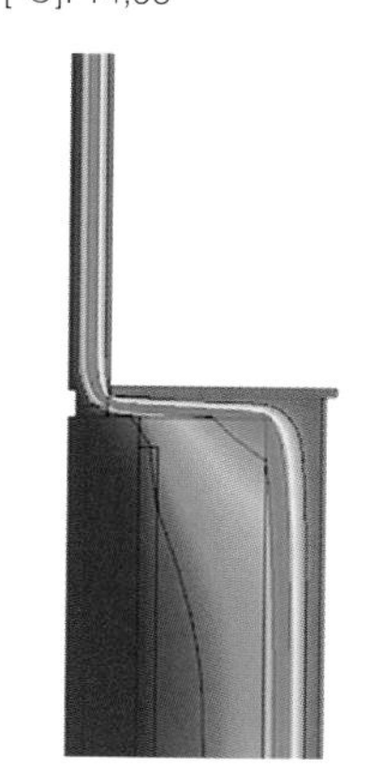

19c

19 Temperaturverlauf in der Fensterbrüstung
a bei ungedämmter Außenwand (Bestand)
b mit Mineralschaumdämmung auf der Brüstung
c mit Mineralschaumdämmung, auch unterhalb der Fensterbank
20 Temperaturverlauf in der Stahlbetonstütze
a bei ungedämmter Stütze (Bestand)
b mit Fensterband vor der Stütze
c mit Fensterband vor der Stütze und Betonstütze von innen wärmegedämmt

19 Temperature distribution, window sill
a uninsulated exterior wall (existing construction)
b mineral foam insulation, on window sill
c mineral foam insulation, below sill
20 Temperature distribution within reinforced steel column
a uninsulated column (existing construction)
b strip window in front of column
c strip window in front of column, column with interior insulation

tance is dependent on relative indoor humidity. Thus, in winter condensation within construction is minimised, and in summer evaporation of humidity towards interiors is increased. Capillary active thermal insulation (Figs. 1, 10) – such as calcium silicate, mineral foam, or cork-clay insulation – is capable of capillary attraction of condensate and can direct it quickly towards interiors, where – in the case of adequate ventilation and heating – it can be absorbed by interior air. The interior side of such construction may not receive wallpaper or paint finishes that can alter its building physics characteristics.
Retrofit interior insulation of below-ground spaces comprises even higher risks of massive structural damages. If neither horizontal nor vertical sealing of exterior walls is functional, significant moisture-related damage and mould on interior wall surfaces can be the result. Interior vapour-tight insulation systems (Figs. 3, 9) prevent the reduction of humidity within exterior walls. As a result, moisture can rise and damage ground floor levels. In below-ground spaces, insulating render is more appropriate for improving energy performance.
Sufficient ventilation and heating, however, need to be guaranteed in order to vent externally introduced humidity from below-ground spaces. The application type is decisive for long-term damage-free interior insulation. Panels should always be laminated adhesively on flat, even surfaces (Figs. 9, 10). Otherwise, a levelling layer needs to be added before application. Preventing thermal bridges is particularly important. Otherwise, these thermal weak spots practically guarantee mould creation. For interior insulation, manufacturers generally offer reveal and soffit panels for windows and insulation wedges for integrating embedded concrete ceiling slabs. However, documentation generally doesn't refer to related interior walls and interior window reveals and soffits. Yet, users are also responsible for many types of damages. A flawlessly applied air-tight interior insulation without thermal bridges can also lead to moisture damage if adequate heating and ventilation are omitted.

Thermal insulation materials

Thermal insulation is comprised of natural or synthetic raw materials, which distinguished into organic and inorganic material groups (Fig. 5). Also, insulation can consist of a mix of raw materials. In recent years, manufacturers have, in short intervals, repeatedly introduced new products to the market. Their suitability and long-term damage-proof quality need to be confirmed in the near future. Depending on raw material and production process, thermal conductivity of products may vary greatly (Fig. 4). In construction, only certified building materials may be used.
The thermal insulation suitable for interior insulation requires the WI acronym and labelling with the related pictogram. In terms of fireproofing, a distinction takes place based on building material classes A and B according to DIN 4102-1. Further differentiation occurs related to degree of water absorption, sound proofing, and deformation, which need to be included in documentation.

Moisture analysis

For decades, the so-called Glaser method has served to analyse condensation protection within building components. Lately, transient programs have found increasing use, which offer the only way to cover such physical moisture-related processes. The main problem of all methods is a precise analysis of existing conditions. This leads to comprehensible key values as calculation basis to a limited degree only. As a result, there is no calculation-based analytical method that can replicate case study experience and is also legally validated based on standardised key values.

Conclusion

A retrofit interior insulation application in buildings is often the only opportunity to reduce energy consumption and CO_2 emissions of existing construction. The selection of materials and systems is large and leads to a long-term solution only via evaluation – under the professional supervision of an experienced building physics expert. This is based on precise analysis of existing conditions, consideration of client needs (building biology, reduction of damage risk, cost, etc.), exact detail planning, flawless application, as well as comprehensive construction supervision.

Psi-Wert/*Psi-value* [W/mK]: 0,1002
T_{min} [°C]: 5,43

20a

Psi-Wert/*Psi-value* [W/mK]: 0,309
T_{min} [°C]: 13,27

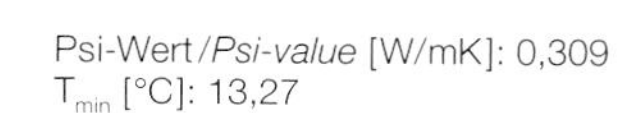

20b

Psi-Wert/*Psi-value* [W/mK]: 0,023
T_{min} [°C]: 15,32

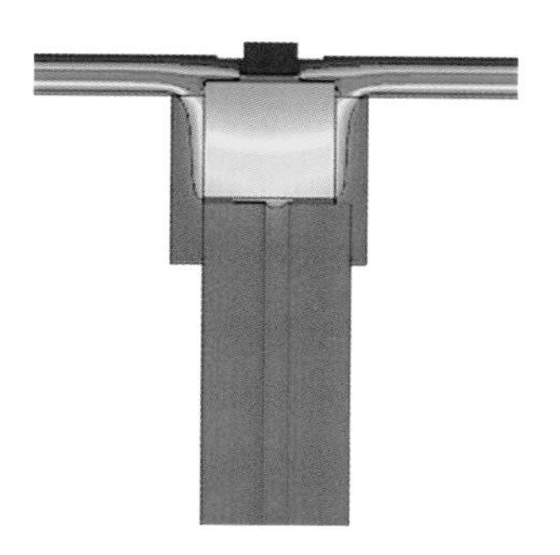

20c

Erweiterung unter dem Garten – Das Städel Museum in Frankfurt am Main

Extension beneath the Garden – the Städel Museum in Frankfurt am Main

Kai Otto , Michael Schumacher

Architekten / *Architects:*
schneider+schumacher, Frankfurt am Main
Tragwerksplaner / *Structural engineers:*
B+G Ingenieure Bollinger und Grohmann, Frankfurt am Main

1

Johann Friedrich Städel (1728–1816) legte mit seinem Testament den Grundstein für das heutige Städel Museum in Frankfurt. Sein Nachlass regelte nicht nur die »Veröffentlichung« seiner Sammlung, sondern auch die gezielte Ergänzung und Erweiterung – ein weitreichender Gedanke, der in der Folge dazu führte, dass sich die vorhandenen Räume für eine adäquate Präsentation immer wieder als zu klein erwiesen. Zwei Standortwechsel sowie zwei bauliche Erweiterungen des heutigen, nach schweren Kriegsschäden in den 1950er-Jahren auf subtile Art wieder aufgebauten Städel Museums legen Zeugnis von der Entwicklung und Geschichte des Hauses ab. Zur Umsetzung der Entscheidung, die zeitgenössische Kunst entsprechend in die Sammlung zu integrieren, lobte das Städel 2007 einen internationalen geladenen Wettbewerb aus. Die 4000 m² Ausstellungsfläche im Bestand sollten um ca. 3000 m² erweitert werden. Ein Blick auf die bestehende Bebauung und die parkartigen Freiflächen machten schnell deutlich, dass die größte Herausforderung darin lag, überhaupt einen sinnvollen Ort für die Erweiterung zu definieren.

Entwurf
Von den insgesamt acht geladenen internationalen Architekturbüros, darunter Diller Scofidio + Renfro, Gigon / Guyer Architekten und SANAA, entschieden sich drei dafür, die Erweiterung unter den Garten zu legen – eine mit Blick auf das geforderte Raumprogramm und die Erschließung folgerichtige, in Bezug auf die Präsenz des neuen Gebäudeteils aber auch riskante Entscheidung. Schließlich sollte die Erweiterung durchaus auch ein »deutliches Zeichen« setzen. Die einstimmige Entscheidung des Preisgerichts für unsere Arbeit basierte wohl vor allem auf der klaren Umsetzung der Idee, unter den Garten zu gehen. Durch die Aufwölbung der Decke über dem Zentrum der großen Ausstellungshalle konnte überdies auch dem Wunsch des Auslobers nach dem richtigen Maß »zwischen dem Respekt vor der historischen Bausubstanz und einer gewissen Repräsentanz, Eigenständigkeit und Auffälligkeit des Neuen« entsprochen werden.
Die drei Leitgedanken des Entwurfs waren: Erstens eine selbstverständliche und selbstbewusste Integration in den Gebäudebestand (Abb. 1–3). Zweitens sollte ein unterirdischer Raum geschaffen werden, der vergessen lässt, dass er eigentlich im Keller liegt. Und schließlich waren Ausstellungsräume zu generieren, die den weitreichenden Anforderungen an den heutigen Museumsbetrieb entsprechen.

Integration in den Gebäudebestand
Museumsbesucher, die das Gebäude über den Haupteingang betreten, gelangen vom zentralen Hauptfoyer und über zwei neue Treppenläufe (Abb. 19), die sich ganz selbstverständlich in die bestehende Treppenanlage des Gebäudes integrieren, in das alte Foyer. Über eine großzügige einläufige Treppe führt der Weg von hier aus in die Gartenhallen (Abb. 18, 20). Für diese beiden Treppenanlagen, aber auch für die Integration eines kombinierten Lasten- und Personenaufzugs, der sämtliche Ebenen miteinander verbindet, musste dem Gebäudebestand des 19. und 20. Jahrhunderts ein neues Kellergeschoss gleichsam untergeschoben werden (Abb. 6, 7). Die bestehenden Untergeschosse dienten bis zu diesem Zeitpunkt lediglich der Leitungsführung und zum Schutz gegen Grundwasser bzw. aufsteigende Feuchtigkeit.
Dieses »Unterschieben« erforderte neben einer ausgeklügelten Tragwerksplanung auch eine genaue terminliche und örtliche Koordination, wann genau und an welcher Stelle abgebrochen, vorübergehend oder dauerhaft unterstützt und neu errichtet werden konnte. Die Abdichtung der Baugrube und das Abstützen der angrenzenden Fundamente erfolgte mittels Hochdruckinjektionsverfahren (HDI). Für das Abfangen von tragenden Bauteilen aus den Obergeschossen waren teilweise aufwendige Provisorien zu erstellen, die erst wieder demontiert werden konnten, nachdem auf der neuen Gründungsebene Fundamente und das neue Untergeschoss errichtet waren.

Gründung
Durch die unmittelbare Nähe des Städel Museums zum Main mussten die Planer besonderes Augenmerk auf die Grundwassersituation legen – der 100-jährige Grundwasserhöchststand liegt knapp unter dem Niveau der Deckenschale. Um eine Überflutung bei Hochwasser ausschließen zu können, wurden die Gartenhallen als weiße Wanne in wasserundurchlässigem Beton in Verbindung mit einer Verbundabdichtung ausgeführt. Die Ausstellungsräume stehen letztlich wie eine 75 × 52 m große Stahlbetonkiste im Grundwasser.
Um dem entsprechenden Auftrieb entgegenzuwirken, konzipierten die Ingenieure von Bollinger+Grohmann an Stellen ohne Auflasten durch Wände und Stützen eine 50 cm starke Bodenplatte mit Rückverankerungen über Pfähle. Hierfür kamen 13 m tief in den sogenannten Frankfurter Ton verankerte Betonpfähle mit einbetonierter Armierung (SOB-Pfähle) zum Einsatz. Zusätzlich wurden 36 je 86 m lange Erdwärmesonden zur Klimatisierung der Ausstellungsräume eingebracht.

Terrazzotreppe zu den Gartenhallen
Zentrales Bauteil im Zugangsbereich des Erweiterungsbaus ist die neue Treppe, die das alte Foyer im Gartenflügel mit den Gartenhallen verbindet (Abb. 17, 18). In ihrer Breite verweist sie auf die Treppe aus dem Hauptfoyer des Ursprungsbaus von Oskar Sommer. Gleichzeitig weitet sie sich nach unten leicht auf, um den großzügigen Eindruck zu verstärken. In ihrer Formgebung unterstreicht die neue Treppe den architektonischen Anspruch, die Kontinuität des Ensembles von dessen Ursprüngen in der Symmetrie des 19. Jahrhunderts hin zu den Formen des 21. Jahrhunderts fortzusetzen. Eine geschlossene Brüstung schwingt aus der Horizontalen nach unten und ermöglicht die Verbindung der unterschiedlichen Zeitebenen. Geschliffener Weißbeton unter Beimischung vorhandener Bodenmaterialien unterstreicht diesen Anspruch. Skizzen, Computer- und physische Modelle unterstützten den aufwendigen Entwurfsprozess.

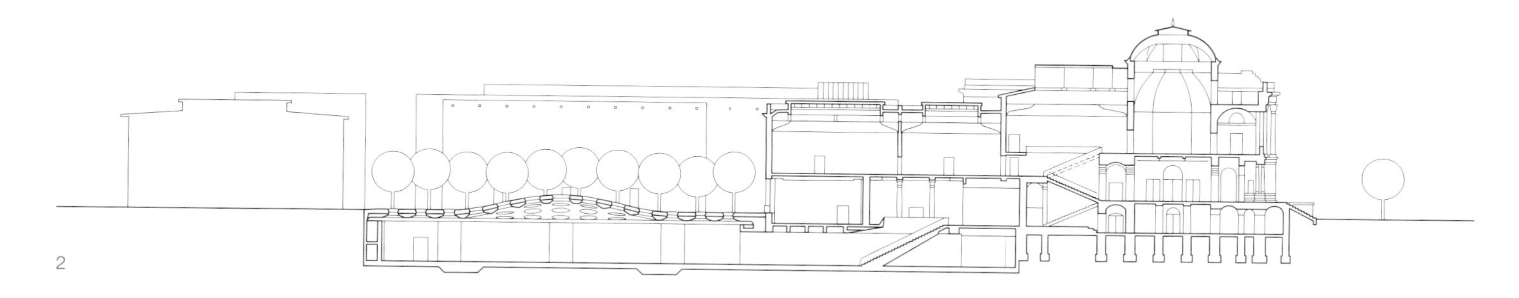

2

1 öffentlich zugänglicher Garten mit Oberlichtern des neuen Erweiterungsbaus nach Fertigstellung
2 Schnitt aa, Maßstab 1:1000
3 Dämmungsarbeiten an der Dachdecke

1 Publicly accessible garden with roof lights to the extension after completion
2 Section aa, scale 1:1,000
3 Insulation measures to the roof

Aus dem finalen Treppenentwurf generierte STL-Dateien dienten schließlich als Grundlage zur Fräsung von Styropor-Schalkörpern. Nach dem Ausschalen wurden in Handarbeit 5 mm des Betons angeschliffen, um das beigemengte Korn sichtbar zu machen. Ein Detail ist dabei erwähnenswert: Die geschlossenen Wangen der Treppe bilden einen gut zu greifenden Handlauf, der die Treppe hinaufführt, sich um die abschließenden Rundungen schwingt und dort, wo kein Handlauf mehr benötigt wird, in der Fläche verliert (Abb. 20). Dieses Detail zeigt, was durch den Einsatz von Computern im Entwurfsprozess jenseits von reinen formalen Spielereien möglich ist.

Deckenschale und Licht

Um einen unterirdischen Raum zu schaffen, der tatsächlich nicht als Kellergeschoss wahrgenommen wird, spielen die Raumhöhe, die den Raum überspannende Decke und das Licht die entscheidenden Rollen. Waren der Umgang mit Licht und die Form der Decke schon aus dem Wettbewerbsbeitrag hervorgegangen, wurde die Entscheidung für die Raumhöhe erst im Laufe der Bearbeitung getroffen. Dabei galt es, sorgfältig zwischen dem kuratorisch Notwendigen, dem technisch Machbaren und dem wirtschaftlich Vertretbaren abzuwägen. Mit einer Seitenlänge von 48 × 55 m einschließlich umlaufendem Fluchtweg, Technikgang und angrenzenden Technikflächen liegen die Gartenhallen flächenfüllend zwischen den angrenzenden Bauteilen des Gebäudebestands. Nachdem die Idee der mittig aufgewölbten Betonschale herausgearbeitet war, wurde die exakte Form der Wölbung mit einem statischen Hängemodell am Computer ermittelt – im Prinzip ganz ähnlich wie einst Heinz Isler oder Frei Otto ihre Konstruktionen mithilfe von aufwendigen Modellversuchen optimierten.
Die den Raum überspannende Decke ruht einerseits auf den umlaufenden Außenwänden, andererseits auf dem zentralen Geviert aus zwölf Stützen, die in einem Quadrat von 26 × 26 m angeordnet sind (Abb. 14).

3

4 Anlieferung der Styropor-Schalkörper per Schiff
5 Grundrisse EG, UG, Maßstab 1:1500
6 provisorische Abstützungsmaßnahmen im Bereich der Treppe zwischen altem Foyer und Erweiterungsbau
7 Übersicht über die Abfangungen und neuen Fundamente des neuen Untergeschosses
8 Erweiterungsbau mit bereits positionierten Styropor-Schalkörpern der Dachdecke

4 Delivery of 3.7 × 3.7 m polystyrene formwork element by ship
5 Ground floor and basement plans scale 1:1,500
6 Provisional supporting measures in area of stairs between former foyer and extension
7 Overall view of the stays and new foundations for the new basement
8 Extension with polystyrene formwork elements for roof already in position

Kai Otto studierte Mathematik, Physik und Architektur an der TH Darmstadt und arbeitet seit 1997 bei schneider+schumacher, seit 2000 in der Geschäftsführung, seit 2008 auch für die ion42 der DGI Bauwerk, Berlin, mit schneider+schumacher.
Michael Schumacher studierte an der Städelschule bei Peter Cook, arbeitete bei Sir Norman Foster. 1988 Gründung von schneider+schumacher mit Till Schneider, mittlerweile in Frankfurt/Wien/Tianjin. Seit 2007 Lehrtätigkeit an der Leibniz Universität Hannover.

Kai Otto studied mathematics, physics and architecture at the University of Technology, Darmstadt. Since 1997, he has worked for schneider+schumacher, and since 2000, he has been a member of the executive board. In addition, since 2008 with ion42 of the DGI Bauwerk, Berlin, with schneider+schumacher. Michael Schumacher studied at the Städelschule under Peter Cook and worked with Sir Norman Foster. In 1988, he founded schneider+schumacher together with Till Schneider. In the meantime, offices exist in Frankfurt, Vienna, Tianjin. Since 2007, has taught at Leibniz University, Hanover.

4

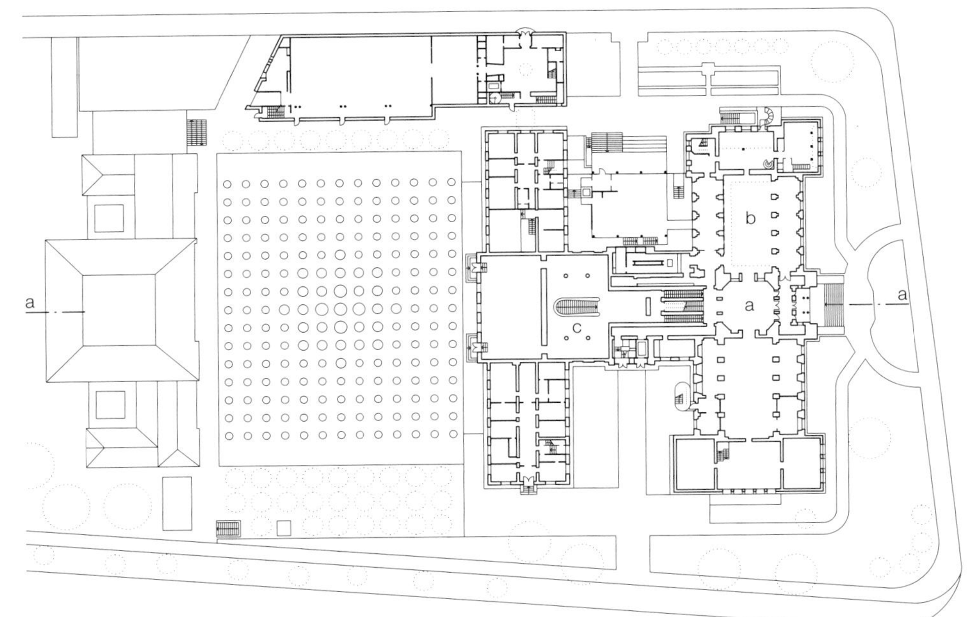

Erdgeschoss / *Ground floor*

a Hauptfoyer
b Buchladen
c altes Foyer
d »Gartenhalle
e Fluchtweg
f Haustechnik

a Main foyer
b Bookshop
c Former foyer
d Garden hall
e Escape route
f Mechanical services

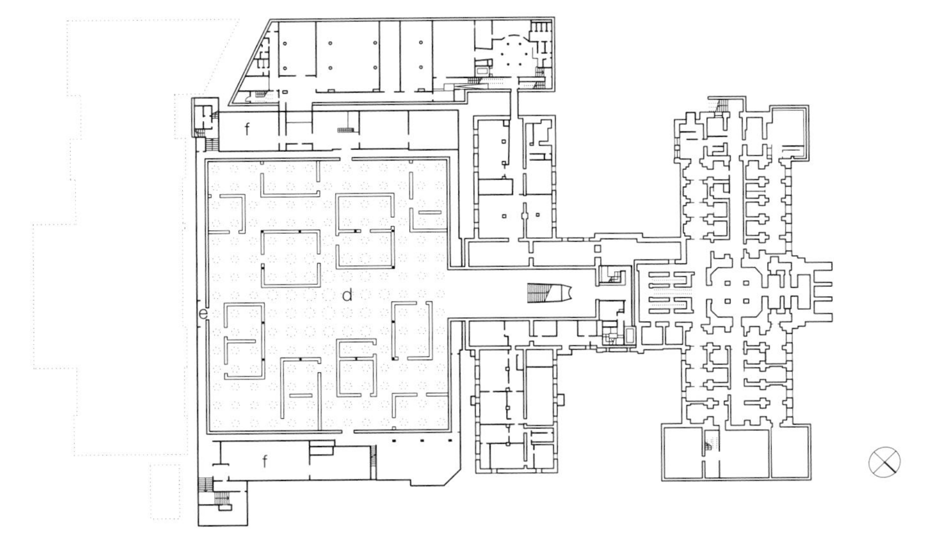

5 Untergeschoss / *Basement*

Ziel war es, einen möglichst homogenen und vor allem leichten Eindruck zu erwecken, um jegliche Assoziationen an Schwere erst gar nicht aufkommen zu lassen. Das Licht sollte gleichmäßig an der Deckenunterseite entlangfließen können. Darüber hinaus dient die zentrale Aufwölbung der Orientierung in den Gartenhallen (Abb. 16).
Die Form der Deckenuntersicht ergibt sich aus der Summe zweier Bewegungen. In der Hauptbewegung wölbt sich die Decke von 6 m im Randbereich zum Zentrum hin bis zu einer Raumhöhe von 8,20 m auf. Um einen sanften, effizienten und ununterbrochenen Lichtverlauf zu gewährleisten, wölbt sie sich zusätzlich von Oberlicht zu Oberlicht. Die Form ist dabei keine optimierte Tragwerksform, sondern dient in erster Linie der beabsichtigten Raumwirkung. Die Verschneidung von Kreis und Quadrat, die nicht nur für jedes Oberlicht, sondern auch für die Integration der zentralen Aufwölbung notwendig war, wurde mithilfe der Programme Rhinoceros, Rhinoscript und Grasshopper parame-trisch generiert, und, um Brüche und ungewollte Gegenwölbungen zu verhindern, mit ANSYS optimiert. Diese Arbeitsgänge bezeichnete das Team als »elektronisches Spachteln und Schleifen«. Wie schon bei der Treppe wurde auch die Form der Decke in enger Zusammenarbeit mit den Ingenieuren von Bollinger+Grohmann entwickelt und für die Herstellung in Form von STL-Dateien an den Rohbauer übergeben.

Betonieren der Decke
Zum Betonieren der Deckenschale wurden 3,70 × 3,70 m große Schalkörper aus Styropor hergestellt, die gegen Beschädigungen – beispielsweise durch den Transport mit dem Schiff – mit zwei Lagen GFK geschützt waren (Abb. 4). Der Bau der Decke erfolgte in vier Abschnitten. Dabei wurden 47 Schalelemente nacheinander in den Ecken der Dachfläche platziert (Abb. 8). Um mit dem letzten Abschnitt die zentrale Aufwölbung zu betonieren, waren 25 weitere Elemente notwendig. Mithilfe von Fichtenstämmen wurden die Zwischenbauzustände gesichert, da die statische Wirkung der Deckenkons-

6

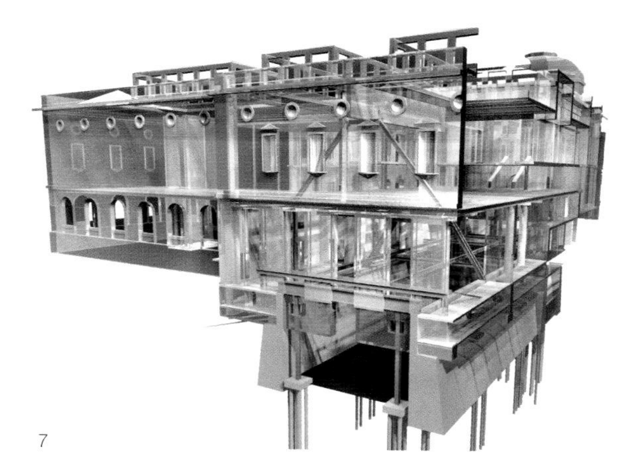
7

truktion erst nach dem Betonieren des letzten Abschnitts zu erreichen war (Abb. 12). Zur Reduzierung der Deckenstärke wurde die Stahlbetondecke in den flachen Randbereichen zusätzlich vorgespannt. Die Ingenieure wählten hierfür ein im Hochbau übliches Spannverfahren ohne Verbund, bei dem die Spannkabel gleichzeitig mit der Bewehrung verlegt werden (Abb. 9). Die Längsbewehrung konzipierten sie so, dass die Bewehrungsstäbe durch ihr Eigengewicht die Form der Schalenkrümmung annahmen.
Nachdem eine abgehängte Decke nicht infrage kam, wurden neben dem statisch Notwendigen sämtliche Installationen für die Oberlichter (Stark- und Schwachstrom) sowie Rauchmelder und Leitungen zum Heizen und Kühlen in die Betonkonstruktion integriert. Für die beabsichtigte Raumwirkung musste die Decke nach dem Betonieren dann nur noch gespachtelt, geschliffen und gestrichen werden.

Sphärisch gebogenes Isolierglas für Oberlichter
Für die Raumwirkung spielt das Licht eine entscheidende Rolle. Im Sinne einer gleichmäßigen Raumausleuchtung wurde die Decke mit einem einheitlichen Raster von 195 kreisrunden Oberlichtern versehen, die die Ausstellungsräume mit ausreichend Tageslicht versorgen (Abb. 3, 15). Mit einem zum Zentrum hin ansteigenden Durchmesser von 1,50 bis 2,50 m verstärken sie optisch die Wirkung der Aufwölbung. Selbstverständlich sollten die Glasoberlichter flächenbündig und begehbar in die Rasenfläche integriert werden. Die hierfür notwendige Isolierglaseinheit besteht aus einer äußeren, sphärisch kaltgebogenen VSG-Scheibe sowie einer inneren, flachen VSG-Scheibe. Die gekrümmten Scheiben müssen einerseits über eine rutschfeste Oberfläche verfügen und die geforderte Tragfähigkeit zur Begehbarkeit erfüllen – d. h. eine flächige Nutzlast von 5 KN/m² ebenso abtragen können wie eine mittige Punktlast von 4 KN. Überkopfverglasungen müssen andererseits aber auch ein ausreichend hohes Resttragverhalten im Bruchfall aufweisen.

Gleichzeitig sind die bauphysikalischen Anforderungen eines modernen Isolierglases zu erfüllen. Die Glaseinheit sitzt auf einer Stahlkon-struktion, die nicht nur die Verbindung mit dem Rohbau sicherstellt, sondern auch sämtliche weitere Systeme für Verschattung und Beleuchtung des Ausstellungsraums beinhaltet. Dazu gehört neben dem Sonnenschutz, der vor zu viel Tageslicht schützt, auch noch ein Kranz aus LED-Elementen mit je 22 warmweißen (2700 K) und 22 kaltweißen (5000 K) LEDs. Durch die Lichtsteuerung wird der Einsatz von Kunstlicht in Abhängigkeit zum Tageslicht und in Abstimmung mit dem für die Exponate erforderlichen bzw. maximal verträglichen Licht kombiniert.
Alle Oberlichter können in Bezug auf die Kunstlichtintensität, die Veränderung der Farbtemperatur und das Öffnen bzw. Schließen der Rollos individuell angesteuert werden. Ergebnis ist eine konstante Lichtwirkung – ganz gleich, wie viel Tageslicht einfällt. Das gesamte Oberlicht wurde als Einheit auf die Baustelle geliefert, vor Ort nur noch justiert und mit den entsprechenden Systemen verdrahtet.

Flexibilität der Trennwände
Unter der Decke und den Oberlichtern befindet sich ein 2670 m² großer, offener Raum, der lediglich durch die zwölf Stützen rund um die zentrale Aufwölbung gegliedert wird. Vorgabe für den Innenausbau war der Wunsch des Bauherrn nach größtmöglicher Flexibilität. Aufbauend auf unterschiedlichen Raumtypologien wurde mit dem Museum ein auf dem Raster der Oberlichter basierendes Ausbauraster von 3,70 × 3,70 m bestimmt, auf dem frei stehende Wände angeordnet werden können.
Eine als Zuluftauslass ausgeführte Sockelleiste bildet die Basis für das leiterartige Grundgerüst der Wände (Abb. 13). Mit überlappenden Spanplatten beplankt, verspachtelt und gestrichen wirken die Wände monolithisch, obwohl sie vollkommen demontierbar und wiederverwendbar sind.

8

9 verschiedene Bauabschnitte der Dachdecke des Erweiterungsbaus:
Schalung mit Bewehrung, Spannkabeln, Betonkernaktivierung und Leerrohren; Aufkantungen der Oberlichter nach dem Betonieren; Dämmung der Dachdecke
10 Betonaufkantungen mit bereits aufgesetzten Oberlicht-Fertigteilen
11 mit Filtervlies eingepackte Oberlichter kurz vor Aufbringen der Substratschicht

9 Various stages in the construction of the roof over the extension:
formwork with reinforcement; tensioning cables; concrete core thermal activation and conduit pipes; roof lights projecting from roof after concreting; insulation of roof
10 Concrete upstands with prefabricated roof lights on top
11 Roof lights wrapped in filter mat shortly before laying substrate layer

9

Zusätzlich enthalten sie noch Installationen der Sicherheits- und Datentechnik, Steckdosen sowie Feuerlöscher – Bodentanks sorgen für die Bereitstellung der notwendigen Medien. Bei der ersten Ausstellungsplanung durch das Berliner Büro Kuehn Malvezzi hat sich das System in seiner auf den Raum abgestimmten Flexibilität bewährt.

Klimatische und energetische Aspekte
Aufbauend auf dem Konzept eines flexibel nutzbaren Raums mussten sämtliche technischen Leitungen in der Decke, den umlaufenden Außenwänden und im Fußboden integriert werden. Wollte man die Anforderungen an die klimatischen Bedingungen in Ausstellungsräumen mit einem Wort beschreiben, so würde »Klimastabilität« dies vollständig erfüllen. Unabhängig von absoluten Werten ging es primär darum, Temperaturschwankungen zu vermeiden und Änderungen der Luftfeuchtigkeit möglichst gering zu halten. Darüber hinaus besteht heute die Anforderung, diese Ziele mit einem möglichst geringen Energieaufwand zu erreichen. Die Entscheidung, die Erweiterung unter die Erde zu legen, reduzierte den Energieaustausch mit der Umwelt im Wesentlichen auf die Decke. So wurde schon im Wettbewerb darauf gesetzt, die Grundlast an Wärme- und Kältebedarf mit einer geothermischen Anlage abzudecken. 38 Erdwärmesonden wurden ca. 90 m tief in den Baugrund gebohrt und sorgen im Sommer für entsprechendes Kaltwasser (16/19 °C). Gleichzeitig speichert das Sondenumfeld Energie für Warmwasser (35/39 °C) im Winter. Eine integrierte mechanische Kältemaschine deckt den Anteil an Be- oder Entfeuchtung sowie die Vor- oder Nachkühlung der Außenluft ab. Der Außenluftanteil wird auf das notwendige hygienische Minimum reduziert. Das Heizen und Kühlen über Niedrigtemperaturflächensysteme (Decke und Boden) sorgt für große Behaglichkeit bei geringem Energieaufwand. Dem architektonischen Anspruch nach unsichtbarer Technik wurde mit den Flächensystemen bereits entsprochen. Die notwendigen Luftwechselraten erfolgen über die eigens für das Projekt entwickelten Sockelleisten. Abgesaugt wird die Luft über eine umlaufende Deckenvoute an den Außenwänden.

10

11

Resümee
Aus architektonischer Sicht ging es bei der Erweiterung des Städel Museums um die Frage, wie es gelingen kann, einen schönen öffentlichen Garten zu erhalten und zugleich einen idealen Raum für die Kunst zu schaffen, der aufgrund der städtebaulichen Rahmenbedingungen im Untergeschoss liegt. Die Oberlichter, unsere »Augen für die Kunst«, sind dabei wichtigstes Bauteil. Sie sind der Spiegel der Seele des Bauwerks.
DETAIL 04/2013

It was Johann Friedrich Städel (1728–1816) who laid the foundations for the present Städel Museum in Frankfurt. In his will, he determined that his collection was not merely to be "made public", but to be enlarged and extended. This far-sighted idea meant that the spaces available have repeatedly proved to be too small to allow an adequate presentation of the works. Two changes of venue as well as two extensions of the present structure (which was rebuilt in the 1950s after suffering heavy damage in the Second World War) bear witness to the history and development of the museum. In order to incorporate modern art in the collection, the Städel held an international competition by invitation in 2007. The existing 4,000 m² exhibition area was to be enlarged by roughly 3,000 m², whereby the greatest challenge lay in finding a suitable location for the extension.
Of the eight architectural practices that participated (including Diller Scofidio + Renfro, Gigon/Guyer Architects and SANAA), three proposed placing the extension beneath the gardens, a suggestion that was logical in the context of the spatial programme and means of access, but not without risks in terms of inserting the new structure in the existing complex. The extension was naturally expected to have a signal effect. The unanimous decision of the jury in favour of our scheme was probably based on the clarity with which the idea of going underground was implemented. In addition, the domed section of the roof over the centre of the large exhibition hall complied with the client's wish to find a satisfactory balance "between respect for the historical building fabric on the one hand and the aplomb, individuality and distinctiveness one would expect of a new object" of this kind on the other.
The three basic ideas informing the design were to achieve a logical, confident integration of the new structure into the existing ensemble (Fig. 1); to create an underground realm where one forgets the fact that it is in the basement; and finally, to design exhibition spaces that comply with the exigencies of modern museum life.
Visitors who use the main entrance of the museum have access to the former foyer via

12 Abstützen der noch nicht tragfähigen Decke mit Fichtenstämmen; Deckenuntersicht noch vor dem Verspachteln der Schalungsstöße
13 Innenausbau mit demontier- und wiederverwendbaren Trennwänden
14 Raumeindruck der ungeteilten, mit zwölf Stützen rund um die zentrale Aufwölbung gegliederten Gartenhalle; Boden mit Betonkernaktivierung vor Einbringen des Terrazzo

12 Roof elements that are not yet fully load-bearing are supported with fir trunks; underside of roof prior to smoothing formwork joints
13 Internal finishings, with partitions that can be dismantled and reused
14 Spatial impression of undivided garden hall supported by twelve columns around the central domed area; concrete core thermal activation installed on floor prior to applying terrazzo

the central lobby and two new flights of stairs (Fig. 19), which are integrated quite naturally into the existing layout. The route then leads via a spacious single flight of stairs down to the garden halls (Figs. 18, 20). In order to construct the new staircases and install a combined goods and passenger lift that links all floors of the building, it was necessary to insert a new basement under the 19th- and 20th-century structures (Figs. 6, 7). Up to that time, the existing basement levels housed only service runs and provided protection against groundwater and rising damp.
This process of inserting a new storey beneath an existing one called for ingenious structural planning as well as precise coordination: when and where a section of the existing structure could be removed, and whether it had to be supported (temporarily or permanently) or could be re-erected. High-pressure injection techniques were use to seal the excavation pit and bear the loads of the adjoining foundations. To support the upper floors, elaborate provisional structures had to be erected that could be removed again only after the foundations and the new basement had been constructed.
The close proximity of the Städel Museum to the River Main meant that the planners had to keep an eye on the groundwater situation. The peak level over the previous century was at soffit height; in other words, the garden halls would have been completely flooded. They were therefore executed in impervious concrete in a "white-tank" system. The exhibition spaces stand like a 75 × 52 m reinforced concrete box in groundwater. To resist the upthrust, the engineers of Bollinger+Grohmann designed a base slab 50 cm thick anchored by 13-metre-deep reinforced auger piles in those areas where there is no top loading in the form of walls or columns. In addition, 36 geothermal probes were sunk 86 m deep for conditioning the internal climate of the exhibition spaces.
A central element of the entrance area in the extension is the new staircase in white concrete that links the former foyer in the garden wing to the basement exhibition halls. The staircase is an example of an important architectural target, namely to underline the continuity of design, from the symmetry of the 19th century to the forms of the 21st century. The handrails topping the closed balustrades are pleasant to hold and curve round at the end, flowing into the general surface (Figs. 18, 20). This detail also demonstrates what the use of computers can achieve in the design process.
In creating an underground space that is not perceived simply as a basement room, the height, the roof over the hall and the lighting all play a decisive role. While the treatment of light and the form of the ceiling were both elements of the competition design, the height of the space was first determined in the planning process. In this respect, it was important to weigh up what was necessary from a curatorial point of view, what was technically feasible and what was economically justifiable.
With dimensions of 48 × 55 m on plan and with a peripheral escape route and service spaces, the garden halls occupy the entire area between the adjoining sections of the existing building. After the architects had elaborated the idea of a concrete shell roof with a domed area in the middle, the precise form of the dome was calculated by computer, using a structural suspension model in a manner not unlike that employed earlier for example, by Heinz Isler and Frei Otto to optimise structures in their complex model trials.
The roof over this space bears on the peripheral external walls as well on 12 columns laid out to form a central square 26 × 26 metres in size (Fig. 14). The aim was to create a sense of homogeneity and lightness. Light should be able to flow evenly over the soffit. In addition, the dome was to be an aid to orientation in the garden halls (Fig. 16).
The form of the soffit is the outcome of two lines of movement: the upward curve of the ceiling from a height of 6 m at the edge to 8.2 m at the centre; and the curvature of the dome from one roof light to the next in order to ensure a soft, efficient and continuous flow of light. This is by no means an optimal structural form. First and foremost, it is meant to achieve the desired spatial effect.
The intersection of the circle and the square

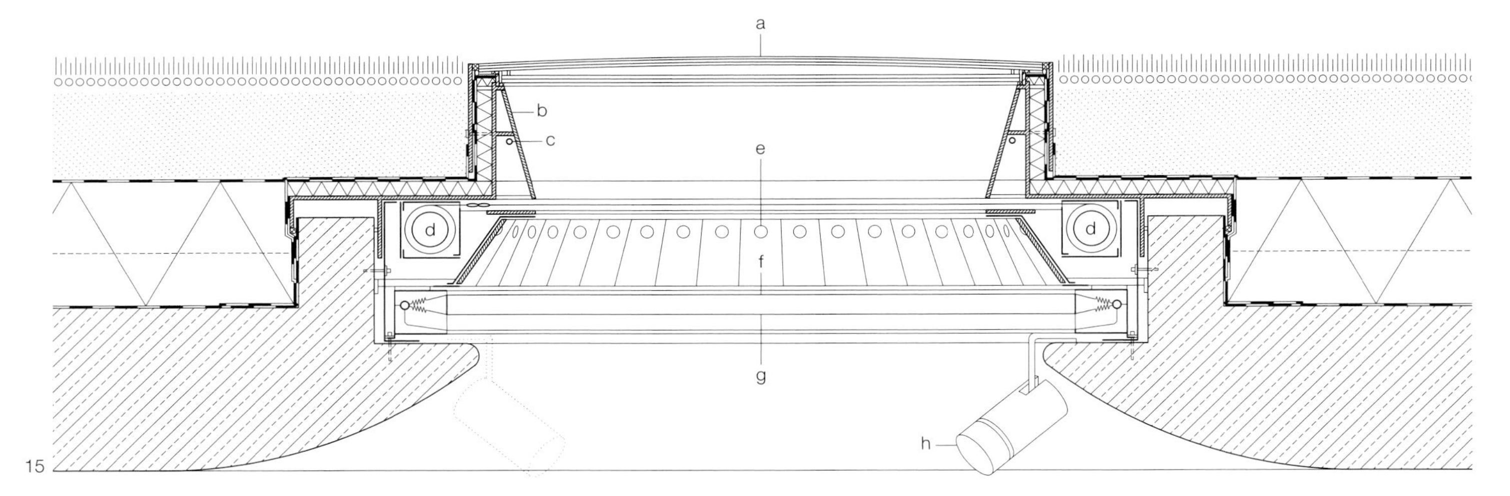

(which was necessary not just for each roof light, but for the integration of the central domed shape) was generated parametrically with the aid of the Rhinoceros, Rhinoscript and Grasshopper programs. To avoid interruptions in the curvature and unwanted counter-curves, the design was optimised using ANSYS. The team referred to these working processes as "electronic smoothing and polishing". As with the staircase, the form of the ceiling was developed in close collaboration with the Bollinger+Grohmann engineers, then passed on as STL data to the building company responsible for the construction.
For concreting the roof shell, 3.7 × 3.7-metre polystyrene formwork elements were made. These were manufactured with two protective layers of glass-fibre-reinforced plastic to prevent damage – for example, during transport by ship (Fig. 4). The roof construction was executed in four stages, whereby 47 formwork elements were first laid next to each other in the corners (Fig. 8). In order to concrete the final section – the central dome – 25 further elements were needed. During the intermediate phases of construction, the roof was secured with spruce tree trunks, because the full load-bearing effect was not attained until after the final stage had been concreted (Fig. 12).
To reduce the thickness of the roof, the reinforced concrete slab in the flat outer areas was also prestressed. For this purpose, the engineers selected a tensioning technique commonly used in building construction – without a composite effect: the tensioning cables were laid out at the same time as the reinforcement (Fig. 9). The longitudinal reinforcement was conceived in such a way that the rods assumed the curved line of the formwork as a result of their dead weight. Since a suspended soffit was ruled out, various service installations were integrated in the concrete construction. These include smoke detectors and service runs for heating and cooling in addition to the installations needed for the roof lights (high- and low-voltage current). To achieve the desired spatial effect, the ceiling simply had to be grouted, ground smooth and painted.
Lighting plays a decisive role in achieving this effect. For an even illumination of the space, the soffit, with its regular grid of 195 circular roof lights, ensures adequate daylighting of the exhibition spaces (Fig. 15). Increasing in diameter from 1.50 to 2.50 m towards the centre, they heighten the visual effect of the curvature. The glazed roof lights had to be flush with the grassed surface and also safe to walk on. The double glazing that was necessary consists of two layers of laminated safety glass: an outer pane that is cold-formed to a spherical curve, and a flat inner pane. The curved layer was to have a non-slip surface as well as the requisite strength to bear the weight of pedestrians (5 kN per m² area; and a point load of 4 kN at the centre). In addition, overhead glazing had to possess sufficient residual bearing capacity in case of breakage. The requirements made of modern double glazing in terms of constructional physics also had to be met. The glazed

15 Detailschnitt Oberlicht, Maßstab 1:20
a Isolierverglasung Weißglas mit Sonnenschutzbeschichtung: VSG aus ESG 6 (punktförmiger Siebdruck, Bedruckungsgrad 27 %, Rutschhemmung R11)/ESG 8/ESG 8 mm (Siebdruck Alarmspinne) + SZR 12–29,5 mm + VSG aus 2× TVG 10 mm
b Laibungskegel Stahlblech weiß lackiert
c Heizband von unten revisionierbar
d Rollo mit drei Behängen: Lichtdiffusor, Sonnenschutz, Verdunklung
e LED-Grundbeleuchtung in Laibungskegel Stahlblech weiß lackiert
f Staubschutzfolie weiß
g Spannfolie lichtstreuend weiß
h Akzentbeleuchtung LED

15 Sectional detail through roof light scale 1:20
a low-iron glass double glazing with sunshading coating: lam. safety glass c.o. 6 mm toughened glass (dotted screen print, 27 % printed, slip resistance R11)/2× 8 mm toughened glass (screen print alarm system) + 12–29.5 mm cavity + lam. safety glass c.o. 2× 10 mm partially toughened safety glass)
b sheet-steel lining, painted white
c heating strip adjustable from below
d roller blind with three layers: light diffuser, sunshading, darkening
e LED basic lighting in white sheet-steel reveal
f white dust-protecting layer
g white light-diffusing stretch membrane
h LED spotlight

16

17

18

19

element is borne by a steel frame that not only forms a link with the building structure, but that also houses all other systems for shading and the natural lighting of the exhibition space. In addition to the necessary sunshading, these systems include a circle of elements each with 22 warm-white (2,700 K) and 22 cool-white (5,000 K) LEDs. The use of artificial light is controlled in accordance with the intensity of natural light and the desirable levels of illumination for exhibits. All roof lights can be individually operated to regulate the intensity of artificial lighting and changes in colour temperature as well as the opening and closing of blinds. This ensures a constant level of illumination, regardless of the amount of daylight that enters. The roof lights were delivered to site as complete units and wired to the relevant systems.

16 Ausstellungsansicht mit Trennwänden
17, 18, 20 Treppe zwischen altem Foyer und Erweiterungsbau im Rohbauzustand und nach Fertigstellung
19 Blick vom Hauptfoyer auf die Haupttreppe ins Obergeschoss und die Treppen zum alten Foyer

Beneath the ceiling and roof lights is an open space 2,670 m² in area, articulated solely by the 12 columns about the central dome. The internal finishings were specified in accordance with the client's request for maximum flexibility. A grid of 3.7 × 3.7 m was agreed with the museum for the fitting out, based on the spacing of the roof lights. This, in turn, provided a system for positioning the walls. The base of the ladder-like framework of the internal walls is formed by a skirting designed to accommodate air-supply outlets (Fig. 13). Clad with lapped chipboard panels that are smoothed and painted, the walls have a monolithic appearance, despite the fact that they can be completely dismantled and reused. They also contain installations for security purposes and data technology, as well as electric sockets and fire extinguishers. The requisite media are supplied from floor boxes. The spatial flexibility of the system was demonstrated during the planning of the first exhibition by the Kuehn Malvezzi office in Berlin.

16 View into exhibition with partitions in place
17, 18, 20 Stairs between former foyer and extension: carcass structure and after completion
19 View from main foyer to main staircase leading to upper floor and the staircase to the former foyer

20

Based on the concept of building a flexible, functional space, all service runs had to be integrated in the roof, the outer walls and the floor. Ideal atmospheric conditions for exhibition spaces can best be described with the words "climatic stability". The main concern was to avoid fluctuations in temperature and to minimise changes in the level of humidity. Nowadays, these goals have to be achieved with a minimum use of energy.
As a result of the decision to situate the extension underground, any exchange of energy with the surrounding environment is confined more or less to the roof. In the competition, a geothermal plant was foreseen to cover basic heating and cooling needs. A total of 38 geothermal heat exchangers were bored roughly 90 m deep in the ground. These supply the necessary "chilled water" (16–19 °C) in summer. At the same time, the area around the borings stores energy for warm water (35–39 °C) for use in winter. An integral mechanical cooling plant covers the degree of humidification and dehumidification as well as the pre- or aftercooling of the external air. The volume of external air used has been reduced to the minimum necessary to comply with hygienic standards. Heating and cooling by means of low-temperature surface systems (floor and ceiling) ensure a high degree of comfort together with a low consumption of energy. The architectural goal of using technology that is invisible to the eye was achieved with these surface systems. The requisite air-change rates are met via the skirtings, which were specially designed for this scheme. Air is extracted via cornices along the outer walls.
Architecturally, the extension of the Städel Museum involved reconciling two conflicting goals: the creation of an ideal space for art beneath beautiful public gardens (necessitated by urban planning constraints) while at the same time preserving these gardens. The most important element of the construction are the roof lights – our "eyes for art" – which reflect the soul of the building.

Sanierung bei Schadstoffkontamination in Überschwemmungsgebieten – Wann kommt das »Hochwasserhaus«?

Housing Rehabilitation after Oil Contamination in Floodplains – Waiting for the "Flood Adaptive Home"

Mark Kammerbauer, Frank Kaltenbach

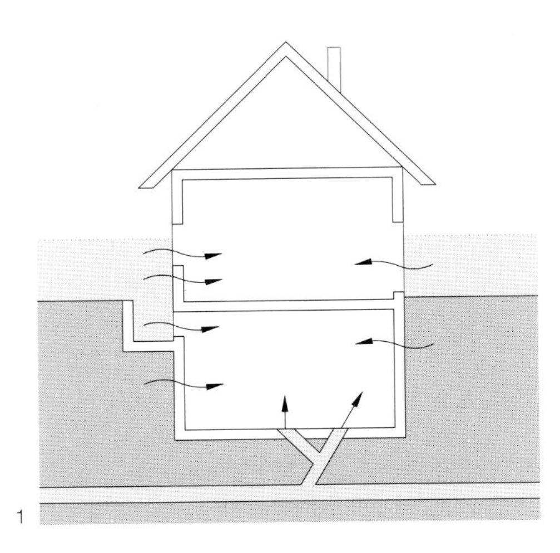

1

Sogenannte Jahrhunderthochwasser treten in immer kürzeren Intervallen auf. In Küstenregionen werden sie von Sturmfluten verursacht, im Binnenland lassen starke Niederschläge Bäche und Flüsse über die Ufer treten: Die Elbeflut 2002, Hurrikan Katrina in New Orleans 2005, Süd-Haiti 2011 und 2013 das Juni-Hochwasser in Deutschland und Tirol. In Südengland stehen Anfang 2014 140000 Häuser mehrere Wochen lang unter Wasser und das ohne Stromversorgung. So unterschiedlich die einzelnen Fälle sind, die Bilder von Dächern, die über einen braunen Wasserspiegel hinausragen, gleichen sich. Neben den sichtbaren Wasserschäden droht aber oft eine unsichtbare Gefahr, die auch lange nach dem Austrocknen nicht gebannt ist: der Eintrag von ausgelaufenen Schadstoffen bis tief in die Bausubstanz. Neben Produkten der Chemieindustrie, Tierkadavern und Fäkalien ist es vor allem ausgetretenes Heizöl, das bei ungünstigen Umständen dazu führt, dass ganze Siedlungen saniert oder teilweise oder komplett abgerissen und wieder neu aufgebaut werden müssen.
Juni 2013: Extreme Regenmengen von 200 mm Niederschlagshöhe in drei Tagen treffen in weiten Teilen Deutschlands auf die höchste Bodenfeuchte seit 50 Jahren. In acht Bundesländern wird in 56 Gebietskörperschaften Katastrophenalarm ausgegeben, mehr als 80000 Menschen werden evakuiert. In den Siedlungen Fischerdorf und Natternberg der niederbayerischen Gemeinde Deggendorf am Zusammenfluss von Donau und Isar kulminiert die Katastrophe. Der nach dem Hochwasser von 2002 geplante Isardeich ist noch nicht fertiggestellt und ein weiterer Deich flussaufwärts bricht. Der eigentliche Grund für die nachhaltige Kontaminierung der Gebäude ist die Tatsache, dass das mit Heizöl versetzte Flusswasser nicht schnell abfließt, sondern für die ungewöhnlich lange Dauer von über einer Woche fast 2 m hoch über der Straßenebene steht und so tief in das Mauerwerk eindringen kann (Abb.4). Die kostengünstigen, aber porösen Baumaterialien wie Schlackenbetonsteine oder Bimsstein, die in den 1960er-Jahren verbreitet waren und in den Deggendorfer Siedlungen anzutreffen sind, verschärfen die Problematik. Dabei hatten Bewohner und Behörden diesen durch ein umfassendes Deichsystem und Renaturierungsmaßnahmen der Isar geschützten Flussabschnitt eigentlich als verhältnismäßig sicher eingestuft. Mit dem Zusammentreffen so vieler ungünstiger Ereignisse hatten die wenigsten gerechnet.

Vorsicht bei überstürzten Sanierungsmaßnahmen

Wie sollen sich die Bewohner, die nach der Evakuierung in ihre Häuser zurückkehren wollen, verhalten? Als erste Maßnahme muss sichergestellt sein, dass keine offene Stromleitung ins Wasser führt. Die Standsicherheit des Hauses muss von einem Fachmann bescheinigt werden. Wird das im Gebäude stehende Wasser abgepumpt, solange Kräfte des anstehenden Hochwassers von außen gegen die Wände bzw. als Grundwasser von unten gegen die Bodenplatte wirken, besteht die Gefahr, dass Wände mangels Gegendruck einstürzen oder das gesamte Haus aufschwimmt. Andererseits ist höchste Eile geboten, um den Schlamm abzusaugen, bevor er zu einer steinharten Schicht eintrocknet. Wichtig ist auch, das Mauerwerk so schnell wie möglich zu trocknen, bevor sich giftige Schimmelpilze ausbreiten können. Eventuell eingetragene Keime und Sporen bzw. Schimmelpilze müssen von einem staatlich geprüften Desinfektor beseitigt werden.

Messbohrungen in Wand und Decke

Auch im Hinblick auf die toxikologische Belastung durch Heizöl kann ein Fachgutachten vor überstürzten kontraproduktiven oder überflüssigen Spontansanierungen bewahren. »Dringt das Öl nur bis zu 5 mm in die Oberfläche ein, kann der Putz abgekratzt und entsorgt werden, das Mauerwerk kann so auch besser austrocknen,« erklärt Hans Czapka, der sich als öffentlich bestellter und vereidigter Sachverständiger bereits vor dem Fall Deggendorf mit dem Thema Heizölkontamination beschäftigt hat. »Viele spontane Helfer vor Ort haben aber die Wände bis zu 11 cm tief abgetragen und damit nicht nur die Standfähigkeit gefährdet, sondern auch Geld und Energie verschwendet. Denn oft war in solchen schweren Fällen ein späterer Abriss unausweichlich. Bei einigen Häusern haben sich nach der Trocknung und Sanierung erneut Ölflecken auf der Oberfläche gebildet: Die tief in den Poren des Mauerwerks sitzenden Heizölreste haben den neuen Putz wie einen Schwamm durchdrungen (Abb. 6). Der Geruch und die giftigen Ausdünstungen von Heizöl halten sich jahrelang. Um die tatsächliche Schadstoffbelastung und das Ausmaß der betroffenen Flächen zu ermitteln und dadurch die entsprechende Sanierungsstrategie abzuleiten, sind umfangreiche Messungen innerhalb der Wände und Decken erforderlich«. Und so ist für die Häuser von Fischerdorf und Natternberg nicht nur der braungelbe Horizontstreifen charakteristisch, der wie mit der Wasserwaage gezogen Büsche, Hecken, Scheunentore und Hausfassaden nivelliert, sondern auch die jeweils drei übereinander- bzw. nebeneinanderliegenden Bohrlöcher in Fassaden, Kellerwänden und -decken, in denen der Gehalt an Mineralkohlenwasserstoff (MKW) gemessen wird. Die Messung, die Auswertung der Daten und Fertigung des Gutachtens kann allerdings einige Wochen in Anspruch nehmen.

Leerstand, Sanierung oder Abriss?

Bei einem Grenzwert von bis zu 50 mg MKW/kg ist die Geruchsbelästigung zu vernachlässigen. Bei einer Eindringtiefe von maximal 5 mm können zur Sanierung die Oberflächen mit biologisch-bakteriellen oder chemisch-physikalischen Verfahren gereinigt werden (17. Dingolfinger Baufachtag 2013, Tagungsband, Seite 186ff.). Auch die Publikation »Safety-Ratgeber: Nach der Flut – was tun?« (2010) des niederösterreichischen Zivilschutzverbands gibt umfassende Handlungsanleitungen: Durchfeuchteter Gipsputz verfügt über eine hohe Wasserspeicherfähigkeit und sollte in jedem Falle abgeschlagen werden. Auch Gipskartonplatten und Dämmstoffe in Leichtbauwänden sind zu entfernen, um das Austrocknen zu

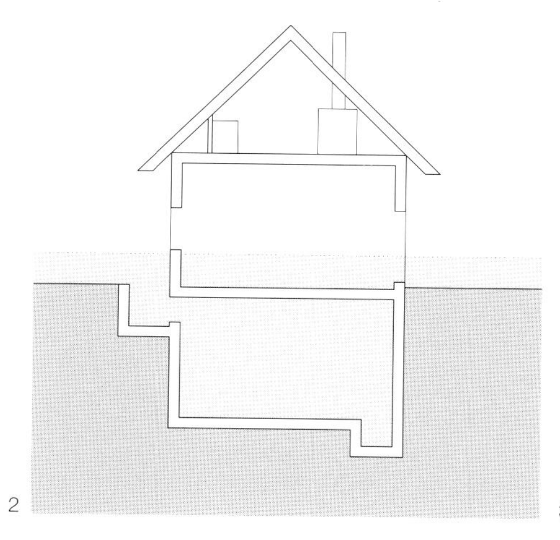

2

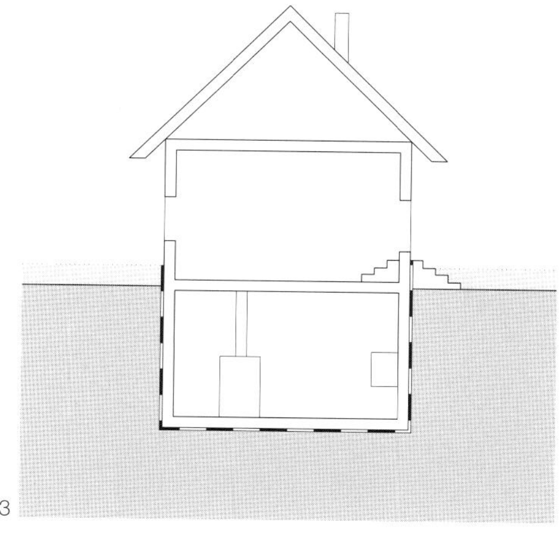

3

1 mögliche Wege des Wassereintritts in Gebäude bei Hochwasser: Oberflächenwasser, Grundwasser, Rückstau aus Abwasserkanalnetz
2 Strategie Fluten: überflutungssichere Aufstellung von Öltank bzw. Heizbrenner und Stromverteiler im Obergeschoss
3 Strategie Abdichten bis über den Hochwasserpegel
4 Deggendorf, Ortsteil Fischerdorf: Über eine Woche lang steht das mit Heizöl gemischte Hochwasser von Donau und Isar im Juni 2013.

1 Possible entry points for flood water into buildings: surface water, groundwater, backflow from sewage system
2 Wet flood proofing ("living with the water"): flood-proof placement of oil tanks or heating and electrical distribution on upper floors
3 Dry flood proofing
4 Deggendorf, Fischerdorf neighbourhood: flood water from Danube and Isar mixed with heating oil in June 2013 and remained in place for more than a week

unterstützen. Der Einsatz von Trocknungsgeräten kann diesen Prozess beschleunigen. Kalk-, Kalkzement- oder Lehmputz muss nur entfernt werden, wenn die feuchtigkeitsbedingten Salzausblühungen oder die Schadstoffkontamination durch Heizöl zu stark sind. Für die Sanierung stehen auch diffusionsoffene spezielle Sanierungsputze zur Verfügung, bei denen aus dem Mauerwerk austretende Salzkristalle nicht an der Wandoberfläche zu Schäden führen, sondern unsichtbar innerhalb des zweischichtigen Putzaufbaus ausblühen.
Insbesondere Hohlräume sind auf Feuchtigkeit, Schimmelbefall oder Ölkontamination zu kontrollieren und auszutrocknen. Durchnässte Fußbodenaufbauten müssen geöffnet, feuchte Dämmstoffe entfernt und getrocknet bzw. im Fall von Mineralwolle entsorgt werden. »In jedem Fall muss der innere Schamottschacht von betroffenen Schornsteinen entfernt und erneuert werden, da in diesen Bereichen die Oberflächen nicht zugänglich sind«, rät der Sachverständige Czapka. »100 mg MKW/kg führen zu einer Raumluftbelastung von 1 mg/m³ Raumluft. Ab diesem Grenzwert ist der Abraum nach Richtlinien der Bund/Länder-Arbeitsgemeinschaft Abfall (LAGA) zu verwerten. Ab 1000 mg MKW/kg muss der Bauschutt als Sondermüll nach der Deponieverordnung entsorgt werden«. Das ist vor allem bei einem erforderlichen Teilabriss zu beachten. Bei schwerwiegenden großflächigen Schadstoffbelastungen darf das Gebäude nicht wieder bewohnt werden. Ob eine Sanierung technisch möglich und wirtschaftlich sinnvoll ist, ist im Einzelfall zu entscheiden. Im aktuellen Ortsbild von Fischerdorf und Natternberg lässt sich die Flut noch Monate später ablesen: Leer stehende fensterlose Gebäude wechseln sich mit Schutthalden abgerissener Häuser ab (Abb. 7). Bei fast jedem Gebäude ist der Putz im Sockelbereich abgeschlagen, teilweise klebt die Ölschicht noch auf der Fassade oder hat den frisch aufgetragenen Putz durchdrungen (Abb. 5, 6). Als Ersatz für abgerissene Häuser stehen aber auch bereits die ersten Neubauten im Rohbau.

Präventionsmaßnahmen
Die einfachste Prävention liegt darin, auf Öl für die Gebäudeheizung zu verzichten und z.B. auf Erdgas auszuweichen. Neubauten sind am kostengünstigsten hochwassertauglich zu errichten, wenn auf eine Unterkellerung komplett verzichtet wird.
Bei Neubauten als Ersatz für kontaminierte abgerissene Häuser kommt das Bundesland Bayern nur für die Baukosten auf, wenn sie dem Vorgängerbau in Größe und Ausstattung entsprechen.
Doch auch im Bestand lässt sich der Gefahr einer Schadstoffbelastungen präventiv begegnen: Heizöl tritt aus, wenn halbleere Behälter vom Druck des in den Keller eingedrungenen Wassers eingedrückt werden oder frei im Keller aufschwimmen und so die Leitungsanschlüsse lecken oder ganz abgerissen werden. Daher müssen unterhalb der Hochwasserebene aufgestellte

4

5

6

5 Austrocknen: Der Hochwasserstand ist bei den meisten Häusern noch Monate später am abgeschlagenen Putz ablesbar, Deggendorf 2013.
6 Misslungene Sanierung: Heizölspuren im Mauerwerk dringen nach erfolgter Sanierung durch den neuen Putz bis an die Oberfläche durch, Deggendorf 2013.
7 Abriss: Bei zu großer Kontamination größerer Flächen mit Heizöl bleibt nur Leerstand oder Abriss und Entsorgung als Sondermül, Deggendorf 2013.

5 Drying out: the flood water level is visible along most houses even months afterward and indicated by the removed facade render, Deggendorf 2013
6 Failed rehabilitation: traces of heating oil that entered the construction materials penetrate new render layers, Deggendorf 2013
7 Demolition: in the case of extensive contamination of larger surfaces with heating oil, only evacuation or demolition and disposal as hazardous waste remain as options, Deggendorf 2013.

Öl- und Schadstofftanks unbedingt mit Spanngurten oder Stahlrahmen gegen Aufschwimmen gesichert sein. Einwandige Tanks dürfen nur in abgedichteten baulich hergestellten Wannen stehen. Da aber bei Verankerungen im Boden oft die Dichtungsebene durchstoßen wird, sind doppelwandige Tanks vorzuziehen. Bei halbleeren Öltanks kann ein Fluten mit Wasser das Aufschwimmen und Eindrücken der Tanks verhindern. Das Wasser-Öl-Gemisch ist anschließend fachgerecht zu entsorgen. Bei der neuesten Generation von Sicherheitsöltanks schließt beim Aufschwimmen der Auslass zur Ölleitung automatisch, sodass auch in Schräglage kein Öl austreten kann. Bei Erdtanks ist auf eine genügende Erdüberdeckung gegen Aufschwimmen durch Grundwasser zu achten und gegebenenfalls eine Betonplatte als Auflast anzubringen. Der Sanierungsaufwand fällt wesentlich geringer aus, wenn der Eintritt von Oberflächenwasser, Grundwasser oder Abwasser in das Gebäude von vornherein verhindert werden kann. Dafür muss aber nicht nur das gesamte Untergeschoss als wasserdichte Wanne ausgebildet sein, auch sämtliche Wanddurchführungen von Installationen, Fensterverschlüsse und Außentüren sind druckwassersicher auszuführen. Durch den hohen Druck im Abwasserrohr kann sich Wasser sogar bis über den Hochwasserspiegel anstauen und so in das Gebäude gelangen. Um einen Rückstau zu vermeiden, ist der Einbau von Rückstauklappen im Abwasserkanal dringend anzuraten. Auch die Notwendigkeit von Abwasserhebeanlagen, Kleinkläranlagen oder sonstigen Installationen sollte geprüft werden. Behelfsmäßig können alle Abflüsse von Waschmaschine, Bodenablauf oder Toilettenschüssel mit geeigneten Kanalmuffenstopfen abgedichtet werden.

»Das Hochwasserhaus«

Angesichts der Häufung schwerer Hochwasserereignisse muss die Architektenschaft die Frage stellen, ob nicht dringend ein Baustandard »Hochwasserhaus« erforderlich wäre, der – ähnlich wie Energiestandards – für Sanierungen und Neubauten anwendbar ist und länderübergreifende Initiativen für Hochwasserschutz in Flussregionen ergänzt. Die im Lower Ninth Ward in New Orleans gebauten Häuser der Make It Right Foundation, bekannt durch die Mitwirkung von Brad Pitt und Graft, könnten mit ihrer hohen baulichen Qualität richtungsweisend sein. Gerade im betroffenen Quartier erscheinen sie jedoch als unangemessen aufwendig und teuer. Die wesentlichen Strategien zum baulichen Hochwasserschutz und der Begrenzung von Schäden durch Feuchte und Schadstoffe sind in der inzwischen 5. Auflage der »Hochwasserfibel« des BMVBS (Berlin 2013) enthalten: Neubauten sollten außerhalb des Überschwemmungsgebiets errichtet werden, auf Stelzen über dem Hochwasserpegel liegen und ohne Unterkellerung ausgeführt werden. Für Neubauten und viele Altbauten bieten sich zwei unterschiedliche Strategien an (Abb. 2, 3). Bei der ersten Variante wird das Gebäude mit steigendem Hochwasser geflutet. Diese Möglichkeit macht bei Altbauten ohne Bodenplatte Sinn oder falls eine nachträgliche Abdichtung nicht wirtschaftlich oder technisch möglich ist. Der Stromverteiler und die Heizungsanlage sind dann aber hochwassergeschützt in den oberen Geschossen unterzubringen. Bei der Materialwahl ist auf wasserbeständige Baustoffe zu achten, die nicht porös sind oder wie Gips viel Feuchtigkeit lange speichern. Auch von Fertighäusern sollte bei diesem Konzept Abstand genommen werden, da Elementstöße schwer trocknende Hohlräume darstellen und aufquellende Holzplatten, die eine aussteifende Wirkung haben, aus Gründen der Standsicherheit nicht zur schnelleren Trocknung abgenommen werden dürfen. Bei der zweiten Variante wird das Gebäude bis über die Höhe des Hochwasserspiegels komplett abgedichtet, sämtliche Möglichkeiten des Eindringens von Oberflächenwasser, Grundwasser und Abwasser müssen auszuschließen sein.

Bauverbot in Überschwemmungsgebieten?

Die Sanierung von Hochwasserschäden ist nur das letzte Glied in einer Kette von Maßnahmen, die von der Landessiedlungsplanung über den technischen Hochwasserschutz ganzer Städte mit permanenten oder mobilen Maßnahmen wie Dammbalkenverschlüssen und Sandsäcken bis zur baulichen Vorsorge einzelner Gebäude reichen. Einige Wissenschaftler sehen in Deichen nicht die Lösung, sondern nur die Verlagerung des Problems flussabwärts. Sie fordern deren Rückbau, weitere Renaturierungsmaßnahmen kanalisierter Flussbetten, ein Bauverbot in Retentionsflächen und den Ausbau von Poldern. Deichsysteme suggerieren schließlich ein trügerisches Sicherheitsgefühl. Ein Restrisiko ist nie auszuschließen. Beispiele zeigen, dass angesichts der Klimaverschiebung Deichbrüche zunehmen werden. Deshalb dürfen zusätzliche Präventionsmaßnahmen auf Gebäudeebene keinesfalls vernachlässigt werden. An anderen Orten der Welt haben die Menschen schon vor Jahrhunderten gelernt, durch eine angepasste Bauweise mit regelmäßig wiederkehrenden Hochwassern umzugehen wie die Siedlungen mitten im größten See Südostasiens, dem Tonle Sap, zeigen, die auf meterhohen Stelzen errichtet sind (Abb. 8). Dort steigt der Wasserspiegel alljährlich von 3 m in der Trockenzeit auf bis zu 14 m in der Monsunperiode. Die überflutete Fläche Kambodschas schwillt dann von 3000 m² auf bis zu 25 000 m² an.
DETAIL 05/2014

7

8 Wohnen in den Baumwipfeln. Stelzensiedlung bei Hochwasser des Tonle Sap, Kambodscha
9 traditionelles »Hochwasserhaus« in New Orleans

8 Living in the tree tops: structurally elevated settlement in Siam Reap, Cambodia
9 Traditional "flood-adaptive home" in New Orleans

Mark Kammerbauer hat an der TU München sein Architekturstudium abgeschlossen. Seine Doktorarbeit an der Bauhaus Universität Weimar über den Wiederaufbau in New Orleans nach Orkan Katrina erschien 2013 als »Planning Urban Disaster Recovery«. Seit 2012 ist er Lehrbeauftragter an der TH Nürnberg.

Mark Kammerbauer studied architecture at the TU Munich. His doctorate on rebuilding in New Orleans after Hurricane Katrina at the Bauhaus University Weimar, "Planning Urban Disaster Recovery" was published in 2013. Since 2012 he has been a lecturer at the TH Nürnberg.

8

So-called hundred year floods occur repeatedly in ever shorter intervals. Aside from the visible damage caused by water, an invisible danger often arises that continues to linger even long after buildings have dried out: leaked contaminants that intrude deeply into the construction materials of buildings. Products of the chemical industry, animal carcasses and faeces, and most of all, heating oil spills can make it necessary to rehabilitate entire neighbourhoods or even partially or completely demolish and rebuild them afterwards. June 2013. In the Fischerdorf and Natternberg neighbourhoods of the Lower Bavarian city of Deggendorf at the confluence of the Danube and Isar rivers, the disaster reaches its climax. The levee along the Isar river was not yet complete and another levee situated further upriver breached. The floodwater contaminated with heating oil didn't run off quickly and remained in place for the unusually long period of over a week, causing the contamination of buildings. The residents and authorities had considered this area of the riverine environment, protected by a comprehensive system of levees and ecological restoration measures, as relatively safe. Hardly anyone had expected a coincidence of so many disadvantageous events. In regard to toxic heating oil contamination, an expert report can help to prevent hasty, counterproductive or unnecessary spontaneous remediation and rehabilitation measures. However, many spontaneous helpers on site had already removed up to 11 cm of wall surface and building material. This compromised the structural stability of houses, and both money and energy were wasted. In such serious cases, demolition often became unavoidable. Even after drying out and renovation, oil spots returned to the surface in a number of homes: traces of heating oil that had seeped deeply into the pores of the brick- and blockwork penetrated the new render layers from within (Fig. 6).
The simplest kind of prevention is to completely avoid using oil to heat buildings and, for instance, to switch to natural gas. In addition, the most cost-efficient way of floodproofing new buildings is to decide against creating a basement. Tanks containing oil or contaminants situated beneath the flood water level need to be protected against floating by tension belts or steel frames. Double wall security tanks are preferable to single-wall tanks placed inside a sealed tub construction, since their floor anchors often penetrate sealant layers. The newest generation of security oil tanks automatically closes the connection to the oil supply line in the case of floating. As a result, even if the tank tilts, oil can't leak. Renovations become less extensive if the entry of surface water, groundwater or sewage into the building can be prevented. For this purpose, the entire basement level should be made of water-impermeable concrete. In addition, all wall penetrations and openings for installations, window hardware and exterior doors need to be resistant to water pressure. Due to high pressure, water can rise above the flood water surface within sewage pipes and then enter buildings. To avoid backup of water, use of backflow traps in the sewage lines is advised.
Considering that the frequency of heavy flood occasions is on the rise, architects must discuss construction standards for "flood-adaptive homes", comparable to energy standards. These could be applied to renovations and new construction and complement transnational initiatives for flood adaptation in river regions. The fundamental strategies for construction-based flood proofing and the reduction of damages caused by moisture and contaminants are featured in the "Flood Primer" of the Federal Ministry of Transport, Building and Urban Development. Here, two different options are proposed for new construction and many existing buildings. The first suggests the voluntary flooding of buildings or "wet proofing". This option makes sense in the case of existing buildings without floor slabs or if successively sealing off buildings is neither economically nor technologically feasible (Fig. 2). In this case, power distribution and heating systems should be situated on the upper floors, protected from floods. There should be a focus on waterproof construction materials that are neither porous nor permit long-term moisture storage, such as plaster. The second option suggests to completely seal off buildings up to above the flood water level. Any intrusion of surface water, groundwater and sewage into the building must be prevented from the get-go (Fig. 3).
The rehabilitation of flood damages is only the last element in a chain of causes and measures, ranging from regional planning to flood protection for entire cities to construction-based protective methods for individual buildings. Among scientists, levees are not considered the solution, but simply as a means to relegate the problem further downriver. They call for the dismantling of levees in combination with additional measures for the ecological restoration of river channels, the prevention of construction in retention areas, and the creation of polders. The presence of levee systems may contribute to a misled sense of security. Yet, risk cannot be excluded entirely. Against the background of global climate change, there is an increased chance for levee breaches in the future. This is why additional adaptive measures on the level of buildings must not be neglected. In other places of the world people learned how to deal with recurrent flood events hundreds of years ago through adaptation in construction. An example for this are the settlements within the largest lake of southeast Asia, the Tonle Sap. Here, houses were built on tall stilts. The water level rises every year by three meters on average during the dry season and up to 14 m in the monsoon season (Fig. 8).

9

Die ökologische Bilanz energetischer Sanierungen

Life Cycle Assessment of Energy-Efficiency Refurbishment

Sarah Wald, Hannes Mahlknecht,
Martin Zeumer

Architekten bearbeiten eines der größten wirtschaftlichen Potenziale der Gesellschaft. Mit rund 10 Billionen Euro liegt der Wert des Gebäudebestands in Deutschland etwa beim Vierfachen des jährlichen Bruttoinlandsprodukts – Tendenz gleichbleibend oder leicht steigend [1]. Noch vor dem Handel und der Automobilwirtschaft erreicht die Immobilienwirtschaft einen Anteil von 19% an der gesamten Bruttowertschöpfung.
Unser »Schatz« ist aber nicht nur ein wirtschaftlicher, sondern auch ein energetischer. Die im Gebäudebestand gebundene Herstellungsenergie beträgt etwa das 7- bis 8-fache des jährlichen deutschen Gesamtenergiebedarfs – oder umgerechnet das 25-fache dessen, was wir jährlich an Heizenergie für eben diese Gebäude aufwenden [2]. Mit jeder energetischen Sanierung – und damit Senkung des Heizenergiebedarfs – verschiebt sich diese Relation weiter in Richtung Herstellungsenergie. Sofern der für 2050 von der Bundesregierung geforderte nahezu CO_2-neutrale Bestand tatsächlich Realität werden sollte, wird die im Bestand gebundene Energie zur maßgeblichen energetischen Ressource, mit der wir arbeiten. Der Erhalt und die energetische Sanierung von Bestandsbauten bilden damit zwei der wichtigsten Handlungsfelder, um den Energie- und Ressourcenverbrauch im Gebäudebereich zu reduzieren.

Politische Rahmenbedingungen der Sanierung
Die Politik hat diesen Umstand schon seit Längerem erkannt. Die aktuellen Klimaziele der EU für 2030 sehen eine Reduzierung des Treibhausgasausstoßes gegenüber 1990 um mindestens 40% vor. Erreicht werden soll dies durch den Ausbau der erneuerbaren Energien sowie der Steigerung der Energieeffizienz. Die EU-Richtlinie zur Gesamtenergieeffizienz von Gebäuden (2010/31/EU) fordert für jede Erweiterung oder umfassende Sanierung eines Altbaus, dass der neu geschaffene Gebäudeteil oder das gesamte Gebäude bestimmte Mindestanforderungen erfüllen muss [3].
Eine Maßnahme der EU-Effizienzrichtlinie 2012/27/EU sieht vor, dass die Mitgliedsländer jährlich 3% aller Regierungsbauten energetisch sanieren sollen, um ihrer Vorbildfunktion gerecht zu werden [4].

Bundesumweltministerin Barbara Hendricks schätzt die Kosten einer energetischen Sanierung aller Gebäude des Bundes auf rund 3 Milliarden Euro [5]. Das Marktvolumen für die Sanierung des gesamten deutschen Wohngebäudebestands lässt sich nur erahnen. In Deutschland wurden im Zeitraum von 2001 bis 2010 rund 1,4% der Ein- und Zweifamilienhäuser und 1,7% der Mehrfamilienhäuser jährlich energetisch saniert [6]. Es müssten aber mindestens 2% sein, um – wie von der Bundesregierung angestrebt – den Wärmebedarf von Gebäuden bis 2020 um 20% zu senken [7].
Neben dem politischen Druck zur Effizienzsteigerung zielt die Bundesregierung auch auf Suffizienz ab. Bis zum Jahr 2020 will sie den zusätzlichen Flächenverbrauch für Verkehrswege und Siedlungen auf maximal 30ha pro Tag verringern. Derzeit liegt dieser Wert noch bei rund 73 Hektar täglich, wovon vier Fünftel auf Siedlungsflächen und nur rund 20% auf Verkehrsflächen entfallen [8]. Dabei beanspruchen die privaten Haushalte mehr als die Hälfte der Siedlungsfläche. Im Jahr 2011 benötigte jeder Mensch in Deutschland 47 m^2 Fläche zum Wohnen – mit weiterhin steigender Tendenz [9].
Wenn im Zuge einer energetischen Sanierung überdimensionierte, nicht mehr nachgefragte Wohnhäuser in mehrere kleinere Wohnungen aufgeteilt werden, lässt sich gerade in ländlichen Regionen Wohnraum für jüngere wie ältere Singles und Paare schaffen und so der Flächenverbrauch reduzieren. Ähnliches gilt prinzipiell für die Umwandlung leer stehender Bürogebäude in Wohnungen in den Städten, wenngleich diese oft kompliziert und daher kostspielig ist.

Der Nutzen der Ökobilanzierung
Eine Lebenszyklusbetrachtung der Umweltwirkungen liefert wichtige Argumente für Sanierungen. Und sie weitet – indem z.B. ein Lebenszyklus von 50 Jahren angenommen wird – den Blick für ökologische und ökonomische Zusammenhänge beim langfristigen Umgang mit dem Gebäudebestand.
Die aktuelle Diskussion stellt dabei in der Regel zwei Varianten einander gegenüber: einerseits die Sanierung und andererseits die Kombination aus Abriss und Neubau, wobei letztere meist mit einer Nachverdichtung einhergeht. Ein pauschaler Vergleich beider Varianten ist jedoch schwierig, da ihre Machbarkeit stets von objekt- und standortspezifischen wirtschaftlichen Rahmenbedingungen abhängt. Die zumeist teurere Strategie des Neubaus kommt z.B. nur dort infrage, wo die dadurch entstehende zusätzliche Wohnfläche und höherwertige

1

Außenwand/*External wall*	1,0 %
Heizung/*Heating system*	2,7 %
Kellerdecke/*Floor to basement*	0,4 %
Dach, oberste Geschossdecke/ *Roof, uppermost floor slab*	1,3 %
Fenster/*Windows*	2,1 %

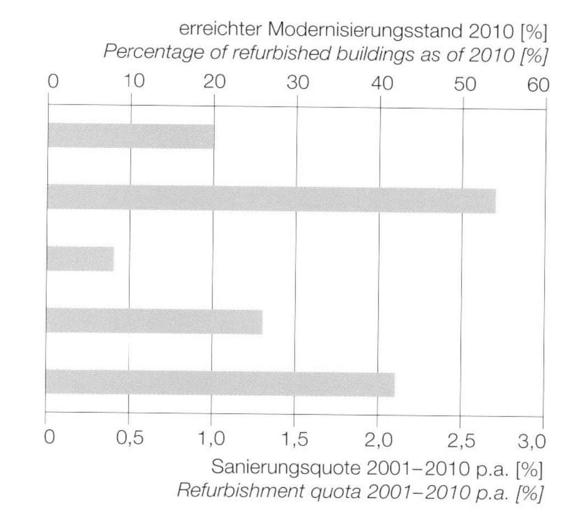

2

1 beispielhafte Sanierung einer denkmalgeschützten Wohnbebauung aus den 1950er-Jahren: Boschetsrieder Siedlung in München 2009, Architekten: Koch + Partner 2009
2 jährliche energetische Sanierungsquoten unterschiedlicher Bauteile in deutschen Wohngebäuden 2001–2010
3 Übersicht der in der Ökobilanzstudie untersuchten Sanierungsvarianten

1 Exemplary refurbishment of a listed residential area from the 1950s: Boschetsrieder housing estate, Munich 2009, Architects: Koch + Partner
2 Annual quota of energy-efficiency refurbishments of different building elements in the German residential building stock, 2001–2010
3 Overview of the refurbishment options evaluated in the life cycle assessment presented in this article

Bausubstanz auch nachgefragt wird. Das ist besonders in innerstädtischen Lagen in wachsenden Städten der Fall. Bei einem Großteil der deutschen Wohnungsbauten – in der Regel in eher suburbanen Regionen – sind die erzielbaren Mietpreise zu gering und ist zudem nur wenig Bedarf an zusätzlichem Wohnraum vorhanden. Daher stellt sich die Frage von Abriss und Neubau bei weiten Teilen des deutschen Gebäudebestands erst gar nicht. Sanierungen stellen für diese Gebäude langfristig die einzige mögliche Strategie dar.

Variantenuntersuchung

Energetische Sanierungen zahlen sich auch bei einer ökologischen Betrachtung des gesamten Lebenszyklus – einschließlich Herstellung und Rückbau – aus. Um diese These zu untermauern, wurden unterschiedliche Sanierungsmaßnahmen an einem Geschosswohnbau aus den 60er-Jahren ökobilanziell untersucht und mit der Alternative »Abriss und Neubau« verglichen. Damit ist das untersuchte Gebäude ein Repräsentant der Baualtersklasse mit dem größten kumulierten Einsparpotenzial in Deutschland, nämlich der Mehrfamilienhäuser aus den Jahren 1949 – 1968 [10]. Sie stellen rund ein Drittel des Gebäudebestands in Deutschland und weisen außerdem die höchsten Energieverbrauchswerte auf.
Bei dem Bestandsgebäude handelt es sich um ein typisches dreigeschossiges Mehrfamilienhaus mit Kellergeschoss sowie nicht ausgebautem Dachraum. Der Baukörper hat eine Energiebezugsfläche von 691 m² und 2736 m³ umbauten Raum. Der Fensterflächenanteil liegt bei ca. 20 % der Fassaden (Süd: 25 %; West: 15 %; Nord: 20 %; Ost: 15 %). Als Wandaufbauten wurden die von der Deutschen Energie-Agentur (dena) ermittelten bualterstypischen Bauteile verwendet [11].

Der Energiebedarf wurde nach DIN V 18 599 in einem Einzonenmodell errechnet. Die Ökobilanzierung betrachtet einen Lebenszyklus von 50 Jahren, wobei in Einzelfällen kürzere Austauschzyklen von Bauteilen und technischen Installationen berücksichtigt wurden (Fenster 30 Jahre, WDVS 40 Jahre, Abdichtung-Flachdach 30 Jahre, Putz auf Holzkonstruktion 45 Jahre, Brennwertkessel und Lüftungsanlage 25 Jahre). Die Ökobilanz-Kennwerte aller neu eingebauten Materialien stammen aus der Datenbank Ökobau.dat [12]. Ebenso wurden Gutschriften für die Entsorgung berücksichtigt. Für die Bewertung werden der Primärenergiebedarf (PE_{ges}) inklusive des Anteils an nicht erneuerbarer Primärenergie (PE_{ne}) sowie das Treibhauspotenzial (Global Warming Potential – GWP) betrachtet. Der Vergleich umfasst fünf Varianten, wobei teilweise mehrere Untervarianten untersucht wurden (Abb. 3 und 4).

Variante 1: Bestand – Austausch von Komponenten nur bei Bedarf

Der Energiestandard des zu sanierenden Gebäudes liegt nach der Energieeinsparverordnung (EnEV) bei 388 % – das entspricht einem Heizwärmebedarf von 300 kWh/m²a. In der Basisvariante wird der bestehende Heizkessel nach 25 Jahren durch einen effizienteren Gas-Brennwertkessel ausgetauscht. Weitere fünf Jahre später folgt der Einbau neuer Fenster mit besserem Dämmwert (U-Wert 1,3 W/m²K).

Variante 2: Teilsanierung – Einfache Einzelmaßnahmen

Bei der Teilsanierung wird der Heizkesseltausch gleich am Anfang des Betrachtungszeitraums vorgenommen; die Fenster werden nach 30 Jahren ersetzt. Zusätzlich umfasst diese Variante eine Dämmung der Kellerdecke und der Geschossfläche zum unbeheizten Dachraum. Dadurch reduziert sich der Energiebedarf um 40 % auf das Niveau EnEV 250 (was einem Heizwärmebedarf von 180 kWh/m²a entspricht).

Varianten 3a-c: Komplettsanierung – zusammenhängende Maßnahmenpakete

Die Generalsanierung beinhaltet neben den in Variante 2 (Teilsanierung) beschriebenen Maßnahmen auch die Dämmung der Außenwände sowie den Austausch der Fenster. Alle Bauteile entsprechen nach der Sanie-

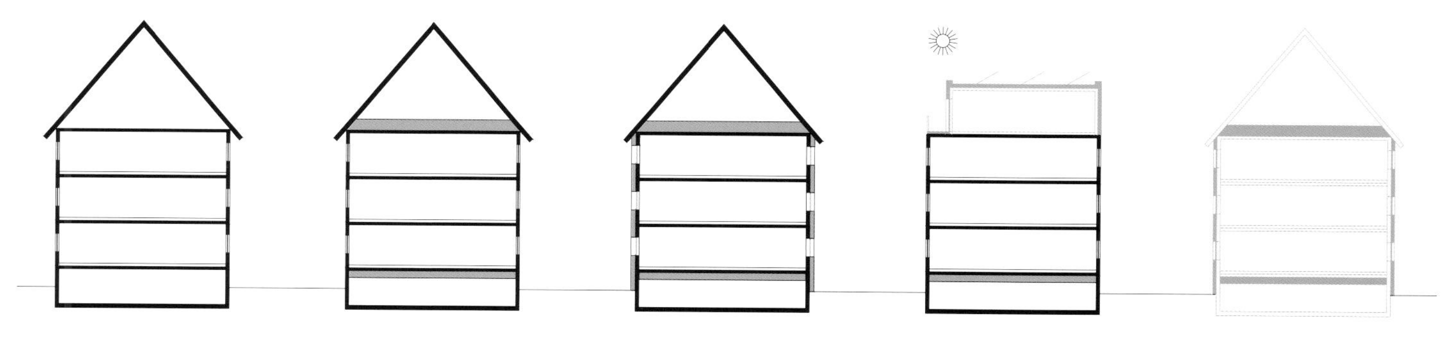

Variante 1: Bestandsgebäude
Version 1: existing building

Variante 2: Teilsanierung
Version 2: partial refurbishment

Variante 3: Gesamtsanierung
Version 3: total refurbishment

Variante 4: Teilsanierung + Aufstockung
Version 4: partial refurbishment + rooftop extension

Variante 5: Abriss + Neubau
Version 5: demolition + new-build

3

	1 **Bestand** ***Existing building***	2	3a **EPS**	3b **Holzfaser / *Wood fibre***	3c **Mineralwolle** ***Mineral wool***
Außenwände ***External walls***	Kalkgipsputz / *Lime gypsum plaster* 10 mm Vollziegel / *Solid brick* 240 mm Zementputz/*Cement render* 15 mm *U* = 1,4 W/m^2K	–[1] *U* = 1,4 W/m^2K	Wärmedämmung EPS *EPS insulation* 120 mm[5] *U* = 0,28 W/m^2K	Wärmedämmung Holzfaser / *Wood fibre insulation* 140 mm[5] *U* = 0,28 W/m^2K	Wärmedämmung Mineralwolle / *Mineral wool insulation* 120 mm[5] *U* = 0,28 W/m^2K
oberste Geschossdecke / Flachdach ***Uppermost floor slab / flat roof***	Estrich / *Screed* 40 mm Steinwolle /*Rock wool* 8 mm Stahlbetondecke /*Reinforced concrete ceiling* 150 mm *U* = 2,1 W/m^2K	Wärmedämmung EPS *EPS insulation* 220 mm *U* = 0,15 W/m^2K	Wärmedämmung EPS *EPS insulation* 160 mm *U* = 0,2 W/m^2K	Wärmedämmung Holzfaser / *Wood fibre insulation* 180 mm *U* = 0,2 W/m^2K	Wärmedämmung Mineralwolle / *Mineral wool insulation* 160 mm *U* = 0,2 W/m^2K
Kellerdecke ***Floor to basement***	Estrich / *Screed* 40 mm Steinwolle /*Rock wool* 15 mm Stahlbetondecke /*Reinforced concrete ceiling* 150 mm *U* = 1,5 W/m^2K	Wärmedämmung EPS *EPS insulation* 80 mm *U* = 0,35 W/m^2K	Wärmedämmung EPS *EPS insulation* 80 mm *U* = 0,35 W/m^2K	Wärmedämmung Holzfaser / *Wood fibre insulation* 90 mm *U* = 0,35 W/m^2K	Wärmedämmung Mineralwolle / *Mineral wool insulation* 80 mm *U* = 0,35 W/m^2K
Schrägdach ***Gabled roof***	Dachdeckung Ziegel *Tile covering* Lattung /*Battens* 40 mm Konterlattung / *Counter battens* 30 mm Holzschalung /*Timber planking* 24 mm Sparren /*Rafters* 160 mm	–[1]	–[1]	–[1]	–[1]
weitere Maßnahmen ***Further measures***	nach 25 Jahren /*after 25 years:* Gas-Brennwertkessel verbessert /*Improved gas condensing boiler*, 20–120 kW[3] nach 30 Jahren /*after 30 years:* Fenster 2-fach verglast / *Windows, double glazed,* U_w = 1,3 W/m^2K[4]	Gas-Brennwertkessel verbessert / *Improved gas condensing boiler*, 20–120 kW[3] nach 30 Jahren /*after 30 years:* Fenster 2-fach verglast / *Windows, double glazed,* U_w = 1,3 W/m^2K[4]	Gas-Brennwertkessel verbessert / *Improved gas condensing boiler*, 20–120 kW[3] Fenster 2-fach verglast / *Windows, double glazed,* U_w = 1,3 W/m^2K[4]		
Energiebedarf gem. EnEV[2] ***Energy demand acc. to EnEV***	**388 %**[2]	**241,6 %**[2]	**123 %**[2]	**123 %**[2]	**123 %**[2]

4 [1] keine weiteren Maßnahmen / *no further measures* [2] 100 % = Referenzbedarf gemäß EnEV 2014 für Neubauten / *100 % = reference demand acc. to EnEV 2014 for new-builds*

rung den Anforderungen der EnEV. Insgesamt reduziert sich der Energiebedarf des Gebäudes gegenüber dem unsanierten Zustand um 70 % auf das Niveau EnEV 120 (Heizwärmebedarf 70 kWh/m²a). Diese Variante erfüllt damit die Anforderungen der EnEV für Bestandsgebäude (EnEV 140) sowie des Erneuerbare-Energien-Wärmegesetzes (EEWärmeG). Zusätzlich wird bei der Generalsanierung exemplarisch untersucht, wie sich die Verwendung unterschiedlicher Dämmstoffe (EPS, Holzfaser, Mineralwolle) in Fassade, Kellerdecke und oberster Geschossdecke auf die Ökobilanz auswirkt.

Varianten 4 a + b: Teilsanierung und Aufstockung mit einem Plusenergie-Aufbau
Hier wurde eine Teilsanierung gemäß Variante 2 einschließlich einer eingeschossigen Aufstockung im Passivhausstandard (Bauteile der Gebäudehülle mit U-Wert von 0,15 W/m²K, Wohnraumlüftung mit Wärmerückgewinnung) angenommen. Auf dem Dach der Aufstockung ist eine 20 kW_p-Photovoltaikanlage installiert. Diese Variante führt zu einer energetischen Verbesserung von 45 % (EnEV 220 /Heizwärmebedarf 140 kWh/m²a) im Vergleich zum Bestandsgebäude.

Variante 5: Abriss und Neubau
Der als Alternative zu den Sanierungsvarianten berechnete Neubau entspricht energetisch den Anforderungen der EnEV für Neubauten (EnEV 100) mit einem Heizwärmebedarf von 55 kWh/m²a. Im Vergleich zum Bestandsgebäude erreicht diese Variante eine Reduktion des Heizwärmebedarfs von 80 %. Betrachtet wurden hierbei ein Massivbau (Kalksandsteinwände mit Holzfenstern) sowie eine Holzbaukonstruktion mit Wärmedämmung aus Mineralwolle.

Ökobilanzergebnisse
In der Bilanzierung zeigt sich zunächst der Energiebedarf für den Gebäudebetrieb als maßgebliche Optimierungsebene in der Sanierung. Über den gesamten Lebenszyklus ist es nahezu unerheblich, welche Maßnahmen umgesetzt werden, soweit es zu einer energetischen Verbesserung des Gesamtgebäudes kommt. Gebundene Energie in den Materialien spielt dagegen nur eine untergeordnete Rolle bei der Bewertung. Selbst in der Variante »Abriss und Neubau« macht die Herstellungsenergie lediglich ein Drittel des Gesamtenergiebedarfs während des 50-jährigen Lebenszyklus aus.

Teilsanierung: Sanierungsfahrpläne sind notwendig
Die untersuchte Teilsanierung (Variante 2) amortisiert sich energetisch und hinsichtlich des Treibhauspotenzials bereits nach rund einem halben Jahr (GWP: ca. 0,7 Jahr; PE: ca. 0,5 Jahr; Abb. 7). Dies deckt sich auch mit Studien zur gebundenen Energie von

4 Konstruktionsaufbauten der untersuchten Sanierungsvarianten
4 Construction build-ups of the refurbishment options studied in this article

sanierter Bestand Refurbished *existing building*	4 Aufstockung *Rooftop extension*	5a Kalksandstein / Holzfenster *Sand-lime brick + timber windows*	5b Holzständer / Mineralwolle *Timber-frame construction + mineral wool*
–[1] *U = 1,4 W/m²K*	Kalkgipsputz / *Lime gypsum plaster* 10 mm Porenbeton / *Aerated concrete* 240 mm EPS 140 mm Kalkzementputz / *Cement render* 15 mm *U = 0,15 W/m²K*	Kalkgipsputz / *Lime gypsum plaster* 10 mm Kalksandstein / *Sand-lime brick* 240 mm EPS 160 mm Silikatputz / *Silicate render* 5 mm *U = 0,2 W/m²K*	Gipskarton / *Plasterboard* 25 mm Holzständer / Mineralwolle *Timber studs/mineral wool* 60 mm OSB-Platte 18 mm Holzständer / Mineralwolle *Timber studs / mineral wool* 180 mm Steinwolle (Putzträger) / *Rock wool (plaster base)* 40 mm Kalkzementputz / *Cement render* 15 mm *U = 0,2 W/m²K*[6]
Lattung + Konterlattung (Unterkonstruktion für Terrassenbelag) / *Battens + counterbattens (substructure for roof terrace)* Abdichtung EPDM / *EPDM seal* Wärmedämmung EPS / *EPS insulation* 220 mm *U = 0,15 W/m²K*	Kiesbelag / *Gravel bed* 50 mm Vlies / *Fleece* Abdichtung EPDM / *EPDM seal* EPS 220 mm Stahlbetondecke / *Reinforced concrete ceiling* 200 mm Kalkgipsputz / *Lime gypsum plaster* 10 mm *U = 0,15 W/m²K*	EPS 160 mm Stahlbetondecke / *Reinforced concrete ceiling* 200 mm Kalkgipsputz / *Lime gypsum plaster* 10 mm *U = 0,2 W/m²K*	Mineralwolle / *Mineral wool* 40 mm Holzschalung / *Timber planking* 24 mm Holzbalken / Mineralwolle *Timber joists / mineral wool* 200 mm OSB-Platte / *OSB board* 19 mm Gipskarton / *Plasterboard* 25 mm *U = 0,2 W/m²K*
Wärmedämmung EPS / *EPS insulation* 80 mm *U = 0,35 W/m²K*	–[1]	Parkett / *Parquet* 20 mm; Zementestrich / *Cement screed* 70 mm; PE-Folie / *PE foil* EPS 30 mm; Stahlbetondecke / *Reinforced concrete ceiling* 200 mm; EPS 130 mm *U = 0,2 W/m²K*	
–[1]	–[1]	Dachdeckung Ziegel / *Tile covering;* Lattung / *Battens* 40 mm; Konterlattung / *Counter battens* 30 mm; Holzschalung / *Timber planking* 24 mm; Sparren / *Rafters* 160 mm	
Gas-Brennwertkessel verbessert *Improved gas condensing boiler*, 20–120 kW[3] nach 30 Jahren / *after 30 years:* Fenster 2-fach verglast / *Windows, double glazed,* U_w *= 1,3 W/m²K*[4]	Wohnraumlüftung mit Wärmerückgewinnung / *Mechanical ventilation with heat recovery*[3] Fenster 3-fach verglast / *Windows, triple glazed,* U_w *= 0,8 W/m²K*[4] Photovoltaikanlage / *PV array*, 150 m², 14 130 kWh/a	Gas-Brennwertkessel verbessert *Improved gas condensing boiler*, 20–120 kW Fenster Holz, 3-fach verglast *Timber windows, triple glazed,* U_w *= 0,95 W/m²K*[4]	Gas-Brennwertkessel verbessert *Improved gas condensing boiler*, 20–120 kW[3] Fenster Holz, 3-fach verglast / Timber *windows, triple glazed,* U_w *= 0,95 W/m²K*
253 %[2]	**88 %**[2]	**104 %**[2]	**104 %**[2]

Bauteil-Lebensdauer / *Reference service life:* [3] 25 Jahre / *25 years* [4] 30 Jahre / *30 years* [5] 40 Jahre / *40 years* [6] 45 Jahre / *45 years*

Dämmstoffen, die für eine nachträgliche Außenwanddämmung in der Regel eine energetische Amortisationsdauer von wenigen Monaten zeigen [13]. Für das genaue Ergebnis ist der U-Wert der bestehenden Wand maßgeblich: Je schlechter er ist, desto kürzer die Amortisation. Bei einer bereits leicht gedämmten Wand (U = 0,5 W/m²K), die mittels Dämmung auf einen U-Wert von 0,23 W/m²K gebracht wird, steigen die Amortisationszeiten für Mineralwolle auf 8 Monate und für EPS auf 14 Monate. Auch ein effizienterer Heizkessel und energetisch verbesserte Fenster (U-Wert 0,8 W/m²K statt zuvor 2,75 W/m²K) amortisieren sich innerhalb weniger Jahre (GWP: ca. 1 Jahr; PE: ca. 3 Jahre; Abb. 7).
Die untersuchte Teilsanierung bewirkt bereits eine deutliche Energieeinsparung. Wichtig ist dabei jedoch, dass die Maßnahmen spätere, weitergehende Schritte (z. B. eine Außenwanddämmung) nicht erschweren. Unüberlegte Einzelmaßnahmen können sich rückwirkend als nicht zielführend herausstellen und den Gebäudebetrieb langfristig verteuern. Sinnvoll ist es z. B., die Heiztechnik dem Energieverbrauch des sanierten Gebäudes anzupassen. Sie kann dann kleiner ausfallen und eventuell mit regenerativen Energien gespeist werden [14]. Daher sind Teilsanierungen nur dann sinnvoll, wenn bereits vor Beginn der ersten Sanierungsmaßnahmen ein planerisches Gesamtkonzept (Sanierungsfahrplan) für den weiteren Sanierungsverlauf feststeht, den der Bauherr schrittweise und je nach Verfügbarkeit finanzieller Mittel abarbeiten kann. Derzeit liegt allerdings der Verdacht nahe, dass solche Langfriststrategien bei Gebäudebesitzern eher die Ausnahme sind. Zwischen 2001 und 2010 wurden im deutschen Wohngebäudebestand durchschnittlich 1,0 % aller Außenwände pro Jahr energetisch saniert. Bei den Fenstern betrug die energetische Sanierungsquote hingegen 2,1 % und bei den Heizungen sogar 2,7 % pro Jahr (Abb. 1). Diese Unterschiede lassen sich nur mit der geringeren Lebensdauer von Fenstern und Heizungen allein nicht begründen. Sie weisen vielmehr auf einen gewissen »Sanierungsstau« bei den Außenwänden hin.

Komplettsanierung: Leichte Vorteile gegenüber Abriss und Neubau

Die Generalsanierung (Variante 3) sowie der Neubau im Niveau EnEV 100 (Variante 5) benötigen im Laufe ihres Lebenszyklus in etwa gleich viel Primärenergie; das Treibhauspotenzial (GWP) der Sanierung unterschreitet jedoch den Neubau deutlich um rund 15 %. Insgesamt reduzieren sich Treibhauspotenzial und Primärenergiebedarf eweils um rund 70 % gegenüber dem unsanierten Bestandsgebäude. Allerdings verteilt sich der Primärenergiebedarf in beiden Varianten sehr unterschiedlich auf die Lebenszyklusphasen: Die Herstellungsenergie beträgt bei der Sanierung nur 20–40 % des Werts für Abriss und Neubau. Bei der Betriebsenergie liegt umgekehrt der Neubau vorn.

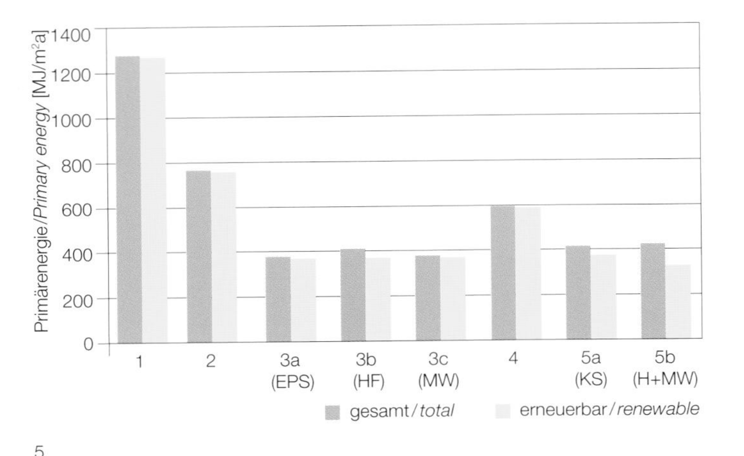

5

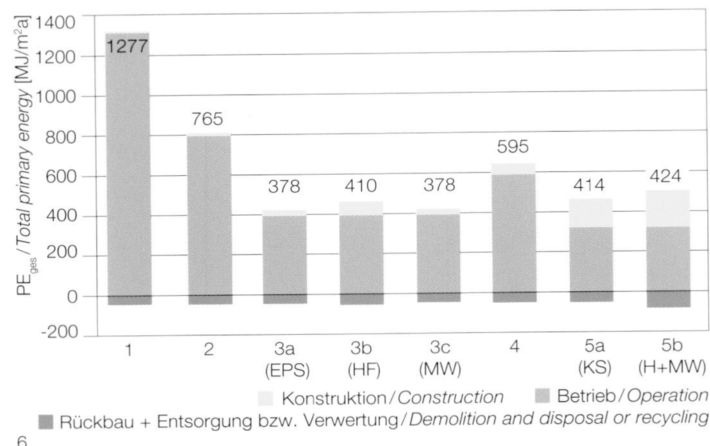

6

Die untersuchte Generalsanierung amortisiert sich energetisch und bezogen auf das Treibhauspotenzial schon nach rund einem Jahr (GWP: ca. 1,0 Jahr; PE: ca. 1,2 Jahre; Abb. 7). Ähnliche Ergebnisse haben auch andere Studien erbracht, obwohl dort zusätzlich aufwendige Umbauten im Innenraum angenommen wurden [15].
Für die derzeitige Regelung der EnEV, die bei generalsanierten Bestandsbauten einen 40 % höheren Primärenergiebedarf zulässt als bei Neubauten, heißt das: Über den Lebenszyklus betrachtet sind eine EnEV-gerechte Gesamtsanierung und ein EnEV-konformer Neubau ökologisch gleichwertig. Wird das Bestandsgebäude hingegen bis auf EnEV-Neubauniveau saniert, ist es dem Neubau im Lebenszyklus energetisch und ökologisch deutlich überlegen. Ein solches Energieniveau lässt sich jedoch nur erreichen, wenn bei der Sanierung die Wärmebrücken minimiert werden und eine konsequente Qualitätssicherung betrieben wird. Dass dies möglich ist, zeigen zahlreiche Referenzbeispiele gelungener Altbausanierungen im Passivhausstandard.

Teilsanierung mit Aufstockung: Die ökologisch beste Alternative
Die Amortisationszeit der Teilsanierung mit Aufstockung im Plusenergie-Standard (Variante 4) beläuft sich auf knapp drei Jahre (GWP) bzw. 26 Monate (PE_{ne}). Deutlich schlechtere Werte hätten sich bei einer Aufstockung ohne Bestandssanierung ergeben. Hohe Energieverbräuche nur durch die Nutzung regenerativer Energien kompensieren zu wollen (in diesem Fall den Solarstrom vom Dach), ist also keine sinnvolle Strategie für den Gebäudebestand. Vielmehr muss Nachverdichtung immer einhergehen mit einer energetischen Optimierung der Altbausubstanz. Die Kombination aus beidem schafft dann nicht nur wertvollen zusätzlichen Wohnraum in den Städten, sondern ist in puncto Energieeffizienz auch die beste der untersuchten Varianten.

Bauteile und Materialien im Detail
Ist die grundsätzliche Entscheidung zwischen Teil- und Gesamtsanierung, Nachverdichtung und Neubau erst einmal gefallen, lässt sich durch die gezielte Optimierung einzelner Bauteile immer noch viel graue Energie einsparen, und Emissionen bei der Bauteilherstellung können vermieden werden. Maßgeblich dabei sind vor allem die Außenwände sowie Fenster, Dächer, Decken und Fundamente, wie aus verschiedenen Studien hervorgeht [16].

Dämmstoffe
In der Variante 3 »Komplettanierung« wurden zusätzlich unterschiedliche Dämmstoffe betrachtet. Eine Dämmung aus EPS erreicht beim Primärenergieeinsatz und beim Treibhauspotenzial ähnliche Werte wie eine Mineralwolldämmung. Der Einsatz nachwachsender Rohstoffe als Dämmstoff kann zu einer Verbesserung der Ökobilanz beitragen. Der Erfolg der Maßnahme hängt aber von der Art des Dämmstoffs und seiner Herstellung ab. Im konkreten Beispiel (Varianten 3a–3c) verursachen die Holzfaserdämmplatten den höchsten Gesamt-Primärenergieaufwand. Beim Treibhauspotenzial zeigen sie jedoch deutliche Vorteile, da Holzbaustoffe als Kohlendioxidspeicher fungieren und so das Klima entlassen. Insgesamt schneiden Holzfaserdämmplatten daher ökologisch gesehen besser ab als die Alternativen aus Mineralfaser und Hartschaum. Bei der Betrachtung des Gesamtlebenszyklus fallen diese Unterschiede jedoch kaum ins Gewicht (Abb. 6 und 8).

Fenster
Fensterrahmen aus Holz sparen gegenüber Kunststofffensterrahmen 50 % des Primärenergiebedarfs und 80 % des Treibhauspotenzials ein. Mit Holz-Aluminium-Verbundrahmen lassen sich ähnlich gute Werte wie bei Holzfenstern erzielen (Abb. 9). Die Metallprofile als Witterungsschutz des Holzes verursachen nur geringe Umweltwirkungen, erhöhen aber die Dauerhaftigkeit der Fensterrahmen und sind daher besonders zu empfehlen.
Um Wärmebrücken und potenzielle Schadstellen zu vermeiden, sollte außerdem auf eine konsequente Einbindung der Fenster in die Dämmebene geachtet werden.

Variante 2 (Teilsanierung)
Option 2 (partial refurbishment)

Variante 3 (Generalsanierung)
Option 3 (full refurbishment)

Variante 4 (Teilsanierung + Aufstockung)
Option 4 (partial refurbishment + rooftop extension)

verbesserter Heizkessel + neue Fenster/
New boiler + improved windows [U_w = 0,8 W/m²K]

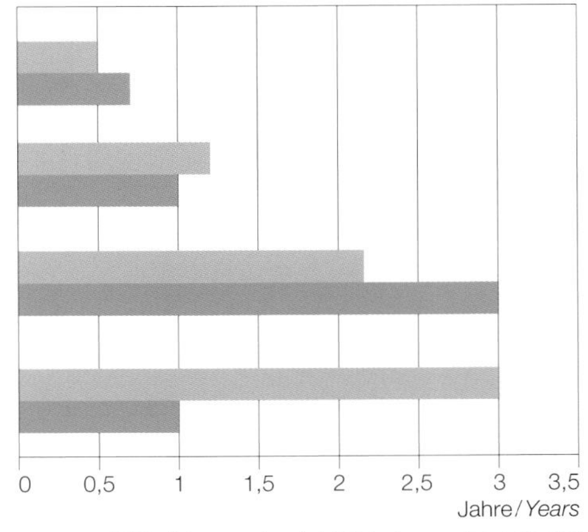

7

Primärenergie/*Primary energy* Treibhauspotenzial/*Global warming potential*

Tragwerk
Bei der Berechnung des Neubaus (Variante 5) wurde für die Wandkonstruktionen zunächst Kalksandstein herangezogen, mit dem aus energetischer und ökologischer Sicht bereits recht gute Werte erreicht werden können. Ein Synergieeffekt und damit geringere Umweltwirkungen lassen sich erzielen, wenn stattdessen Porenbeton verwendet wird. Durch die guten Wärmedämmeigenschaften des Materials wird bei glei-

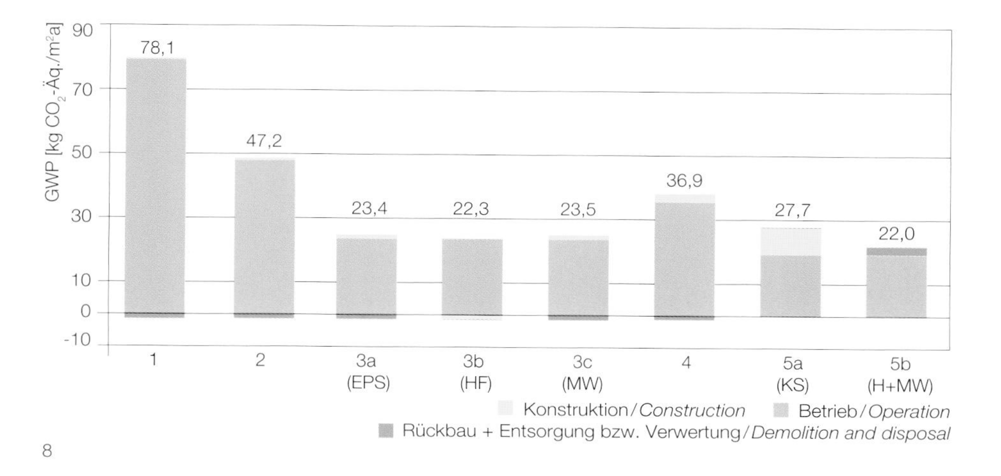

8

5 Primärenergiebedarf (gesamt sowie nicht erneuerbar) der untersuchten Sanierungsvarianten im Lebenszyklus
6 Primärenergiebedarf gegliedert nach Lebenszyklusphasen
7 energetische und ökologische (gemessen am Treibhauspotenzial) Amortisationszeiten ausgewählter Sanierungsvarianten
8 Treibhausgasemissionen der Sanierungsvarianten über 50 Jahre

5 *Primary energy demand (total as well as non-renewable) of the refurbishment options over the life cycle of the building*
6 *Primary energy demand in different phases of the life cycle*
7 *Energetic and ecological amortisation of selected refurbishment options*
8 *Global warming potential of the refurbishment options*

chem U-Wert weniger Zusatzdämmung benötigt als bei Kalksandstein. Eine weitere deutliche Verbesserung ist mit einem Holzbau möglich, der im Vergleich zu den Massivbauten bis zu 30% bessere Ergebnisse in der Ökobilanz erreicht (Abb. 6 und 8). Dabei sind insbesondere im Wohnungsbau (speziell bei den Gebäudeklassen 1–3 nach Musterbauordnung, d. h. bei Bauhöhen bis 7 m) deutliche Verbesserungen festzustellen, wie auch das fiktive Rechenbeispiel zeigt. Bei höheren Holzbauten lassen sich aufgrund der dann erforderlichen aufwendigeren Tragkonstruktion (z. B. aus Brettschichtholz) sowie dem notwendigen zusätzlichen Brandschutz nur geringe Einsparungen beim Primärenergiebedarf erzielen [17]. Zu einer Verringerung des Treibhauspotenzials hingegen leistet die Holzbauweise einen deutlich höheren Beitrag. Hier geht man davon aus, dass das Holz nach der Nutzungsphase durch thermisches Recycling wieder CO_2 in den natürlichen Kreislauf freisetzt und dabei fossilen Brennstoff ersetzt.

Flachdachabdichtungen

Da Flachdachabdichtungen eine Lebensdauer von etwa 25 Jahren haben, müssen sie innerhalb des 50-jährigen Gebäudelebenszyklus einmal ausgetauscht werden. Dabei sollten Bitumenbahnen aus Sicht der Ökobilanz vermieden werden. Energetisch wie ökologisch empfehlenswerte Produkte haben einen geringen Weichmacheranteil (z. B. VAE, EVA). Die weichmacherfreie EPDM-Bahn stellt zwar baubiologisch die beste Lösung dar, ihre Umweltwirkung beträgt allerdings das Doppelte einer EVA-Bahn, da der Herstellungsprozess des Materials sehr energieaufwendig ist.

Putze, Anstrich, Grundierungen/Beschichtungen, Kleber und Dichtstoffe

Konstruktionsbestandteile wie Putze, Anstriche, Grundierungen/Beschichtungen und Dichtstoffe bilden zwar nur rund 5% der Gesamtmasse eines Gebäudes und haben auch nur einen geringen Anteil an dessen Umweltwirkungen. Sie sind allerdings der wichtigste gesundheitliche Risikofaktor unter den Baustoffen. Daher ist in diesem Bereich besondere Aufmerksamkeit in der Planung erforderlich, um einen dauerhaften Werterhalt des Gebäudes zu gewährleisten.

Fazit

Effizienz- und suffizienzbezogene politische Ziele erfordern die kontinuierliche Weiterentwicklung und energetische Verbesserung des Gebäudebestands. Der oft angeführte Vorwand, energetische Sanierungen stünden im Widerspruch zum Schutz erhaltenswürdiger Bausubstanz, lässt sich gerade bei den Wohngebäuden aufgrund der schieren Masse der Objekte kaum aufrechterhalten. Die von Laien mit solchen Argumenten meist adressierten Gründerzeitbauten stellen im deutschen Wohngebäudebestand nur eine relativ kleine Gruppe dar. Lediglich 15% aller Gebäude in Deutschland wurden vor 1919 errichtet. Die zumeist uniformen Gebäude der Nachkriegszeit überwiegen demgegenüber zahlenmäßig deutlich.
Sanieren ist dabei aus energetischer und ökologischer Sicht fast ausnahmslos sinnvoll. Die ökologische Bilanzierung über den Lebenszyklus untermauert diese Position und verdeutlicht den in Deutschland herrschenden Sanierungsbedarf einmal mehr. Bedenken bezüglich der energetischen Amortisation einzelner Maßnahmen lassen sich bei genauerer Betrachtung in der Regel entkräften.
Für die meisten Bestandsgebäude in Deutschland kann das mittelfristige Ziel daher nur lauten, sie umfassend energetisch zu sanieren. Eine Lebenszyklusbetrachtung stellt überdies die Lebenszykluskosten gegenüber den kurzfristigen Investitionskosten in den Vordergrund und liefert so weitere, auch finanzielle Argumente für eine Sanierung. In Verbindung hiermit stellen sich dann auch Fragen nach der Dauerhaftigkeit der verwendeten Baustoffe sowie der Optimierung von Reinigungs-, Wartungs- und Instandhaltungsprozessen. Gerade hier bieten sich Planern künftig neue Chancen: Durch die Wahl ebenso energieeffizienter wie langlebiger und wartungsarmer Konstruktionen können sie den Gebäudebestand zu einer der größten wirtschaftlichen und energetischen Ressourcen der Gesellschaft machen.
DETAILgreen 01/2015

Anmerkungen/References:

[1] http://bit.ly/thesenpapier_IWK
[2] Hegger et al.: Energie Atlas, München 2007
[3] Richtlinie 2010/31/EU des Europäischen Parlaments und des Rates vom 19.05.2010 über die Gesamtenergieeffizienz von Gebäuden
[4] Renewables Special Sector Research. 1.12.2014, Ausgabe 02/2014, Richtlinie 2012/27/EU des Europäischen Parlaments und des Rates vom 25.10.2012
[5] Handelsblatt, 20.08.2014
[6] Krauß, Norbert: Stand der Gebäudemodernisierung in Deutschland. »Unsicherheiten der Hochrechnung«. Fachtagung Energetische Aufwertung und Stadtentwicklung (EASE). 2012
[7] Energiekonzept der Bundesregierung für eine umweltschonende, zuverlässige und bezahlbare Energieversorgung, 28. September 2010
[8] www.bmub.bund.de/fileadmin/Daten_BMU/Bilder_Infografiken/flaechenverbrauch_2014.png
[9] http://bit.ly/flaechenverbrauch
[10] http://bit.ly/datenbasis_gebäudebestand
[11] Energetische Bewertung von Bestandsgebäuden; Arbeitshilfe für die Ausstellung von Energiepässen; dena, Berlin 2004
[12] www.nachhaltigesbauen.de/oekobaudat/
[13] Lützkendorf, Thomas: »Graue Energie« von Dämmstoffen – ein Teilaspekt. München 2013
[14] Sprengard, Christoph; Treml, Sebastian; Holm, Andreas H.: Metastudie Wärmedämmstoffe. München 2013
[15] El khouli, Sebastian; John, Viola; Zeumer, Martin: Nachhaltig konstruieren, München 2014, S./*pp.* 44ff.
[16] siehe/*see* [15], S./*pp.* 109ff.
[17] ebd./*ibid.*, S./*pp.* 86ff.

Zweifachverglasung in Holzrahmen
Double glazing in timber frames (U_w = 1,3 W/m²K)

Zweifachverglasung in Kunststoffrahmen
Double glazing in PVC frames (U_w = 1,2 W/m²K)

Dreifachverglasung in Holzrahmen, gedämmt
Triple glazing in timber frames, insulated (U_w = 0,8 W/m²K)

Dreifachverglasung in Holz-Aluminium-Rahmen, gedämmt / *Triple glazing in timber / aluminium frames, insulated* (U_w = 0,8 W/m²K)

Dreifachverglasung in Kunststoffrahmen, gedämmt
Triple glazing in PVC frames, insulated (U_w = 0,8 W/m²K)

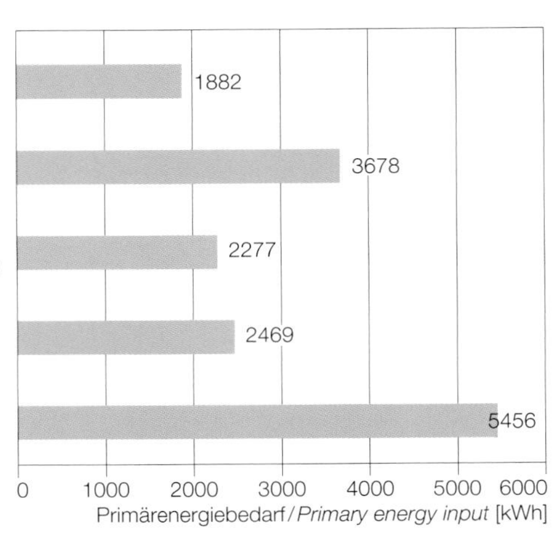

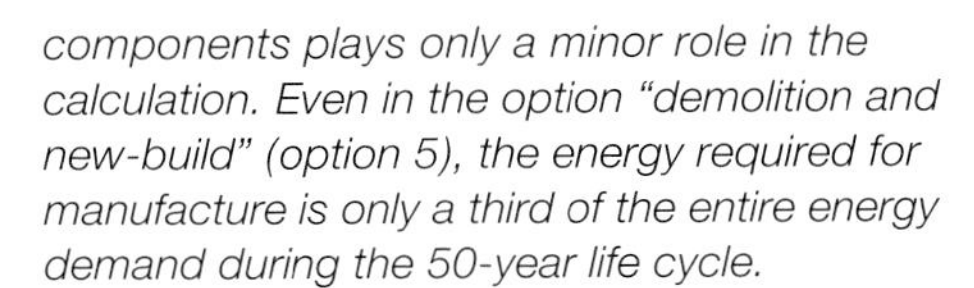

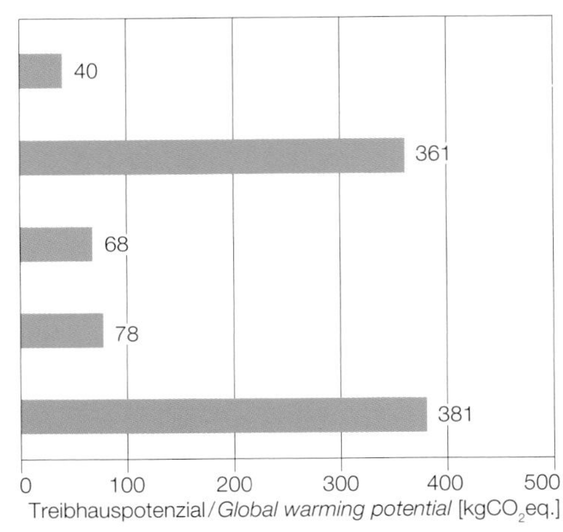

Fenstergröße: je 1,25 × 1,4 m
9 *Window size: 1.25 × 1.4 m each*

When considered from an ecological perspective, using a life cycle assessment (LCA), energy-efficient refurbishments of buildings pay for themselves. In order to verify this claim, this article considers various refurbishment options on a multi-storey residential building from the 1960s. Furthermore, refurbishment options are compared with the alternative of demolishing buildings and constructing them from scratch. The building under focus represents the particular era of buildings that have the greatest cumulative energy savings potential in Germany: namely apartment buildings built between 1949 and 1968, which account for around a third of the existing German building stock and consume the highest amount of energy [10].

The test building is a typical three-storey residential building with basement and (unheated) attic. It has an energy reference area of 691 m² and a window surface area of around 20 % of the facade area. The wall construction consists of conventional building components typical for its age as listed by the German Energy Agency (Deutsche Energie-Agentur / dena) [11].

The life cycle assessment assumes a lifespan of 50 years, although in some cases shorter replacement cycles for building components and technical equipment were used (for example 30 years for windows, 40 years for ETICS, and 25 years for condensation boilers and ventilation systems). The LCA values of all newly installed building components came from the databank ökobau.dat [12]. Furthermore, credit for disposal was taken into account. For the calculation the total primary energy demand (PE_{ges}) including the portion of the non-renewable primary energy (PE_{ne}) as well as the global warming potential (GWP) were used.

Life cycle assessment results

The life cycle assessment shows that the energy demand for building operation is the decisive influencing factor. Over the entire life cycle it is almost irrelevant which measures are implemented, as long as the building's energy demand for heating is reduced. In contrast, the embodied energy of the used building components plays only a minor role in the calculation. Even in the option "demolition and new-build" (option 5), the energy required for manufacture is only a third of the entire energy demand during the 50-year life cycle.

Partial refurbishment: a long-term strategy is essential

The analysed partial refurbishment (option 2) pays itself off in energy investment and with regard to global warming potential after just six months (Fig. 7). This is consistent with other studies on the embodied energy of insulation in which a retrofitted exterior insulation has an energy amortisation period of just a few months [13]. The specific result depends on the U-value of the existing wall: the worse it is, the shorter the amortisation period. An efficient central-heating boiler and energy-efficient windows (U-value 0.8 W/m²K instead of the previous 2.75 W/m²K) amortise within a few years. The studied partial refurbishment provides significant energy savings early on. However, it is important that the measures taken do not hinder future successive steps (for example retrofitting exterior thermal insulation). Poorly considered single refurbishment steps may later be found to be unhelpful and may make the building operation more expensive in the long term. For example, it makes sense to adjust the heating equipment to the energy consumption of the refurbished building. This minimises the heating and allows it to be supplemented with renewable energy at a later stage [14]. Therefore, partial refurbishments only make sense if, from the onset, they follow an overall plan (refurbishment time table), which also includes later refurbishment steps that the client can implement according to the financial means available.

Total refurbishment: slight advantages compared to demolition and reconstruction

Both a general refurbishment (option 3) and a new-build (option 5) require around the same amount of primary energy in the course of their life cycles. The global warming potential (GWP) of the refurbishment falls significantly below that of a new-build by around 15 %. Overall, the global warming potential and the primary energy demand of each option is less than 70 % of that of an existing building that is not refurbished. However, the primary energy demand of the two options is distributed differently over the life cycle phases: in the case of the refurbishment, the energy necessary for manufacture is only 20–40 % of the value for demolition and new-build. In contrast, the energy required for building operation is less in the case of the new-build. With an increasingly ambitious energy level of the refurbishment, however, the situation changes. If an existing building can be refurbished to the energy level of an average new building, then in view of the entire life cycle, this is significantly better from an ecological point of view.

Partial refurbishment and rooftop extension: the best alternative in terms of ecology

The amortisation period of the partial refurbishment with a rooftop extension at the Plus Energy Standard (option 4) takes about 26 months (in terms of embodied energy) to three years (in terms of Global Warming Potential). Significantly worse values would be gained by adding the rooftop extension without refurbishing the existing old building. Therefore, it is not a good strategy to compensate high-energy consumption with the sole use of renewable energy (in this case solar-generated electricity from the roof). Rather, the extension of a building should be accompanied by an optimisation of the energy consumption of the existing building substance. The combination of the two strategies not only creates valuable additional living space in cities, but is also the best of the studied options in terms of energy efficiency.

Building components and materials in detail

Once the fundamental decision for a refurbishment strategy (or the construction of a new-build) has been made, the environmental impact of the building can be further reduced by the optimisation of individual components. Above all, the decisive elements are the exterior walls, windows, roofs, floors and foundations. This has been proven in various studies [16].

9 Ökobilanzergebnisse unterschiedlicher Fenstertypen (nur Herstellungsphase)
10 sozialverträgliche energetische Sanierung und bauliche Aufwertung einer Arbeitersiedlung der 1930er-Jahre: Weltquartier in Hamburg 2009–2013, Architekten: kfs-Architekten. Die Maßnahmen wurden 2014 mit dem Deutschen Städtebaupreis ausgezeichnet.

9 Environmental assessment of different types of windows (production phase only)
10 Socially compatible energy-efficiency refurbishment and architectural upgrade of a 1930s worker's district: Weltquartier (World District) in Hamburg 2009–2013, kfs-Architekten. The refurbishment was awarded the German Urban Design Award in 2014.

Sarah Wald absolvierte das Masterstudium »Sanierung und Revitalisierung« in Krems und war Mitarbeiterin der ee concept GmbH in Darmstadt. Seit 2015 arbeitet sie in Wien bei der PORR Design und Engineering GmbH in der Abteilung »Nachhaltigkeit«.

Hannes Mahlknecht ist Architekt, zertifizierter Klimahausberater, Auditor und Lichtgestalter. Seit 2014 ist er bei der ee concept GmbH in Darmstadt tätig.

Martin Zeumer ist Architekt, geprüfter Planer für Baubiologie und Energieberater. Seit 2012 ist er als Mitarbeiter, seit 2013 als Prokurist bei der ee concept GmbH in Darmstadt tätig.

Sarah Wald completed a Master's degree in refurbishment and revitalisation in Krems and worked for ee concept GmbH in Darmstadt. She is currently employed in the sustainability department of PORR Design und Engineering GmbH in Vienna.

Hannes Mahlknecht is a trained architect, certified Climate House consultant, auditor and lighting designer. He has been working at ee concept GmbH in Darmstadt since 2014.

Martin Zeumer is an architect, registered designer for construction biology and energy consultant. Having worked for ee concept GmbH in Darmstadt since 2012, he became an authorised signatory in 2013.

Insulation

In option 3 (general refurbishment) various kinds of insulation were examined. An EPS nsulation has a primary energy input and a global warming potential of similar values as mineral wool insulation. In contrast, the use of renewable raw materials as insulation can contribute to an improvement of the life cycle assessment. In a specific example (option 3a–c) wood fibre insulation board consumed the highest amount of total primary energy. However, it has definite advantages in terms of global warming potential as timber building products serve as carbon sinks and therefore benefit the climate. In general, wood fibre insulation boards are ecologically better than the alternatives made of mineral fibre or of rigid foam. However, when viewed over the total life cycle, these differences become insignificant (Figs. 6 + 8).

Windows

Compared to plastic window frames, timber window frames require 50 % of the primary energy demand and 80 % of the global warming potential. Wood-aluminium composite frames can have similar values as wooden window frames (Fig. 9). Metal profiles used to protect wood against weathering cause few negative environmental impacts, but improve the durability of the window frames and are therefore to be recommended without reservation. In order to avoid thermal bridging and the potential accumulation of moisture through condensation, close attention must be paid to the integration of the windows into the insulation layer.

Load-bearing structure

In the option 5a (new-build), sand-lime masonry with exterior insulation was calculated as a baseline scenario for the exterior walls. The environmental impacts can be further reduced if aerated concrete is used as an alternative. As good insulation is provided by the blockwork itself, less additional insulation is required than with sand-lime masonry to achieve the same U-value.
A further significant improvement can be achieved by using a timber construction which, compared to solid construction types (masonry or concrete), provides up to 30 % better results in the LCA (Figs. 6 + 8). This certainly applies to low-rise residential buildings which (according to German legislation) do not exceed seven metres in height. Reducing embodied energy is rather difficult for taller timber buildings due to higher requirements for structural systems (which may, for example, necessitate the use of glued laminated timber that is more energy-intensive to produce) as well as additional fire protection measures [17]. In contrast, even relatively tall timber constructions provide significant potential savings in greenhouse gas emissions (Fig. 8). The CO_2 that has been absorbed by the trees during their growth is only returned to the natural cycle after the demolition of the building, when it is assumed that the timber will be burnt. The overall amount of greenhouse gases "stored" in a timber construction, however, is far lower than that emitted for the manufacture of a solid masonry construction.

Flat roof waterproofing

The waterproofing of flat roofs has a life span of about 25 years and has to be replaced once during a 50-year building life cycle. Bituminous sheeting should be avoided from the perspective of life cycle assessment. Products that can be recommended in terms of energy and ecology have a low percentage of plasticisers (for example VAE, EVA). Although plasticiser-free EPDM sheeting is the best solution in terms of building biology, its primary energy input and global warming potential are twice that of an EVA sheeting because the manufacturing process of the material is highly energy intensive.

10

Aufzüge energieeffizient modernisieren

Energy-Efficient Modernisation of Lifts

Peter Seifert

Steigende Anforderungen an die Energieeffizienz im Gebäudebestand machen es notwendig, auch bislang weniger beachtete Teile der Anlagentechnik immer weiter zu optimieren. Ein Beispiel hierfür sind Aufzüge, bei denen die Energieeffizienz bis vor wenigen Jahren eher eine untergeordnete Rolle spielte. Inzwischen können jedoch moderne Technologien viel zur Optimierung der Verbrauchszahlen beitragen.
Als grober Richtwert gilt, dass der Anteil der Aufzüge am Gesamtenergieverbrauch von Wohngebäuden rund 2–5 % bis fünf Prozent beträgt. Bei stark frequentierten Bürogebäuden sind es bis zu 15 % – also ein durchaus relevantes Einsparpotenzial. Bei Aufzugsanlagen lassen sich im Wesentlichen drei Ansätze verfolgen: die Verbesserung der Verbrauchsdaten durch energiesparende Anlagenkomponenten, die Reduzierung von Wärmeverlusten über den Aufzugsschacht sowie die Optimierung der Aufzugsfahrten durch intelligente Verkehrsmanagementsysteme.

1

Einflussgrößen für den Energieverbrauch
Durch Referenzmessungen lässt sich der aktuelle Energieverbrauch einer Aufzugsanlage bestimmen. Doch eine pauschale Aussage zu geeigneten Effizienzmaßnahmen lässt sich im Voraus kaum treffen. Denn der Energiebedarf hängt nicht nur von der Aufzugstechnik als solcher ab. Genauso entscheidend sind z. B. die Förderhöhe, die Anzahl der Haltestellen und die Nutzungsintensität. Eine weitere nicht zu unterschätzende Einflussgröße ist das seit Jahrzehnten ansteigende Sicherheitsniveau, das Aufzüge einerseits zu den sichersten Verkehrsmitteln der Welt macht, andererseits den Energieverbrauch im Stillstand in die Höhe treibt. Beispielsweise sorgen moderne Antriebe mit Frequenzumrichtertechnologie für eine hohe Haltegenauigkeit auf den Etagen. So wird eine der größten Gefahrenquellen für Unfälle im Aufzug reduziert. Gleichzeitig erhöht sich der Fahrkomfort. Doch im Gegensatz zu veralteten Zweigeschwindigkeits-Drehstromantrieben verbrauchen Frequenzumrichter auch im Stillstand Strom. Ähnliches gilt für zusätzliche sicherheitsrelevante Komponenten wie Lichtgitter bei Automatiktüren. Erst seit wenigen Jahren haben sich die Hersteller die Reduktion dieses Stand-by-Bedarfs zur Aufgabe gemacht (Abb. 5). Für Modernisierungsmaßnahmen heißt das: Ziel sollte ein möglichst effizienter Aufzug sein, der dem aktuellen Stand der Technik und dem heutigen Sicherheitsniveau entspricht.

Energieeffizienzklassen für Aufzüge
Der Verbrauch einer bestimmten Aufzugsanlage lässt sich anhand der VDI-Energieeffizienzklassen von A = »sehr gut« bis G = »schlecht« bestimmen. Dabei wird zwischen dem Verbrauch im Stillstand und während der Fahrt unterschieden. So kann die Fahrtleistung beispielsweise in Klasse B fallen, während der Stillstandsbedarf der Klasse C entspricht. Bei einem geringen Verkehrsaufkommen wirkt sich ein niedriger Stillstandsbedarf positiv auf die Einstufung aus. Hingegen kommt es bei stark frequentierten Gebäuden vor allem auf einen effizienten Fahrtbetrieb an (Abb. 2). Aus diesem Grund unterscheidet die VDI-Richtlinie 4707 bei der Klassifizierung zwischen fünf Nutzungskategorien. Demnach gehören kleinere Wohnhäuser, bei denen der Aufzug weniger als 110 Stunden im Jahr genutzt wird, der niedrigsten Kategorie 1 an. Gebäude mit Fahrtzeiten von mehr als 1600 Stunden im Jahr (z. B. Hochhäuser mit mehr als 50 Wohnungen) fallen hingegen in die nutzungsintensive Kategorie 5. Die Anlagenkonfiguration sollte daher gezielt auf das jeweilige Gebäude abgestimmt sein, um eine möglichst gute Effizienzklasse und einen geringen Verbrauch zu erzielen.
Gängige Modernisierungslösungen und Ersatzanlagen sind heutzutage grundsätzlich auf einen sparsamen Verbrauch ausgelegt. Die Bandbreite reicht hierbei von energiesparenden getriebelosen Antrieben über elektronische Steuerungen bis hin zu besonders elastischen Tragmitteln aus speziellen Metallkabeln mit Elastomer-Ummantelung, die herkömmliche Stahlseile ersetzen. Darüber hinaus steht eine Reihe von Optionen zur Verfügung, mit denen sich der Energiebedarf weiter senken lässt.

Regenerativer Antrieb bei hoher Auslastung
Wenn es um die Reduzierung des Fahrverbrauchs geht, wird häufig der Einbau eines regenerativen Antriebs diskutiert. Eine Energierückspeisung bei Aufzügen ist möglich, da sie im täglichen Betrieb ständig beschleunigen und wieder abbremsen. Die daraus resultierende Bremsenergie verpufft bei älteren Anlagen ungenutzt in Bremswiderständen. Hingegen wandelt bei der Rückspeisung ein Wechselrichter die überschüssige kinetische Energie in Strom um und speist sie in das Versorgungsnetz des Gebäudes oder des Energieversorgers ein. In Aufzugsgruppen können auch andere Aufzüge in der Gruppe den erzeugten Strom nutzen. Ein Energieüberschuss entsteht bei schwer beladenen Kabinen in der Abwärtsfahrt, aber auch, wenn die Kabinen in der Aufwärtsfahrt leichter sind als das Gegengewicht (Abb. 3). Um bei

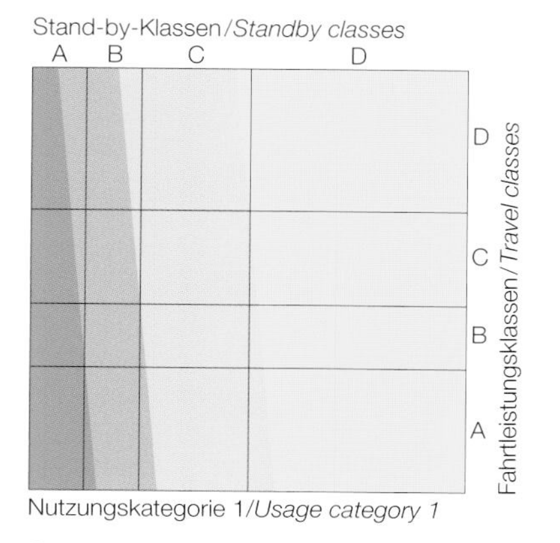

Nutzungskategorie 1/*Usage category 1*

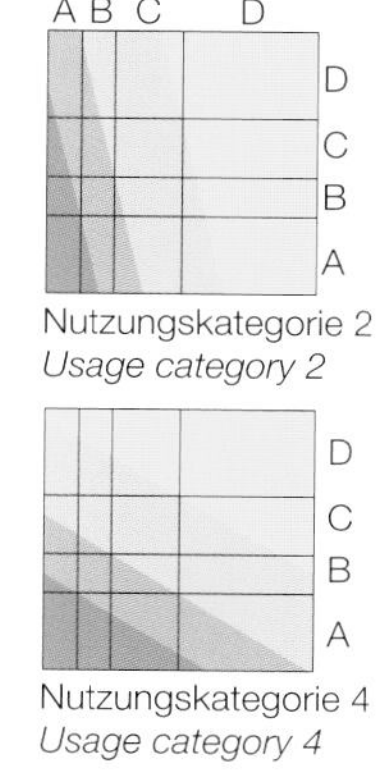

Nutzungskategorie 2
Usage category 2

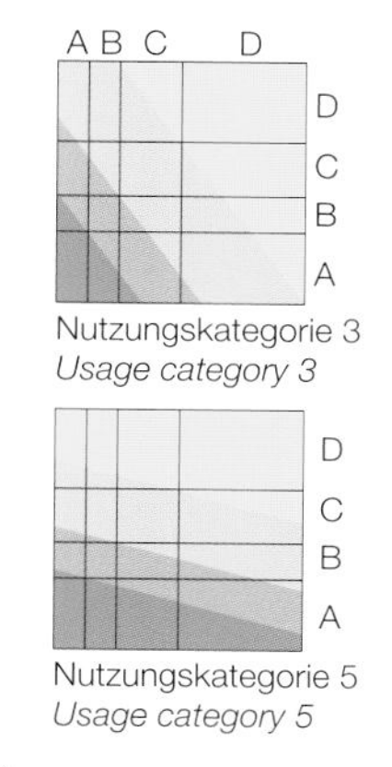

Nutzungskategorie 3
Usage category 3

Nutzungskategorie 4
Usage category 4

Nutzungskategorie 5
Usage category 5

Gesamtbewertung/*Total rating:*
2 Klasse A/*Class A* Klasse B/*Class B* Klasse C/*Class C* Klasse D/*Class D*

1 Blick in einen Aufzugsschacht
2 Einfluss des Nutzungsprofils auf die Energieeffizienzklasse eines Aufzugs nach VDI 4707
3 Funktionsweise der Energierückgewinnung
4 Einsparpotenziale eines regenerativen Aufzugsantriebs am Beispiel eines Bürohochhauses (Berechnung: Schindler Aufzüge AG)

1 View up a lift shaft
2 Influence of the usage profile on the energy efficiency class of a lift according to VDI 4707
3 Function principle of energy recovery
4 Energy savings potential of a lift drive with energy recovery in an office high-rise

einem konkreten Objekt zu ermitteln, ob sich ein regenerativer Antrieb wirklich lohnt, muss eine Kosten-Nutzen-Rechnung angestellt werden.
Grundsätzlich gilt, dass der Einsatz eines regenerativen Antriebs, bezogen auf die Lebenszykluskosten, ab ca. 100 000 Fahrten pro Jahr und einer gewissen Förderhöhe rentabel ist. Doch handelt es sich zunächst um einen groben Richtwert. Am Beispiel eines Bürohochhauses wird das deutlich (Abb. 4): Ausgangspunkt ist ein Aufzug mit einer Nennlast von 1500 kg sowie einer Hubhöhe von 76 m und 20 Haltestellen. Bei 30 000 Fahrten pro Jahr senkt die Energierückspeisung den Verbrauch lediglich um 630 kWh bzw. 16 %, sodass die Anschaffungs- und Unterhaltungskosten kaum eingespielt werden können. Kommt der gleiche Aufzug hingegen auf 360 000 Fahrten jährlich, liegen die Einsparungen bei rund 40 % – also bei mehr als 6700 kWh. In diesen Dimensionen zahlt sich ein regenerativer Antrieb definitiv aus.

Stand-by-Schaltung reduziert Stillstandsbedarf

Für Anlagen mit hohen Stillstandszeiten bietet sich der Einbau eines Stand-by-Betriebes an. Die Stand-by-Ausstattung schaltet die Elektronik bei Wartezeiten automatisch ab und spart so wichtige Ressourcen ein. Bei einer häufigen Nutzung kann sich dieser Betrieb wiederum kontraproduktiv auswirken: Der Verschleiß erhöht sich unnötig, die technischen Komponenten leiden unter dem häufigen An- und Ausschalten.

LED-Beleuchtung ist Standard

Der Einsatz von energiesparenden LEDs in Bedientableau, Etagenanzeiger und Kabinenbeleuchtung hat sich bei Neuanlagen nahezu vollständig durchgesetzt und bietet auch bei Modernisierungen erhebliches Einsparpotenzial. So benötigt eine LED-Kabinenbeleuchtung bei einer täglichen Einschaltdauer von drei Stunden (entspricht Nutzungskategorie 4) nur rund 20 kWh/a, vergleichbare Halogenleuchtmittel hingegen 230 kWh/a. Darüber hinaus haben moderne Beleuchtungssysteme eine bis zu 20-fach längere Lebensdauer.

Schwachstelle Schachtentlüftung

Beim Thema energieeffiziente Aufzugstechnik sollte in jedem Fall die Energieeffizienz der Gebäudehülle mit betrachtet werden. Die Aufzugsschächte sollten sich in der Regel innerhalb der beheizten Gebäudehülle befinden. Zum einen ermöglicht dies einen direkten Zugang zu beheizten Räumen an den Haltestellen. Zum anderen wirkt sich das gleichmäßigere Temperaturgefüge positiv auf die Lebensdauer der Komponenten aus.
Ein Schwachpunkt ist bei älteren Anlagen die vorgeschriebene Schachtentlüftung. Durch diese permanente Öffnung geht eine signifikante Menge an Wärmeenergie verloren. Modellrechnungen für einen Aufzug mit 675 kg Tragfähigkeit und sechs Haltestellen ergeben einen Energieverlust von rund 15 000 kWh/a.
Bei einem kontrollierten Schachtentlüftungssystem hingegen werden vollständig abdichtende Lüftungskomponenten zum temporären Verschließen der Öffnung eingesetzt (Abb. 7). Die Luft im Aufzugsschacht wird fortlaufend von Sensoren analysiert. Das System reagiert dann flexibel auf die jeweilige Situation. So öffnet sich die Lüftungsklappe unter anderem erst bei Rauchentwicklung oder einem Stromausfall. Über Bewegungsmelder sorgt das System zudem dafür, dass bei der Nutzung des Aufzugs und bei Wartungsarbeiten der Schacht ausreichend belüftet wird.

Verkehrsmanagementsysteme vermeiden unnötige Fahrten

Jede vermiedene Aufzugsfahrt spart Energie. Das setzt eine Steuerung voraus, die Fahrtwünsche der Nutzer möglichst effizient umsetzt. Für Aufzugsgruppen bietet der Einsatz einer Zielwahlsteuerung Optimierungspotenzial. Dabei gibt der Nutzer nicht erst in der Kabine, sondern bereits vor dem Betreten seine Wunschetage an.

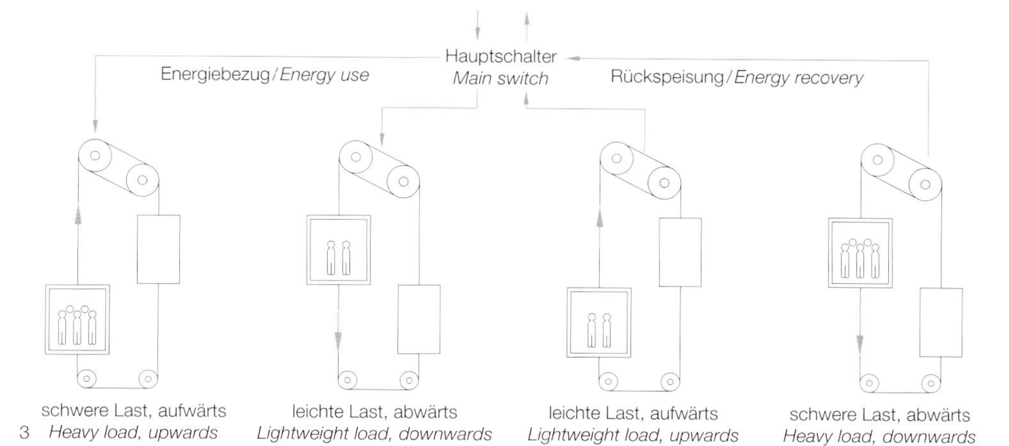

3

	30 000 Fahrten/Jahr ***30,000 rides/year***	**360 000 Fahrten/Jahr** ***360,000 rides/year***
Verbrauch ohne Rückspeisung *Consumption without energy recovery*	3740 kWh	18 326 kWh
Verbrauch mit Rückspeisung *Consumption with energy recovery*	3110 kWh	11 596 kWh
Prozentuale Einsparung/*Percental energy savings*	< 16 %	< 40 %

Annahmen: Nennlast 1500 kg, 20 Haltestellen, Hubhöhe 76 m, Geschwindigkeit 3,0 m/s
4 *Assumptions: Lift weight 1,500 kg, 20 stops, lift height 76 m, speed 3.0 m/s*

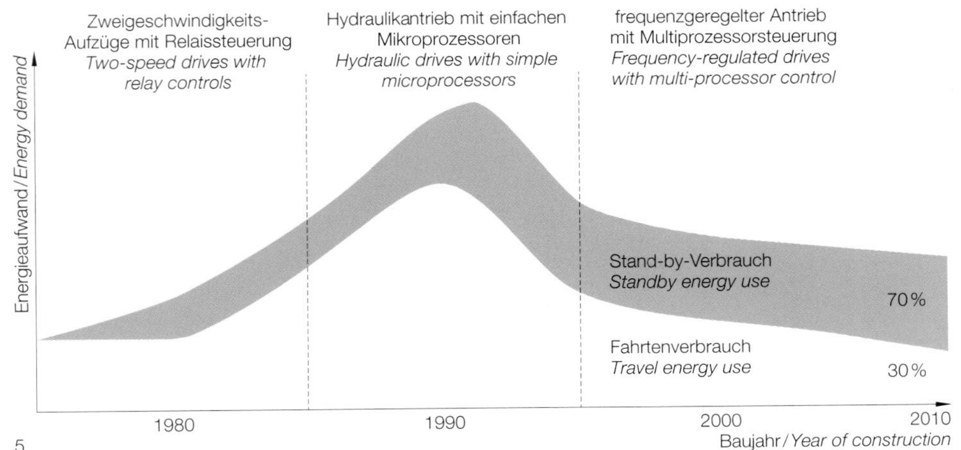

5

5 Eine stetige Erhöhung des Sicherheitsniveaus führte in den vergangenen Jahrzehnten zu einem steigenden Stand-by-Verbrauch der Anlagen. Seit einigen Jahren optimieren die Hersteller ihre Anlagen auch in diesem Punkt auf Energieeffizienz.
6 Verkehrsmanagementsysteme ordnen Nutzer mit identischen Zieletagen einem Aufzug zu. Auf diese Weise werden Zwischenstopps vermieden und die Gesamteffizienz des Systems erhöht.
7 Mit einer kontrollierten Schachtentlüftung lassen sich Wärmeverluste des Gebäudes minimieren (links: Aufzugsschacht ohne, rechts mit kontrollierter Entlüftung).
a luftdichte Entrauchungsklappe
b Maximalwert-Temperaturmelder
c Ansaug- oder optisches Rauchmeldesystem
d Bewegungsmelder für Kabine und Schacht

Daraufhin wird Personen mit identischem Ziel derselbe Aufzug zugewiesen. Das vermeidet Zwischenstopps und jeder kommt schneller an. Zudem werden die Anlagen besser ausgelastet oder bei geringem Verkehrsaufkommen stillgelegt. Das spart weitere Energie.
Noch effizienter arbeiten Verkehrsmanagementsysteme wie z. B. die PORT-Technologie von Schindler, bei der jeder Passagier über ein Identifikationsmedium mit spezifischen Nutzerdaten verfügt (Abb. 6). Dadurch werden Informationen über den Aufenthalt von Personen in den einzelnen Etagen generiert, die das Verkehrsmanagementsystem anderen Bereichen der Gebäudetechnik über eine eigene TCP/IP-Schnittstelle zur Verfügung stellen kann. So ergeben sich weitere Energiesparpotenziale, weil beispielsweise Leuchten und Klimaanlagen auf den einzelnen Stockwerken bedarfsgerecht geregelt werden können. In vielen Gebäuden weltweit ist das bereits Realität. Eines der ersten war der mit 484 m höchste Wolkenkratzer Hongkongs, das im Jahr 2010 eröffnete International Commerce Center. Das dort installierte System leitet die Menschen nicht nur schneller zum gewünschten Ziel. Jährlich werden auch 85 000 kWh Strom eingespart – allein dadurch, dass das System in Zeiten mit wenig Verkehr die Hälfte der Aufzüge stilllegt. Der Gedanke liegt nah, dass Verkehrsmanagementsysteme nur in großen, komplexen Gebäuden von Nutzen sind. Wie jedoch die Praxis zeigt, können derlei Technologien bei vielen Gebäudetypen – selbst in Wohnhäusern – zur Optimierung des Personenflusses und der Verbrauchsdaten beitragen. Zudem lassen sich viele Verkehrsmanagementsysteme auch bei Bestandsbauten sowie Aufzugsanlagen unterschiedlicher Hersteller nachrüsten. Die Modernisierung ist bei laufendem Betrieb ohne Einschränkung der Kapazitäten möglich, indem die Technologie zunächst auf die bestehenden Controller aufgeschaltet wird. Auf diese Weise verbessert sich unmittelbar die Gesamtleistung der vorhandenen Aufzüge. Im weiteren Verlauf können dann einzelne Anlagen für die vollständige Umrüstung außer Betrieb gesetzt werden. Während dieser Zeit ist zumindest der ursprüngliche Service für die Fahrgäste gewährleistet.

Unbedenkliche Materialien für Mensch und Umwelt

Ein umfassendes Modernisierungskonzept beinhaltet also mehr als nur die reine Verbesserung der Energieeffizienz. Aspekte wie die Erhöhung des Sicherheitsniveaus oder die Verbesserung der Barrierefreiheit sollten in jedem Fall mitberücksichtigt werden.
Darüber hinaus fordern Zertifizierungsgesellschaften wie die Deutsche Gesellschaft für Nachhaltiges Bauen (DGNB) die Verwendung von Materialien, die für die menschliche Gesundheit und die Umwelt unbedenklich sind. Diesem Ansatz folgen die Hersteller beispielsweise durch den Einsatz bleifreier Gegengewichte sowie durch die Reduzierung von Schmiermitteln, Klebern und Anstrichen. Nicht zuletzt basieren moderne Serienaufzüge auf einer raumsparenden, langlebigen Leichtbauweise, durch die das Gewicht der Kabine deutlich gesenkt werden kann. Daraus ergibt sich auch, dass bei einem Komplettaustausch größere Kabinenmaße in bestehenden Schächten möglich werden.
DETAILgreen 01/2015

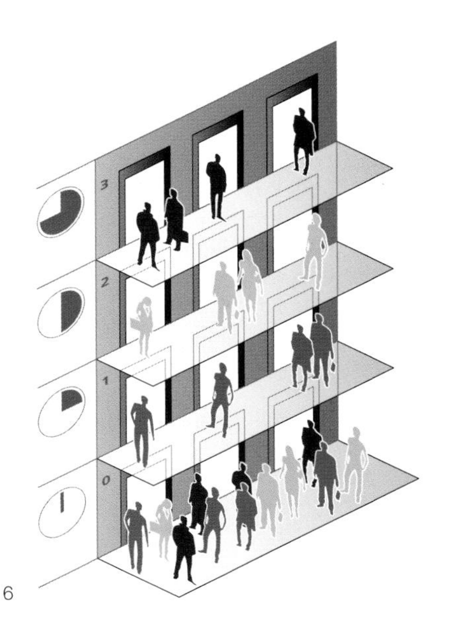

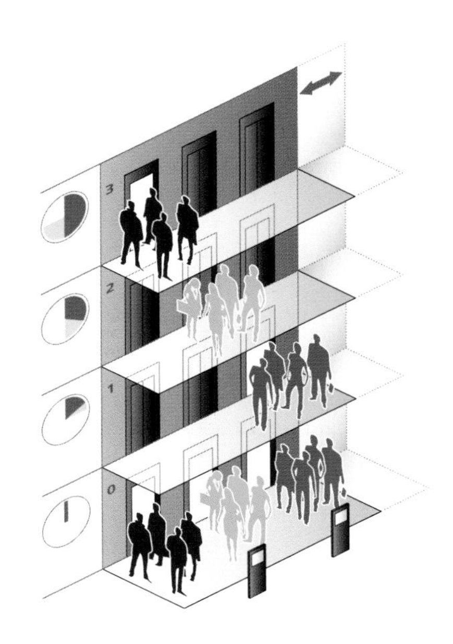

6

Peter Seifert studierte Elektrotechnik und Automatisierung und ist seit 20 Jahren beim Aufzughersteller Schindler tätig, unter anderem im Marketing und Produktmanagement.

Peter Seifert studied electrical engineering and automation, and has worked with the lift manufacturer, Schindler for the past 20 years, amongst other things, in marketing and product management.

5 The continuous improvement of lift security led to ever-increasing standby energy use in recent decades. Only in the last few years have manufacturers started to optimise their products in this respect.
6 Traffic management systems assign users with identical targets the same lift cabin. In this way, in-between stops can be avoided and the overall efficiency of the system can be improved.
7 With a controlled shaft elevation, heat losses of the building can be minimised (left: lift shaft without; right: with controlled exhaust elevation).
a airtight fume exhaust flap
b temperature alarm
c smoke detection device
d motion sensor for cabin and shaft

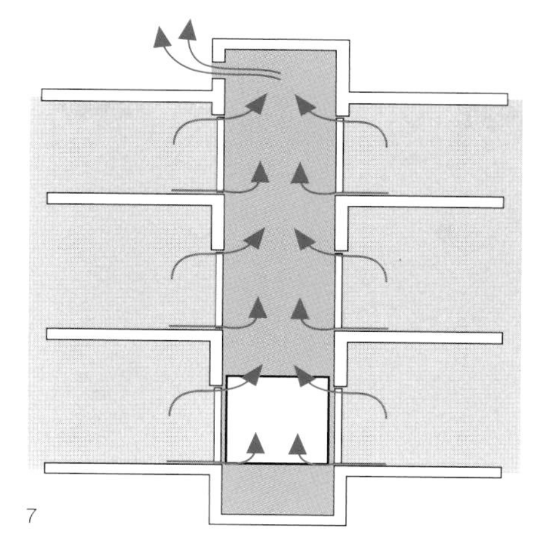

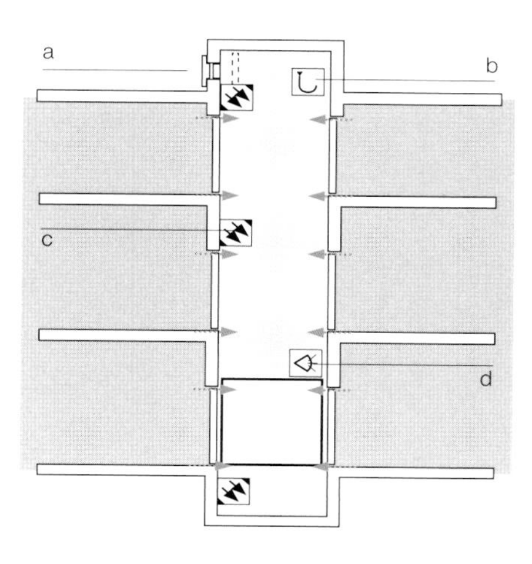

When it comes to the modernisation of lifts, there are three main strategies:
the reduction of electrical consumption using energy-saving components, minimising heat loss through the lift shaft, and optimising lift operation by means of intelligent traffic management systems. Lifts account for approximately 2–5% of total energy consumption in residential buildings, and in heavily trafficked office buildings it can increase to 15% – clearly a very relevant savings potential.
The energy demand of a lift installation not only depends on the technology, but also the operating height, the number of floor levels and the intensity of use. A further factor not to be underestimated, is the ever-increasing safety standard which, on the one hand, has made lifts the safest mode of transport in the world, but has also significantly increased their energy consumption when stationary. As an example, modern systems use frequency inverter controls to ensure accurate positioning at each level, thereby reducing one of the main sources of accidents in lifts and improving user comfort, yet frequency inverters (in contrast to outdated two-speed, three-phase AC drives) consume electricity even when stationary. The same goes for supplementary safety-related components like light sensors for automatic doors. It is only in the last few years that manufacturers have begun to focus their attention on the reduction of these standby requirements (Fig. 5).

Regenerative drive systems with higher usage

The fact that in the course of their daily operation, lifts continually accelerate and then decelerate to a halt again, it is possible to recover some of this energy. In older installations the energy produced by braking goes to waste, unused in braking resistors. In contrast, an inverter converts the surplus kinetic energy into electricity and feeds it into the supply network of the building or into the main supply grid. Also, in a group of lifts, surplus energy from one lift can be used by the other lifts. An energy surplus can be produced by a heavily-loaded lift descending, but also when a lightly-loaded lift ascending is lighter than the counterweight (Fig. 3). However, to determine in concrete terms whether the use of a regenerative drive is really worthwhile, a cost-benefit analysis is required.
As a general rule with regard to life cycle costs, the use of a regenerative drive system (with a reasonable operating height) is usually cost-effective from about 100,000 trips per year. This becomes clear if we take the example of a high-rise office building (Fig. 4): With 30,000 trips per year, the energy saving only offsets the energy consumption by about 630 kWh or 16%, which barely covers the installation and maintenance costs. On the other hand, if the same lift makes 360,000 trips annually, the savings will be about 40% – more than 6,700 kWh. On this scale, a regenerative drive definitely pays off.
In contrast, for installations with low usage, which are stationary a lot of the time, a standby operation mode can be installed. The standby feature automatically shuts down the electronic systems during waiting times. However, in the case of heavy usage this mode can work out to be counterproductive and wear and tear can be unnecessarily increased as the technical components suffer from being frequently turned on and off.

Shaft ventilation as a weak point

With older installations the aforementioned lift shaft ventilation is a weak spot, as a significant amount of thermal energy can be lost through this permanent opening. Model calculations for a lift with 675 kg load capacity and six stops show an energy loss of approximately 15,000 kWh/a. In contrast, with a controlled shaft ventilation system, fully-sealed ventilation components are used to temporarily close the vent opening (Fig. 7). The air in the lift shaft is continuously analysed by sensors, and the system then responds in a flexible way to the respective situation. Only if, for example, there is a smoke build-up or a power failure will the ventilation flap open. Using motion sensors, the system ensures that the lift shaft is sufficiently ventilated whenever the lift is in use or during maintenance works.

Traffic management systems avoid unnecessary trips

Energy can also be saved by the avoidance of unnecessary trips. By clustering lift groups together, the use of a destination selection-control makes it possible to optimise efficiency. The underlying principle is that each passenger selects their desired floor level before entering the lift carriage, thereby lifts are assigned to passengers with the same destination. This avoids unnecessary stops and everyone arrives at their destination more quickly. In addition, the installation is more efficiently utilised, and shuts down when volume is low, thereby making further energy savings.
Intelligent traffic management systems such as the PORT system by Schindler are even more efficient. With this system each passenger uses an identification medium (key or card) containing specific user data (Fig. 6). Information about the visitors on each floor level is generated, and can be used for the efficient control of other technical building systems, such as lighting or air conditioning. This is already the reality in many buildings around the world. One of the first buildings to use this method was the International Congress Centre, a 484-metre-high skyscraper in Hong Kong which opened in 2010, and which saves 85,000 kilowatt hours of electricity every year by putting half of its lifts out of service during periods of low traffic.
However, traffic management systems are not only useful in large complex buildings, they can even be helpful to optimise circulation and to reduce energy consumption in residential homes. Furthermore, many traffic management systems can also be retrofitted to existing lift installations, optimising their operation without having to change the overall system or the lift carriages.

Sanierung von Vorhangfassaden – Facelifting oder Runderneuerung?

Refurbishment of Curtain Wall Facades – Facelift or Complete Renovation?

Martin Lutz, Jürgen Einck

Viele Besitzer unsanierter, 40–60 Jahre alter Gebäude stehen vor den gleichen Problemen: Immer weniger Mieter sind bereit, die teils erheblichen Nutzungseinschränkungen aufgrund des mangelhaften Gebäudezustands in Kauf zu nehmen. Sie kürzen die Miete oder ziehen ganz aus dem Gebäude aus, denn in jeder größeren deutschen Stadt stehen zigtausende Quadratmeter besser nutzbare Neubauflächen leer. Hinzu kommt, dass Gebäude der Baujahre 1950–1970 oft doppelt so hohe Nebenkosten haben wie Neubauten. Kaum ein Mieter ist bereit, diese zu tragen, wenn sich anderswo eine günstigere Alternative bietet.
Nur teilweise vermietete Gebäude bedeuten für den Besitzer jedoch extrem hohe Wertverluste, da sie meist geradewegs in einen Teufelskreis führen: Der Leerstand von Flächen bedeutet Imageverlust, Nachfolgemieter können nur noch über Dumping-Mieten gefunden werden, weitere Mieter folgen dem Umzugsbeispiel.
Auch der Abriss und anschließende Neubau eines Gebäudes ist in dieser Situation meist keine Lösung. Speziell in den Innenstädten ist das Baurecht für einen Neubau in der Form oder Größe des Bestandsgebäudes nicht mehr zu bekommen. Außerdem stellt der vorhandene Rohbau bei einer Komplettsanierung rund 20–25% des Gebäudewerts dar. Ein Abriss scheidet daher allein aus wirtschaftlichen Gründen in der Regel aus. Oft nicht bedacht wird auch, dass die Nutzer dringend sanierungsbedürftiger Gebäude in guten Innenstadtlagen eigentlich gar nicht ausziehen wollen, da eine vergleichbare Infrastruktur in Neubaugebieten meist nicht vorhanden ist. Die Sanierung dieser in die Jahre gekommenen Gebäude ist daher in den allermeisten Fällen die für den Werterhalt beste Alternative.

Sanierungsgründe

Die Gründe für eine Gebäudesanierung sind nicht nur in der Fassade zu finden. Ihr fällt jedoch neben der Gebäudetechnik eine Schlüsselrolle zu. Ein unkomfortables, inakzeptables Raumklima macht ältere Gebäude unattraktiv. Vor allem bei Hochhäusern ist auch der Brandschutz, insbesondere eine nicht mehr genehmigungsfähige Konzeption der Fluchtwege, ein verbreiteter Sanierungsgrund. Dasselbe gilt für die Nachrüstbarkeit der heutzutage für die meisten Unternehmen wichtigen Elektro- und IT-Verkabelung. Gebäude aus den 1950er- und 1960er-Jahre haben meist keine Hohlraum- oder Doppelböden.

Bestandsanalyse

Der jeweils geeignete Sanierungsgrad – von der »Pinsel-« bis zur Komplettsanierung – lässt sich nur ermitteln, wenn die Eigenschaften und Schwachstellen des Bestandsgebäudes und seiner Fassade bekannt sind. Die nachfolgende aufgeführten konstruktiven Schwachstellen sind (mit Abstrichen) bei fast allen in die Jahre gekommenen Vorhangfassaden anzutreffen:

- Bei den Verglasungen handelt es sich oft nur um Einfachverglasungen oder schlecht dämmendes Isolierglas (U_g = > 3,0–5,0 W/m²K). Die Folgen sind hohe Wärmeverluste und dadurch hohe Heizkosten sowie ein starker Kaltluftabfall an der Raumseite.
- Die Fassadenprofile sind oft nicht oder nur schwach thermisch getrennt. Hieraus folgen ebenfalls hohe Wärmeverluste und sehr starker Kaltluftabfall am Profil, der vor allem an Westfassaden oft zu Kondensatausfall führt.
- Eine Wärmedämmung ist meist nicht vorhanden oder nur 30–50 mm stark. Oft hat sie sich zudem vom Bauteil gelöst und/oder ist in sich zusammengesackt. Die Folgen sind im Wesentlichen die gleichen wie bei den Fassadenprofilen.
- Dichtungsfolien und -profile sind nahezu immer gerissen oder haben sich ganz aufgelöst. Dies führt neben weiteren Wärmeverlusten zu spürbaren Zugerscheinungen und Kondensatausfall. Bei starkem Wind dringt Niederschlagswasser ins Gebäude ein.

Bei fast allen Gebäuden aus den beiden ersten Nachkriegsjahrzehnten kompensieren energieintensive mechanische Lüftungs- und Heiz-/Kühlsysteme diese bauphysikalischen Nachteile. Diese Systeme sind fast immer direkt an der Fassade angebracht, so auch bei den drei in diesem Beitrag vorgestellten Gebäudebeispielen. Sie blasen in den kühlen und kalten Jahreszeiten das an der Fassadeninnenseite anfallende Kondensat weg bzw. bringen es zum Verdunsten. Eine neu installierte Heizungs- und Lüftungstechnik ohne gleichzeitige Fassadensanierung wäre mit dieser Aufgabe schlicht überfordert. Im Gegegenteil, energieeffiziente Heiz- und Kühlsysteme (z.B. Flächenheizungen) oder mechanische Lüftungssysteme mit niedrigen Luftwechselraten würden den Kondensatanfall an der bestehenden Fassade sogar noch verstärken oder ihn zumindest sichtbarer zutage treten lassen. Eine bloße Erneuerung der Gebäudetechnik ohne gleichzeitige Fassadensanierung ist also keine auch nur ansatzweise akzeptable Lösung.
Weitere typische Schwachstellen älterer Vorhangfassaden sind:

- die Sonnenschutzanlagen. Meist ist kein außenliegender Sonnenschutz vorhanden oder er ist nicht mehr funktionsfähig. Eine übergeordnete, bedarfsabhängige Regelung existiert praktisch nie. Hieraus resultiert ein unnötig hoher sommerlicher Energieeintrag, der »weggekühlt« werden muss und somit Energiekosten erzeugt. Auch dies war in allen drei Gebäudebeispielen der Fall.
- das Sonnenschutzglas. Um den sommerlichen Energieeintrag zumindest teilweise zu reduzieren, wurde bei älteren Vorhangfassaden oft relativ dunkles Sonnenschutzglas mit g-Werten unter 30% und sehr geringer Lichttransmission eingebaut. Diese Verglasungen blenden das Tageslicht speziell an trüben Tagen aus. Das macht ein frühzeitiges Einschalten der elektrischen Beleuchtung notwendig und verursacht über die Jahre hinweg exorbitante Kosten.

Planungsablauf und Aufgabenverteilung

Eine Analyse des Bestandsgebäudes und die hierauf aufbauende Entwicklung eines Sanierungskonzepts ist nur gewerkeüber-

1 Hochhaus »Esplanade 39« in Hamburg: neue Kastenfensterfassade nach der Sanierung
2 Dreischeibenhaus in Düsseldorf: Über-Eck-Ansicht der Fassade vor der Sanierung

1 Esplanade 39 in Hamburg: the new box-type window facade after refurbishment
2 Dreischeibenhaus in Düsseldorf: corner elevation of the facade before refurbishment

Martin Lutz ist geschäftsführender Gesellschafter der Drees & Sommer Advanced Building Technologies GmbH/DS-Plan GmbH.
Jürgen Einck ist Prokurist der DS-Plan GmbH und leitet dort das Team Fassadentechnik Köln.

Martin Lutz is an architect and managing partner of Drees & Sommer Advanced Building Technologies GmbH/DS-Plan GmbH.
Jürgen Einck is the authorised signatory of DS-Plan GmbH and leads the facade technology team in Cologne.

greifend möglich. Die Herangehensweise der Bauherren und Immobilienbesitzer an Sanierungsaufgaben hat sich schon vor mehreren Jahren geändert. Sehr oft wird in der Anfangsphase des Projekts nicht mehr ein Architekturbüro mit den Untersuchungen gemäß den HOAI-Phasen 1 und 2 beauftragt, sondern vorab eine ganzheitliche ingenieurtechnische Machbarkeitsstudie in Auftrag gegeben. Sie umfasst eine erste Grobkonzeption der Fassade sowie der technischen Gebäudeausstattung und untersucht, wie sich beide auf den zu erwartenden Raumkomfort auswirken. Bereits in dieser Phase lassen sich Varianten für unterschiedlich aufwendige Sanierungen entwickeln und ökonomisch bewerten. Gestalterische Aspekte sind bei der Untersuchung bewusst ausgenommen, da ein Ingenieurbüro hierzu nicht befähigt ist.
Erst nachdem der Bauherr bzw. Investor eine Entscheidung über den Sanierungsumfang getroffen hat, wird die unverzichtbare Architektenleistung beauftragt. Kostenintensive Doppeluntersuchungen lassen sich so vermeiden, da die einzelnen Leistungsphasen klar voneinander getrennt bleiben.

Entscheidung des Bauherrn: fast immer Komplettsanierung
Bei den bisher über 50 von DS-Plan realisierten oder in der Planung befindlichen Sanierungsprojekten haben die Investitionsentscheider auf Basis der wirtschaftlichen Analyse fast immer zugunsten einer Komplettsanierung votiert. Es hat sich gezeigt, dass dieser Sanierungsgrad am ehesten einen dauerhaften Werterhalt und eine zukunftsorientierte Nutzung des Gebäudes garantiert. Die Trennung bzw. zeitliche »Hintereinanderschaltung« von Fassadensanierung und TGA-Sanierung vergibt hingegen große Chancen in puncto Energieeffizienz und Funktionalität und erzeugt in jedem Fall Mehrkosten. Des Weiteren müssen Vermieter und Nutzer die Sanierungszeit zwei- oder dreimal »aushalten«, sofern in laufendem Betrieb saniert wird, was für die Eigentümer auch erhebliche Mindereinnahmen bei der Miete bedeutet.

Beispielhafte Sanierungen
Anhand der folgenden drei Gebäudebeispiele lässt sich die Bandbreite von Fassaden- und Komplettsanierungen aufzeigen:
- Dreischeibenhaus in Düsseldorf: Dieses denkmalgeschützte Großprojekt zählt zu den Architekturikonen seiner Zeit und setzt nach der Sanierung ein zweites Mal Maßstäbe.
- Esplanade 39 in Hamburg (Abb. 1): Mit 60 m Höhe gehört dieses ebenfalls denkmalgeschützte Hochhaus zu den Bürogebäuden mittlerer Größenordnung. Sanierungsbedürftige Projekte dieser Art gibt es in jeder deutschen Großstadt.
- Nordzucker AG in Braunschweig: Bei diesem nicht denkmalgeschützten Bürobau wurde die Sanierung im laufenden Bürobetrieb durchgeführt. Ein solches Vorhaben stellt die »Königsdisziplin« der Fassadensanierung dar.

Dreischeibenhaus in Düsseldorf
Das Dreischeibenhaus in Düsseldorf gehört zu den bekanntesten Hochhäusern Deutschlands (Abb. 2). 1955 hatte die Phoenix-Rheinrohr AG Vereinigte Hütten- und Röhrenwerke den Wettbewerb für ein hochmodernes Büro- und Verwaltungsgebäude ausgelobt, den die Architekten Hentrich-Petschnigg & Partner (HPP) gewannen. Nach seiner Fertigstellung 1960 diente der Neubau zunächst als Firmensitz des Bauherrn, bis ihn 1964 die Thyssen AG übernahm.
Zwischen 1992 und 1995 wurde das Gebäude erstmals umfassend saniert. Neben dem Einbau eines Hohlraumbodens sowie der Erneuerung der Lüftungs- und Klimaanlage erfolgte damals eine komplette Fassadenerneuerung.
Nachdem ThyssenKrupp im Juni 2010 aus dem Gebäude ausgezogen war, stand das Dreischeibenhaus zunächst leer.

3 Dreischeibenhaus in Düsseldorf:
Grundriss Regelgeschoss, Maßstab 1:750
4 Ansicht aus Norden vom Hofgarten her
5 Prinzipskizze für die Fassadenkonstruktion
6 Horizontalschnitt der sanierten Regelfassade, Maßstab 1:15
7 Vertikalschnitt Regelfassade, Maßstab 1:15

3 Dreischeibenhaus in Düsseldorf
Standard floor plan, scale 1:750
4 North elevation seen from the Hofgarten park
5 Concept sketch for the facade construction
6 Plan of the refurbished office facade, scale 1:15
7 Vertical section, office facade, scale 1:15

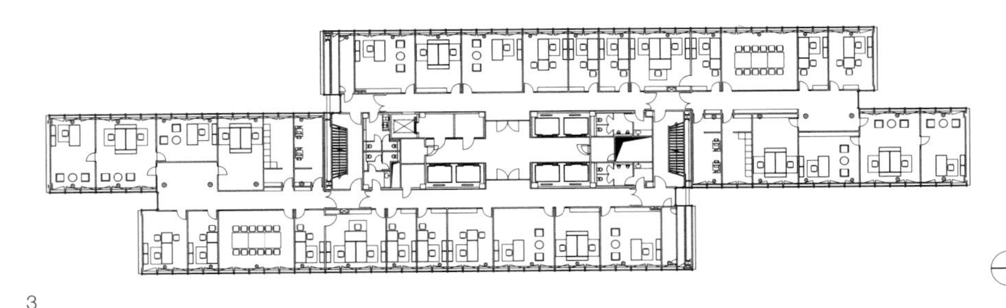

3

Vorausgegangene Überlegungen und Konzepte, dem architektonischen Wahrzeichen wieder Leben einzuhauchen, gingen nicht auf.
Dies sollte sich erst durch den jüngsten Verkauf des Gebäudes ändern. Die neuen Eigentümer entschieden sich für eine umfangreiche energetische, technische und funktionale Revitalisierung des Gebäudes unter Berücksichtigung des Denkmalschutzes. Zum Nachweis der Sanierungsqualität soll das Projekt nach LEED-Standard (Gold) zertifiziert werden.
Entgegen anderslautender Vorurteile zeigt sich immer wieder, dass bei einer frühen Einbeziehung der zuständigen Ämter für Denkmalschutz in jeder Hinsicht angemessene Lösungen gefunden werden können. Für das Dreischeibenhaus lautete das Ziel des Denkmalschutzes, die Ansicht der ursprünglich einschaligen Fassade möglichst vollständig zu erhalten. Die neue, nunmehr doppelschalige Fassadenkonstruktion durfte sich optisch nicht wesentlich vom Original unterscheiden.

Bestandsanalyse und Sanierungsgründe
Das Dreischeibenhaus verdankt seine Bezeichnung der Komposition aus drei parallel zueinander stehenden Baukörpern, von denen der mittlere mit 26 Ebenen eine Höhe von rund 94 m erreicht. Die beiden äußeren Scheiben sind mit je 23 Ebenen und 84 m Höhe etwas niedriger und werden über schmale, eingerückte Anschlussfugen an die mittlere Scheibe angebunden (Abb. 3). Das Gebäude umfasst ca. 30000 m² Bürofläche.
Das Dreischeibenhaus ist ein Stahlskelettbau mit aussteifenden Stirnwänden an den Schmalseiten. In den ursprünglich einschaligen Aluminium-Pfosten-Riegel-Fassaden der Bürotrakte wechselten sich horizontale Fensterbänder mit Isolierverglasung sowie opake, ebenfalls aus Glas bestehende Brüstungspaneele ab. Die Stirnseiten des Gebäudes sind flächendeckend mit profilierten Edelstahlblechen verkleidet.
Die zwischen 1992 und 1995 erneuerte Haustechnik sowie die Fassadenkonstruktion wurden den heutigen – insbesondere energetischen – Anforderungen an Büro- und Verwaltungsgebäude nicht mehr gerecht:

- Das Gebäude besaß lediglich einen innenliegenden Sonnenschutz in Form von Lamellenraffstores. Darüber hinaus wurde Sonnenschutzglas mit geringer Lichttransmission verwendet, das an trüben Tagen ein frühzeitiges Einschalten der elektrischen Beleuchtung notwendig machte.
- Die Büroräume konnten nicht über öffenbare Fensterflügel be- und entlüftet werden.
- Die im Brüstungsbereich innen vor der Fassade installierten Einzellüftungsgeräte waren energetisch ineffizient und gewährleisteten keinen akzeptablen Büroraumkomfort.

Rein konstruktiv war die Bestandsfassade jedoch noch völlig intakt. Mit Brandschutzpaneelen in den Brüstungsbereichen sowie speziell ausgebildeten Geschossdeckenanschlüssen erfüllt sie auch die Anforderungen an den geschossübergreifenden

4

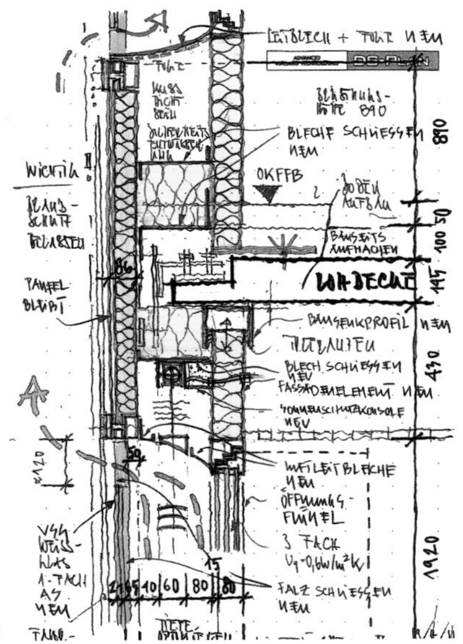

5

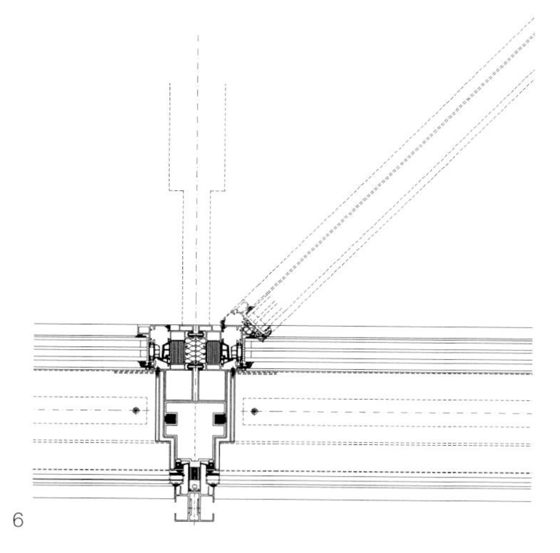

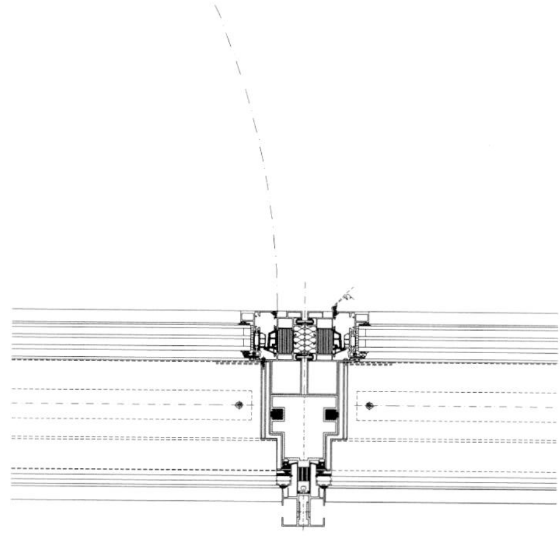

6

Dreischeibenhaus, Düsseldorf
Investor, Projektentwicklung • *Investor and project development*:
MOMENI Gruppe, Black Horse Investments, Hamburg
Projektsteuerung • *Project management*:
Witte Projektmanagement, Düsseldorf
Architekten • *Architects*:
HPP Hentrich-Petschnigg & Partner, Düsseldorf
Fassadentechnik, Bauphysik • *Facade technology, building physics*:
DS-Plan, Stuttgart
Technische Gebäudeausrüstung • *Building services engineering*:
Ingenieurbüro Nordhorn, Münster
Fassadenbauer • *Facade construction*:
Haskamp Fassadentechnik, Edewecht

Brandschutz in optimaler Weise. Der Erhalt des bestehenden Brandschutzes war daher ein wichtiger Aspekt bei der Konzeption der neuen Fassade.

Das neue Fassadenkonzept
Auch bei diesem Revitalisierungsprojekt ist die Fassade neben der Gebäudetechnik eines der kostenintensivsten Gewerke. Wesentlich für die Realisierbarkeit des Projekts war daher die Sicherstellung der Fassadenkosten innerhalb des Finanzierungsbudgets. Bereits in der gemeinsamen Akquisitionsphase entwickelte DS-Plan daher die Grundzüge für die Detaillierung der neuen Fassade in einer Handskizze (Abb. 5).
Die ebenso einfache wie schlüssige Grundidee der Architekten HPP war es, die erst vor weniger als 20 Jahren erneuerte und daher konstruktiv noch intakte Vorhangfassade zu belassen. Auf der Raumseite wurde zwischen den Geschossdecken eine neue, hoch wärmegedämmte Einfachfassade mit öffenbaren Fensterflügeln ergänzt. Beide Fassaden, die äußere Bestandsfassade sowie die neue Innenfassade als thermische Hülle, ergänzen sich zu einer permanent hinterlüfteten doppelschaligen Fassadenkonstruktion. In der Bestandsfassade wurde lediglich die Isolierverglasung gegen eine oben und unten eingekürzte Einfachverglasung ausgetauscht, die ohne die energetisch extrem nachteilige Sonnenschutzbeschichtung auskommt (Abb. 6, 7).
Durch diese formal nur relativ geringfügige Änderung bleibt die äußere Fassadenebene und damit eines der wesentlichen gestalterischen Merkmale des Gebäudes – abgesehen von der entfallenen Sonnenschutzbeschichtung – ganz im Sinne des Denkmalschutzes erhalten.
Als weitere Konsequenz ergab sich aus der neuen Fassadenkonzeption, dass die raumseitig direkt hinter den Brüstungen angeordneten, energetisch völlig überholten Umluft-Kühlgeräte durch eine moderne Lösung ersetzt werden mussten. Dies ist auch ökonomisch vorteilhaft, da die vorhandenen Geräte mit ihrer Bautiefe von mehr als 350 mm einen erheblichen Anteil der Mietfläche in Anspruch nahmen. Die haustechnischen Komponenten ließen sich im Rahmen der Revitalisierung in die abgehängte Decke integrieren. Der Fassadenzwischenraum wurde auf der Grundlage von Strömungssimulationen nicht nur geometrisch und aerophysikalisch angepasst, sondern erhielt auch eine minimal mögliche Gesamtbautiefe. Allein diese auch als Kompakt-Doppelschalige-Fassade bezeichnete Konstruktion erhöht die Mietfläche um ca. 500 m².
Mit einem U_{cw}-Wert von 1,05 W/m²K (gegenüber 1,95 W/m²K vor der Sanierung) unterschreitet die Fassade die Anforderungen der EnEV 2009 um mehr als 30 %. Maßgeblich hierfür ist die Verwendung einer hoch wärmedämmenden Aluminium-Rahmenkonstruktion mit U_f-Werten ≤ 1,5 W/m²K sowie von Dreifach-Wärmeschutz-Isolierverglasung mit einem U_g-Wert ≤ 0,7 W/m²K. Die vollständig mit Mineralfaserdämmung versehenen Brüstungs- und Sturzbereiche erreichen einen U-Wert < 0,16 W/m²K. Diese Eigenschaften der Fassadenkonstruktion minimieren die Strahlungsasymmetrie zwischen der Oberflächentemperatur der Fassade und der Raumlufttemperatur und bilden so die Basis für einen optimalen Büroraumkomfort. Daher kommt das Dreischeibenhaus nun ohne herkömmliche Heizkörper aus. Die Räume werden stattdessen über eine Heiz-/Kühldecke konditioniert.
Der Sonnenschutz liegt denkmalgerecht in der gleichen Ebene wie bei der Bestandsfassade, jedoch nicht mehr hinter der Isolierverglasung auf der Raumseite, sondern außerhalb der thermischen Hülle im permanent hinterlüfteten Fassadenzwischenraum. Die vorgelagerte Prallscheibe gewährleistet einen Wind- und Witterungsschutz für den Sonnenschutz, sodass dieser in vollem Umfang zum sommerlichen Wärmeschutz beitragen kann. Der Gesamtenergiedurchlassgrad von außen nach innen beträgt in Verbindung mit der Prallscheibe, dem Lamellenraffstore und der Dreifach-Isolierverglasung g_{total} ≤ 0,07. Auf diese Weise fallen im Gebäude künftig deutlich geringere Kühllasten an.

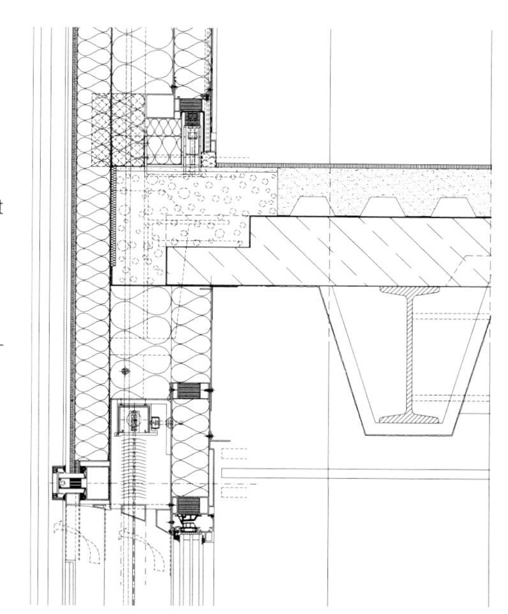

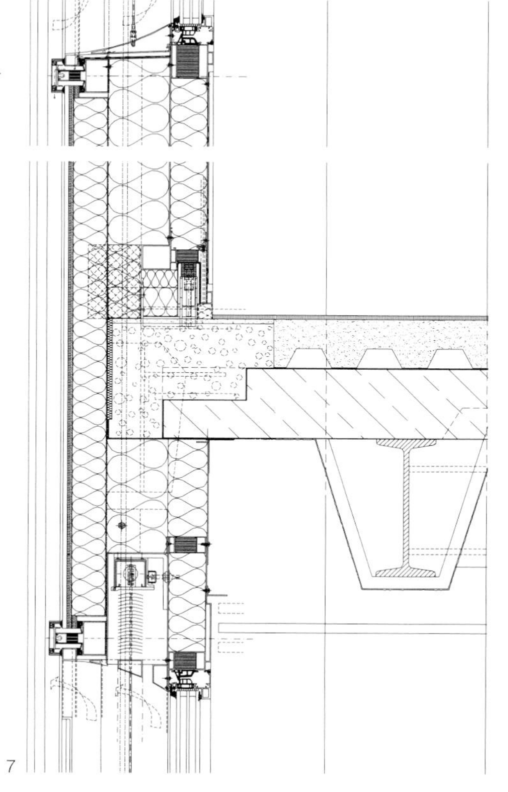

7

Esplanade 39, Hamburg
Bauherr • *Client*:
Robert Vogel GmbH & Co. KG, Hamburg
Architekt • *Architect*:
Prof. Bernhard Winking, Hamburg
Fassadentechnik, Bauphysik, Energiedesign
Facade technology, building physics, energy design:
DS-Plan, Stuttgart
Fassadenbau • *Facade construction*:
FELDHAUS Fenster + Fassaden, Emsdetten

8 Hochhaus Esplanade 39 in Hamburg: Ansicht aus Osten vor der Sanierung
9 Vertikalschnitt der sanierten Fassade Maßstab 1:15
10 Ostansicht nach der Sanierung; im Vordergrund die Binnenalster
11 Detailansicht der Gebäudeecke nach der Sanierung
12 Verwaltungsbau der Nordzucker AG in Braunschweig: Straßenansicht vor der Sanierung

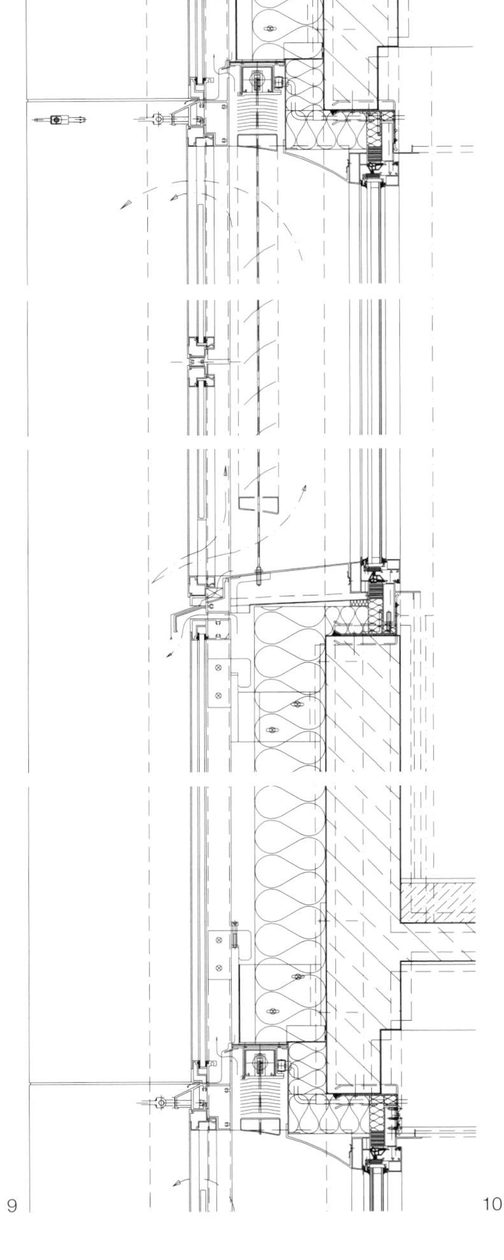

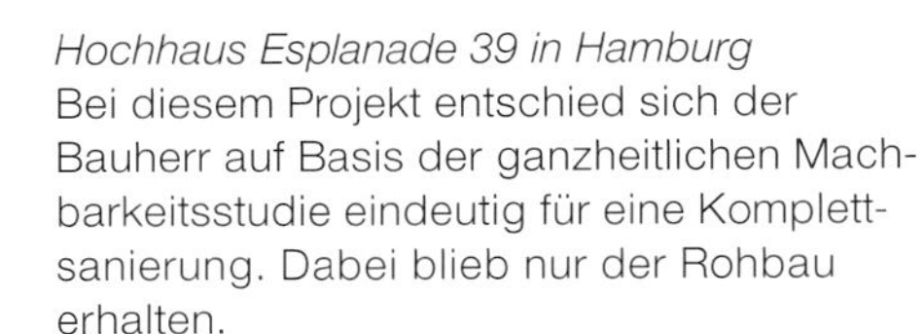

Hochhaus Esplanade 39 in Hamburg
Bei diesem Projekt entschied sich der Bauherr auf Basis der ganzheitlichen Machbarkeitsstudie eindeutig für eine Komplettsanierung. Dabei blieb nur der Rohbau erhalten.
Das Bürohochhaus in unmittelbarer Nähe des Finnland-Hauses in der Hamburger Innenstadt wurde 1961 ebenfalls von den Architekten Hentrich, Petschnigg & Partner fertiggestellt. Es steht kaum 100 m entfernt von der Binnen- und Außenalster in einer sogenannten 1A-Lage (Abb. 8, 10). Derzeit ist geplant, zwischen diesen beiden Hochhäusern ein drittes, ebenfalls rund 60 m hohes Gebäude zu errichten. Damit würde die städtebauliche Planung von Werner Hebebrand, dem ehemaligen Hamburger Oberbaudirektor (1952–1964), einige Jahrzehnte später in die Realität umgesetzt werden.

Bestandsanalyse und Sanierungsgründe
Vor dem Umbau bestand keine Möglichkeit, die Büroräume natürlich zu be- und entlüften. Außerdem war die Gebäudenutzung durch den starken Verkehrslärm der vierspurigen Straße sowie durch sommerliche Überhitzung beeinträchtigt. Die Gründe, warum sich die Mieter nicht mehr wohlfühlten, resultierten somit klar aus der Bestandsfassade. Folgende Nachteile waren dabei wesentlich:

- keine öffenbaren Fensterflügel zur natürlichen schallgedämpften Be- und Entlüftung der Büroräume,
- kein außen liegender Sonnenschutz,
- starker Verkehrslärm von der vierspurig befahrenen Esplanade,
- keine mechanische Lüftung.

Die bestehende Rohbausubstanz ließ die Nachrüstung raumlufttechnischer Anlagen weder bautechnisch noch wirtschaftlich vertretbar erscheinen. Insbesondere fehlten in den Steigschächten die notwendigen Flächen für Lüftungskanäle. Um den Nutzerkomfort der Büroräume dennoch zu verbessern, schlugen die Ingenieure von DS-Plan eine Fassadenkonstruktion mit permanent hinterlüfteten Kastenfenstern vor (Abb. 9).

8 *Esplanade 39 in Hamburg: elevation from the east before refurbishment*
9 *Vertical section of the refurbished facade scale 1:15*
10 *East elevation after the refurbishment; with the Alster lake in the foreground*
11 *Detail elevation of the corner junction after the refurbishment*
12 *Office building of Nordzucker AG in Braunschweig: street elevation before the refurbishment*

12

Das neue Fassadenkonzept

Die Bestandsfassade konnte aufgrund ihres technischen Zustands nicht erhalten werden und wurde daher abgerissen. Allerdings ist die neue Fassade im Sinne des Denkmalschutzes millimetergenau der alten nachgebaut. Ihre Außenansicht entspricht also hinsichtlich Strukturierung, Lage und Profilierung exakt der Bestandsfassade (Abb. 11). Innen bündig mit den bestehenden Betonbrüstungen, wurde zwischen den Gebäudestützen zudem je ein isolierverglastes Fensterelement eingebaut. Aus der ursprünglich einschaligen Fassade entstand so ein klassischer doppelschaliger Fassadentyp mit Kastenfenstern. Der vor der Sanierung innenliegende und somit wenig wirksame Sonnenschutz, ist nunmehr windgeschützt sowie individuell und zentral steuerbar im Fassadenzwischenraum angebracht. Darüber hinaus stellen die Kastenfenster eine fein dosierbare, vor Verkehrslärm geschützte natürliche Be- und Entlüftung der Büroräume sicher. Hierzu wurden die Außenscheiben mit horizontalen Zu- und Abluftschlitzen versehen, während die Innenfenster schmale hohe Drehflügel erhielten. Um die mit freier Glaskante konstruierten Be- und Entlüftungsschlitze optisch möglichst unauffällig zu gestalten, wurde für die äußere Einfachverglasung Weißglas verwendet. Auch bei diesem Gebäude dienten thermische Simulationen und Strömungssimulationen dazu, dem Bauherrn und den Architekten die zu erwartenden Temperaturverläufe in den Büros nach Abschluss der Sanierung aufzuzeigen. Auf dieser Basis fielen anschließend die Entscheidungen über den weiteren gebäudetechnischen Ausbau der Büroetagen.

11

Bürogebäude der Nordzucker AG in Braunschweig

Nicht immer können die in einem Gebäude arbeitenden Nutzer bei anstehenden Sanierungen schnell und umstandslos auf alternative Standorte ausweichen. In solchen Fällen bleibt nur die Option einer Gebäudesanierung bei laufendem Betrieb. Eine solche »Operation am offenen Herzen« verlangt von Architekten, Planern und ausführenden Firmen viel Einsatz, Erfahrung und ausgesprochenes Fingerspitzengefühl. Dies war auch die Ausgangslage bei der Revitalisierung der in den 1960er-Jahren errichteten Zentrale der Nordzucker AG in Braunschweig. Für das zentral gelegene Gebäude mit seiner noch im Ursprungszustand erhaltene Fassade gab es keinerlei Anforderungen des Denkmalschutzes.

Bestandsanalyse und Sanierungsgründe

Von elementarer Bedeutung für den Nutzer waren ein optimal wirksamer Sonnenschutz sowie die Möglichkeit zur freien Fensterlüftung, auch an der mit Verkehrslärm stark belasteten Straßenseite (Abb. 12). Anders als bei den beiden vorherigen Gebäudebeispielen waren die raumlufttechnischen Anlagen hier erst vor wenigen Jahren weitestgehend runderneuert worden. Auch der Innenausbau war bis hin zum Teppichboden praktisch noch neuwertig und sollte komplett erhalten bleiben. Diese planerischen und logistischen Herausforderungen sollten bei der Entwicklung des Sanierungskonzepts für die Fassade miteinzubeziehen. Gemeinsam mit den Architekten untersuchte DS-Plan verschiedene Fassadenkonzepte als Entscheidungsgrundlage für den Bauherrn. Ausschlaggebend für den zügigen und möglichst reibungslosen Fassadenaustausch war die Entwicklung einer vollelementierten Fassadenkonstruktion.

Das neue Fassadenkonzept

Durch die Sanierung reduziert sich der Transmissionswärmeverlust der Fassade um ca. 43%. Die vertikalen Paneel-Einsatzelemente der neuen Fassade mit integrierten Öffnungsflügeln besitzen einen Fensterflächenanteil von 75%, der einen ausgewogenen Wärmeschutz sowohl im Sommer wie im Winter gewährleistet (Abb. 16, 17). Darüber hinaus schützen außenliegende, zentral und individuell steuerbare Lamellenraffstores die Nutzer im Sommer vor übermäßigem Wärmeeintrag. Mithilfe thermischer Simulationen wurden die energetischen Eigenschaften der neuen Fassade bereits früh in der Planung auf das Zusammenwirken mit den bestehenden Haustechnikkomponenten hin untersucht. Auch die schalltechnischen Kriterien der Fassade ließen sich mittels rechnergestützter Simulationen festlegen (Abb. 15).
Als günstige, aber überaus wirksame Maßnahme gegen den starken Verkehrslärm wurden lediglich die schmalen Öffnungsflügel der Fenster an der Straßenseite durch vorgesetzte Prallscheiben ergänzt (Abb. 17). Diese sogenannten Teilkastenfenster erlauben nun trotz des Außenlärms noch eine freie Fensterlüftung.
Wesentlich für die Sanierung im laufenden Betrieb waren die fast 100%ige Vorfertigung der Fassade und das bereits während der Planung akribisch festgelegte Montagekonzept, das auch temporäre raumseitige Schutzmaßnahmen wie mobile Staubschutzvorhänge umfasste. Auf diese Weise war es möglich, die elementierte Fassade gewissermaßen im Stundentakt und für die Nutzer vergleichsweise störungsfrei auszutauschen. DETAILgreen 01/2013

Nordzucker AG, Braunschweig
Bauherr • *Client:*
Nordzucker AG, Braunschweig
Architekt • *Architect:*
Hirsch Architekten, Hannover
Fassadentechnik, Bauphysik • *Facade technology, building physics:*
DS-Plan, Stuttgart
Fassadenbau • *Facade construction:*
Rupert App, Leutkirch

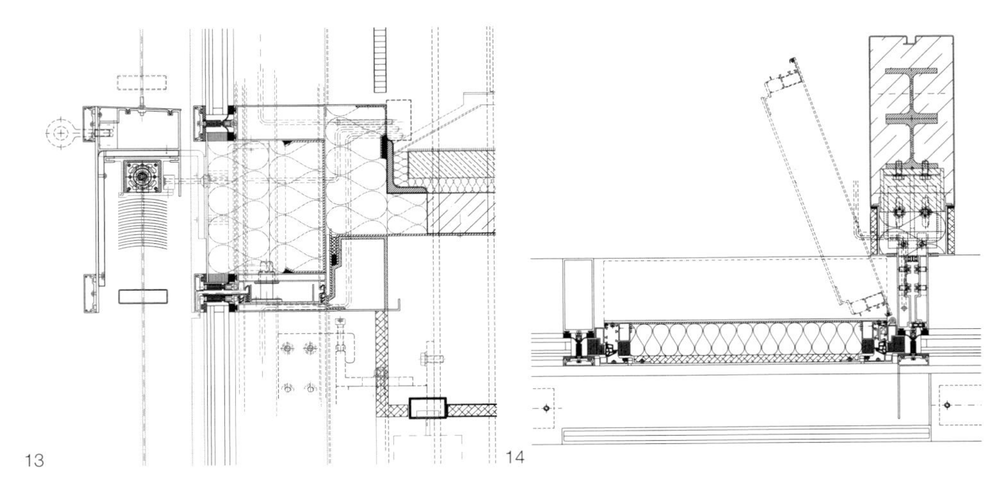

13 14

Many owners of unrenovated buildings dating from the 1950s to the 1970s face the same problems: ever fewer tenants are willing to accept the substantial limitations due to poor building conditions. Furthermore, buildings built between 1950 and 1970 often have twice as high operating costs as new buildings. Rarely is a tenant willing to cover such costs if there is a more affordable alternative to be found elsewhere.
In this situation, even the demolition and subsequent new construction of a building is not a viable solution. Especially in inner cities, it is often no longer permitted to build new structures in the shape or size of large post-war office buildings.
Besides, in the case of a complete refurbishment, the existing building shell represents around 20 to 25 % of a building's value. Demolition thus seldom makes sense for financial reasons. Refurbishment of these ageing buildings is the best option in most cases.
The upgrading of the facade is not the only reason to refurbish a building. However, just like the building's mechanical installations, it does play a key role. Insufficient thermal comfort and poor indoor air quality make older buildings unattractive. Especially in high-rise buildings, deficient fire safety is another common reason for refurbishment. The same is true for the retrofitting of electrical and IT cabling, which today is important for most businesses. Buildings dating from the 1950s and 1960s usually do not have raised access floors, where cables can easily be run.

Survey of existing conditions
The following deficits can be found in most ageing curtain wall facades:
- *The glazing is typically single glazing or a poor quality insulating glass (U_g = 3.0–5.0 W/m²).*
- *The facade profiles are often not, or only weakly, thermally separated.*
- *There is usually either no thermal insulation, or it is only 30 to 50 mm thick. Often it has pulled free of building elements and/or is sagging together.*
- *Sealing membranes and elements are nearly always torn or are loose.*
- *Usually there is no exterior solar shading or it is no longer functioning.*
- *Relatively dark solar protection glazing was often used, which has g-values of under 30 % and extremely low light transmittance. This glass keeps out daylight especially on cloudy days, necessitating an early activation of the artificial lighting.*

Dreischeibenhaus in Düsseldorf
The Dreischeibenhaus in Düsseldorf is one of the most famous high-rise buildings in Germany. Completed in 1960 and designed by the architects Hentrich, Petschnigg & Partner (HPP), the building is steel-framed with bracing end walls on the narrow sides. In the single-layer stick frame office facades, horizontal ribbon windows with insulating glass alternate with glazed opaque spandrel panels. The narrow ends of the building are completely clad in extruded stainless steel panels.
The mechanical installations and facade construction, which were renovated between 1992 and 1995, do not meet current requirements for office buildings, especially with regard to energy consumption:
- *The building uses interior blinds for sun shading. Sun screening glass with a low light transmittance has been installed, which makes the activation of artificial lighting necessary on cloudy days.*
- *The office rooms cannot be ventilated by opening windows.*
- *The individual ventilation units located on the inside of the facade, below the windows, are inefficient and do not provide an acceptable indoor air quality.*

The construction of the existing facade, however, is completely intact. It also fulfils the fire safety requirements between storeys. Meeting the current fire safety requirements was an important issue during the conception of the new facade.
The straightforward and convincing idea of HPP Architects was to retain the recently renovated curtain wall. Inserted behind this facade – and between the floor slabs – is a second, highly insulated facade with operable windows. The old outer and new inner facade layers complete each other to form a permanently ventilated double-layer construction. In

15

13 Bürogebäude der Nordzucker AG, Braunschweig: Vertikalschnitt (Deckenanschluss) der sanierten Fassade Maßstab 1:15
14 Horizontalschnitt Maßstab 1:15
15 Simulation zur Lärmpegelausbreitung. Die Schallbelastung der Fenster ist farbig markiert.
16 Seitenfassade mit opaken Öffnungsflügeln
17 Straßenfassade mit Prallscheiben für verbesserten Schallschutz
18 Straßenansicht nach der Sanierung

13 Office building of Nordzucker AG in Braunschweig: vertical section (junction to the floor slab) of the refurbished facade scale 1:15
14 Plan of the refurbished facade scale 1:15
15 Simulation of the noise distribution. The noise load on the windows is colour-coded.
16 Side facade with opaque ventilation flaps
17 Street facade with impact panes for improved soundproofing.
18 Street elevation after the refurbishment

16

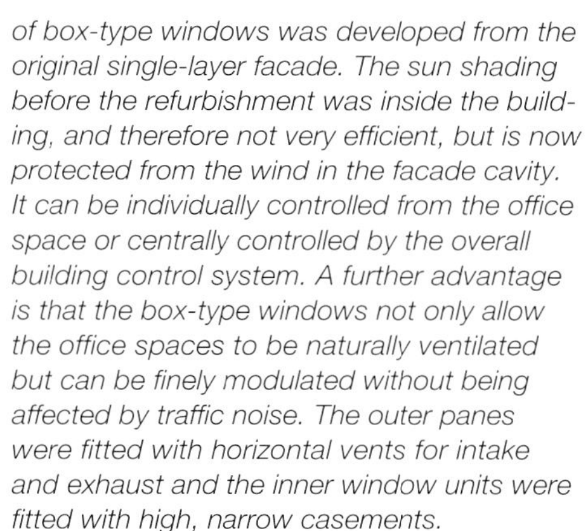
17

the outer existing facade, the insulating glass is replaced by a single pane which was shortened above and below (in order to ventilate the facade cavity). This is sufficient without having to resort to an extremely disadvantageous (from an energy point of view) solar protective coating.
A further logical consequence resulting from the new facade concept, was that the pre-existing and (in terms of energy efficiency) outdated ventilation and cooling units are replaced by a modern solution. This also has financial advantages because a significant amount of rental space can be gained by replacing the existing units which had a depth of 350 mm. The mechanical systems components are integrated into the suspended ceiling during the course of the renovation. Using computational fluid dynamics, the gap between the two facade layers was modulated geometrically and aerodynamically so that the overall depth of the construction can be made as slender as possible. This measure alone increases the rental space by 500 m².

Esplanade 39 in Hamburg
In this high-rise building, the client opted for a complete refurbishment based on a comprehensive feasibility study. Only the structural system was retained.
Before the conversion it was impossible to naturally ventilate the office spaces. Furthermore, the use of the building was strongly compromised by the loud traffic noise from the adjacent four lane road as well as by the overheating of the offices during the summer months. The reasons for the occupants' discomfort clearly resulted from the existing facade.
The existing facade could not be retained due to its technical condition and was therefore demolished. However, the new facade is a reconstruction of the original which accurately fulfils the requirements of the historic preservation authorities.
In each opening, a new window element made of insulating glass was built between the structural columns, flush with the inside of the existing concrete window sill walls. In this manner a classical double layer facade of box-type windows was developed from the original single-layer facade. The sun shading before the refurbishment was inside the building, and therefore not very efficient, but is now protected from the wind in the facade cavity. It can be individually controlled from the office space or centrally controlled by the overall building control system. A further advantage is that the box-type windows not only allow the office spaces to be naturally ventilated but can be finely modulated without being affected by traffic noise. The outer panes were fitted with horizontal vents for intake and exhaust and the inner window units were fitted with high, narrow casements.

Nordzucker AG in Braunschweig
The Nordzucker AG complex dates from the 1960s and is centrally-located in the city of Braunschweig. There were no requirements set by the historic preservation authorities for the building and the facade, which was still in its original condition. Having effective sun shading as well as the possibility to open a window in spite of the traffic noise was essential to the building occupants. In contrast to the two previous examples, the air conditioning system here had recently been almost entirely renovated. Even the interior fit-out down to the carpet was practically new and had to be kept. The new facade elements with integrated casement windows have a window area ratio of 75 %, which provides a balance between keeping heat out in summer and keeping heat in during winter. Furthermore, exterior blinds that can be centrally and individually controlled by the occupants prevent excessive heat gains in the summer. As an affordable but effective countermeasure to the high traffic noise levels, impact panes were added to the front of the narrow ventilation flaps on the street side. The opaque window casements can thus be opened to provide natural ventilation in spite of the high noise levels outside. Essential for the refurbishment while the building was in operation was the nearly 100 % prefabrication of the facade and the development of a detailed assembly concept for the facade. This made it possible to install the modular facade units virtually in hourly intervals with relatively little disturbance to the occupants.

18

Energetische Sanierung von Bestandsfenstern

Energy Saving Renovation of Existing Windows

Frank Eßmann

Häufig wird die Erneuerung der Fenster als erste Maßnahme zur Energieeinsparung bei Gebäuden gewählt. Doch ist dies wirklich immer die beste Lösung? Oft ist zu hören, dass neue Fenster Schimmelbefall in Wohnungen begünstigen. Weiter stellt sich die Frage, ob ein Fensteraustausch überhaupt wirtschaftlich ist. Vielfach wird bei neuen Fenstern auch keine ausreichende Sensibilität hinsichtlich Materialwahl oder Gestaltung an den Tag gelegt (Abb. 6). Auf die Fragen, wann welche Maßnahmen sinnvoll sind und welche gesetzlichen Vorgaben es bei der Sanierung von Bestandsfenstern zu beachten gilt, gibt der folgende Beitrag einige Antworten.

Anforderungen der EnEV

Bei Änderungen von Gebäuden nach EnEV, § 9 müssen die Anforderungen der Anlage 3 (Bauteilverfahren) oder die um 40 % erhöhten Anforderungswerte des Bilanzverfahrens nach Anlage 1 bzw. Anlage 2 der Verordnung eingehalten werden [1].

Die Anforderungen des Bauteilverfahrens sind anzuwenden, wenn mindestens 10 % der jeweiligen Bauteilfläche – also hier 10 % der gesamten Fensterfläche – geändert wird. Für diesen Fall sind die Anforderungswerte nach Abb. 1 zu beachten. Gemäß Auslegung zur EnEV muss die Einhaltung des U-Wertes jeweils für eine wertanzeigende Nachkomma-Stelle nachgewiesen werden [2].

Diese Anforderungen gelten nicht, wenn der vorhandene Fensterrahmen für die Verglasung gemäß der obigen Vorgaben nicht geeignet ist. Werden bei Verbund- oder Kastenfenstern die Verglasungen ausgetauscht, ist die Anforderung auch erfüllt, wenn eine Scheibe mit einer infrarot-reflektierenden Beschichtung mit einer Emissivität $\varepsilon_n < 0{,}2$ eingebaut wird.

Das Bilanzverfahren stellt im Zuge der Berechnung des Primärenergiebedarfs zunächst keine direkten Anforderungen an die Ausbildung der Fenster. Jedoch ist in der Beschreibung des Referenzgebäudes gemäß Anlage 1 bzw. Anlage 2 der EnEV für Fenster ein U_W = 1,30 W/m²K angegeben. Mit dem 40 %-Zuschlag für Bestandsgebäude lässt sich hieraus ein Orientierungswert von U_W = 1,82 W/m²K für Sanierungen ableiten. Aus der Zusatzanforderung des spezifischen Transmissionswärmeverlusts H'_T bei Wohngebäuden geht kein Anforderungswert für Fenster hervor. Bei Nichtwohngebäuden ist dagegen der U_W-Wert für transparente Bauteile bei Neubauten auf 1,90 W/m²K, für Bestandsgebäude auf 2,66 W/m²K, zu begrenzen.

Neue Fenster und Verglasungen in der Praxis

Bei der Betrachtung des Gesamtfensters ist zwischen Einfachfenstern und Kastenfenstern (zwei Fensterebenen hintereinander) zu unterscheiden.

Austausch der Verglasung

Die Anforderungen der EnEV lassen sich durch einen reinen Austausch der Verglasung oder durch den Ersatz des gesamten Fensters (Abb. 5) erfüllen. Falls lediglich die Verglasung ausgetauscht wird, ist bei Einfachfenstern eine Zweifachverglasung mit Wärmeschutzbeschichtung und einer Edelgasfüllung (üblicherweise Argon) ausreichend. In Bestandsfenster lassen sich diese Verglasungen jedoch teilweise nicht einbauen, da sie Verglasungsdicken von 24 mm und mehr (bei einem Gewicht von ca. 20 kg/m²) aufweisen. Bei Holzfenstern besteht unter Umständen die Möglichkeit, die Rahmen so weit zu bearbeiten, dass sie die verstärkten Verglasungsdicken aufnehmen können. Gerade für erhaltenswerte Fenster sind inzwischen Sondergläser (schlanke Wärmeschutzverglasungen sowie beschichtete Einfachscheiben) verfügbar, die auch ohne Zusatzarbeiten in Bestandsrahmen eingesetzt werden können. Abb. 2 zeigt die erzielbaren U_W-Werte für verschiedene Verglasungstypen und zwei Rahmentypen (Bestandsrahmen und Holzrahmen IV 68).

Einfachfenster

Bei der Sanierung von Einfachfenstern ist eine heute übliche Standardverglasung (U_g = 1,0 bis 1,1 W/m²K) mit wärmetechnisch verbessertem Abstandhalter und ein Rahmen mit ca. U_f = 1,4 W/m²K erforder-

Maßnahme *Measure*	**Höchstwert des Wärmedurchgangskoeffizienten** ***Maximum U-value***
Das gesamte Fenster wird ersetzt oder erstmalig eingebaut *The entire window is replaced or installed for the first time*	U_W = 1,30 W/m²K
Zusätzliche Vor- oder Innenfenster werden eingebaut *Additional outer or inner windows are installed*	U_W = 1,30 W/m²K
Die Verglasung wird ersetzt *The glazing is replaced*	U_g = 1,10 W/m²K

1

	Verglasung ***Glazing***	**mit Bestandsrahmen** ***with existing frame***	**mit Rahmen IV 68** ***with IV 68 frame***
1	U_g = 5,7 W/m²K Einfachverglasung *Single glazing*	4,7 W/m²K	4,4 W/m²K
2	U_g = 2,8 W/m²K 4/12/4 Luft/*Air*	2,9 W/m²K	2,7 W/m²K
3	U_g = 1,7 W/m²K 4/8/4 Argon	2,2 W/m²K	2,0 W/m²K
4	U_g = 1,3 W/m²K 4/12/4 Argon	1,9 W/m²K	1,6 W/m²K
5	U_g = 1,9 W/m²K 3/4/3 Krypton	2,4 W/m²K	2,2 W/m²K
6	U_g = 1,5 W/m²K 3/6/4 Krypton	2,1 W/m²K	1,9 W/m²K
7	U_g = 1,7 W/m²K Vorscheibe infrarot-reflektierend beschichtet/*Supplementary glazing with infrared reflective coating*	1,9 W/m²K	1,6 W/m²K

2

Frank Eßmann leitet ein Ingenieurbüro für Bauphysik in Mölln. Er ist staatlich anerkannter Sachverständiger für Schall- und Wärmeschutz, Sachverständiger für Energieeffizienz, anerkannter Energieberater für Baudenkmale und Dozent zu Themen der Bauphysik und der Gebäudesanierung.

Frank Eßmann runs an engineering firm for building physics in Mölln, Germany. He is an accredited expert for sound and heat insulation as well as energy efficiency, an accredited energy consultant for listed buildings and a lecturer on aspects of building physics and building renovation.

lich, z. B. ein IV 68-/IV 78-Holzrahmen oder ein 5- bis 6-Kammer-Kunststoffrahmen. Zur Ermittlung des U_W-Wertes kann das Tabellenverfahren der DIN EN ISO 10077, Teil 1 verwendet werden [3]. Mit einer genaueren rechnerischen Bestimmung des Rahmens (nach Teil 2 der Norm) und mit Messungen im Heizkasten-Verfahren lassen sich die Tabellenwerte nochmals um rund 0,1–0,2 W/m²K verbessern.
Auch Spezialgläser mit äußerst schlankem Aufbau von insgesamt 10–12 mm (4 bzw. 6 mm Scheibenzwischenraum), einer metallisch beschichteten Scheibe und einer außenseitigen Restaurationsverglasung ermöglichen gute U_W-Werte (Abb. 2). Mit diesen Verglasungen halten Fenster zwar nicht die Anforderungswerte des Bauteilverfahrens nach EnEV 2009 ein, kommen aber in den Bereich der Anforderungen des Bilanzverfahrens.
Häufig wird von Denkmalschutzbehörden der Einsatz von Vorsatzscheiben als akzeptable Lösung angesehen (Prinzip siehe Abb. 4). Dabei wird raumseitig eine Einfachscheibe auf jedem Flügelrahmen befestigt, wobei Sprossen im Allgemeinen überglast werden. Bei dieser Maßnahme ist eine Dichtung zwischen dem Fensterrahmen und der aufzubringenden Scheibe erforderlich, um unkontrollierten Eintrag von Raumluft in den Zwischenraum zu vermeiden. Besonders wirkungsvoll ist diese Einbauart, wenn ein Spezialglas mit Metalloxid-Beschichtung verwendet wird (Abb. 2, Zeile 7). Diese Beschichtung hat eine Emissivität von 15 % und ist chemisch und mechanisch widerstandsfähig.

Kastenfenster
Kastenfenster sind aus energetischer Sicht interessante Systeme (Abb. 8). Ihre U_W-Werte lassen sich nach DIN EN ISO 10077 [3] berechnen. Beispielhafte U_W-Werte zeigt Abb. 7. Demnach kann ein bestehendes Kastenfenster mit zwei Einfachverglasungen und 12 cm Scheibenabstand einen U_W-Wert von ca. 2,4 W/m²K erreichen.
Der Austausch des Innenfensters durch ein Fenster mit lediglich 1,8 W/m²K reicht aus, um insgesamt einen U_W-Wert von 1,3 W/m²K zu erhalten. Dieser würde sogar die Anforderungen des Bauteilverfahrens der EnEV 2009 einhalten. Wie bereits dargestellt wurde, sind die Anforderungen jedoch auch erfüllt, wenn eine Scheibe mit einer infrarot-reflektierenden Beschichtung mit einer Emissivität $\varepsilon_n < 0{,}2$ eingebaut wird. Das bedeutet, dass z. B. auch die Kombination gemäß Abb. 7, Zeile 4 für die Erfüllung der EnEV ausreicht.

Das Fenster als Teil der Gebäudehülle
Fenster sind energetisch die größte Schwachstelle in einem Gebäude. Das gilt für ungedämmte Bestandsgebäude ebenso

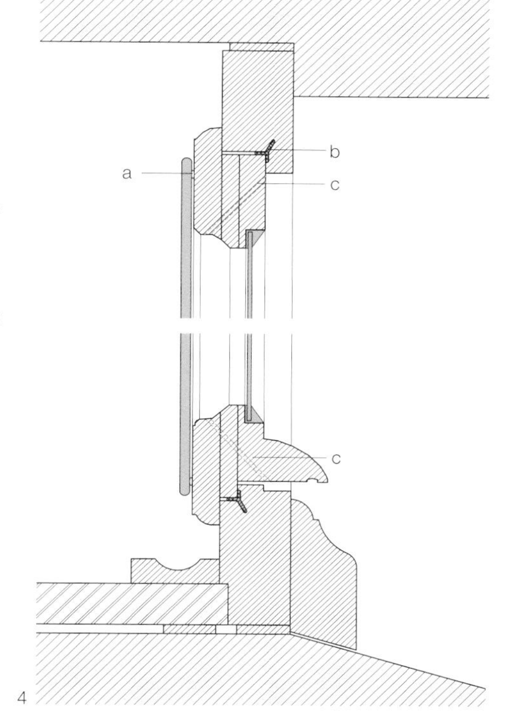

1 Anforderungen an Fenster nach EnEV 2009, Anlage 3, Tabelle 1
2 beispielhafte U_W-Werte für Einfachfenster
3 Fassade nach Sanierung
4 prinzipielle Darstellung einer Vorsatzscheibe
a Dichtung
b Zugluftdichtung
c Druckausgleichsbohrung, Ø 5 mm
5 Infrarot-Aufnahme eines neuen Fensters (links) und eines Bestandsfensters (rechts). In der Mitte befindet sich eine ungedämmte Heizleitung.

1 Requirements for windows according to EnEV 2009, Appendix 3, Table 1
2 Sample U_W-values for standard windows
3 Facade after renovation
4 Diagrammatic representation of supplementary internal glazing
a Seal
b Draft seal
c Drilled hole to equalise pressure, diameter 5 mm
5 Infrared image of a new window (left) and an existing windows (right). In the centre is an uninsulated heating pipe.

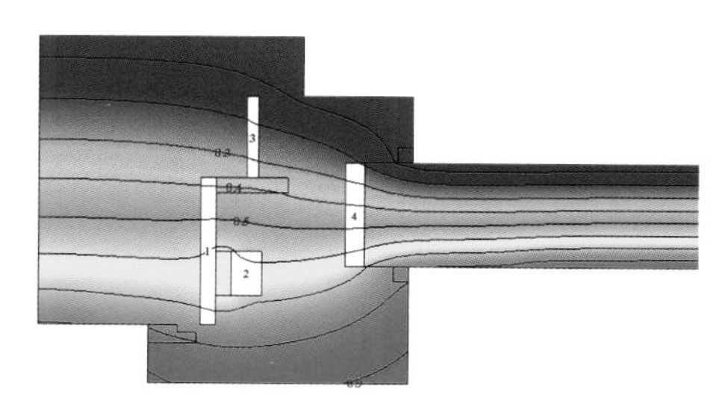

6

6 Austausch von Fenstern – nicht immer geglückt
7 beispielhafte U_W-Werte für Kastenfenster (jeweils mit Bestandsfensterrahmen)
8 Bestandsfenster (unten: Kastenfenster / Oberlicht: Einfachfenster)
9 Auffangrinne als Teil des Fensters zur Aufnahme und Abführung von Kondensatwasser an einfach verglasten Fenstern
10 Bestandsfenster ohne Dichtungsprofile

6 Window replacement – not always successful
7 Sample U_w-values for double windows (each with existing window frames)
8 Existing windows (below: double window/above: single-glazed window)
9 Integrated drainage channel for collection and disposal of condensation on single-glazed windows
10 Existing window without weather-sealing strip

Anmerkungen / References:
[1] Verordnung über energiesparenden Wärmeschutz und energiesparende Anlagentechnik bei Gebäuden (Energieeinsparverordnung – EnEV), in Kraft seit Oktober 2009
[2] Fachkommission Bautechnik der Bauministerkonferenz: Auslegungsfragen zur Energieeinsparverordnung. Teil 12, 03/2010
[3] DIN EN ISO 10077: Wärmetechnisches Verhalten von Fenstern, Türen und Anschlüssen. Teil 1, Mai 2010; Teil 2, 07/2009
[4] DIN 1946-6: Raumlufttechnik. Teil 6, 05/2009
[5] RAL Gütegemeinschaft Fenster und Haustüren e. V. (Hrsg.): Leitfaden zur Planung und Ausführung der Montage von Fenstern und Haustüren, 03/2010
[6] Sieberath, Ulrich; Benitz-Wildenburg, Jürgen: Energiegewinnfenster für die Energiewende, 2011

wie für Neubauten, auch wenn dort die energetischen Standards für die opaken und transparenten Bauteile jeweils deutlich höher sind.
Gerade bei ungedämmten Altbauten mit Holzfenstern und einer Einfachverglasung ist die Temperatur der raumseitigen Glasoberfläche so gering, dass es im Winter zu Kondensatbildung und »Eisblumen« kommen kann. In diesen Fällen lässt sich das augenscheinliche Kondensat direkt an der Scheibe oder nach Ablaufen auf der Fensterbank abwischen. In den Fensterbänken findet man daher speziell angelegte Tropfwannen bzw. Auffangrinnen wie in Abb. 9, teils mit Führung nach außen zur kontrollierten Wasserableitung.
Werden bei einer Bestandssanierung lediglich die Fenster ersetzt (also neue Fenster mit einem geringen Wärmedurchgangskoeffizienten und einer höheren Fugendichtigkeit eingebaut), kann dies dazu führen, dass die Außenwände, die Laibungen oder andere Wärmebrücken schlechter gedämmt sind als die Fenster selbst. Dadurch kann die Oberflächenfeuchte in einem nicht direkt erkennbaren Bereich auf der Tapete einen kritischen Wert übersteigen. Schimmelpilzbildung an diesen Bauteilen ist somit bei gleichbleibendem Lüftungsverhalten keine Seltenheit. Erforderlich wäre in diesem Fall ein höherer Luftwechsel, etwa über eine verstärkte manuelle Fensterlüftung. Diese ist jedoch von den Nutzern nicht immer zu leisten, wenn sie z. B. berufstätig und daher oft lange Zeit außer Haus sind. Eine nicht ausreichende Fensterlüftung resultiert jedoch auch aus Gewohnheit oder falsch verstandener Energieeinsparung. Denkbar ist in diesen Fällen der Einbau von Lüftungsanlagen oder Fensterfalzlüftern. Bei Wohngebäuden sind diesbezüglich auch die Bestimmungen der DIN 1946-6 zu prüfen [4].
Zahlreiche Förderprogramme wie z. B. die der IFB Hamburg tragen der Problematik der Fenstererneuerung Rechnung. Sie fördern eine Fenstersanierung nur dann, wenn gleichzeitig die Außenwand gedämmt wird. Beim CO_2-Gebäudesanierungsprogramm der KfW gilt für einen ausschließlichen Fensteraustausch die Vorgabe, dass ein Sachverständiger »die Angemessenheit der Maßnahmen unter Berücksichtigung der Auswirkungen auf die thermische Bauphysik« bestätigen muss und dass der U-Wert der Wand kleiner sein soll als der der Fenster.

Darüber hinaus sind bei jedem Einbau neuer Fenster einige flankierende Maßnahmen zu berücksichtigen. Dazu zählen:

- Erstellung eines luft- und winddichten Anschlusses (siehe hierzu Leitfaden der RAL Gütegemeinschaft [5]).
- Bei einer Innendämmung der Außenwand muss ein Fachmann den Anschluss an den Fensterrahmen betrachten. Je weiter außen das Fenster liegt, desto problematischer ist die Oberflächentemperatur am Anschluss zwischen Rahmen und Dämmung. Eine Laibungsdämmung ist stets erforderlich. Wo sie nicht möglich ist, müssen Ersatzmaßnahmen (von Putz abschlagen bis zum Einbau eines Heizdrahts in die Laibung) getroffen werden.
- Auch bei einer Außendämmung der Wand ist es erforderlich, die Laibung gedämmt und diese Dämmung bis auf den Rahmen zu dämmen.

Eine energetische Verbesserung der Fenster auf EnEV 2009-Niveau ist bei denkmalgeschützten Bauten mit Hinweis auf EnEV, § 24 (1) nicht erforderlich, wenn »die Erfüllung der Anforderungen dieser Verordnung die Substanz oder das Erscheinungsbild beeinträchtigen oder andere Maßnahmen zu einem unverhältnismäßig hohen Aufwand führen«. Diese Bedingungen sind bei einem Baudenkmal in der Regel erfüllt.
Dennoch wird auch bei denkmalgeschützten Gebäuden häufig der Wunsch geäußert, das Gebäude energetisch zu verbessern, um die Betriebskosten für die Beheizung zu reduzieren. Um das Erscheinungsbild zu erhalten, muss das historische Fenster allerdings in seinen geometrischen Abmessungen, also auch mit den Sprossen, belassen oder rekonstruiert werden. Dabei ist zu berücksichtigen, dass die häufig vorhandenen Sprossen den U_W-Wert um bis zu 0,4 W/m²K verschlechtern können, wenn sie in Mehrscheibenverglasungen als glasteilende Sprossen ausgeführt werden. Für derartige Fensterkonstruktionen empfiehlt sich eine genaue Berechnung des U_W-Wertes.

Wirtschaftlichkeit der Maßnahmen
Neben dem reinen Fensteraustausch ist auch die Aufarbeitung bestehender Fenster durch den Einbau neuer Dichtungsebenen denkbar (Abb. 10). Eine weitere Möglichkeit stellt die Verwendung von Fensterläden, auch auf der Innenseite des Fensters dar. Diese Maßnahmen sind zwar rechnerisch schwer zu erfassen, sorgen aber in der Regel für eine deutliche energetische Verbesserung und sind oft auch ökonomisch sinnvoll. Ferner lässt sich durch den Erhalt

	Außenfenster/*Outer window*	**Innenfenster/*Inner window***	$U_{w, gesamt}/U_{w, total}$
1	U_W = 4,7 W/m²K Einfachverglasung / *Single glazing*	U_W = 4,7 W/m²K Einfachverglasung / *Single glazing*	2,4 W/m²K
2	U_W = 4,7 W/m²K Einfachverglasung / *Single glazing*	U_W = 1,8 W/m²K Wärmeschutzverglasung / *Double glazing 4/12/4 Ar*	1,3 W/m²K
3	U_W = 4,7 W/m²K Einfachverglasung / *Single glazing*	U_W = 2,1 W/m²K Wärmeschutzverglasung / *Double glazing 3/6/4 Kr*	1,5 W/m²K
4	U_W = 4,7 W/m²K Einfachverglasung / *Single glazing*	U_W = 3,8 W/m²K Einfachverglasung, infrarot-reflektierend beschichtet / *Single glazing with infrared reflective coating*	1,6 W/m²K
5	U_W = 3,8 W/m²K Einfachverglasung, infrarot-reflektierend beschichtet / *Single glazing with infrared reflective coating*	U_W = 1,8 W/m²K Wärmeschutzverglasung / *Double glazing, 4/12/4 Ar*	1,1 W/m²K

7

8

9

10

des Fensters und die damit einhergehende Abfallvermeidung auch ein ökologischer Beitrag leisten.
Die erheblichen Unterschiede der U_W-Werte vor und nach einem Fensteraustausch zeigen, dass in dieser Maßnahme hohe Energieeinsparpotenziale liegen. Doch nicht immer ist sie bei Gebäudesanierungen auch wirtschaftlich. In jedem Fall »rechnet sich« ein Austausch von Bestandsfenstern mit Einfachverglasung, da sich der U-Wert hiermit um ca. 75% verbessern lässt. Erfahrungen aus realisierten Beispielen zeigen, dass allein diese Maßnahme rund 5–25% des Endenergiebedarfs im Gesamtgebäude einspart (je nach Art des Bestandsfensters und nach Ausführung des neuen Fensters). Eine Wirtschaftlichkeit mit einer Amortisationszeit von bis zu 30 Jahren besteht in der Regel auch dann, wenn die Bestandsfenster Doppelverglasungen ohne Beschichtung (U_g > ca. 2,5 W/m²K) aufweisen. Gleiches gilt im Grundsatz für den reinen Austausch der Verglasung, nur dass hier auch der Austausch von Doppelverglasungen mit Beschichtungssystemen größerer Emissivität (U_g > ca. 1,8 bis 2,0 W/m²K) aus ökonomischen Gesichtspunkten zu empfehlen ist.

Nicht immer jedoch sollte eine Maßnahme ausschließlich nach wirtschaftlichen Gesichtspunkten bewertet werden. Gerade mit dem Austausch der Fenster oder zumindest der Verglasungen und einer Aufarbeitung bestehender Fenster lassen sich der Nutzerkomfort und die Behaglichkeit im Innenraum verbessern. So gehen z.B. Zuglufterscheinungen zurück, und die Kälteabstrahlung durch die Glasflächen verringert sich. Weitere (primär) nicht monetäre Gründe für eine Fenstersanierung sind beispielsweise das Vermeiden von Schädigungen im Gebäude durch schadhafte Fenster, der Austausch blinder Verglasungen oder der Ersatz schwergängiger Bedienelemente. Daher sollte die Erneuerung von Fenstern stets im Einzelfall und im Zusammenspiel aller Einflüsse betrachtet werden.
DETAILgreen 02/2011

Windows are, in terms of energy, the weakest point of a building. This applies to uninsulated existing buildings as well as to new-builds, even though in this case, the energy standards for solid and transparent building elements are considerably higher.

If, in a renovation, only the windows are replaced (that is, new windows with a lower U-value and more airtight joint seals are installed), this can result in the exterior walls, the reveals or other cold bridges being less insulated than the windows themselves. Without changing the user's ventilation habits, the growth of mould around these building elements is not uncommon. In these cases, it is worth considering the installation of ventilation systems, or vents in the window reveals. Above all, in every installation of new windows there are some associated factors to consider. These include:

- *Creation of air- and windtight connections.*
- *In the case of an internally insulated external wall, an approved installer must oversee the connection to the window frame. The further out the window frame sits, the more problematic is the surface temperature at the connection between frame and insulation. In this case it is necessary to insulate the reveal. Where this is not possible, alternative measures (from removing plaster to installing a heating wire in the reveal) must be used.*
- *Also with an externally insulated wall, the reveal has to be insulated, and the insulation ought to continue to the window frame.*

Even in the case of protected structures, owners often express the desire to improve the energy performance of the building so as to reduce the heating costs. In order not to alter their appearance, historic windows must be preserved, or reconstructed according to their geometric dimensions, including mullions. In this case it must be taken into account that multiple mullions can worsen the U-value by up to 0.4 W/m²K if they are used in multi-layer glazing as glass-separating mullions. Usually, for this type of window construction an exact U-value calculation is recommended.
Apart from a complete window replacement, also worth considering is the upgrading of existing windows through the installation of new air-sealing layers. A further possibility is the use of window shutters, also on the inside of the windows.

Although it is difficult to estimate the cost of these measures, generally they do make a significant improvement, and are often economically worthwhile. By maintaining the existing windows, the associated avoidance of waste also makes a contribution to ecological sustainability.
The considerable difference in the U_W-values before and after window replacement shows that these measures have high energy-saving potential. Of course building renovation is not always cost-effective. However, the replacement of existing single-glazed windows pays off regardless, as the U-value can be improved by approximately 75%. Experience from realised examples shows that this measure alone saves between 5 to 25% of the energy use of the entire building (depending on the type of existing windows and the specification of the new windows). Therefore it plays a significant part in the overall improvement of the energy efficiency of the building. Normally a cost-effective payback period of 30 years can be established if the existing windows have double glazing without coatings (U_g > approx. 2.5 W/m²K). The same is true in principle for changing only the glass, except that in this case, the replacement of double glazing with high emissivity coating systems (U_g > approx. 1.8 to 2.0 W/m²K) is also recommended, from an economic point of view.

An energy-saving measure should, however, not only be judged from a financial point of view. Particularly with the replacement of windows, or at least the glazing and some refurbishment of existing windows, user comfort can be improved. Thereby, for example, drafts are prevented, and cold radiation from glazing surfaces is reduced.

Energetische Sanierung von Wohngebäuden in Europa

Improving the Energy Performance of the European Housing Stock

Frits Meijer, Lorraine Murphy

1

Die energiepolitischen Ziele der EU und ihrer Mitgliedsländer für den Zeitraum bis 2020 rücken vor allem den Gebäudebereich ins Zentrum der Aufmerksamkeit. Darunter sind wiederum vor allem bestehende Wohngebäude für den größten Teil des Energieverbrauchs und der CO_2-Emissionen verantwortlich. In den meisten Ländern Europas werden nur rund 1% aller Gebäude jährlich neu errichtet. Folglich werden die bereits existierenden Bauten noch auf Jahrzehnte hinaus entscheidend sein für die Energieeffizienz des Wohnbaubestands insgesamt. Fortschritte im Bereich der energetischen Gebäudesanierung lassen sich nur eingeschränkt untersuchen: Zum einen fehlt es an Daten zu bereits realisierten und noch möglichen Einsparpotenzialen. Die bisherigen Prognosen hierzu sind oft unzusammenhängend. Auch die meisten politischen Instrumente zeigen nicht die erhoffte Wirkung. So lässt sich beispielsweise kaum empirisch nachweisen, dass die Einführung der Energieausweise den Markt für energieeffiziente Wohngebäude begünstigt hätte. Auch ökonomische Anreize stimulieren das Interesse der Gebäudebesitzer oft nicht wie erhofft. Der folgende Beitrag vergleicht den Wohnbaubestand und die bisher ergriffenen politischen Maßnahmen zur energetischen Gebäudesanierung in mehreren europäischen Ländern. Ferner identifiziert er gemeinsame Hindernisse und Chancen für sanierungspolitische Maßnahmen in Europa.

Der Wohnbaubestand: Eigentumsstruktur
Um »maßgeschneiderte« Instrumente zur energetischen Bestandsverbesserung entwickeln zu können, müssen zunächst einmal dessen Eigenschaften bekannt sein. Abb. 2 zeigt die quantitative Verteilung von Eigentumsstrukturen im Wohnbaubestand mehrerer europäischer Länder. Je nach Land sind 35%–70% des Bestands im Besitz ihrer Bewohner, wobei Großbritannien den höchsten Wert erreicht. In allen Ländern außer Finnland ist der Anteil von Eigentumswohnungen und Häusern in Eigenbesitz in den letzten Jahren gestiegen und der Prozentsatz vermieteter Wohneinheiten zurückgegangen.

- In Deutschland und der Schweiz gibt es einen großen Anteil privat vermieteter Wohnungen und Häuser (rund 50% des Gesamtbestands).
- In Schweden und den Niederlanden spielt der vermietete Sozialwohnungsbau eine bedeutende Rolle (30%–35% des Gesamtbestands).
- Innerhalb der Mehrfamilienhäuser variiert der Anteil vermieteter Sozialwohnungen stark, zwischen 6% in der Schweiz und 68% in Schweden.
- Einfamilienhäuser sind in allen Ländern größtenteils im Besitz ihrer Bewohner.
- In Finnland, Frankreich und Schweden entfallen jeweils 50% des Gesamtbestands auf Einfamilienhäuser und Wohnungen in Mehrfamilienhäusern. In den Niederlanden und Großbritannien liegt der Anteil der Einfamilienhäuser dagegen bei über 70%, während in Deutschland und der Schweiz mehr als 70% auf Wohnungen in Mehrfamilienhäusern entfallen.

Neben allgemeinen politischen Instrumenten zur energetischen Sanierung werden für die einzelnen Sektoren spezifische politische Maßnahmen entwickelt. Für private Hausbesitzer konzentrieren sich diese vor allem auf Information und Beratung, gelegentlich kombiniert mit Zuschüssen oder zinsgünstigen Krediten. Die Maßnahmen zielen darauf ab, Hausbesitzer überhaupt zu einer energetischen Sanierung zu bewegen und die Hürde der oft hohen Investitionskosten herabzusetzen. Umfassende Vereinbarungen mit allen Marktteilnehmern zur energetischen Verbesserung des Bestands sind am ehesten im Sozialwohnungsbau möglich, wie Beispiele aus den Niederlanden zeigen. Im privaten Mietwohnungsbau ist die Situation dagegen komplexer, da es sich dabei um eine Vielzahl von Eigentümern aller Größenordnungen – von Immobilienfonds bis zu Einzelpersonen - handelt. Hier müssen unterschiedliche Anreizsysteme und Verordnungen flexibel miteinander kombiniert werden.

1 Wohnanlage Strucksbarg/In der Alten Forst, Hamburg
Architekten (Sanierung): Renner Hainke Wirth, Hamburg
2 Eigentümerstruktur im europäischen Wohngebäudebestand
3 Altersstruktur im europäischen Wohngebäudebestand

1 Housing complex Strucksbarg/In der Alten Forst, Hamburg
Architects (refurbishment): Renner Hainke Wirth, Hamburg
2 Ownership structure in residential building stock
3 Age distribution of Europe's residential building stock

Der Wohnbaubestand: Gebäudealter
Die Tabelle in Abb. 3 zeigt die Verteilung des Gebäudebestands auf unterschiedliche Altersklassen. Vor allem die Gebäude aus der Zeit vor dem Zweiten Weltkrieg weisen relativ homogene konstruktive Eigenschaften auf. Bei Gebäuden, die zwischen dem Zweiten Weltkrieg und der Ölkrise Anfang der 1970er-Jahre errichtet wurden, ist dies weit weniger der Fall. Üblicherweise sind sie nur schlecht gedämmt, sodass der Sanierungsbedarf in dieser Altersklasse hoch ist. Gebäude aus der Zeit nach der Ölkrise sind meist relativ gut gedämmt, aber bereits in einem Alter, in dem eine erste Grundsanierung notwendig wird.
Eine erste Analyse im Rahmen des »Energy-Jump«-Programms aus den Niederlanden zeigt, dass dort insbesondere die Reihenhäuser aus den 1960er- und 1970er-Jahren die größten Energieverbraucher sind. Eine Untersuchung des Instituts für Wirtschaftsforschung in Halle hat ebenfalls ergeben, dass die Einsparpotenziale bei Gebäuden aus den 50er- bis 70er-Jahren am größten sind. Daraus lässt sich schließen, dass Sanierungsmaßnahmen sich vor allem auf Gebäude dieser Altersklasse konzentrieren sollten. Zu beachten ist dabei jedoch auch die Kosteneffizienz der Maßnahmen, insbesondere im Hinblick auf die Erlöse, die mit Gebäuden dieses Alters überhaupt am Markt erzielt werden können.

Instrumente der Politik
Einen wichtigen Einfluss auf die Energiegesetzgebung für Gebäude hat in Europa insbesondere die 2002 eingeführte Gebäuderichtlinie der EU (European Energy Performance of Buildings Directive, EPBD) ausgeübt. Sie fordert unter anderem, dass jedes Land Mindeststandards für energetische Sanierungen einführt, und verpflichtet bei Vermietung oder Verkauf von Gebäuden zur Ausstellung eines Energieausweises. Die europäische Richtlinie wird von nationalen Politikinstrumenten flankiert, die sich im Wesentlichen auf Information, Regulierung und finanzielle Anreize konzentrieren. Im Folgenden werden exemplarisch die bisherigen Maßnahmen in drei EU-Mitgliedsländern und deren Auswirkungen beschrieben.

Deutschland
Deutschland erhält international viel Anerkennung für seine Förderung dezentraler erneuerbarer Energien und für die finanziellen Anreizprogramme zur Gebäudesanierung. Die Sanierungsprogramme der KfW fördern das Erreichen bestimmter Effizienzstandards anstatt einzelne Maßnahmen und Technologien und bieten Gebäudebesitzern so einen Anreiz, die Energieeffizienz stärker zu verbessern, als sie dies ohne Förderung tun würden. Ein weiterer Vorteil ist, dass das KfW-Programm direkt an die Anforderungen der EnEV geknüpft ist und seine Kriterien daher parallel mit der EnEV regelmäßig verschärft werden.
Während die Ambitionen und die bisherige Dauer des KfW-Programms oft gelobt werden, dämpfen die bislang durch das Programm erreichten Einsparungen und die geringe Zahl der Haushalte, die es nutzen (im Jahr 2009: 0,9 % aller Wohnungen), den Optimismus. Dahinter verbirgt sich eine Problematik, die für die politischen Instrumente überall in Europa gilt: Wie hoch müssen die energetischen Anforderungen sein, um auf Gebäudebesitzer attraktiv zu wirken und die erforderlichen, erheblichen Energieeinsparungen zu erreichen?

Dänemark
In Dänemark sind Verordnungen und Energieausweise die wichtigsten politischen Instrumente. Bereits 1997, also bevor dies EU-weit verpflichtend wurde, führte Dänemark den Energieausweis für Gebäude ein. Im Gegensatz zu den meisten europäischen Ländern sind diese nur fünf Jahre gültig (üblich sind sonst zehn Jahre) und ihre Ausstellung nach jeder Gebäudesanierung ist

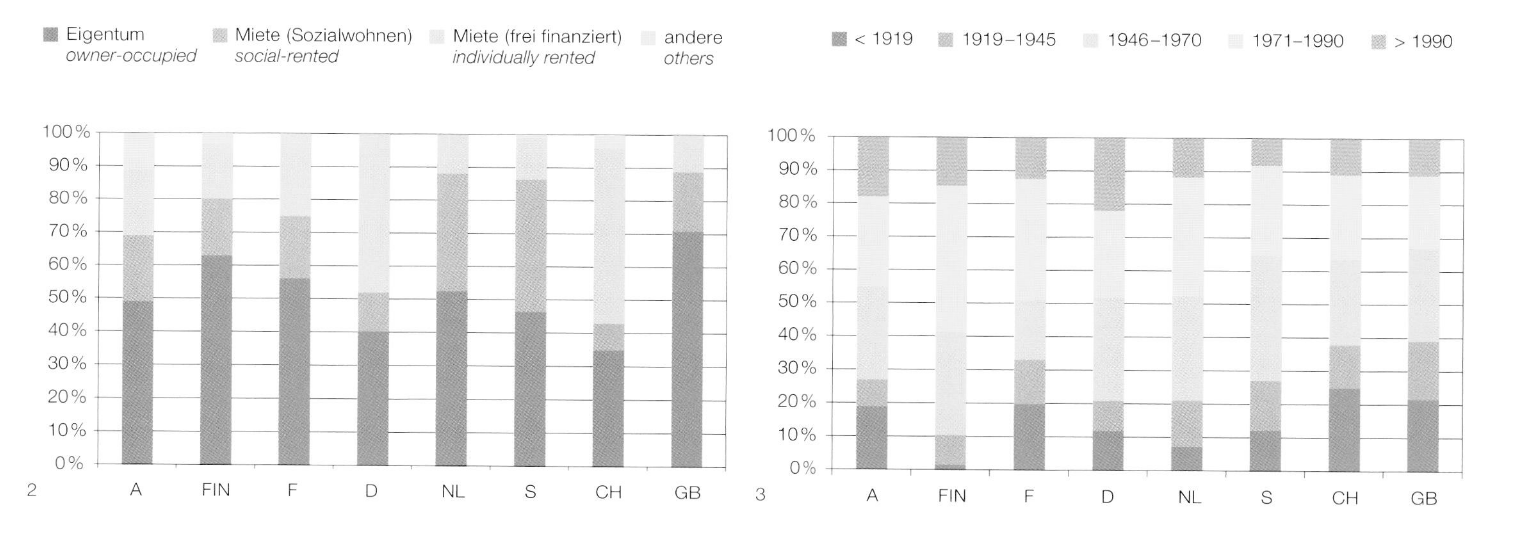

2
3

4 gemessener Heizenergieverbrauch in ca. 200000 deutschen Mehrfamilienhäusern im unsanierten Zustand (obere Kurve) und nach einer Vollsanierung (untere Kurve). Die farbig angelegte Fläche zeigt die Effizienzgewinne, die für Gebäude mit Baujahren zwischen 1950 und 1980 am größten sind. (Quelle: Institut für Wirtschaftsforschung Halle)
5 Sanierung Wohnheim Jesuitenkolleg St. Georgen, Frankfurt am Main 2008, Architekten: Kissler + Effgen, Wiesbaden
6 Sanierung Boschetsrieder Siedlung, München 2009, Architekten: Koch + Partner, München

4 Measured energy use for heating in approx. 200,000 German multi-family buildings without (upper curve) and after a full refurbishment (lower curve). The curve shows that the greatest gains in energy efficiency can be achieved in buildings from the period between approx. 1950 and 1980. (Source: Institut für Wirtschaftsforschung Halle)
5 Residence at the Jesuit congregation St. Georgen, Frankfurt/Main 2008 Architects (refurbishment): Kissler + Effgen, Wiesbaden
6 »Boschetsrieder Siedlung« housing estate, Munich 2009 Architects (refurbishment): Koch + Partner, Munich

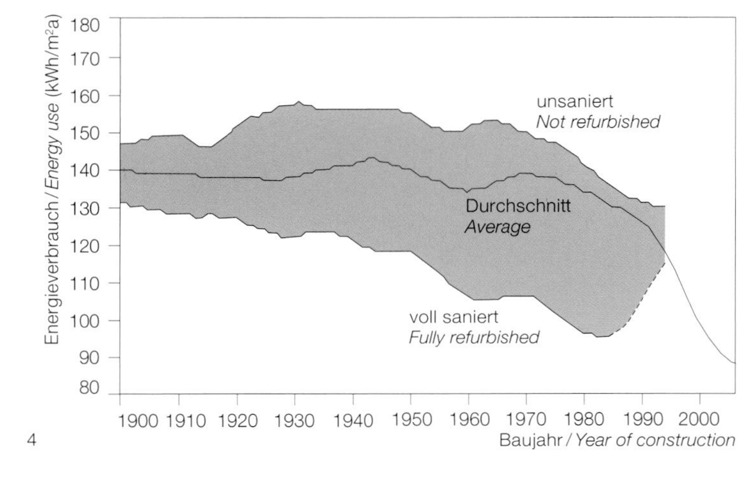

4

verpflichtend. Allerdings bleiben Zweifel an der Durchsetzung dieser Anforderung und nach der Wirksamkeit der Energieausweise. Eine Untersuchung der bislang in Dänemark üblichen politischen Instrumente zur energetischen Sanierung ergab, dass mit allen, außer den Energieausweisen, Energieeinsparungen im Bestand auf kosteneffizientem Wege zu erreichen waren. Informationen aus Dänemark zufolge überprüft die Regierung die Energieausweise derzeit, um hier Abhilfe zu schaffen.
Dänemark hat in seiner Baugesetzgebung die Empfehlung der EU-Richtlinie übernommen, derzufolge bei Sanierungen, die mehr als 25 % der Gebäudehülle betreffen oder deren Kosten 25 % des Gebäudewerts (ohne Grundstück) überschreiten, energetische Maßnahmen verpflichtend sind. Diese Anforderung gilt jedoch nicht für Einfamilienhäuser.
Die dänischen Bauverordnungen schreiben energetische Mindestanforderungen für Gebäudeelemente vor und fordern, bei Sanierungen auch solche Gebäudeteile energetisch zu verbessern, die von der Sanierung nicht direkt betroffen sind, wenn dies kosteneffizient ist. Allerdings dauern die Diskussionen noch an, ob die 25 %-Klausel der EU-Richtlinie für die energetische Bestandsverbesserung tatsächlich am wirksamsten ist. Sie kann nämlich dazu führen, dass Gebäudebesitzer Sanierungsmaßnahmen verschieben oder in kleinere Einzelpakete zerlegen, um die Energievorschriften zu umgehen.

Großbritannien

Der Gebäudebestand wird in Großbritannien als Schlüsselsektor sowohl für die Bekämpfung der »Energiearmut« ärmerer Bevölkerungsschichten als auch des Klimawandels gesehen. Ferner verlangt das im britischen Climate Change Act von 2008 festgeschriebene Ziel, die CO_2-Emissionen bis 2050 um 80 % zu senken, nach konzertierten Anstrengungen in diesem Bereich. Bislang konzentrierten sich die Maßnahmen auf die Verpflichtungen der Energieversorger, die im Carbon Emissions Reduction Target (CERT) festgeschrieben sind. Es legt für jedes Versorgungsunternehmen ein CO_2-Minderungsziel fest, das von der Zahl der Kunden abhängt und vor allem Maßnahmen fokussiert, die ärmeren Haushalten zugutekommen. Die durch CERT verursachten Mehrkosten werden auf die Verbraucher umgelegt. Um ihre CO_2-Emissionen zu verringern, können die Versorger in verschiedene Maßnahmen wie etwa die Wärmedämmung von Gebäuden investieren. CERT gilt allgemein als Erfolgsmodell, was die Zielerreichung betrifft. Kritisiert werden allerdings sein Fokus auf Einzelmaßnahmen und die Tatsache, dass die Versorger vor allem auf bewährte Technologien setzen, anstatt Innovationen zu fördern.

Hindernisse bei der Umsetzung

Die Hindernisse, die sich einer umfassenden Bestandsverbesserung in den Weg stellen, variieren je nach Eigentumsstruktur. Gerade im Sozialwohnungsbereich sind Kosteneffizienz und finanzielle Mittel die Kernkriterien, zumal hier in der Regel der Hausbesitzer die Kosten trägt, die Mieter jedoch den Nutzen einer energetischen Sanierung (in Form geringerer Betriebskosten) haben. In den Niederlanden sind Eigentümer daher ab 2011 berechtigt, die Kaltmieten nach einer energetischen Sanierung anzuheben, sofern dies durch geringere Betriebskosten ausgeglichen wird. Auch in Deutschland können Vermieter 11% der Sanierungskosten pro Jahr auf die Mieter umlegen. Fraglich ist dabei jedoch, ob sie diese Mietsteigerung in Regionen, in denen das Wohnungsangebot die Nachfrage übersteigt, auch durchsetzen können. In der Regel werden es die Mieter vorziehen, auf (auch gemessen an der Warmmiete) günstigere, unsanierte Wohnungen auszuweichen. Bei selbst nutzenden Eigentümern und privaten Vermietern gelten gleichfalls knappe Finanzmittel, aber auch fehlende Kenntnisse und Informationen als Haupthindernisse. Daneben spielen die Unannehmlichkeiten, die mit energetischen Sanierungen verbunden sind, eine Rolle. Die Energieausweise, die im Zuge der EU-Gebäuderichtlinie eingeführt wurden, galten eigentlich als Werkzeug, um das Informationsdefizit zu beheben. Allerdings wird die Pflicht, Energieausweise zu erstellen, in vielen Ländern politisch nicht durchgesetzt (z. B. Dänemark, Niederlande und Schweden) oder die Ausweise wurden verspätet eingeführt, weil keine Experten greifbar waren, die sie ausstellen konnten. Ferner sind die Ausweise bei Immobilientransaktionen oft zu spät verfügbar. Als Reaktion hierauf fordert die EU in der 2009 verabschiedeten Novelle der Gebäuderichtlinie, dass die Angaben aus den Energieausweisen künftig bereits in Vermietungs- und Verkaufsanzeigen für Immobilien enthalten sein müssen.

Das politische Dilemma

Zu den Hindernissen im Markt kommen politische Barrieren hinzu. Hierzu zählen:

- Die Effizienz und Wirksamkeit politischer Instrumente werden kaum überprüft. Keines der untersuchten Länder erhebt systematisch Daten zu den Ergebnissen der Sanierungstätigkeit. Falls überhaupt, ist ein solches Monitoring kurzfristig und auf einzelne Sanierungsgebiete oder Demonstrationsprojekte beschränkt. Ein Verfehlen der nationalen Sanierungsziele lässt sich auf diese Weise nicht feststellen. Wirkungslose Maßnahmen werden auch weiterhin entwickelt und umgesetzt.
- Die meisten politischen Mechanismen sind unspezifisch und reagieren nicht auf die bekannte Vielfalt der Gebäudetypen und Eigentumsstrukturen.
- Viele Politikinstrumente stützen sich auf kontroverse Vorstellungen menschlichen Verhaltens wie die, dass Informationen allein Eigentümer bereits zu einer energetischen Sanierung bewegen – speziell dann, wenn sie belegen, dass sich eine solche Maßnahme auszahlt.
- Oft fördern die politischen Mechanismen bestimmte Einzelmaßnahmen und -technologien, wo eigentlich eine ganzheitliche Gebäudebetrachtung (und umfassende Gebäudesanierung) notwendig wäre, um die Reduktionsziele zu erreichen.
- In der Regel zielen die Maßnahmen darauf

5

6

ab, den (theoretischen) Energiebedarf zu reduzieren. Das Verständnis des Nutzerverhaltens und die durch die Herstellung der Baumaterialien verursachten CO_2-Emissionen werden dagegen vernachlässigt. Auf diese Weise bleibt unklar, ob die berechneten Einsparungen auch tatsächlich eintreten.
- Die Entwicklung von Mechanismen, die sowohl ambitionierte Einsparziele anstreben als auch von den Haushalten angenommen werden, bleibt schwierig.

Chancen

Trotz der Hindernisse birgt eine energetische Bestandsverbesserung große Potenziale. Zwar existieren derzeit kaum bindende Ziele für die Energieeffizienz im Bestand, doch in vielen Ländern sind bereits innovative politische Mechanismen in Kraft oder geplant. Die jüngste Novelle der EU-Gebäuderichtlinie wird diese Entwicklung weiter voranbringen. Die Lebenszyklusanalyse bietet gerade für die nachhaltige Gebäudesanierung enorme Potenziale, wird jedoch seitens der Gesetzgeber oder gar der Gebäudebesitzer noch kaum genutzt. Gerade aus den positiven Resultaten von Demonstrationsprojekten ließe sich dagegen eine neue Dynamik erzeugen. Vergessen werden sollte dabei nicht, dass die politische Aufmerksamkeit gegenüber dem Gebäudebestand vielerorts in Europa noch ein junges Phänomen ist. In jedem Fall machen die gemeinsamen Klimaziele der EU weitere Anstrengungen notwendig.
DETAILgreen 01/2011

Frits Meijer und Lorraine Murphy arbeiten in der Forschungsgruppe für politische Instrumente und Baugesetzgebung am OTB Research Institute for the Built Environment der TU Delft (Niederlande).

Frits Meijer and Lorraine Murphy conduct research in the Policy Instruments and Enforcement Procedures Research Group of the OTB Research Institute for the Built Environment, Delft University of Technology, the Netherlands.

European countries have adapted their planning and/or building regulations to integrate energy performance standards over the last number of years. A significant source of external influence came from the European Energy Performance of Buildings Directive (EPBD) introduced in 2002. Stipulations that minimum standards be introduced during renovation and that an Energy Performance Certificate (EPC) be produced when buildings are sold or rented have secured a position for existing houses in the regulatory fold. Notwithstanding, a number of market barriers remain, which are commonly differentiated between ownership categories. Cost effectiveness and funding is a particular issue for the social housing sector where investment is made by the landlord whilst savings are enjoyed by the tenant. In the Netherlands a mechanism to avoid this split incentive will therefore be introduced (from 2011), allowing the landlord to raise the rent following the energetic improvement of the dwelling. However the rent increase after the measures have been taken may not be higher than the savings on the energy bill.
In terms of owner-occupiers and private landlords, lack of knowledge, information and funding are viewed as central barriers. Further barriers include a lack of priority for energy aspects, with other investment priorities dominating as well as the "hassle factor". The EPC introduced as part of the EPBD was viewed as a tool to overcome the widely recognised information deficit. However, implementation of the EPBD was delayed in many member states, often due to the lack of experts certified to conduct EPCs. Lack of enforcement is reported in a number of countries such as Denmark, the Netherlands and Sweden. Moreover, it appears that EPCs appear late in the property transaction process, which contradicts the rationale behind this instrument as one influencing market demand for energy efficiency dwellings. In response, the recent recast of the EPBD states that the EPC be included at property advertisement stage, therefore entering at a more opportune moment in the transaction and decision-making processes.
Besides market barriers there are further barriers within the policy design process itself:
- *None of the countries studied monitor renovation effects on a national or on a systematic basis. If present, monitoring is short-term and limited to neighbourhood level and demonstration projects. Failures to reach goals are not identified and the development of poorly designed tools continues.*
- *Despite the known diversity of housing types and ownership categories, policy tools largely remain generic in nature.*
- *Many policy instruments endorse controversial conceptualisations of human behaviour, such as those based on theories that occupants will act on information, especially if it is shown that they will gain financially.*
- *Policy instruments typically encompass ambitions to reduce theoretical energy use. Understanding occupant behaviour and accounting for embodied carbon in building components remain severely neglected areas, casting doubt on the actual occurrence and persistence of energy savings.*
- *Policy tools often promote a measures-based approach to improving energy performance, the adequacy of which can be questioned given the extensive renovations required to achieve climate change targets.*
- *Developing tools that achieve appropriate target levels and concomitantly maintain the support of households, either through incentives or regulations, remains a challenge.*

While these barriers feature strongly in discussions on the existing stock, opportunities remain. Despite the current absence of clear and binding targets promoting energy performance improvement, many countries can boast of innovative tools currently in use or planned. The recent recast of the EPBD offers further opportunities for strengthening current policy instruments. If more widely adopted in the future, life cycle thinking could also offer new opportunities for sustainable renovation. Positive results from the dissemination of pilot projects are mentioned as opportunities from which momentum can be created. Moreover, attention to the existing housing stock is new in many countries in policy terms, leaving potential for further improvement.

projektbeispiele
case studies

Umbau eines barocken Häuserblocks in Ljubljana

Renovation of a Baroque Ensemble in Ljubljana

Architekten • *Architects*:
Ofis Arhitekti, Ljubljana
Rok Oman, Spela Videcnik
Tragwerksplaner • *Structural engineers*:
Elea iC, Ljubljana

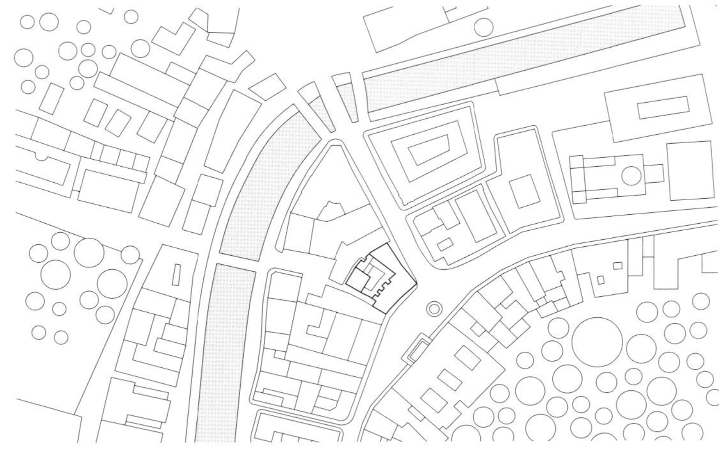

Am Fuß des Burghügels von Ljubljana sollten drei um einen Innenhof gruppierte Häuser innerhalb eines barocken Blocks umgestaltet und saniert werden. Mit einer neuen filigranen Ganzglasfassade, die den Hof auf drei Seiten umschließt, schufen die Architekten eine ungewöhnliche, das Ensemble zusammenbindende Lösung, die den Räumen eine lichterfüllte und zeitgemäße Atmosphäre verleiht und zugleich die besonderen Qualitäten des Bestands neu zur Geltung bringt.
Alle drei Gebäude gehören einem Verlag, dem die über einer Buchhandlung im Erdgeschoss gelegenen Räume zum Teil als Büro gedient hatten. Der ursprüngliche Lichthof wurde nach einem Umbau in den der 1980er-Jahren vor allem als Serviceschacht genutzt, unter anderem für eine Klimaanlage. Nun sollten die Gebäude im Zuge einer erneuten Sanierung zusammengefasst und zwölf Wohnungen um den Lichthof in den Obergeschossen angeordnet werden. Die denkmalgeschützten barocken Straßenfassaden wurden dem ursprünglichen Zustand entsprechend wiederhergestellt, einer der alten Eingänge und ein vorhandener Treppenaufgang dienen als Erschließung. Der historische Dachstuhl wurde aus statischen Gründen durch eine Stahlkonstruktion ersetzt. Der Eingriff stärkt die Rolle des zentralen Hofs als neuer Kommunikationsraum mit Sichtbeziehungen über alle Etagen. Als interner Garten sorgt er für eine großzügige Belichtung der Apartments und erlaubt ihre natürliche Belüftung und Kühlung. Die durchgehend verglaste Pfosten-Riegel-Fassade mit innenliegenden Profilen legt die historischen Elemente dahinter offen. Steinbögen und Stützen, die während der Sanierung zutage traten, wurden zu prägenden Bestandteilen der Innenräume und spiegeln sich vielschichtig in der neuen gläsernen Hülle. Auf die Verglasung gedruckte silberfarbene Raster unterschiedlicher Dichte sorgen für ein fein abgestimmtes Verhältnis von Transparenz und Reflexion.
DETAIL 01–02/2015

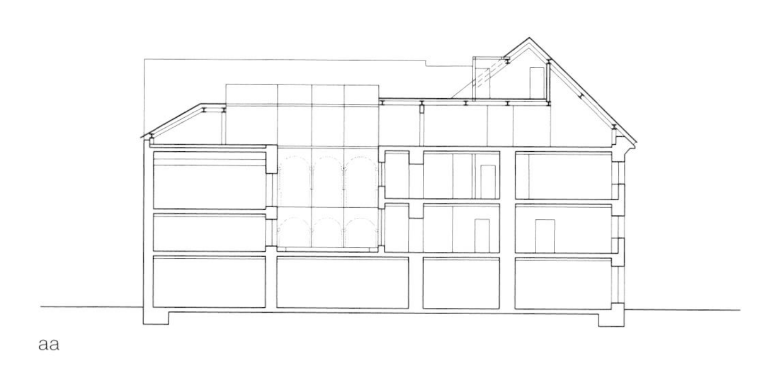

aa

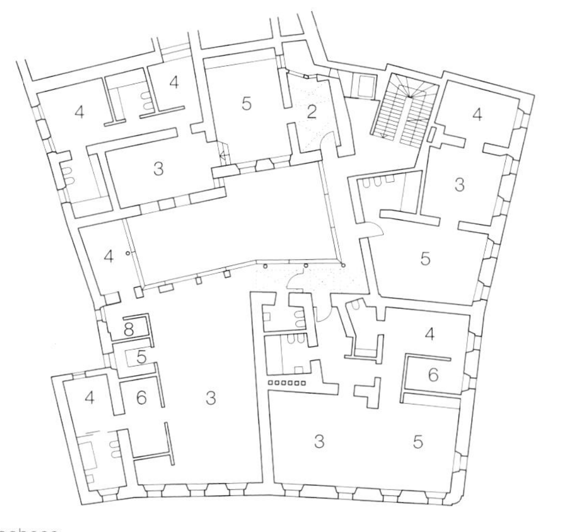

2. Obergeschoss
Second floor

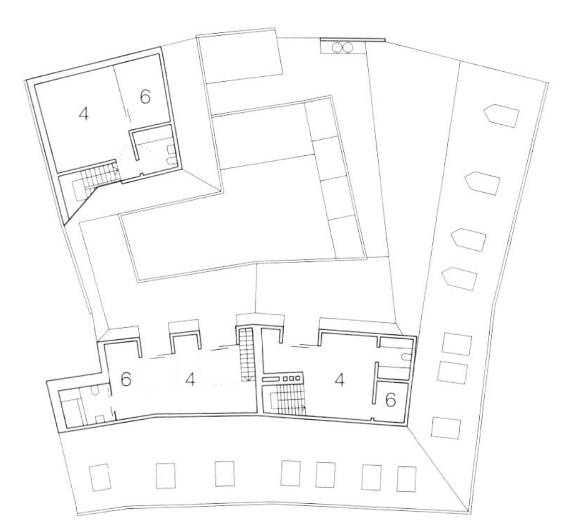

4. Obergeschoss
Fourth floor

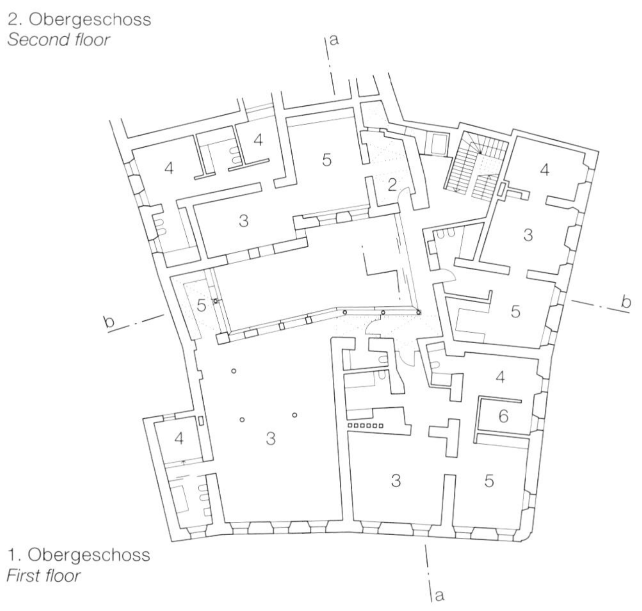

1. Obergeschoss
First floor

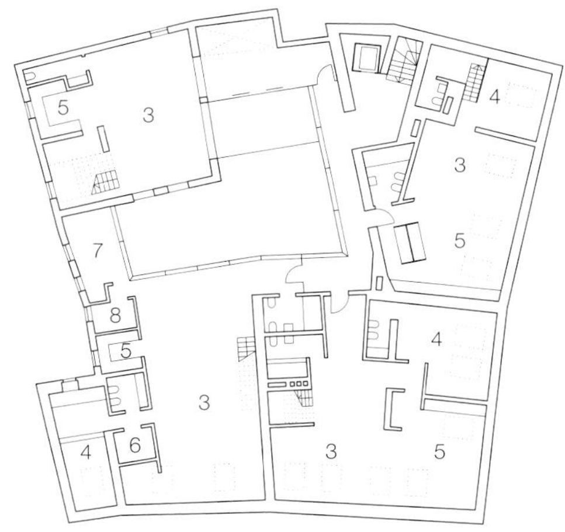

3. Obergeschoss
Third floor

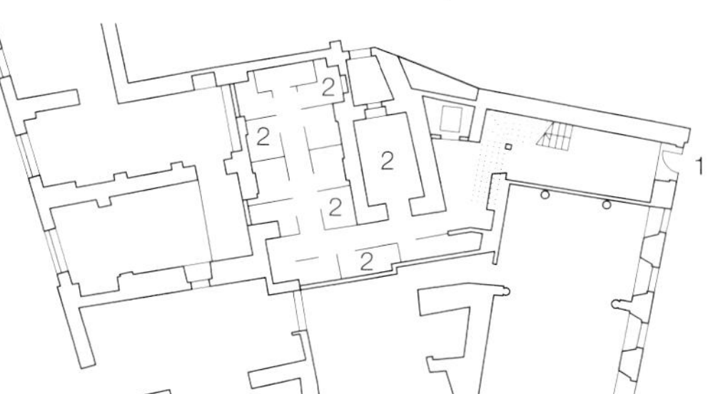

Erdgeschoss
Ground floor

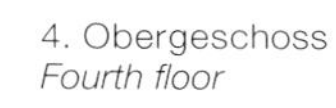

Lageplan
Maßstab 1:4000
Schnitt • Grundrisse
Maßstab 1:500

1 Eingang
2 Abstellraum
3 Wohnen
4 Schlafen
5 Küche
6 Ankleide
7 Arbeiten
8 Hauswirtschaftsraum

Site plan
scale 1:4,000
Section • Layout plans
scale 1:500

1 Entrance
2 Storage
3 Living room
4 Bedroom
5 Kitchen
6 Dressing room
7 Study
8 Utility room

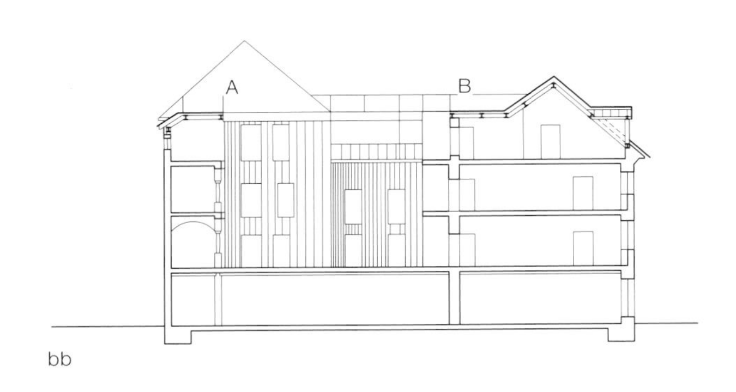

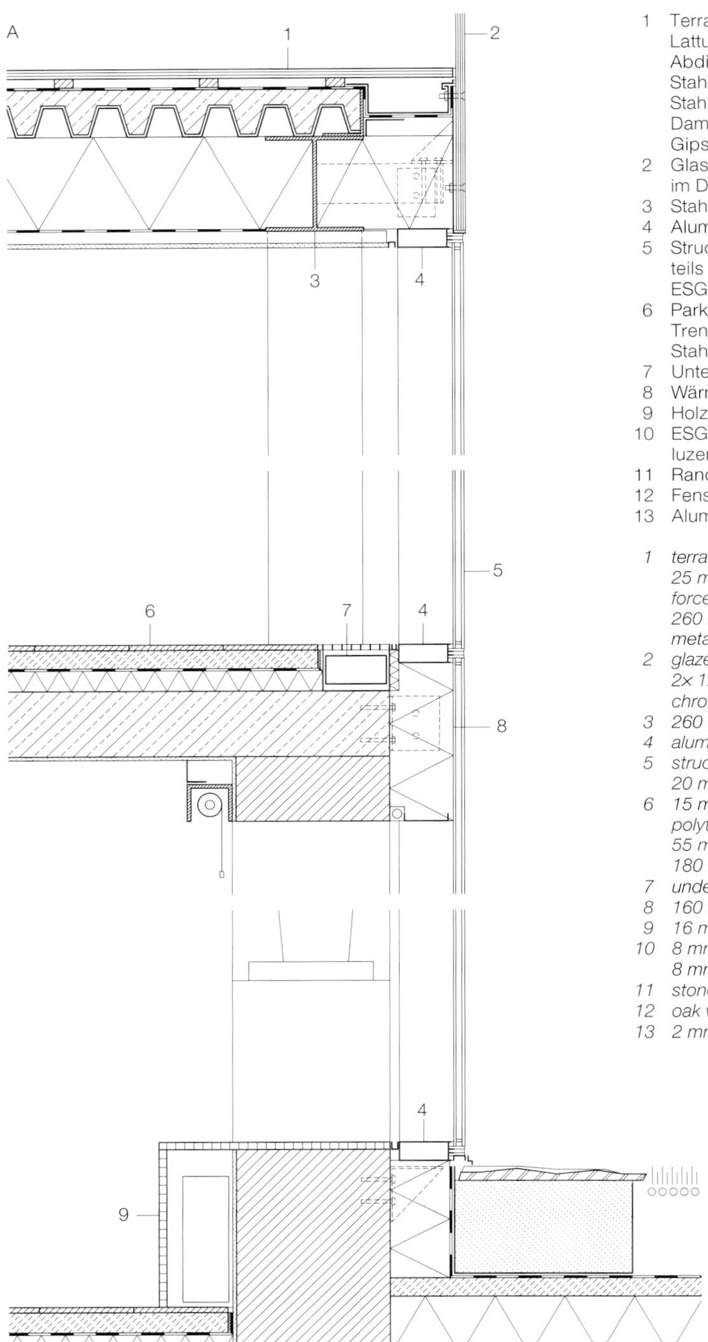

1 Terrassenbelag Teakholz 25 mm
Lattung 25 mm
Abdichtung zweilagig
Stahlbetonverbunddecke 140 mm
Stahlprofil HEA 260 / Wärmedämmung 260 mm
Dampfsperre, Metallunterkonstruktion
Gipskartonplatte 12,5 mm
2 Glasbrüstung VSG aus TVG 2× 12 mm,
im Deckenbereich chrombeschichtet
3 Stahlprofil HEA 260
4 Aluminiumprofil beschichtet
5 Structural-Glazing-Isolierverglasung,
teils mit reflektierendem Siebdruckraster
ESG 8 mm + SZR 20 mm + VSG 10 mm
6 Parkett 15 mm, Zementestrich 55 mm
Trennlage PE-Folie, Wärmedämmung 55 mm
Stahlbeton 180 mm, Innenputz 5 mm
7 Unterflurkonvektor
8 Wärmedämmung 160 mm
9 Holzwerkstoffplatte 16 mm
10 ESG 8 mm + SZR 20 mm + VSG mit transluzenter Folie 8 mm
11 Randeinfassung Natursteinplatte
12 Fensterbank Eichenholz
13 Aluminiumblech beschichtet 2 mm

1 terrace surface: 25 mm teak
25 mm battens; two-layer seal; 140 mm reinforced concrete composite floor system
260 mm wide-flange I-beam (HEB 260)
metal supp. structure; 12.5 mm plasterboard
2 glazed railing: laminated safety glass of 2× 12 heat-strengthened glass (TVG), chrome-plated at intersection with floor deck
3 260 mm wide-flange I-beam (HEA 260)
4 aluminium profile, coated
5 structural insulated glazing: 8 toughened gl. + 20 mm cavity + 10 mm laminated safety glass
6 15 mm parquet; 55 mm cement screed
polythene separating layer
55 mm thermal insulation
180 mm reinforced concrete; 5 mm plaster
7 underfloor convector
8 160 mm thermal insulation
9 16 mm composite wood
10 8 mm toughened glass + 20 mm cavity + 8 mm lam. safety glass with translucent film
11 stone edging
12 oak window sill
13 2 mm aluminium sheet, coated

Schnitt Maßstab 1:500
Vertikalschnitt Maßstab 1:20

Section scale 1:500
Vertical section scale 1:20

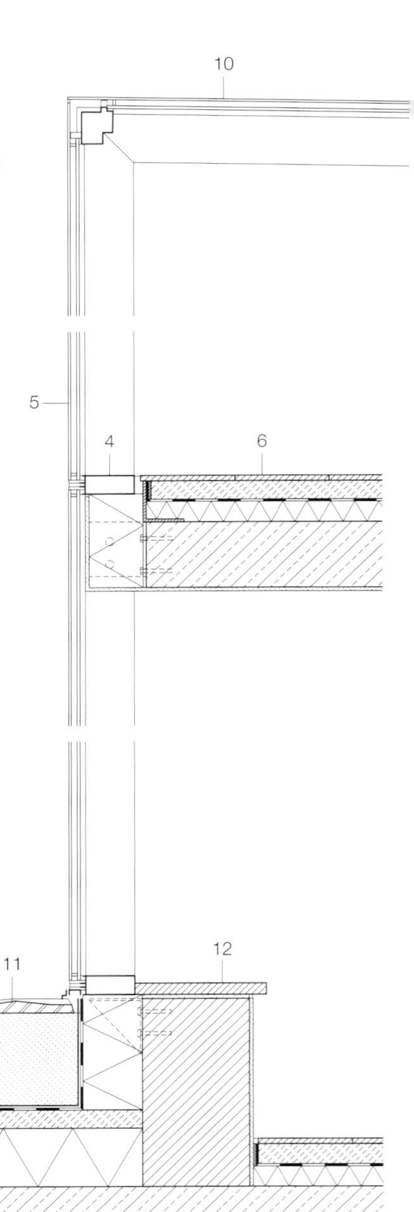

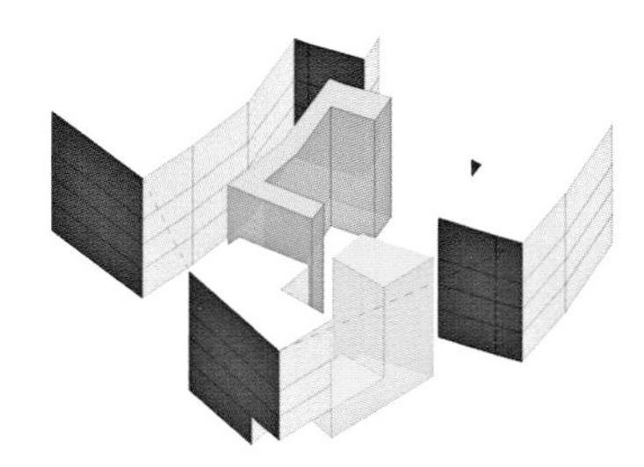

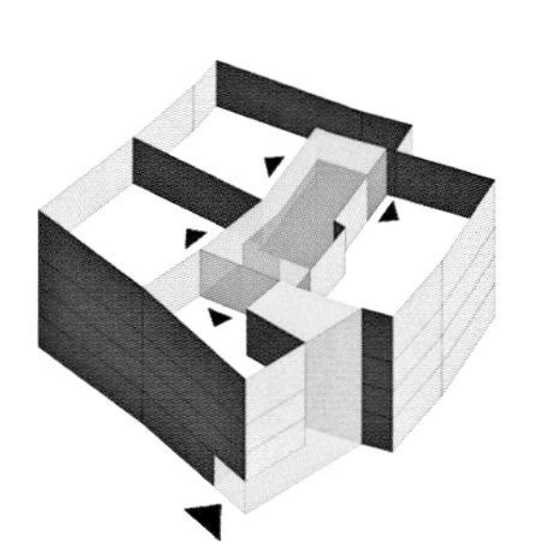

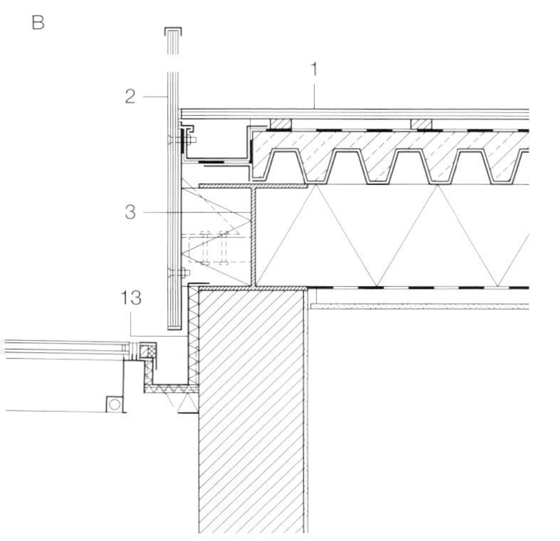

The brief called for the refurbishment of three buildings making up a baroque ensemble at the foot of Ljubljana's Castle Hill. The architects inserted a new all-glass facade that sheathes three sides of the courtyard and ties the ensemble together. All three buildings belong to a publishing house that had used some of the spaces above a ground-floor bookshop as its offices. Following a 1980s renovation, the courtyard housed, among other things, building-services installations. This most recent intervention connects the three buildings: the upper levels contain twelve apartments surrounding the courtyard. The baroque facades along the street – which are on the historic registry – were restored to their original state; one of the old entrances and an existing stair were incorporated in the circulation concept. The existing roof structure has been replaced by one that employs steel beams. The project enhances the role of the central courtyard as new communication space; this internal garden ensures that the apartments receive ample fresh air and light. The glazed post-and-rail facade – its profiles are positioned on the side facing the interiors – reveals the period elements within. Stone arches and columns that came to light during the refurbishment became key components of the interiors. The varying density of the silver-toned fritting on the glass calibrates the relationship between transparency and reflection.

Gymnasium in Neubiberg

Secondary School in Neubiberg

Architekten • *Architects*:
ARGE Venus Architekten, München
balda architekten, Fürstenfeldbruck
Tragwerksplaner • *Structural engineers*:
ChAP Ingenieurbüro für Baustatik,
Fürstenfeldbruck

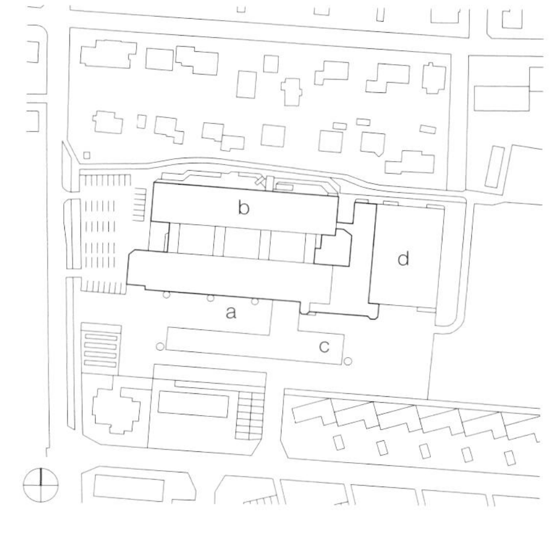

Lageplan
Maßstab 1:4000

a Eingangshof
b Hauptgebäude
c Ergänzungsbau (Bestand, 2004)
d Sporthalle (Bestand, 1976)

Site plan
scale 1:4,000

a Entrance courtyard
b Main building
c Addition (existing building, 2004)
d Sports hall (existing building, 1976)

A school built in Neubiberg, a suburb of Munich, in 1976, and enlarged on its south side in 2004, required new fire-safety measures, and the administration's original goal was to implement them. However, a thorough examination of the building revealed widespread substandard dry-construction details, e.g. those adjoining the concrete rib floor decks, as well as asbestos contamination in the facade and roof. Therefore, in the end an overhaul was unavoidable. Today one does not immediately recognise – neither from inside nor from outside – that this secondary school for about 1,300 pupils is a renovated building. The grey asbestos-cement facade board was replaced by a "warm" building envelope of larch. The elevations now indicate which spaces are situated behind them: vertical louvres were employed for the walkways and the administration spaces, and horizontal boarding for the two classroom wings. The windows in the classrooms were just a few years old and were therefore removed, re-lacquered, re-grouted and finally reinstalled. The interior materials were removed, so that nothing more than the building carcass remained; this not only made it possible to widen the corridors (as required by current codes), but also to attain brighter spaces that foster communication, e.g. by employing chimney-like daylighting systems. The assembly hall has also been remodelled; its updated stage area now makes lectures, concerts and theatre performances possible. The fire protection measures include: encasing the roof structure's steel beams in concrete, and a composite roof construction of recycled, corrugated metal sheets accompanied by a new layer of concrete. Thanks to the long-span roof beams, the team could relatively easily fulfil the client's wish – which was expressed midway through the construction phase – to accommodate new teaching concepts with open classrooms on the upper level of the southerly classroom wing. The overall costs amounted to 55 % of a comparable new structure; the refurbishment has upgraded the building (it now attains contemporary energy-saving standards) and made it more flexible, allowing it to foster different ways of learning.

Die 1976 errichtete und 2004 um einen südlichen Ergänzungsbau erweiterte Schule in Neubiberg bei München sollte zunächst nur brandschutztechnisch saniert werden. Bautechnische Untersuchungen offenbarten jedoch fast durchweg mangelhafte Trockenbaudetails, beispielsweise im Bereich der filigranen Betonrippendecken, sowie Asbestbelastungen in Fassade und Dach, sodass letztlich eine Generalsanierung unausweichlich war. Heute ist weder von nnen noch von außen auf den ersten Blick erkennbar, dass es sich bei dem Gymnasium für rund 1300 Schüler um ein Bestandsgebäude handelt.
Die grauen Asbestzement-Fassadenplatten wurden durch eine »warme« Gebäudehülle aus Lärchenholz ersetzt, die die unterschiedlichen Raumnutzungen nach außen abbildet: vertikale Lamellen im Bereich der Verbindungsgänge und der Verwaltung bzw. horizontale Schalungen bei den beiden Klassentrakten. Die erst wenige Jahre alten Bestandsfenster der Klassenzimmer mussten dabei zuerst zerlegt, neu lackiert und verfugt und dann wieder eingesetzt werden. Im Gebäudeinneren erleichterte der Rückbau in den Rohbauzustand nicht nur notwendige Flurverbreiterungen, sondern auch die Realisierung von helleren und kommunikativeren Räumen, z. B. mittels kaminartiger Tageslichtsysteme. In neuem Gesicht erscheint auch die Aula, deren umgestalteter Bühnenbereich die bisher fehlende Möglichkeit für Einzelvorträge sowie Orchester- und Theateraufführung schafft.
Die brandschutztechnische Ertüchtigung des Stahldachtragwerks erfolgte durch die Betonummantelung der Träger sowie eine Verbunddachkonstruktion aus alter Trapezblechdeckung und neuem Aufbeton. Durch die weit spannenden Dachträger konnte auch dem während der Bauphase vorgetragenen Wunsch entsprochen werden, im Obergeschoss des südlichen Klassentrakts neue pädagogische Konzepte mit offenen Lernformen zu realisieren. Mit rund 55 % der Kosten eines vergleichbaren Neubaus entstand hier durch Sanierung eine energetisch zeitgemäße und flexible Gebäudestruktur, die ein zukunftsorientiertes Lernen ermöglicht. DETAIL 05/2014

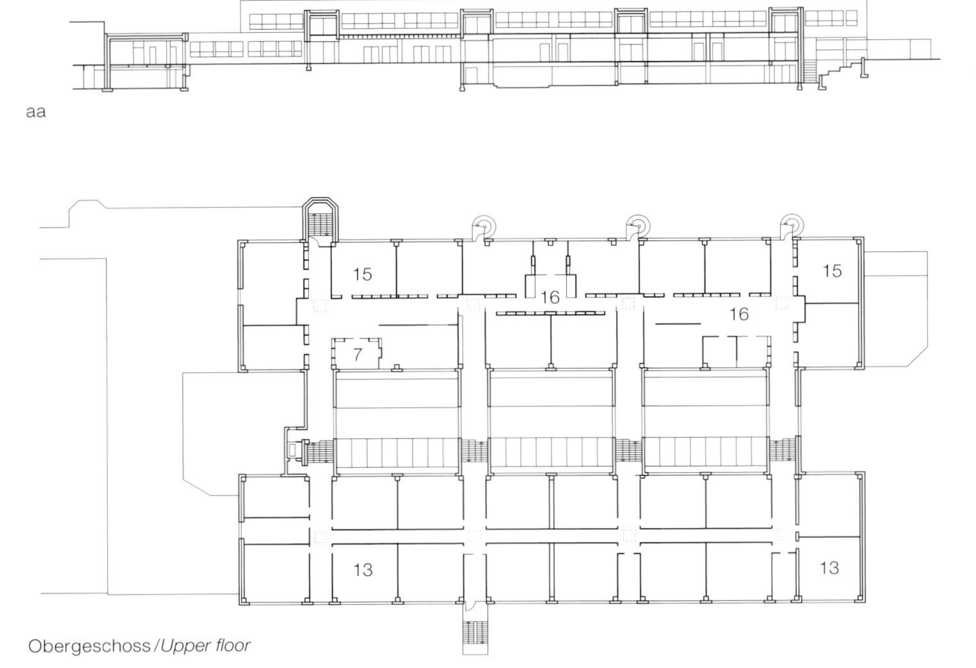

aa

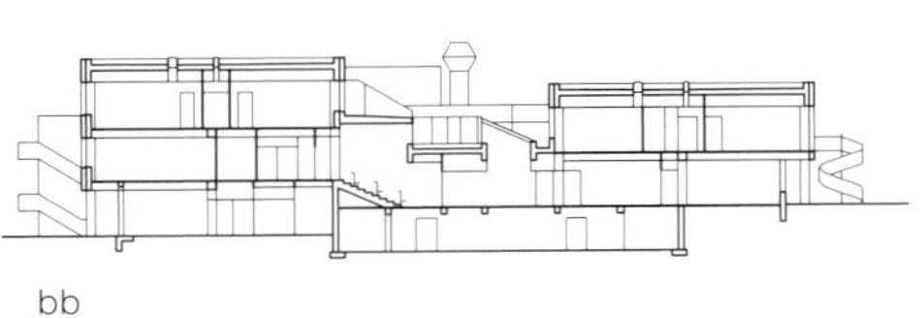

bb

Obergeschoss / *Upper floor*

Grundrisse • Schnitte
Maßstab 1:1000

Layout plans • Sections
scale 1:1,000

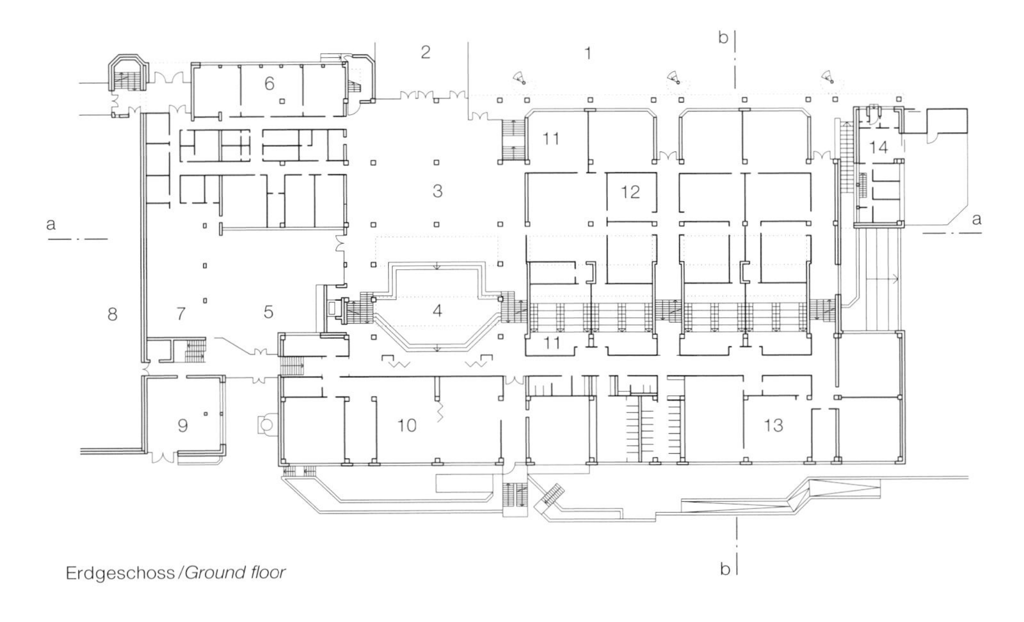

Erdgeschoss / *Ground floor*

1	Eingangshof	*1*	*Entrance courtyard*
2	Haupteingang	*2*	*Main entrance*
3	Aula	*3*	*Assembly hall*
4	Bühnenbereich Aula	*4*	*Stage of 3*
5	Innenhof	*5*	*Interior courtyard*
6	Verwaltung	*6*	*Administration*
7	Lehrer	*7*	*Teachers*
8	Sporthalle (Bestand)	*8*	*Sports hall (existing)*
9	Lager	*9*	*Storage*
10	Musik	*10*	*Music*
11	Naturwissenschaften	*11*	*Natural sciences*
12	Lehrmittel	*12*	*Teaching supplies*
13	Klassenzimmer	*13*	*Classroom*
14	Hausmeister	*14*	*Custodian*
15	Lernzone	*15*	*Study zone*
16	Kommunikations-zone	*16*	*Communication zone*

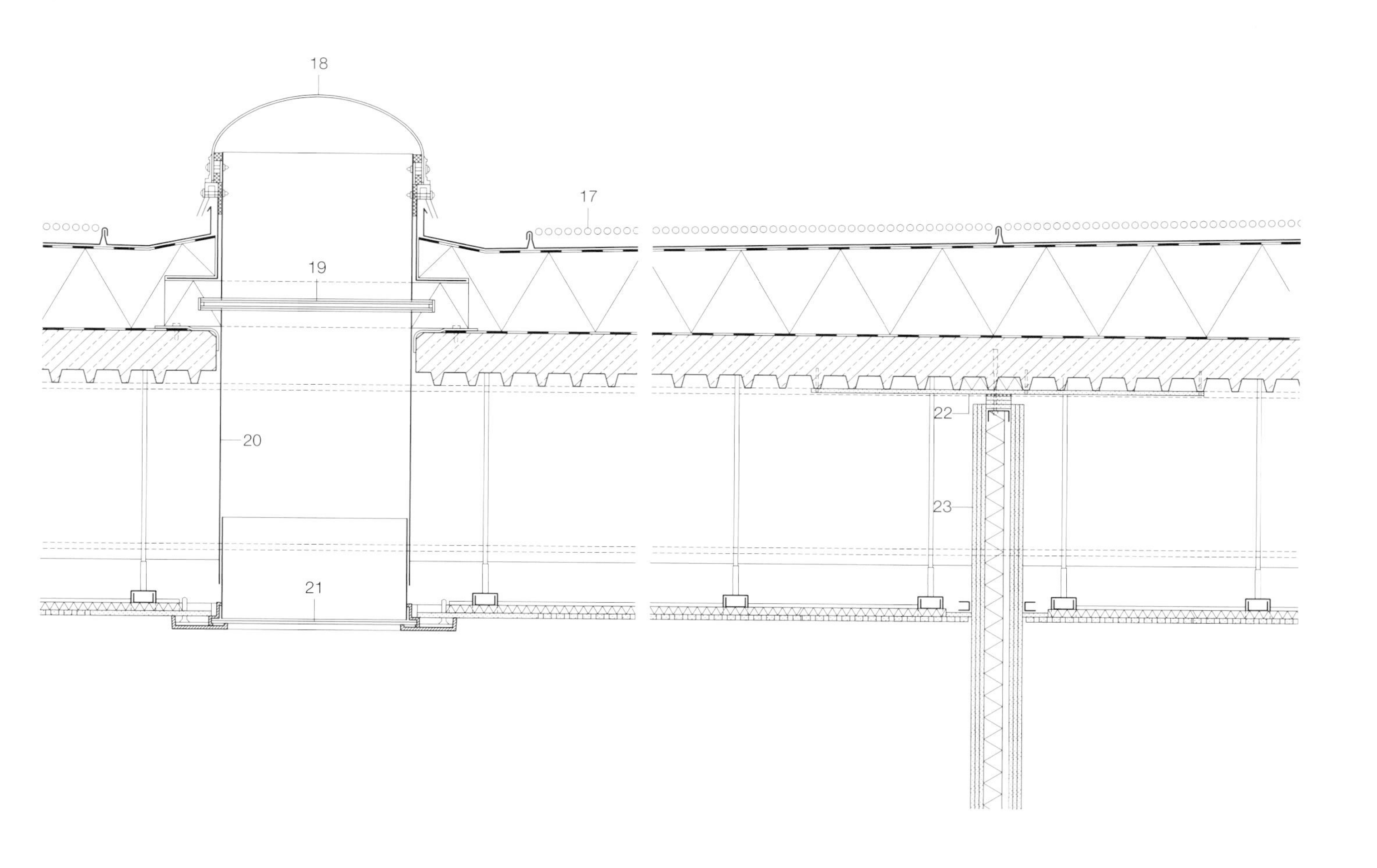

Schnitt kaminartiges Tageslichtsystem
Maßstab 1:20

17 Kies 60 mm
Edelstahlblech rollnahtgeschweißt 0,4 mm
Trennlage
Faservlies Kunststoff
Gefälledämmung Mineralfaser 140–340 mm
Dampfsperre
Bitumenschweißbahn
Verbunddecke Stahlbeton 120 mm
Trapezblech (Bestand) 40 mm
Stahlprofil IPE 500 (Bestand) mit Gipskarton ummantelt
Akustikdecke Gipskarton
18 Dachkuppel Acrylglas
19 Isolierverglasung in Wärmedämmelement EPS
U_g = 1,0 W/m²K
20 lichtlenkende Röhre: Aluminiumblech mit Folienbeschichtung reflektierend
21 Streuscheibe Acrylglas 6 mm
22 Gipskartonplatte 12,5 mm
Untersickenfüller Steinwolle nicht brennbar
Trapezblech (Bestand)
23 Wandaufbau F90-Trennwand:
3× Gipskartonplatte 12,5 mm
Aluminiumprofil [75 mm
Mineralwolle 50 mm
3× Gipskartonplatte 12,5 mm

Section through daylight tube
scale 1:20

17 60 mm gravel
0.4 mm stainless-steel sheet, roll-seam welded
separating layer
plastic-fibre fleece
140–340 mm mineral fibre insulation to falls
vapour barrier
welded bitumen sheeting
120 mm reinforced-concrete composite deck; 40 mm corrugated metal (existing)
500 mm steel I-beam (existing) sheathed in plasterboard
plasterboard acoustic ceiling
18 skylight: acrylic sheet
19 double glazing in EPS insulation element
U_g = 1.0 W/m²K
20 daylight tube: aluminium sheet with reflective foil
21 6 mm acrylic sheet diffusing screen
22 12.5 mm plasterboard
rock wool filler, non-flammable
corrugated metal (existing)
23 wall construction of F90 partition wall:
3× 12.5 mm plasterboard
75 mm aluminium channel
50 mm mineral wool
3× 12.5 mm plasterboard

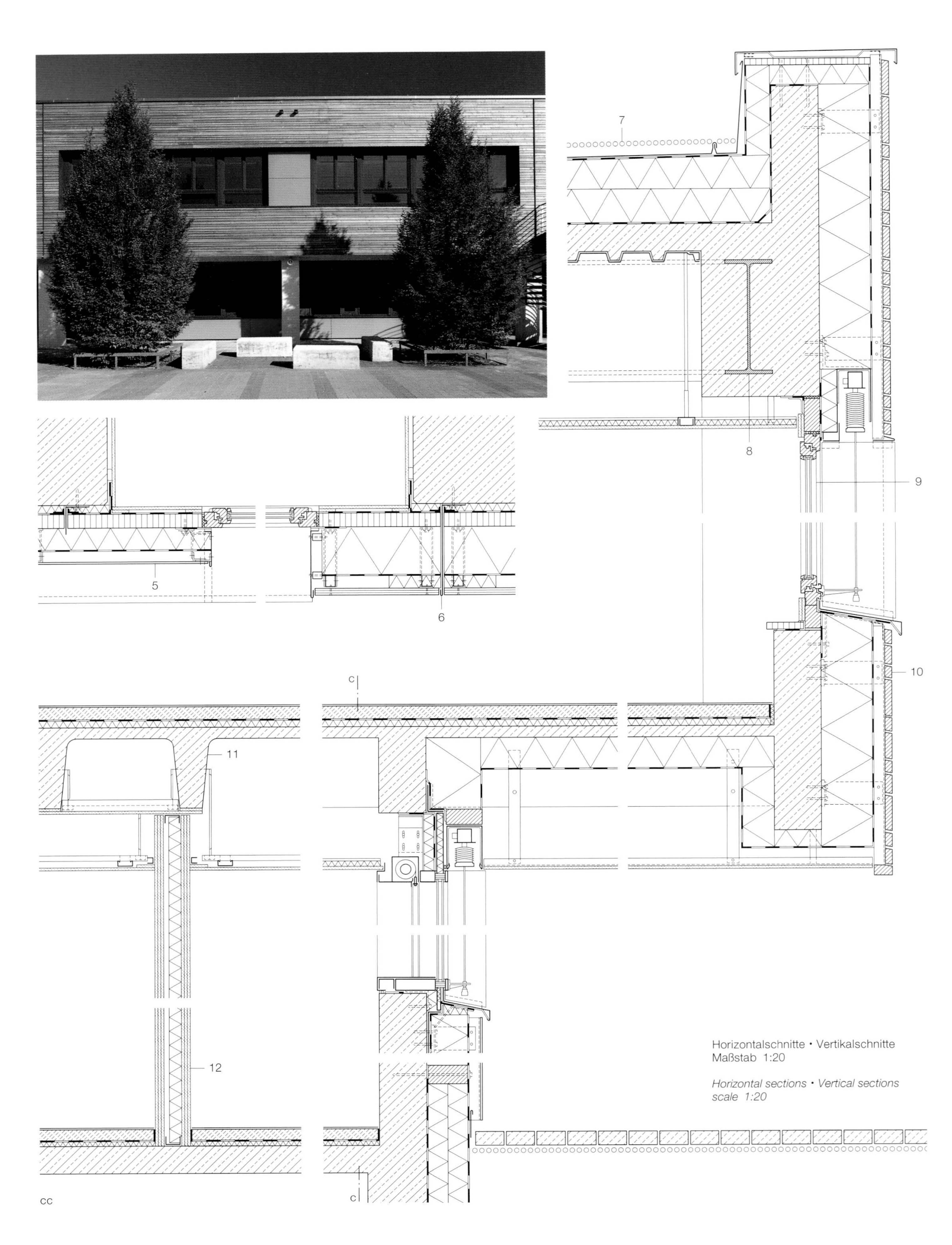

Horizontalschnitte • Vertikalschnitte
Maßstab 1:20

Horizontal sections • Vertical sections
scale 1:20

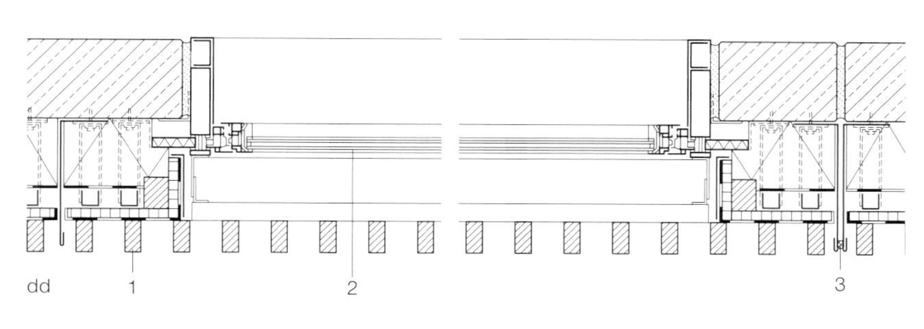

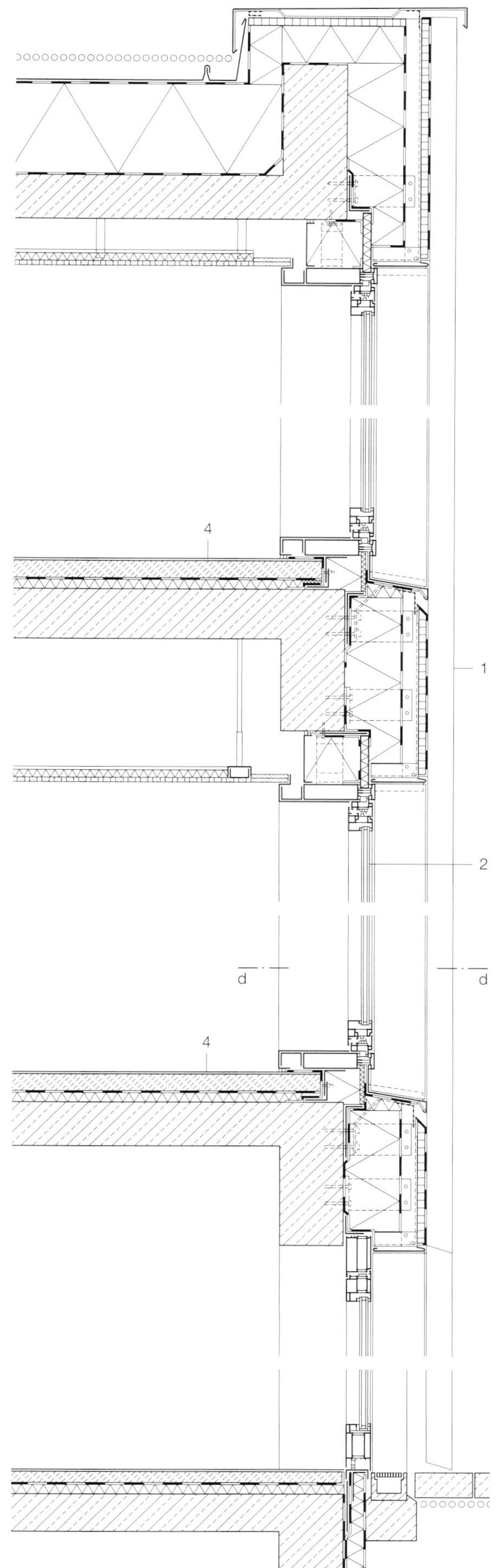

1 Holzprofil Lärche unbehandelt 45/80 mm Vlies wasserdicht, diffusionsoffen, schwarz, BFU-Platte 24 mm, Wandhalter Aluminium Hinterlüftung 50 mm Wärmedämmung Mineralfaser 180 mm Stahlbeton (Bestand) 200 mm
2 Pfosten-Riegel-Fassade Aluminium Isolierverglasung, U_w = 1,3 W/m²K
3 Brandschutzprofil Gebäudedehnfuge Stahlblech 2× L 110/300 mm
4 Linoleum flächig verklebt 5 mm Zementestrich auf Trennlage 65 mm Trittschalldämmung 30 mm Stahlbeton (Bestand) 160 mm
5 Faserzementplatte 10 mm Wandhalter Aluminium, Hinterlüftung 50 mm Vlies wasserdicht, diffusionsoffen, schwarz, Wärmedämmung Mineralfaser 100 mm, Furnierschichtholzplatte 60 mm, Dampfsperre, Gipskartonplatte 12,5 mm
6 Brandschutzprofil Stahlblech L 110/300 mm
7 Kies 60 mm, Edelstahlblech rollnahtgeschweißt 0,4 mm, Trennlage Faservlies Kunststoff, Gefälledämmung Mineralfaser 140–340 mm Dampfsperre, Bitumenschweißbahn Verbunddecke Stahlbeton 120 mm Trapezblech (Bestand) 40 mm Stahlprofil IPE 500 (Bestand) mit Gipskarton ummantelt Akustikdecke Gipskarton
8 Stahlprofil IPE 500 (Bestand) in Ortbeton einbetoniert
9 Fenster Holz (Bestand) Isolierverglasung, U_w = 1,3 W/m²K
10 Holzprofil Lärche unbehandelt 30/50, 30/82 bzw. 30/112 mm, Wandhalter Aluminium, Hinterlüftung 50 mm, Vlies wasserdicht, diffusionsoffen, schwarz, Wärmedämmung Mineralfaser 220 mm, Stahlbeton (Bestand) 200 mm
11 Rippendecke Beton (Bestand)
12 F-90-Trennwand

1 45/80 mm larch profile, untreated non-woven fabric, watertight, moisture-diffusing, black; 24 mm veneer plywood aluminium wall fastener; 50 mm ventilated cavity; 180 mm mineral fibre therm. ins. 200 mm reinforced concrete (existing)
2 aluminium post-and-rail facade double glazing: U_w = 1.3 W/m²K
3 fire-protection seal at expansion joint: 2× 110/300 mm sheet steel angle
4 5 mm linoleum, full spread adhesive 65 mm cement screed on separating layer 30 mm impact-sound insulation 160 mm reinforced concrete (existing)
5 10 mm fibre cement board aluminium bracket; 50 mm ventilated cavity non-woven fabric, watertight, moisture-diff., black; 100 mm mineral fibre therm. ins. 60 mm veneer plywood; vapour barrier 12.5 mm plasterboard
6 fire-protection profile: 110/300 mm sheet steel angle
7 60 mm gravel; 0.4 mm stainless-steel sheet, roll-seam welded separating layer; plastic-fibre fleece 140–340 mm mineral fibre insulation to falls vapour barrier; welded bitumen sheeting 120 mm reinforced concrete composite deck on 40 mm corrugated metal (existing) 500 mm steel I-beam (existing) sheathed in plasterboard; plasterboard acoustic ceiling
8 500 mm steel I-beam (existing) embedded in cast-in-place concrete
9 wood window (existing) double glazing U_w = 1.3 W/m²K
10 30/50, 30/82 or 30/112 mm larch profile, untreated; aluminium bracket 50 mm ventilated cavity non-woven fabric, watertight, moisture-diffusing, black 220 mm mineral fibre thermal insulation 200 mm reinforced concrete (existing)
11 ribbed concrete ceiling deck (existing)
12 F90 partition wall

Sommerhaus in Linescio

Summer House in Linescio

Architekten • *Architects*:
Buchner Bründler Architekten, Basel
Daniel Buchner, Andreas Bründler
Tragwerksplaner • *Structural engineers*:
Jürg Merz Ingenieurbüro, Maisprach

Im abgelegenen Rovana-Tal im Tessin liegt das Dorf Linescio umgeben von Kastanienhainen und terrassierten Feldern. Nur 30 km von Locarno entfernt, scheint man sich in einer anderen Welt zu befinden. Einige Steinhäuser stehen leer, doch ist das Ortsbild intakt. Granit als Material für Hauswände, Dachdeckung und Stützmauern prägt den Ort. Die Stille und Ursprünglichkeit reizten die Architekten, hier ein 200 Jahre altes Steinhaus als Ferienhaus umzugestalten – und dabei das Vorgefundene weitestgehend zu erhalten und mit einem ungewöhnlichen Ausbau zu ergänzen. Von außen ist die Veränderung nur an der Glastür zum Garten und dem neuen Betonkamin sichtbar. Im Inneren jedoch wurde in die bestehenden Mauern ein eigenständiger Betonbaukörper als Haus im Haus eingefügt, der sich mit hohen Faltläden nach Süden und Westen öffnet. Als Sommerhaus konzipiert, konnte auf Heizung, Fenster und Dämmung verzichtet und die Fassade im vorgefundenen Zustand bewahrt werden. Um das Innere großzügiger wirken zu lassen, wurde die hölzerne Zwischendecke zwischen dem Wohnraum und dem darüberliegenden Heuboden entfernt. Der nun bis unter den First offene, 6 m hohe Einraum nimmt Wohn- und Essbereich mit Feuerstelle, die Schlafgalerie und das WC auf. Der steinernen äußeren Hülle antwortet der homogene monolithische Einbau aus Beton: Alles ist detailgenau eingearbeitet, Kamin und Treppe ebenso wie Laibungen und Verankerungen der hölzernen Faltläden. Schicht für Schicht wurde der Beton durch das abgedeckte Dach eingebracht und direkt an die Bestandsmauern angegossen. Raumseitig bildet die Sichtbetonoberfläche die lebhafte Textur der Bretterschalung ab. Auch im Anbau, in dem früher Esskastanien gedörrt wurden, sind alle neuen Elemente aus Beton gefertigt: die Badewanne als Vertiefung in der Bodenplatte, ebenso wie die Küchenarbeitsplatte mit integriertem Spülbecken aus einem Guss. Die plastischen und atmosphärischen Qualitäten des Sichtbetons verstärken den archaischen Charakter und die ruhige Ausstrahlung des Steinhauses. DETAIL 06/2014

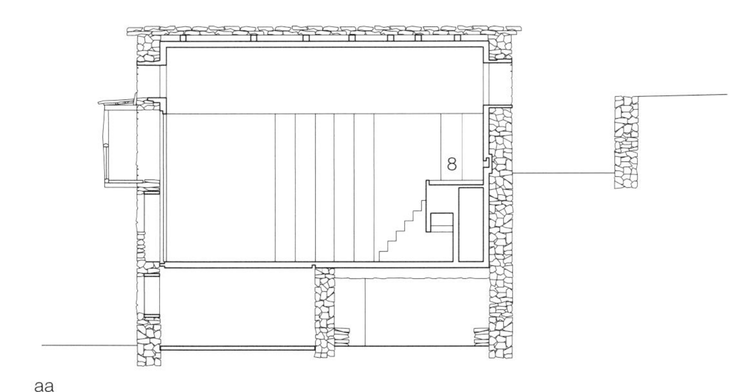

aa

Lageplan
Maßstab 1:1000

Schnitte • Grundrisse
Maßstab 1:200

1 Eingang
2 Wohnen / Essen
3 offener Kamin
4 Küche
5 Bad
6 Keller
7 Stall
8 Schlafgalerie

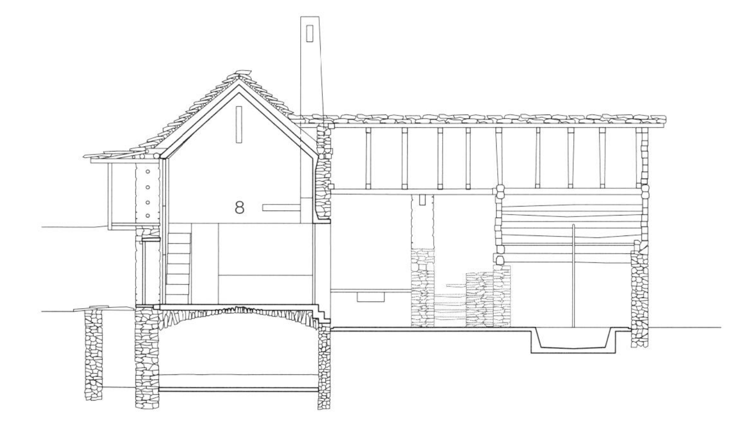

bb

Site plan
scale 1:1,000

Sections • Floor plans
scale 1:200

1 Entrance
2 Living / Dining room
3 Open fireplace
4 Kitchen
5 Bathroom
6 Basement
7 Stable
8 Sleeping gallery

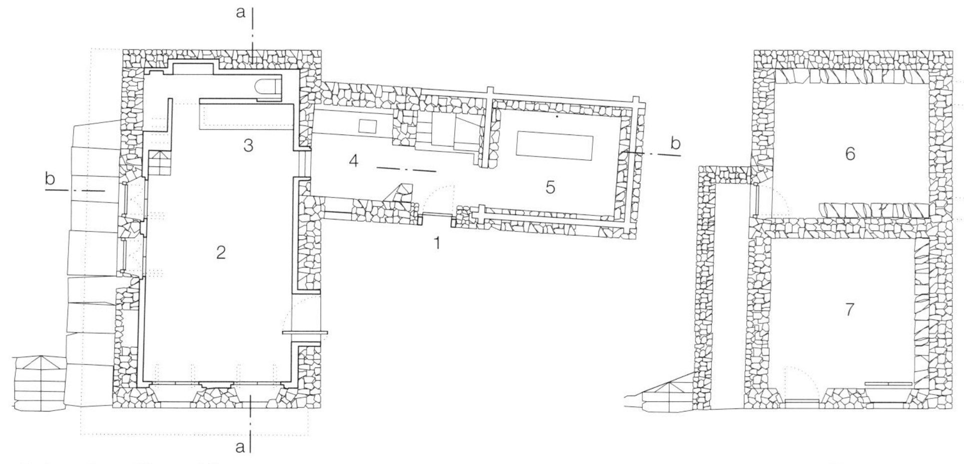

Erdgeschoss / *Ground floor*   Untergeschoss / *Basement*

The village of Linescio lies in the secluded Rovana Valley in Ticino, surrounded by groves of chestnut trees and terraced fields. Here, only 30 km from Locarno, it feels as if one were in a different world. Some of the existing stone houses stand empty, but the core of the village is still intact, with buildings distinguished by their granite walls and roof coverings. The peace and original character of this location spurred the architects to use the present 200-year-old stone house as a holiday residence and to preserve as much of the existing fabric as possible, complementing it with an unusual new structure. From the outside, the only visible changes are the glass door to the garden and the new concrete chimney stack. Internally, however, a house within a house has been constructed, with a homogeneous, monolithic concrete volume inserted inside the existing walls, a structure that opens to the south and west by means of high, folding wooden shutters. Conceived for summer use, it was possible to do without heating, new windows and insulation and to leave the outer facade in its existing state.
To create a more generous spatial impression internally, the timber intermediate floor between the simply appointed living room and the hayloft above was removed. The six-metre-high resulting space, which extends up to the ridge, accommodates the living and dining areas with a fireplace as well as the WC, and a gallery level where one can sleep. Everything has been worked with the greatest attention to detail: the chimney and the staircase, the reveals and fixings of the shutters. The concrete was brought in layer by layer through the opened roof, with the existing walls acting as permanent shuttering. On the inside, the untreated exposed concrete surfaces bear the bold texture of the formwork. In the extension, too – a timber-laced beam structure, formerly used for drying chestnuts – all new elements are consistently made of concrete: the bathtub as a recess in the floor, and the kitchen worktop with a sink integrated as a single cast form. The plastic, evocative qualities of the exposed concrete intensify the archaic character and the calm atmosphere of this stone house.

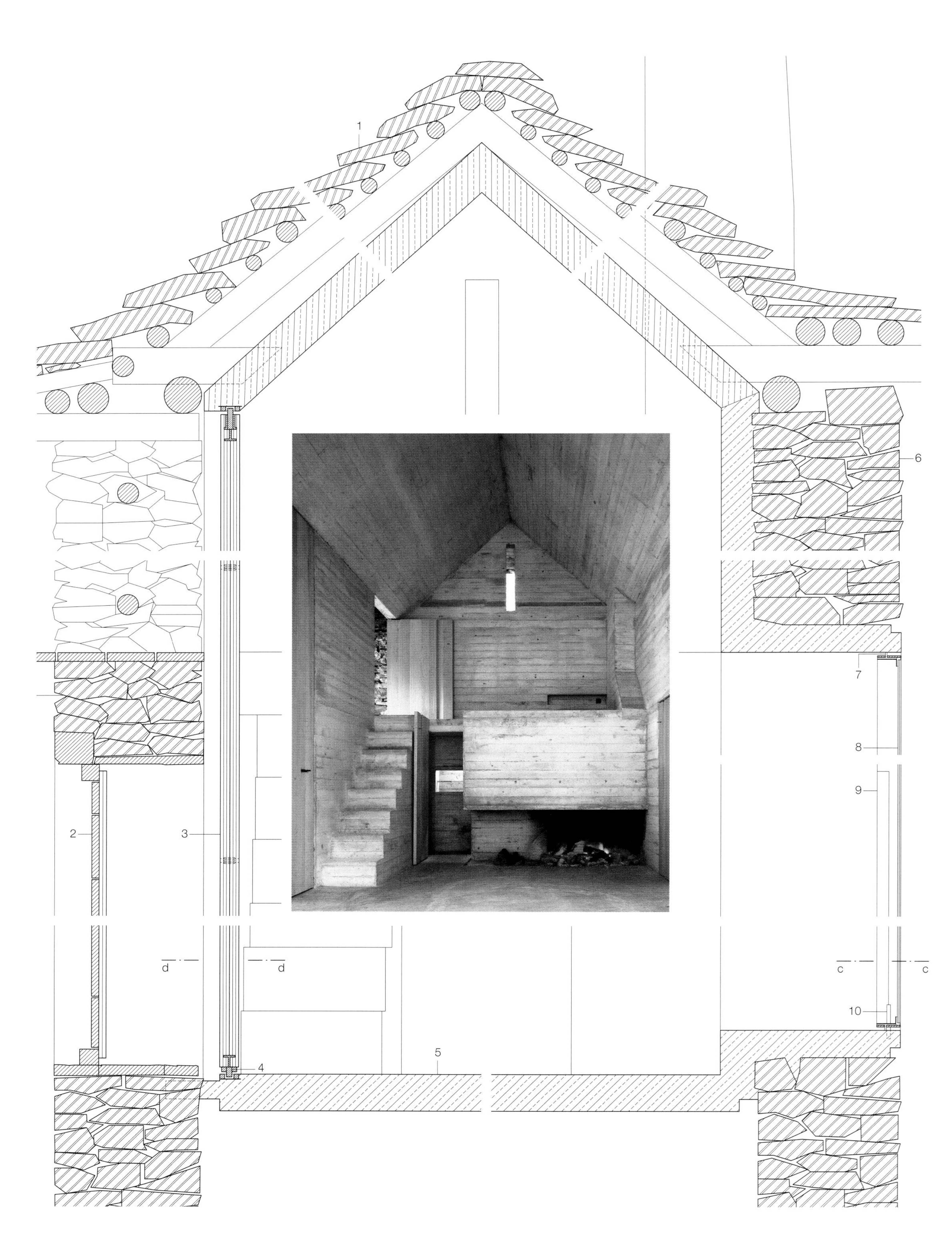
1
2
3
d
d
4
5
6
7
8
9
c
c
10

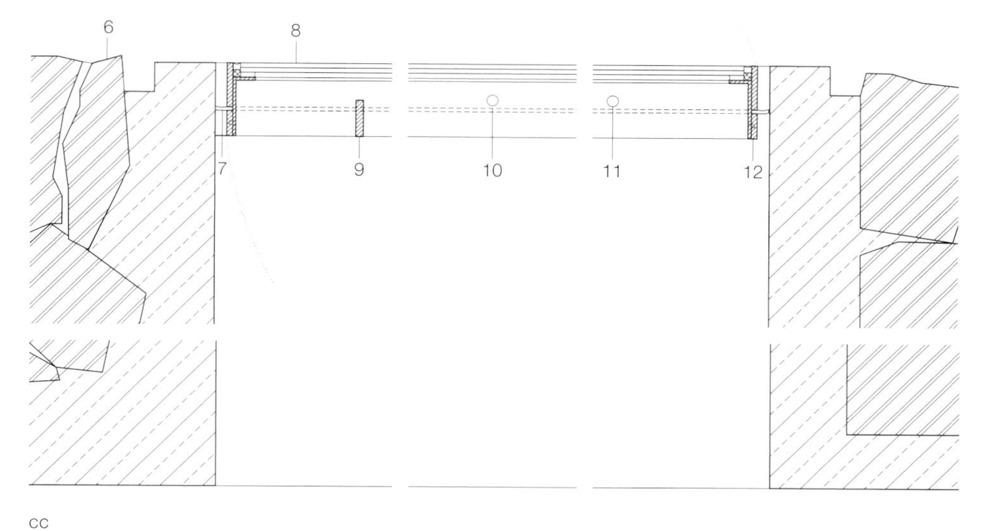

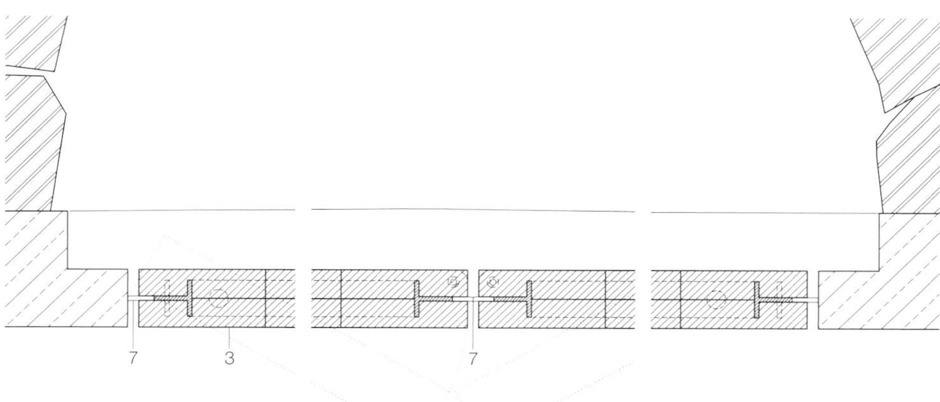

Vertikalschnitt
Maßstab 1:20
Horizontalschnitte Glastür • Faltladen
Maßstab 1:10

1 Dachaufbau:
Granitplatten (Bestand)
Rundhölzer und Sparren (Bestand)
Stahlbeton 160 mm Oberfläche unbehandelt
2 Tür Kastanie (Bestand))
3 Faltladen:
Rahmen Stahlprofil T 50/50 mm
beplankt mit Bohlen Eiche unbehandelt
2× 40/600/4000 mm
4 Drehlager Bolzen Messing ∅ 14 mm
5 Boden Erdgeschoss:
Stahlbetondecke fein geglättet 160 mm
6 Wandaufbau:
Trockensteinmauerwerk ca. 630 mm (Bestand)
Stahlbeton 160 mm direkt an Bestandswand gegossen mit einhäuptiger Schalung, Oberfläche unbehandelt
7 Dichtung Lederstreifen umlaufend 4 mm
8 Glastür VSG 8 mm auf Rahmen Stahlprofil L 80/30/4 mm
9 Griff Flachstahl 10/50 mm
10 Feststellriegel Bolzen Messing ∅ 15 mm
11 Drehlager Bolzen Messing ∅ 15 mm
12 Rahmen Flachstahl 8/100 mm

Vertical section
scale 1:20
Horizontal sections: Glass door • Folding shutters
scale 1:10

1 roof construction:
existing granite slabs
existing round timbers on rafters
160 mm reinf. concrete roof, surface untreated
2 existing chestnut door
3 folding shutters:
50/50 mm steel T-section frame with 40/600/4,000 mm untreated oak planks on both sides
4 ∅ 14 mm brass bearing pivot
5 ground floor construction:
160 mm reinforced concrete slab with smooth finish
6 wall construction:
ca. 630 mm existing dry stone walling
160 mm reinforced concrete wall poured against existing stone wall; shuttering to one face; surface untreated
7 4 mm peripheral leather sealing strip
8 glass door: 8 mm lam. safety glass in 80/30/4 mm steel angle frame
9 10/50 mm flat steel door pull
10 ∅ 15 mm brass fixing bolt
11 ∅ 15 mm brass bearing pivot
12 8/100 mm flat steel frame

Schnitte
Maßstab 1:10
A Waschbecken, Küche
B Badewanne

1 Waschbeckenelement: Ortbeton vorgefertigt, anschließend eingepasst
2 Armatur
3 Beton 100 mm, fein geglättet Montagebeton als Auflage für Sanitärkonstruktion bestehendes Erdreich
4 Duschstange Edelstahl einbetoniert
5 Flachstahl Edelstahl 5 mm
6 Einlaufkästchen Edelstahl in Beton eingelegt

Sections
scale 1:10
A Kitchen sink
B Bath

1 kitchen sink: precast concrete unit fitted in position
2 tap fitting
3 100 mm concrete, smoothed concrete mounting for sanitary construction existing soil
4 stainless-steel shower supply pipe concreted in
5 5 mm stainless-steel flat
6 stainless-steel water-supply inlet bedded in concrete

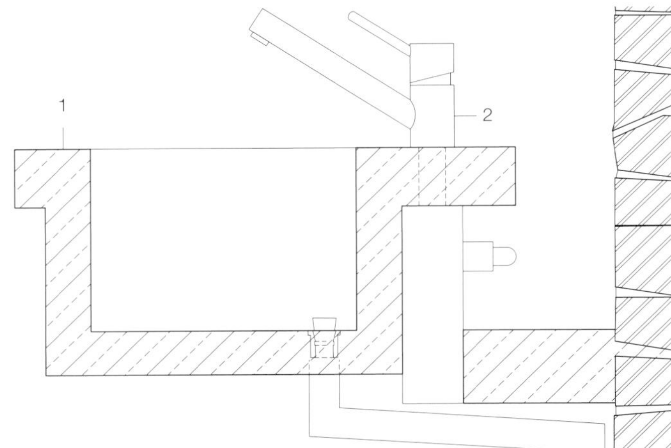

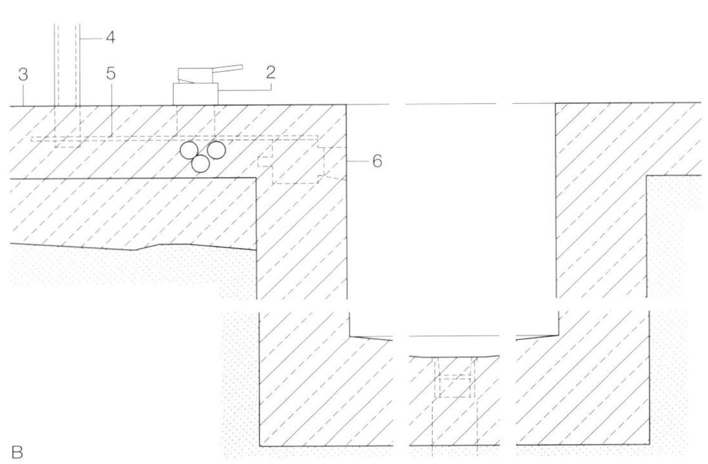

Wohnhaus in einem ehemaligen Kornspeicher in Echandens

House in Former Granary in Echandens

Architekten • *Architects*:
2b architectes, Lausanne
Stephanie Bender, Phillippe Béboux
Tragwerksplaner • *Structural engineers*:
Normal Office Sàrl, Fribourg
Peter Braun

Der in der Nähe von Lausanne gelegene »Tour Moinat« aus dem 16. Jahrhundert diente ursprünglich dem benachbarten Schlösschen Echandens als Kornspeicher. Bereits seit Anfang des 20. Jahrhunderts wurde er als Wohnhaus genutzt. Das verschachtelte Innere konnte jedoch die heutigen Ansprüche an Fläche und Ausstattung nicht mehr erfüllen. »Le Parasit« nennen die Architekten den skulpturalen Einbau, der dem Objekt ein komplett neues Innenleben verleiht. Das überdimensionale Möbel aus Holz fungiert zum einen als Erschließung, zum anderen gliedert es die Geschosse in unterschiedliche Nutzungszonen. Die Intervention ermöglichte außerdem eine Erweiterung des Raumprogramms von zwei auf drei nutzbare Ebenen. Mittels einer tiefer gelegten Geschossdecke entsteht unter dem Dachstuhl ein zusätzlicher Raum. Eine überdachte Außentreppe führt in das im Vergleich zur Straße angehobene Erdgeschoss, wo sich Küche und Essplatz befinden. Über die innere Wendeltreppe gelangt man auf die Schlafebene mit Bad und schließlich zum Wohnraum im Dachgeschoss, der über zwei neue Dachfenster belichtet wird. Der hölzerne Einbau bewahrt, obwohl fest mit dem Bestand verbunden, seine Eigenständigkeit. Er integriert sich formal und funktional, setzt sich jedoch durch seine Materialität – Dreischichtplatten aus Lärche – von den weißen Massivwänden ab. DETAIL 04/2012

Originally a granary, the 16th-century Moinat Tower near Lausanne was used as a dwelling in the 20th century. To bring it up to modern standards, a sculptural timber construction was inserted that gave the house a new dimension. An additional level was created beneath the roof, so that there are now three storeys instead of two. These are linked by a spiral staircase. The kitchen and dining space are on the ground floor, which is raised above street level, with access via an external staircase. The next storey contains a bedroom and bathroom, and at the top is the living space. Although they are well integrated, the timber insertions are independent elements that stand in contrast to the solid white walls.

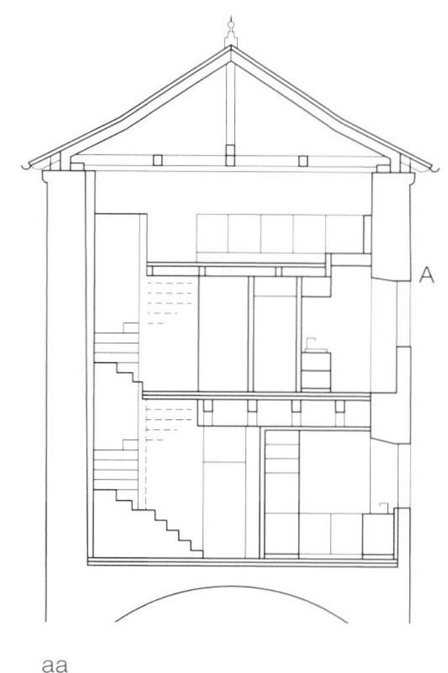

aa

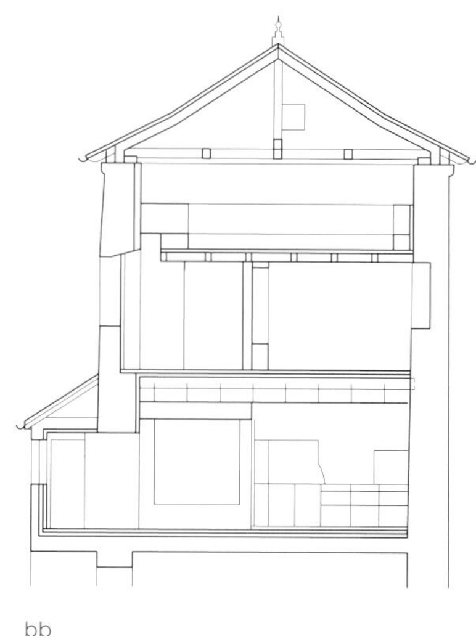

bb

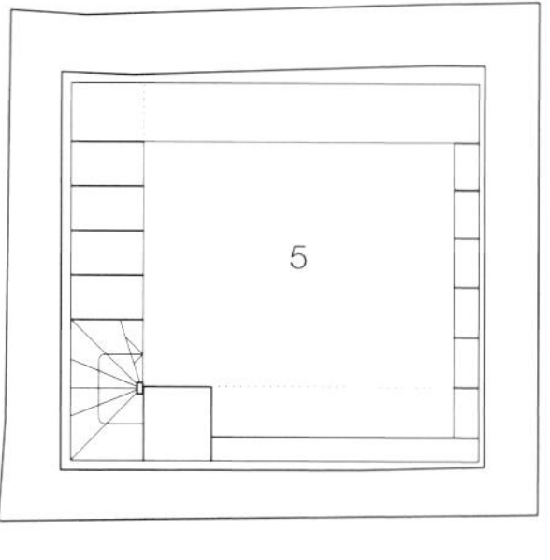

Dachgeschoss
Roof storey

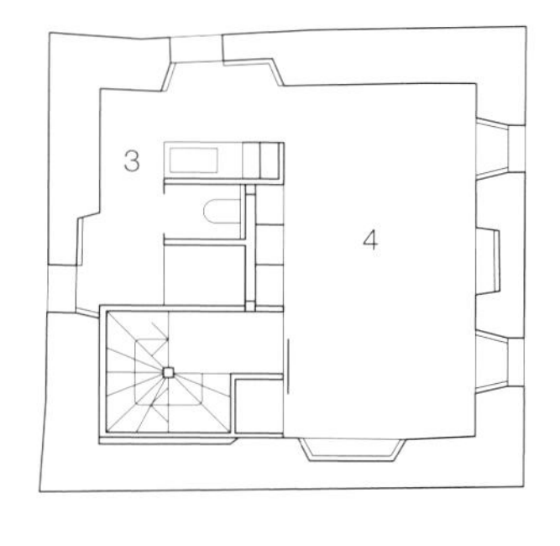

1. Obergeschoss
First floor

Schnitte • Grundrisse
Maßstab 1:200

1 Küche
2 Essen
3 Bad
4 Schlafen
5 Wohnen

Sections • Floor plans
scale 1:200

1 Kitchen
2 Dining space
3 Bathroom / WC
4 Bedroom
5 Living room

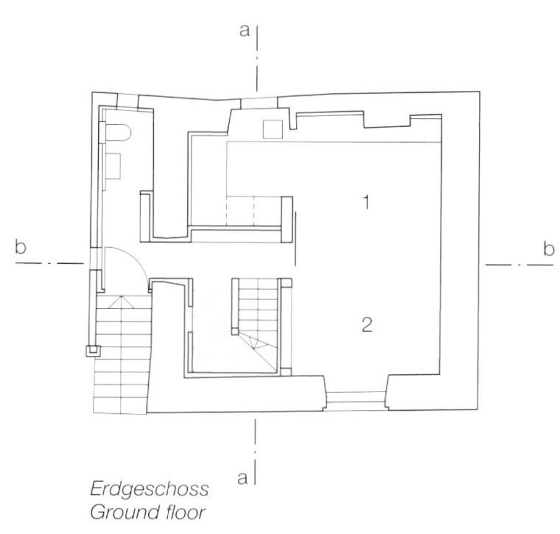

Erdgeschoss
Ground floor

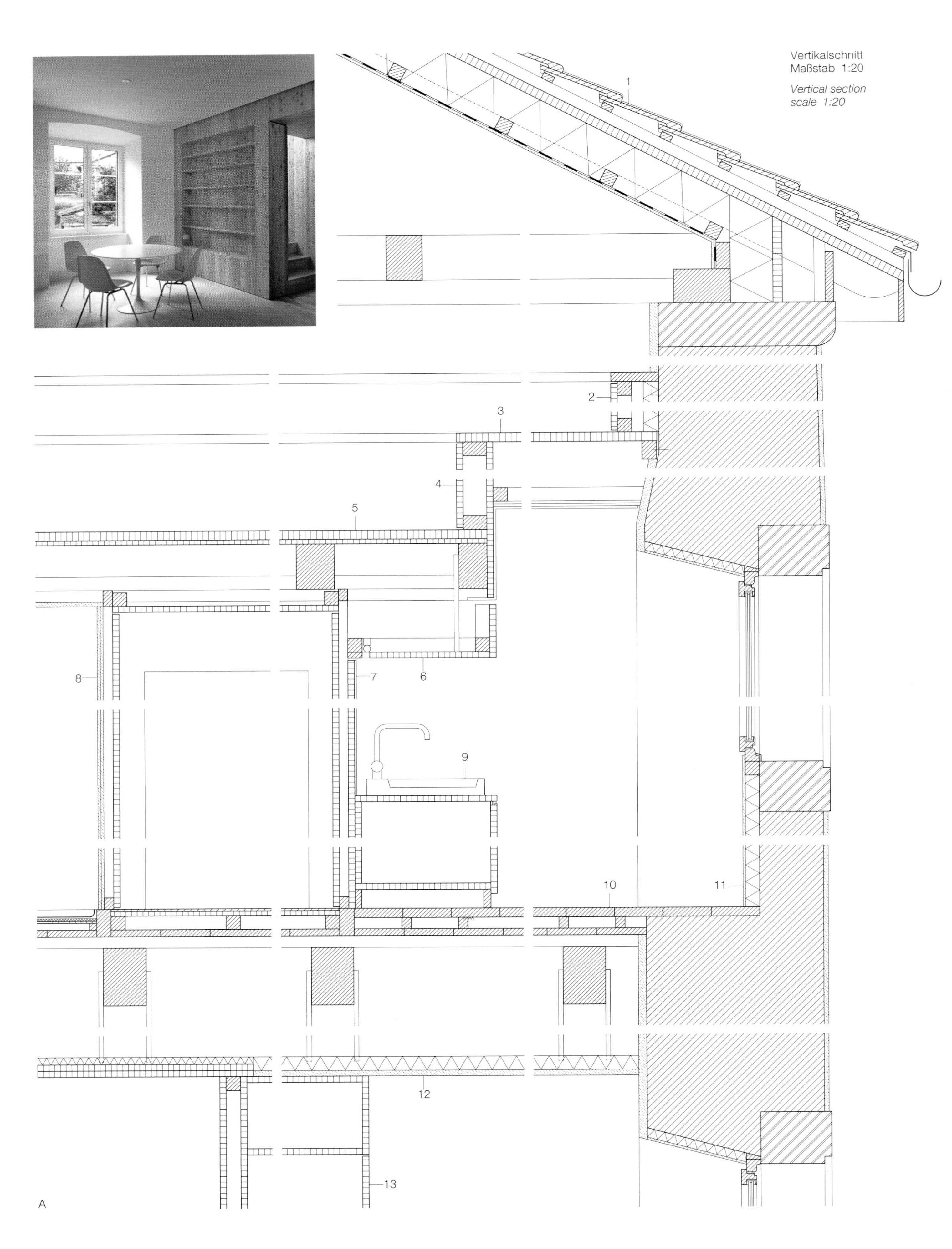
Vertikalschnitt
Maßstab 1:20
Vertical section
scale 1:20
1
2
3
4
5
6
7
8
9
10
11
12
13
A

1 Dachziegel
Lattung 27/50, Traglattung 50/50
Holzfaserplatte diffusionsoffen 40 mm
Sparren (Bestand) 140/120 mm
Dämmung Zellulose 200 mm
Lattung 60/60 mm, Dampfsperre
Gipskartonplatte 12,5 mm
2 Dreischichtplatte Lärche 27 mm
Lattung 60/60 mm, Luftraum
Dämmung Zellulose 60–80 mm
Außenwand (Bestand) 650 mm
3 Sitzbank Dreischichtplatte Lärche 40 mm
4 Dreischichtplatte Lärche 27 mm
Holzständerkonstruktion 60/100 mm
Dreischichtplatte Lärche 27 mm
5 Bodendiele Dreischichtplatte Lärche 40 mm, OSB-Platte 20 mm auf Deckenbalken verschraubt
6 Dreischichtplatte 27 mm mit integrierter Beleuchtung
Lattung 60/60 mm
7 Spiegel auf Dreischichtplatte Lärche 27 mm
Holzständerkonstruktion 40/50 mm
Dreischichtplatte Lärche 27 mm
8 Gipskartonplatte imprägniert 2× 12,5 mm
Holzständer 40/50 mm
Dreischichtplatte Lärche 27 mm
9 Waschtisch Corian weiß 12 mm
Dreischichtplatte Lärche 27 mm
10 Parkett (Bestand), aufgearbeitet
Deckenkonstruktion (Bestand)
11 Wärmedämmverbundplatte verputzt 60 mm
12 abgehängte Decke
Gipskarton 12,5 mm
13 Einbauregal Küche:
Dreischichtplatte Lärche 27 mm

1 roof tiling
27/50 mm battens
50/50 mm counterbattens
40 mm moisture-diffusing wood-fibre board
120/140 mm existing rafters
200 mm cellulose insulation
60/60 mm battens; vapour barrier
12.5 mm gypsum plasterboard
2 27 mm larch 3-ply lam. sheeting
60/60 mm wood bearers; cavity
60–80 mm cellulose insulation
650 mm existing external wall
3 bench seat:
40 mm larch
4 27 mm larch 3-ply lam. sheeting
60/100 mm wood posts and rails
27 mm larch 3-ply lam. sheeting
5 40 mm larch 3-ply lam. flooring
20 mm oriented-strand board screwed to floor beams
6 27 mm larch 3-ply lam. sheeting with integrated light fitting
60/60 mm battens
7 mirror on
27 mm larch 3-ply lam. sheeting
40/50 mm wood bearers
27 mm larch 3-ply lam. sheeting
8 2× 12.5 mm impregnated gypsum plasterboard
40/50 mm wood bearers
27 mm larch 3-ply lam. sheeting
9 white Corian washbasin on
27 mm larch 3-ply lam. sheeting
10 existing parquet flooring, refurbished
existing floor construction
11 60 mm composite thermal-insulation slab, plastered
12 12.5 m gypsum plasterboard suspended soffit
13 inbuilt kitchen shelving:
27 mm larch 3-ply lam. sheeting

Erweiterung eines Wohnhauses in New Canaan / Connecticut

Addition to a Home in New Canaan / Connecticut

Architekten • *Architects*:
Kengo Kuma & Associates, Tokio
Tragwerksplaner • *Structural engineers*:
Makino, Ohio (Entwurf)
The Di Salvo Ericson Group, Ridgefield

Schnitte • Grundriss
Maßstab 1:400

1 Wohnhaus (Bestand) Architekt: John Black Lee
2 Wohnhaus (Anbau) Architekt: Kengo Kuma
3 Veranda
4 Eingang
5 Wohnen
6 Büro
7 Schlafen
8 Bad
9 offener Kamin
10 Essen
11 Küche
12 Verbindungsgang

Beeinflusst von den Architekten der klassischen Moderne wie Philip Johnson und Marcel Breuer, die Ende der 1940er-Jahre in New Canaan wirkten, errichtete John Black Lee 1956 ein Wohnhaus für sich und seine Familie. Die heutigen Eigentümer stellten Kengo Kuma vor die delikate Aufgabe, den eleganten Baukörper zu renovieren und um eine Küche, ein Schlafzimmer und einen Essbereich zu erweitern. Er brachte die neuen Nutzungen in einem separaten Volumen unter, das nur durch einen gläsernen Gang mit dem Altbau verbunden ist. Die filigrane Umsetzung erinnert an die Architektursprache Lees, ohne sie zu imitieren. Der Anbau nimmt das Motiv der umlaufenden Veranda in gleicher Höhe und Form auf und schiebt sich wie eine flache Plattform über das abfallende Gelände, um Ausblicke auf das bewaldete Grundstück zu ermöglichen, wobei er durch den L-förmigen Grundriss eine gewisse Intimität herstellt. Die unverkleideten, auskragenden Dachsparren liegen auf einer Stahlrahmenkonstruktion auf. Die Flachprofile sind auf ein Minimum reduziert und kaum sichtbar hinter der Verglasung platziert, in der sich die Grüntöne des Waldes spiegeln, sodass die Dachfläche über dem Glasband zu schweben scheint. Um die Transparenz im Inneren beizubehalten, zonieren transluzente Vorhänge aus Edelstahlgewebe das Raumkontinuum. DETAIL 07–08/2013

In New Canaan the influence of modernism as practiced in the 1950s by architects such as Philip Johnson and Marcel Breuer can still be felt. John Black Lee built his own home there in this vein in 1956. The present owners asked Kuma to renovate the existing structure and add a kitchen, bedroom and dining area. He placed these functions in a separate structure and connected it to the existing building via a glazed passageway. The design for the new lightweight pavilion pays homage to Lee's architectural vocabulary without imitating it. The new veranda assumes the height and form of the original one and hovers above the sloping topography. The L-shaped floor plan provides a measure of intimacy.

Sections • Layout plans
scale 1:400

1 *Residence (existing) architect: John Black Lee*
2 *Residence (addition) architect: Kengo Kuma*
3 *Veranda*
4 *Entrance*
5 *Living room*
6 *Office*
7 *Bedroom*
8 *Bathroom*
9 *Fireplace*
10 *Dining area*
11 *Kitchen*
12 *Passageway*

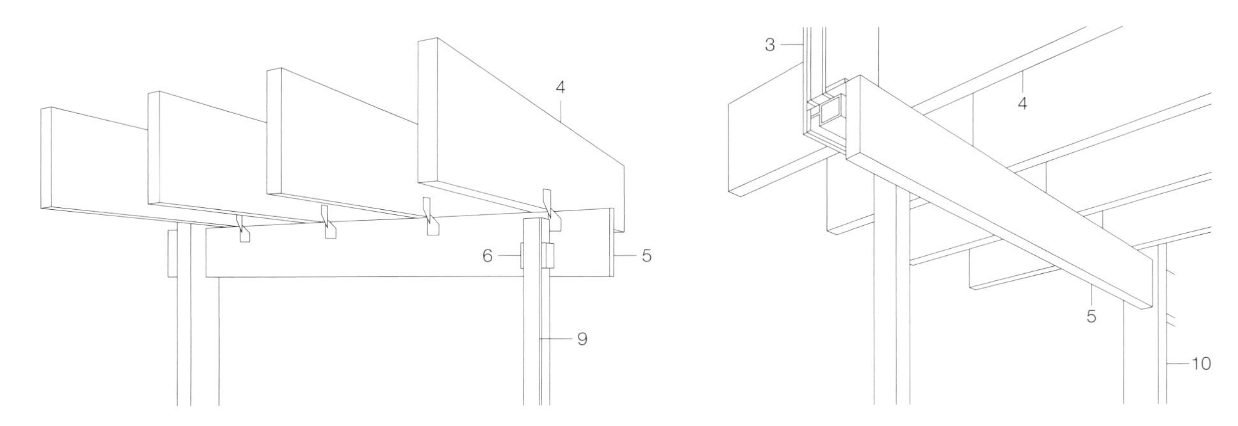

1 Dichtungsbahn
Wärmedämmung 115 mm
Sperrholzplatte 19 mm
Furnierholzplatte 12,5 mm
2 Kupferblech
Sperrholzplatte 2× 19 mm
Furnierholzplatte 12,5 mm
3 Furnierholzplatte 12,5 mm
Dampfsperre
Sperrholzplatte 12,5 mm
Wärmedämmung 63 mm
Furnierholzplatte 12,5 mm
4 Sparren Brettschichtholz 45/30 mm
5 Träger Flachstahl ▭ 50/200 mm
6 Flachstahl 12,5/75/75 mm
7 Isolierverglasung low-E beschichtet
ESG 9 mm + SZR 12 mm +
ESG 6 mm
Rahmen horizontal:
Aluminiumrohr ▭ 75/57 mm
8 Pfosten vertikal:
Flachstahl ▭ 50/125 mm
9 Aluminiumblech 6 mm
10 Stütze Stahlprofil ▭ 76/152 mm
11 Diele Ipe 20 mm
Sperrholzplatte 19 mm
Holzlattung 50/45 mm
Trennlage
Wärmedämmung kaschiert
300 mm
zwischen Träger
Brettschichtholz 300/45 mm
Zementplatte 12,5 mm
12 Stahlprofil I 100/200 mm
13 Diele Ipe 20 mm
Holzlattung 94/64 + 40/64 mm
Träger Brettschichtholz 300/45 mm
14 Geländer Stahlprofil ▭ 50/12 mm

1 sealing layer
115 mm thermal insulation
19 mm plywood
12.5 mm plywood
2 copper sheet
2× 19 mm plywood
12.5 mm plywood
3 12.5 mm plywood
vapour barrier
12.5 mm plywood
63 mm thermal insulation
12.5 mm plywood
4 45/30 mm glue-laminated timber rafters
5 beam: 50/200 mm steel flat
6 12.5/75/75 mm steel flat
7 double glazing with low-e coating:
9 mm toughened glass + 12 mm cavity + 6 mm toughened glass
horizontal frame:
75/57 mm aluminium RHS
8 50/125 mm steel flat
9 6 mm aluminium sheet
10 76/152 mm steel RHS column
11 20 mm yellow poui planks
19 mm plywood
50/45 mm timber battens
separating layer
300 mm thermal insulation with facing, between 300/45 mm glue-laminated timber joists
12.5 mm cement board
12 100/200 mm steel I-beam
13 20 mm yellow poui planks
94/64 + 40/64 mm timber battens
300/45 mm glue-laminated timber beam
14 railing: 50/12 mm steel RHS

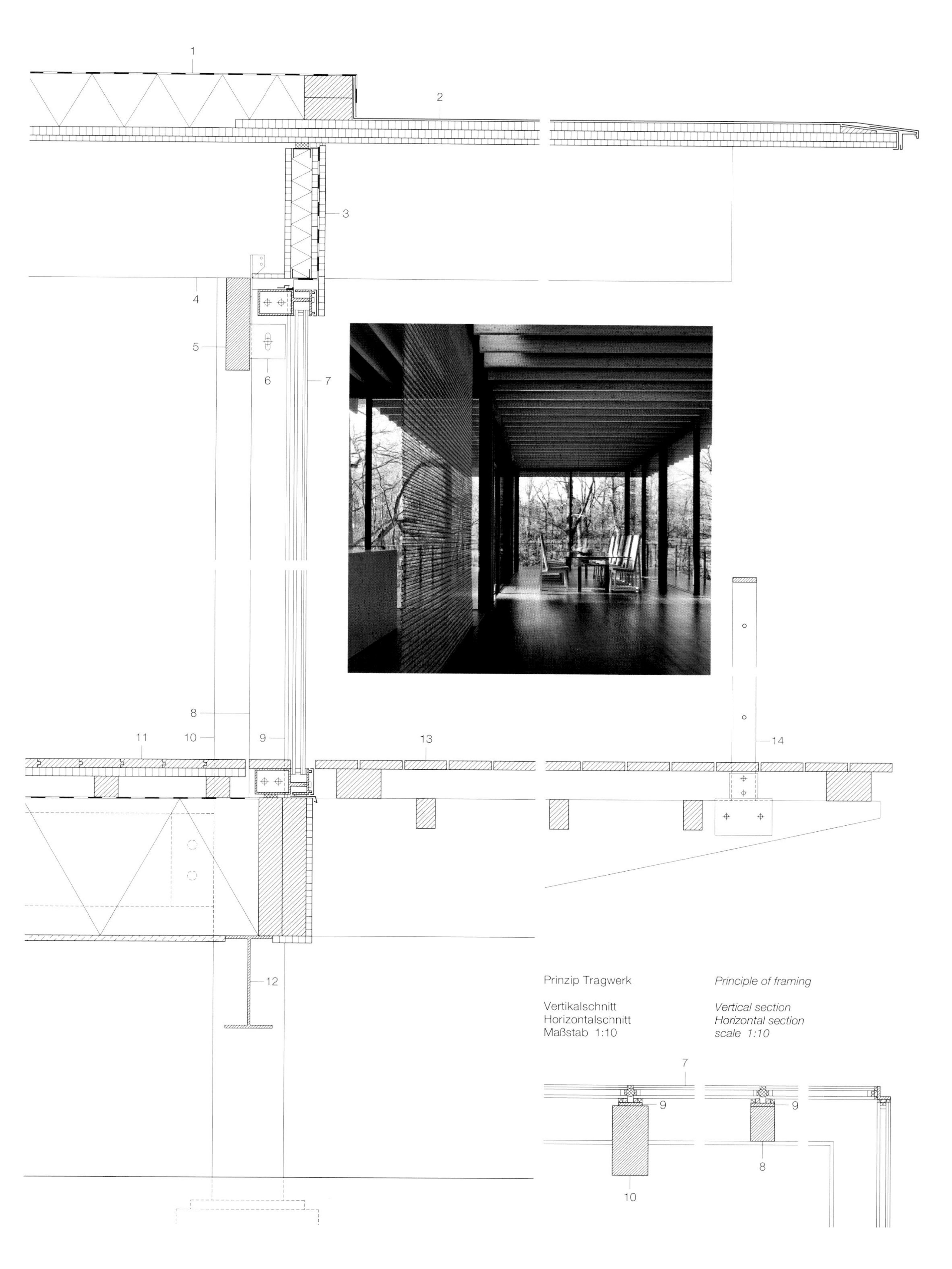

Prinzip Tragwerk

Vertikalschnitt
Horizontalschnitt
Maßstab 1:10

Principle of framing

Vertical section
Horizontal section
scale 1:10

Wohnhaus in Soglio

House in Soglio

Architekten • *Architects*:
Ruinelli Associati Architetti, Soglio
Tragwerksplaner • *Structural engineers*:
Toscano, St. Moritz

Soglio ist ein kleines Dorf im italienischsprachigen Teil von Graubünden. Typisch für die Bergdörfer dieser Region sind die 10 × 10 m messenden Scheunen und Ställe mit ihren Steindächern, den Eckpfeilern aus Naturstein und den Füllungen aus Rundhölzern. Weil nicht mehr die Landwirtschaft, sondern zunehmend der Tourismus den Ort bestimmt, wurde auch dieser am Rand des Dorfkerns liegende ungenutzte Stall in ein Ferienhaus umgewandelt. Dabei blieb die historische Struktur aus Holz und Stein erhalten, ergänzt durch Betonelemente, die im Erdgeschoss die Öffnungen umrahmen. Dasselbe Material, jedoch unbewehrt als Stampfbeton ausgeführt, bildet die neuen Stützwände, die den Außenbereich modellieren und auf verschiedenen Ebenen Terrassen und Höfe schaffen. Stampfbeton setzt sich auch im Innenraum fort. Dort verschmilzt er optisch und statisch mit der alten Steinmauer – die Baumaterialien aus früherer und heutiger Zeit verbinden sich zu einer modernen Hybridkonstruktion. Alle Materialien strahlen eine rohe Ästhetik aus: Eiche, an der Decke sägerau, Stahl und Stampfbeton. In den Schlaf- und Arbeitsräumen sind Einbaumöbel aus unbehandelter Eiche in die Betonschale gesetzt. Die handwerklich perfekt bearbeiteten naturbelassenen Materialien verleihen den Räumen eine besondere Ästhetik. DETAIL 12/2012

A typical feature of villages in this part of the Grisons are the barns and cowsheds with stone roofs and corner columns, and wall areas filled with rounded timbers. The present barn has now been converted into a dwelling house. The historical structure was left intact and complemented with concrete elements that frame the ground floor openings. Non-reinforced concrete was used for the retaining walls that articulate the outdoor areas and also internally alongside the old stonework to form a hybrid structure. The materials were left largely in an untreated state, including the oak furnishings and the sawn oak boarding to the soffits. The effect of the exposed surfaces is heightened by the working precision.

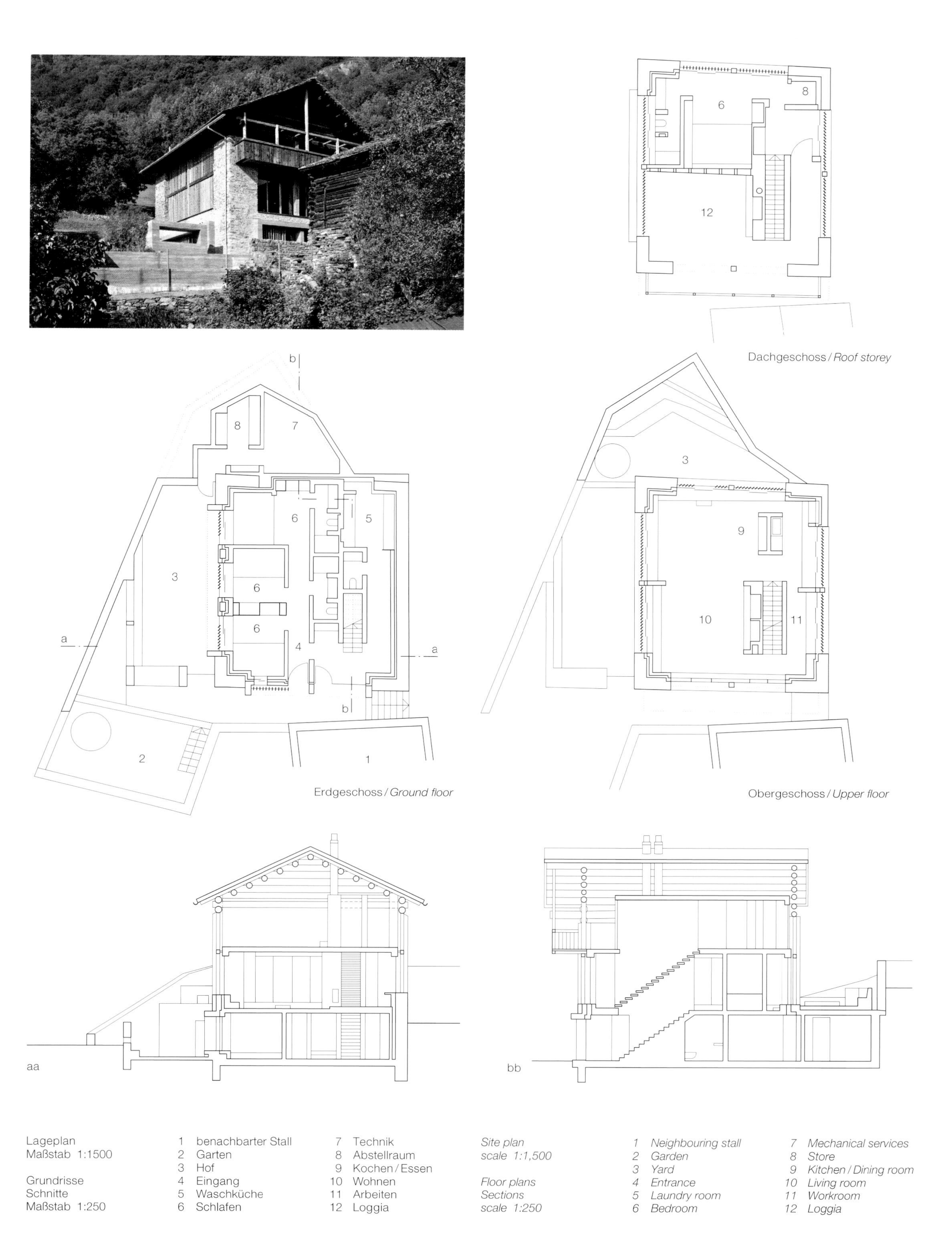

Lageplan
Maßstab 1:1500

Grundrisse
Schnitte
Maßstab 1:250

1 benachbarter Stall
2 Garten
3 Hof
4 Eingang
5 Waschküche
6 Schlafen
7 Technik
8 Abstellraum
9 Kochen / Essen
10 Wohnen
11 Arbeiten
12 Loggia

Site plan
scale 1:1,500

Floor plans
Sections
scale 1:250

1 Neighbouring stall
2 Garden
3 Yard
4 Entrance
5 Laundry room
6 Bedroom
7 Mechanical services
8 Store
9 Kitchen / Dining room
10 Living room
11 Workroom
12 Loggia

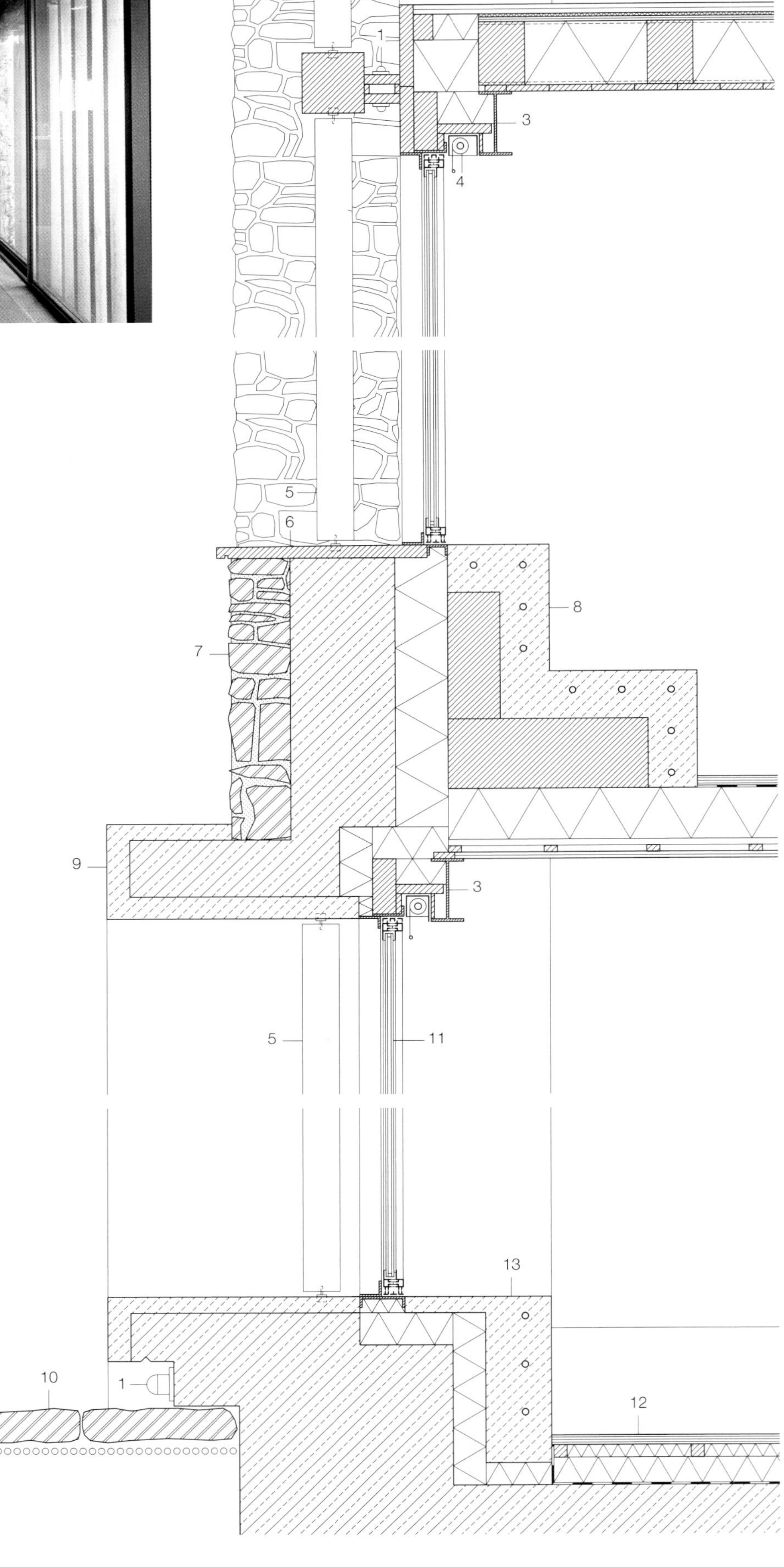

Vertikalschnitt
Maßstab 1:20

1 Leuchte
2 Bodenaufbau Loggia:
Holzdielen Eiche sägerau 30 mm
Trittschalldämmung 3 mm
Schalung 15 mm
Holzbalken 140/220 mm dazwischen
Mineralwolle 220 mm
Eiche sägerau 20 mm
3 Stahlträger gestrichen IPE 200
4 Textilrollo
5 Lamelle Eiche 120/24 mm sägerau
mechanisch drehbar
6 Fensterbrett Eiche 40–60 mm
7 Wandaufbau:
Bruchsteinmauer 180 mm
Stahlbeton 320 mm
Wärmedämmung 160 mm
8 Stampfbeton mit Kieselstreuung, beheizt 150 mm
verlorene Schalung Vollholz
9 Verblendung Stampfbeton
10 Bruchstein in Splittbett
11 Fenstertür Isolierglas in thermisch getrenntem
Stahlrahmen
12 Bodenaufbau:
Diele Eiche sägerau 30 mm
Mineralwolle 120 mm
Lattung Fichte 40/60 mm, Trennlage
Stahlbeton 200 mm
Sauberkeitsschicht
13 Stampfbeton mit Kieselstreuung, beheizt

Vertical section
scale 1:20

1 lighting
2 loggia floor construction:
30 mm sawn oak boarding
3 mm impact-sound insulation
15 mm boarding
140/220 mm wood beams with
220 mm mineral-wool between
20 mm sawn oak boarding
3 steel I-beam 200 mm deep, painted
4 fabric blind
5 24/120 mm sawn oak louvres
mechanically pivoting
6 40–60 mm oak window sill
7 wall construction:
180 mm rough stone walling
320 mm reinforced concrete wall
160 mm thermal insulation
8 150 mm heated tamped concrete with gravel
strewn in; permanent wood formwork
9 tamped concrete finishing
10 rough stone paving in bed of chippings
11 casement door: double glazing in
thermally divided steel frame
12 floor construction:
30 mm sawn oak boarding
120 mm mineral wool
40/60 softwood battens; separating layer
200 mm reinforced concrete bed
blinding layer
13 heated tamped concrete with gravel strewn in

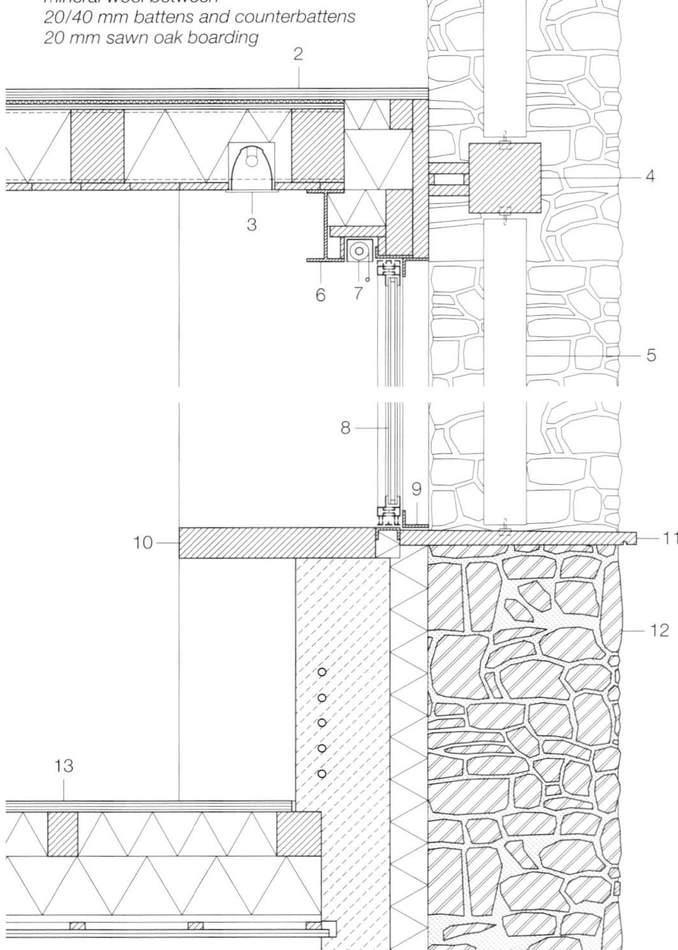

Vertikalschnitt
Maßstab 1:20

1. Steindeckung, Dachstuhl (Bestand)
2. Diele Eiche sägerau 30 mm
   Trittschalldämmung 3 mm
   Schalung 15 mm
   Holzbalken 140/220 mm
   dazwischen Mineralwolle
   Eiche sägerau 20 mm
3. Downlight
4. Holzbalken sägerau 180/180 mm
5. Lamelle Eiche sägerau 120/24 mm mechanisch drehbar
6. IPE 200 gestrichen
7. Textilrollo
8. Schiebefenster Isolierglas in thermisch getrenntem Stahlrahmen
9. Stahlrahmen L 70/35 mm
10. Arbeitsfläche Eiche 500/80 mm
11. Fensterbrett Eiche 40–60 mm
12. Bruchsteinmauer 500 mm
    Mineralwolle 100 mm
    Stampfbeton 250 mm
    mit eingelegten Heizrohren
13. Diele Eiche sägerau 30 mm
    Kantholz 120/80 mm
    Holzbalken 160/120 mm/
    dazwischen Mineralwolle
    Lattung 20/40 mm
    Konterlattung 20/40 mm
    Eiche sägerau 20 mm

Vertical section
scale 1:20

1. *stone roofing on existing structure*
2. *30 mm sawn oak boarding*
   3 mm impact-sound insulation
   15 mm boarding
   140/220 mm wood beams with mineral-wool between
   20 mm sawn oak boarding
3. *downlighter*

4. *180/180 mm sawn wood beam*
5. *24/120 mm sawn oak louvres mechanically pivoting*
6. *steel I-beam 200 mm deep*
7. *fabric blind*
8. *sliding window: double glazing in thermally divided steel frame*
9. *70/35 mm steel angle frame*
10. *80 mm oak worktop 500 mm wide*
11. *40–60 mm oak window sill*
12. *500 mm rough stone walling*
    100 mm mineral wool
    250 mm tamped concrete wall with inlaid heating tubes
13. *30 mm sawn oak boarding*
    80/120 mm wood joists
    120/160 mm wood bearers with mineral wool between
    20/40 mm battens and counterbattens
    20 mm sawn oak boarding

Sanierung Studentenhochhaus in München

Refurbishment High-Rise Student Housing Block in Munich

Architekten • *Architects*:
Knerer und Lang Architekten, Dresden
Tragwerksplaner • *Structural engineers*:
Sailer Stepan und Partner, München

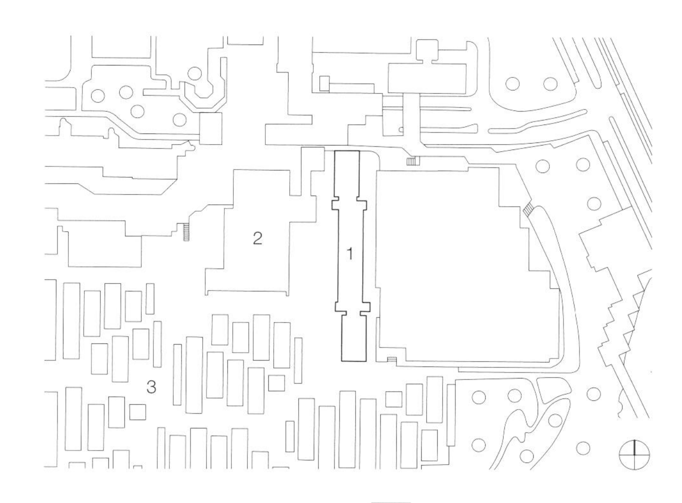

Das anlässlich der Olympischen Sommerspiele 1972 errichtete Wohnhochhaus dient seit über 40 Jahren als Studentenwohnheim. Den Entwurf von Günther Eckert prägt insbesondere die Plastizität der Sichtbetonfassade. Sie besteht aus Fertigteilrahmen, an denen sich die 801 neben- und übereinandergestapelten Wohneinheiten ablesen lassen. Die tragenden Rahmen, basierend auf einem Modulsystem aus Stahlbetonelementen, ermöglichen einen stützenfreien Innenraum und somit flexible Grundrisse. Um den Charakter des 15- bis 19-geschossigen Baus zu bewahren und dennoch den heutigen Anforderungen an Energiestandards und Brandschutzvorgaben gerecht zu werden, wurde im Zuge der Sanierung 2013 eine neue Vorhangfassade entwickelt. Eine wärmedämmende Hülle umgibt die gesamte außenliegende Tragkonstruktion. Folglich ist die Loggia dem Wohnraum zugeschlagen, was einerseits Wärmebrücken und Brandüberschlag verhindert, andererseits für das einzelne Apartment einen Raumgewinn von ca. 3 m² bedeutet. Materialität, Farbe und Fassadengliederung des Bestandsgebäudes wurden aufgegriffen und weitergeführt. Ein neues Rahmenelement aus Leichtbeton ist dem bestehenden Sichtbetonrahmen vorgesetzt, während ein massives, mit Aluminium verkleidetes Brüstungsfeld in Kombination mit einem Fensterelement die ehemalige GFK-Brüstung ersetzt. DETAIL 06/2014

Originally erected for the 1972 Olympics, this block by Günther Eckert has since then provided 801 dwellings for students. The modular concrete framing facilitates column-free internal space and flexibility in the layout. As part of an overall refurbishment, a new curtain-wall facade was developed that preserves the character of the complex yet complies with present-day energy standards and fire regulations. A thermally insulating skin has been wrapped round the outer structure, and the loggias now form part of the living space. The original materials, colouration and articulation have been readopted and extrapolated, with new lightweight-concrete frame elements set in front of the existing concrete framing.

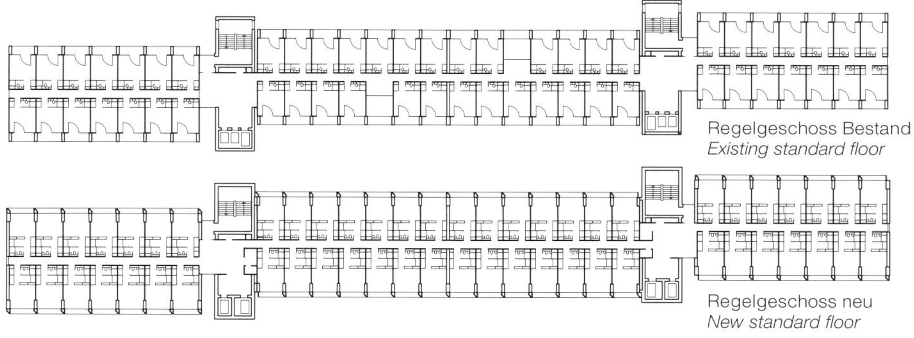

Regelgeschoss Bestand
Existing standard floor

Regelgeschoss neu
New standard floor

Lageplan
Maßstab 1:4000
Grundrisse
Maßstab 1:1000

1 Studentenhochhaus
2 alte Mensa
3 Studentendorf

Site plan
scale 1:4,000
Floor plans
scale 1:1000

1 High-rise student housing block
2 Old refectory
3 "Student village"

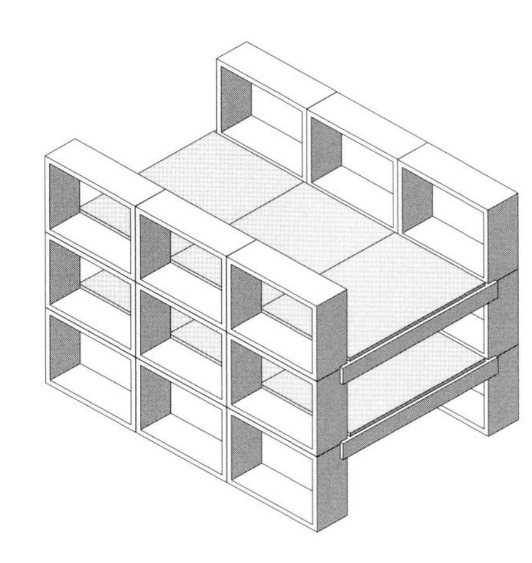

Isometrie
Stahlbetonfertigteilsystem
aus drei Grundelementen:
- tragendes windsteifes Rahmenelement (Loggia)
- Tragbalken
- raumgroße Deckenplatte

Isometric of precast concrete system consisting of 3 basic units
- *load-bearing, wind-resistant frame element (loggia)*
- *load-bearing beam*
- *room-size floor slab*

Vertikalschnitt Maßstab 1:20
1 Rahmenelement Stahlbetonfertigteil (Bestand) 370 mm
2 Tragbalken Stahlbetonfertigteil (Bestand) 600/220 mm
3 Rahmenelement Leichtbetonfertigteil 450 mm tief, mit Fassadenplattenanker an Brüstung befestigt
4 Laibung Aluminiumblech eloxiert 3 mm
Luftschicht 40 mm, Wärmedämmung Mineralfaser 60 mm
5 Sonnenschutzverglasung ESG 6 mm + SZR 16 mm + Float 4 mm, U = 1,1 W/m²K, in Aluminiumrahmen schwarz eloxiert
6 Blend- und Sichtschutz textiler Vorhang olympiablau
7 Absturzsicherung Stahlrohr ∅ 33,7/ 4 mm
8 Brüstungsverkleidung Aluminiumformteil 3 mm, pulverbeschichtet weiß auf Unterkonstruktion Aluminiumwinkel und Tragprofile/ Hinterlüftung 40 mm
Wärmedämmung Mineralfaser 140 mm
Brüstung Stahlbetonfertigteil (F90) 180 mm
9 Akustikverbundbelag 4 mm, Nutzschicht Kautschuk
Fließestrich Kalziumsulfat 30 mm, Trennschicht
Ausgleichsschüttung gebunden PS recycelt 20–60 mm
Stahlbetondecke (Bestand) 120 mm

Vertical section scale 1:20
1 *370 mm existing precast concrete frame element*
2 *600/220 mm existing precast concrete load-bearing beam*
3 *450 mm deep lightweight precast concrete frame element over facade slab, fixed to balustrade*
4 *3 mm anodised sheet aluminium reveal; 40 mm air layer*
60 mm mineral-fibre thermal insulation
5 *black anodised aluminium window with low-e glazing:*
6 mm toughened glass + 16 mm cavity + 4 mm float glass (U_g = 1.1 W/m²K)
6 *Olympic-blue textile curtain as anti-glare and visual screen*
7 *∅ 33.7/4 mm tubular-steel safety rail*
8 *3 mm white powder-coated alum. cladding to balustrade on aluminium angles and bearing sections; 40 mm rear-ventilated cavity*
140 mm mineral-fibre thermal insulation
180 mm precast concrete balustrade (90-min. fire resistance)
9 *4 mm composite acoustic flooring; rubber layer*
30 mm calcium sulphate floated screed; separating layer
20–60 mm recycled bonded polystyrene levelling layer
120 mm existing precast concrete element

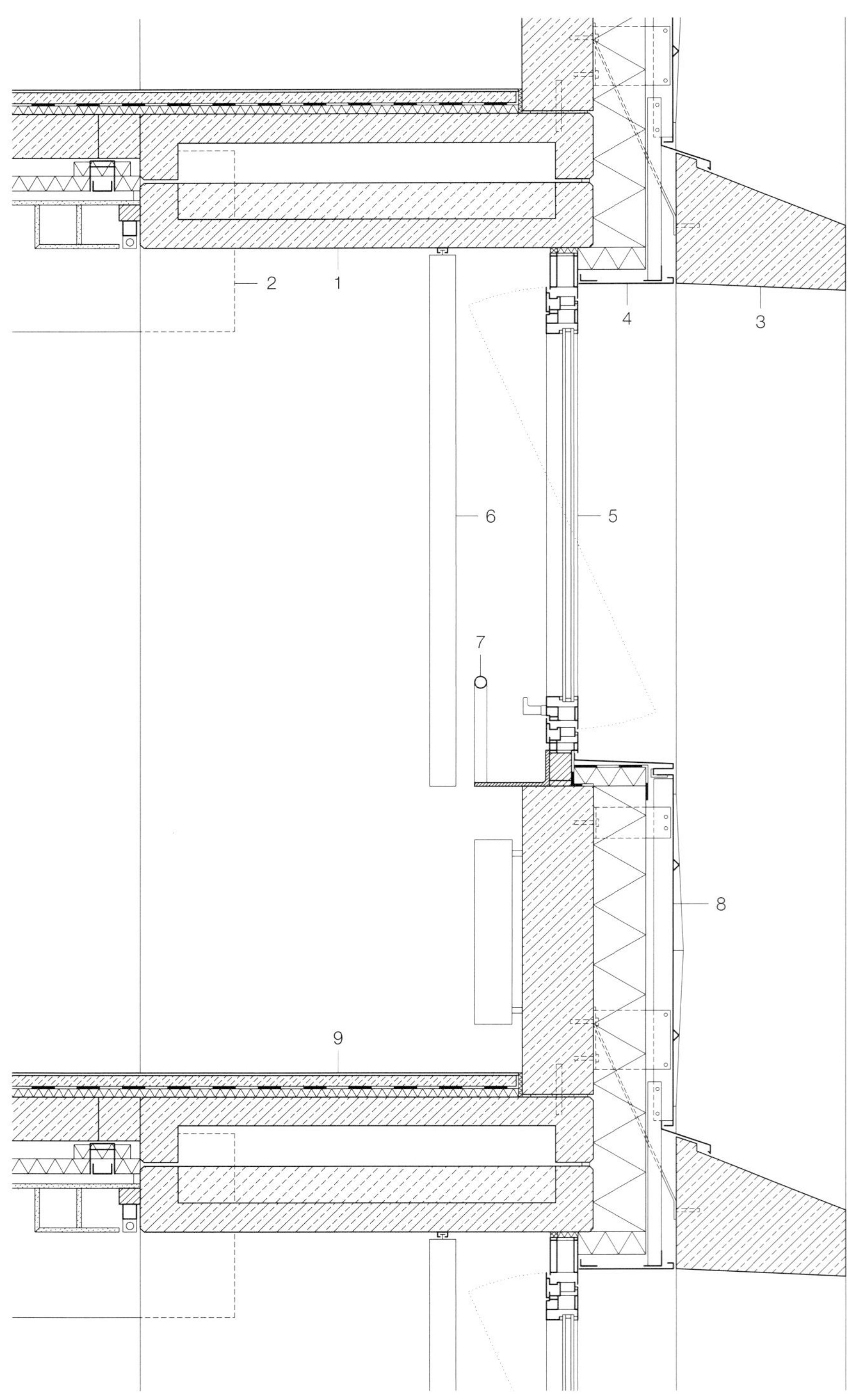

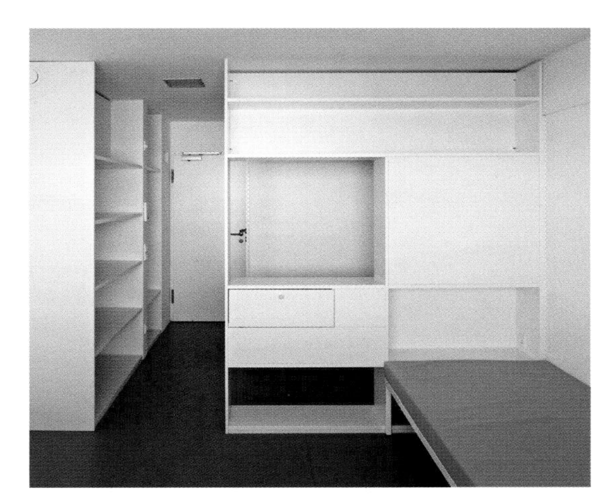

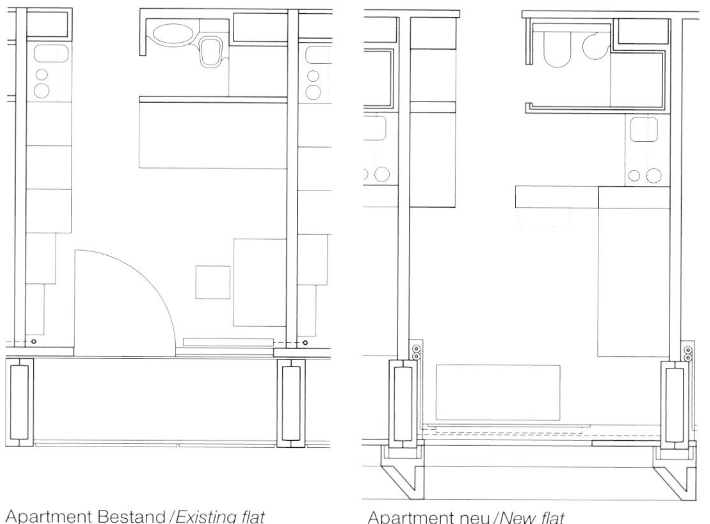

Grundrisse
Maßstab 1:100
Horizontalschnitt
Maßstab 1:20

10 GK-Ständerwand (F 90) 150 mm
11 Vorsatzschale GK 75 mm
12 Paneel Aluminiumblech 3 mm, mit Wärmedämmung 60 mm
13 Dämmung Mineralfaser 140 mm

Floor plans
scale 1:100
Horizontal section
scale 1:20

10 150 mm gypsum plasterboard stud wall (90-min. fire resistance)
11 75 mm gypsum plasterboard skin
12 3 mm sheet aluminium panel with 60 mm thermal insulation
13 140 mm mineral-fibre insulation

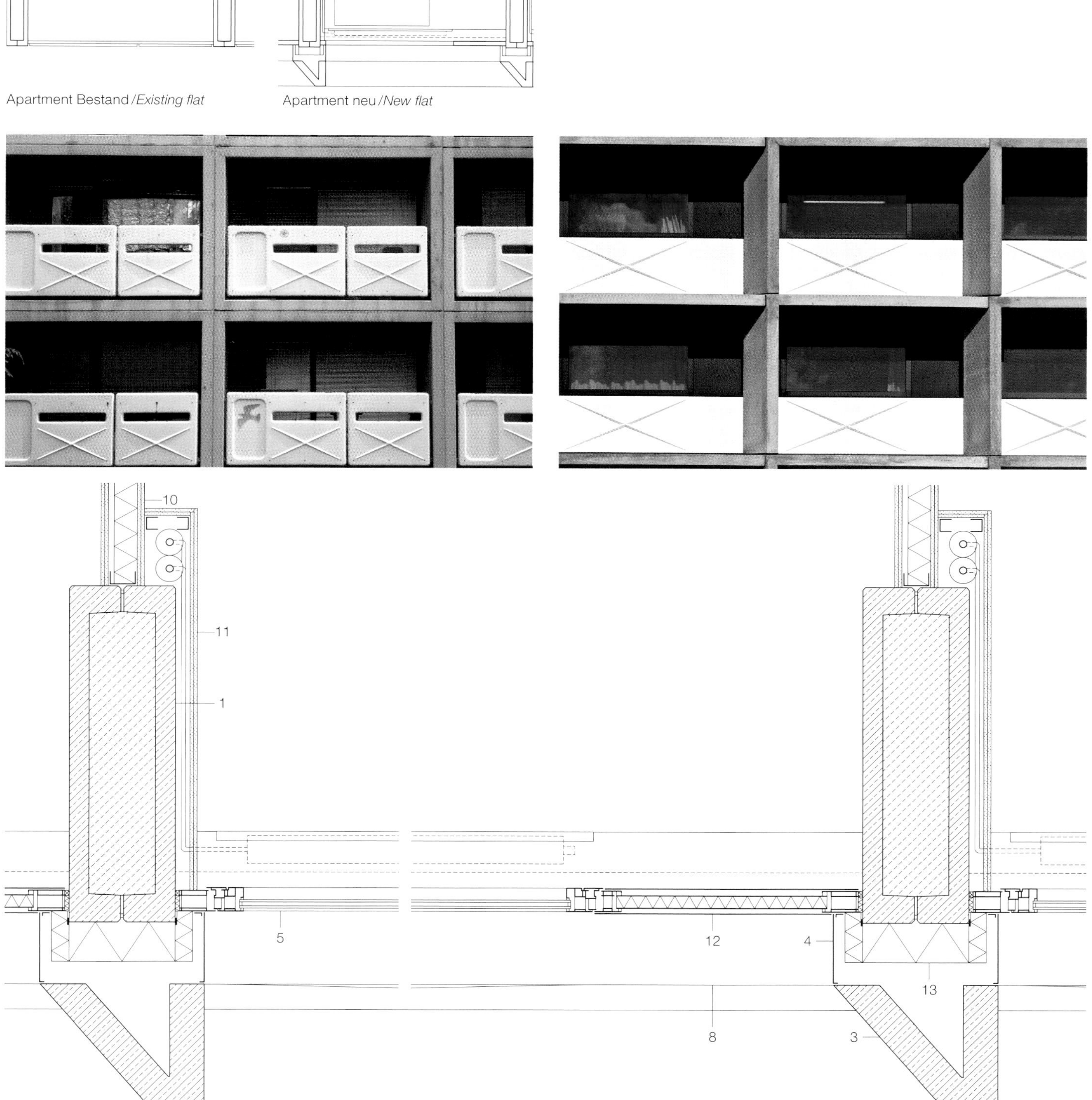

Umbau der Südstadtschule in Hannover zum Mehrfamilienhaus

Conversion of Südstadt School in Hanover into a Housing Complex

Architekten • *Architects*:
MOSAIK Architekten, Hannover
Tragwerksplaner • *Structural engineers*:
Drewes + Speth, Hannover

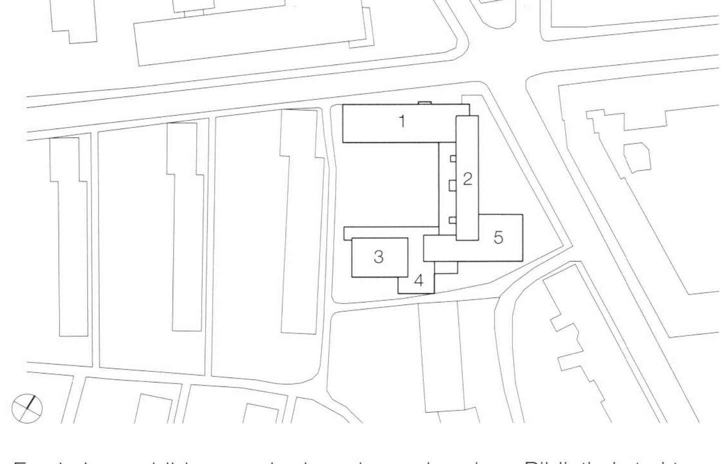

Eine Schule zur Wohnanlage umzubauen, ist zweifellos eine ungewöhnliche Bauaufgabe. Die Idee dazu stammte von der Projektentwicklungsgesellschaft »Plan W«, die sich gemeinsam mit den Architekten um die leer stehende Schule in Hannovers Südstadt beworben hatte, um ein Baugemeinschaftsprojekt zu realisieren. Als wären die Ausgangsbedingungen damit nicht komplex genug, stand die 1962 erbaute Sehbehindertenschule auch noch unter Denkmalschutz. Die Aufgabe bestand also nicht nur darin, Wohnungen möglichst schlüssig in den u-förmigen Gebäudekomplex zu integrieren und die verschiedenen Bauherreninteressen miteinander zu vereinbaren, sondern auch das äußere Erscheinungsbild zu erhalten und gleichzeitig die heutigen energetischen Anforderungen zu erfüllen. Insgesamt 16 Wohnungen mit Flächen von 60 bis 170 m² verteilen sich seit dem Umbau 2010/2011 auf die drei Hauptflügel des Gebäudes: die ehemalige Bibliothek, den Klassentrakt und die Turnhalle. Daneben gibt es drei Büros sowie eine Kinder- und Jugendbibliothek, die aus der früheren Stadtteilbücherei hervorgegangen ist und vom nördlichen Gebäudeflügel in die ehemalige Eingangshalle verlagert wurde. Je nach Lage im Bestand, aber auch durch die individuellen Wünsche der Bauherren sind ganz unterschiedliche Wohnungen entstanden. In dem eingeschossigen Bibliothekstrakt befinden sich nun vier Wohnungen, die sich mit ihren Haupträumen zum Innenhof orientieren. Sie werden über einen innenliegenden Laubengang erschlossen, sodass die Straßenfassade unverändert bleiben konnte. Auf der Südseite ermöglichen neue bodentiefe Fenster eine bessere Verknüpfung mit dem Außenraum.
Der Klassen- bzw. Verwaltungstrakt wurde vor allem im Erdgeschoss stark verändert. Der hofseitige Pausengang, der sich ursprünglich in ca. 2 m Abstand vor dem Gebäude befand, wurde der Wohnfläche zugeschlagen und der Zwischenraum auf drei kleine Atrien verkleinert. Auf diese

Lageplan
Maßstab 1:2500

ehemalige Nutzung als Schulgebäude
1 Bücherei
2 Klassentrakt
3 Turnhalle
4 Hausmeisterwohnung
5 Eingangshalle

Schnitte • Grundrisse
Maßstab 1:750

6 Büro
7 Wohnung
8 Atrium
9 Maisonette
10 Kinder- und Jugendbücherei

Site plan
scale 1:2,500

Former use as school building
1 Library
2 Classroom tract
3 Gym
4 Caretaker's flat
5 Entrance hall

Sections • Floor plans
scale 1:750

6 Office
7 Flat
8 Atrium
9 Maisonette
10 Children's and youth library

Weise entstanden geschützte Freisitze, und die Ziegelfassade wurde zum interessanten Gestaltungselement im Innern.
In den beiden Obergeschossen befanden sich ehemals die Klassenzimmer. Sie wurden in fünf Wohneinheiten – davon eine Maisonette – aufgeteilt, die durch die zwei bestehenden und kaum veränderten Treppenhäuser erschlossen werden. In Abstimmung mit der Denkmalschutzbehörde erhielt die Westfassade vorgehängte Balkone mit transluzenten Brüstungen, die das Raster der Fassade aufnehmen und in den tragenden Fassadenstützen verankert sind.
In der Turnhalle fanden die umfangreichsten Umbaumaßnahmen statt. Hier wurde eine neue Decke eingezogen, um dreigeschossige Maisonette-Wohnungen zu ermöglichen. Während der Zugang über den Innenhof auf die mittlere Ebene erfolgt, orientieren sich die unteren Räume zu einem abgesenkten Hof. Die dortige Glasfassade zu erneuern, erwies sich als schwierig, weil die Aufteilung der Wohnungen nicht zu dem Gitterraster passte. Gelöst wurde das Problem durch eine neu eingebaute Glasfassade, die ca. 1 m hinter dem erhaltenen Betongitter liegt und im Zwischenraum einen kleinen, durchlaufenden Balkon entstehen lässt.
Größte Herausforderung bei dem Umbau war die energetische Ertüchtigung des Gebäudes. Um den KfW-70-Standard zu erreichen (d.h. eine Unterschreitung der Grenzwerte um 30%), wurden die Wärmebrücken von rud 100 Detailpunkten einzeln analysiert und optimiert. Weil es aufgrund der denkmalgeschützten Fassaden nicht möglich war, das Gebäude von außen zu dämmen, kam eine Innendämmung zum Einsatz. Darüber hinaus wurden alle bestehenden Gläser durch Dreifachverglasungen ersetzt. Insgesamt überrascht, wie wenig man dem Ergebnis den schwierigen Planungsprozess ansieht: Scheinbar mühelos hat sich die Schule in ein Mehrfamilienhaus gewandelt. Dabei bleibt der Schulcharakter in den halböffentlichen Bereichen immer noch spürbar. DETAIL 04/2013

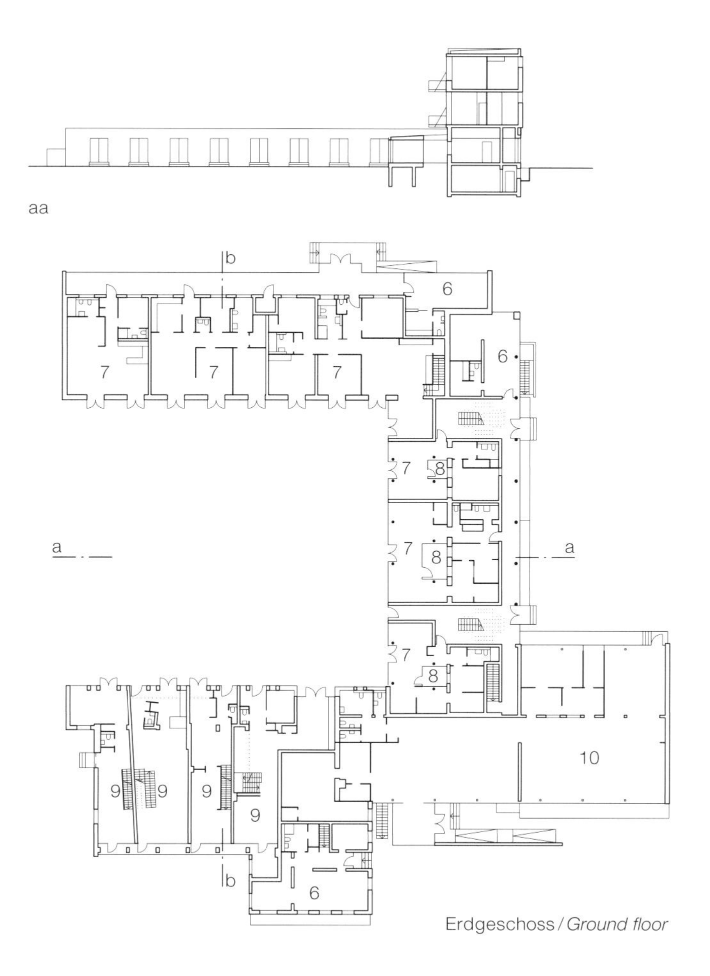

aa

Erdgeschoss / *Ground floor*

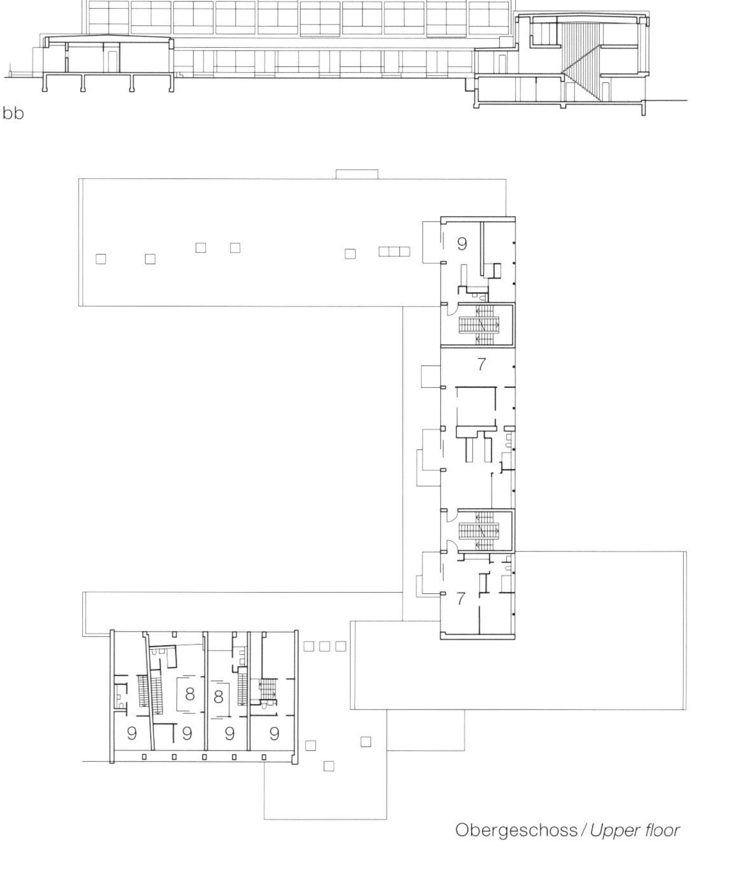

bb

Obergeschoss / *Upper floor*

1 Kies 40 mm, Sand lehmig 20 mm (Bestand)
Abdichtung Bitumen dreilagig (Bestand)
Holzschalung 25 mm (Bestand)
Dämmung Zellulose 220 mm zwischen Holzkonstruktion (Bestand), von unten eingeblasen
Dampfsperre feuchtevariabel
Lattung 48/24 mm, Konterlattung 48/24 mm
Verkleidung Gipskarton 20 mm
2 Putz (Bestand),
Leichtbetonplatte 50 mm (Bestand)
Träger Stahlbeton 270/950 mm (Bestand)
3 Träger Stahlbeton (Bestand)
4 Parkett Hochkantlamellen 23 mm
Zementestrich 40 mm, PE-Folie
Trittschalldämmung 40 mm
Stahlsteindecke 220 mm, Innenputz 15 mm
5 Stahlträger HEB 220
6 Fassadengitter Stahlbeton 50 mm (Bestand) neu gestrichen
7 Fenstertür: Holzrahmen mit Dreifachverglasung, U = 0,9 W/m²K
8 Stütze Stahlbeton 500/500 mm (Bestand)
9 Parkett Hochkantlamellen 23 mm,
Zementestrich 50 mm, PE-Folie
Dämmplatte EPS 90 mm
Stahlbetondecke 150 mm (Bestand)
abgehängte Decke Gipskarton 12,5 mm
10 Stahlrost feuerverzinkt 30 mm, Stelzlager
Abdichtung Elastomerbitumen-Schweißbahn
Gefälledämmung EPS, Dampfsperre
11 Verkleidung Gipskarton 12,5 mm
Dämmung Kalziumsilikat kapillaraktiv 100 mm
Dämmplatte (Bestand)
12 Parkett Hochkantlamelle 23 mm
Zementestrich 50 mm, PE-Folie
Dämmplatten EPS 100 mm
Abdichtung Bitumenschweißbahn
Verbundestrich 60 mm (Bestand)
Bodenplatte Stahlbeton 100 mm (Bestand)
13 Leichtputz, Innendämmung Kalziumsilikatplatte kapillaraktiv 120 mm
14 Aufbau Wohnungstrennwand:
Mauerwerk Kalksandstein 2× 115 mm mit Kerndämmung 50 mm, beidseitig Lehmputz

1 40 mm bed of gravel; 20 mm loamy sand (existing)
three-layer bituminous seal (existing)
25 mm wood boarding (existing)
220 mm cellulose thermal insulation between existing timber structure blown in from below
moisture-variable vapour barrier
24/48 mm battens; 24/48 mm counterbattens
20 mm gypsum plasterboard
2 existing rendering
50 mm lightweight concrete slab (existing)
270/950 mm reinforced concrete beam (existing)
3 reinforced concrete beam (existing)
4 23 mm parquet laid on edge
40 mm cement-and-sand screed
40 mm impact-sound insulation
220 mm reinforced block floor; 15 mm plaster
5 steel I-beam 220 mm deep
6 50 mm reinforced concrete facade grid (existing) newly painted
7 glazed door: wood frame with triple glazing (U = 0.9 W/m²K)
8 500/500 mm reinforced concrete column (existing)
9 23 mm parquet on edge
50 mm cement-and-sand screed; polythene layer
90 mm expanded polystyrene insulation
150 mm reinforced concrete floor (existing)
12.5 mm gypsum plasterboard suspended soffit
10 30 mm hot-dipped galvanised steel grating on stilts; elastomer-bitumen sealing layer
expanded polystyrene insulation to falls
vapour barrier
11 12.5 mm gypsum plasterboard
100 mm calcium-silicate insulation, capillary active
existing insulation slabs
12 23 mm parquet on edge
50 mm cement-and-sand screed: polythene layer
100 mm expanded polystyrene insulation
bituminous sealing layer; 60 mm bonded screed (existing); 100 mm reinforced concrete floor (existing)
13 lightweight plaster; 120 mm calcium-silicate capillary action insulation slabs
14 party wall: 2× 115 mm calcium-limestone brick walls with 50 mm core insulation and loam plaster on both faces

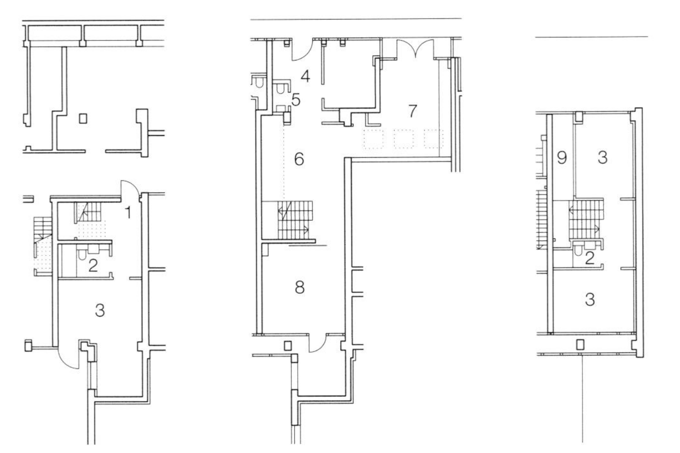

1 Zugang Keller
2 Bad
3 Zimmer
4 Eingang
5 WC
6 Essen
7 Küche
8 Wohnen
9 Luftraum

1 Access to basement
2 Bathroom
3 Room
4 Entrance
5 WC
6 Dining area
7 Kitchen
8 Living room
9 Void

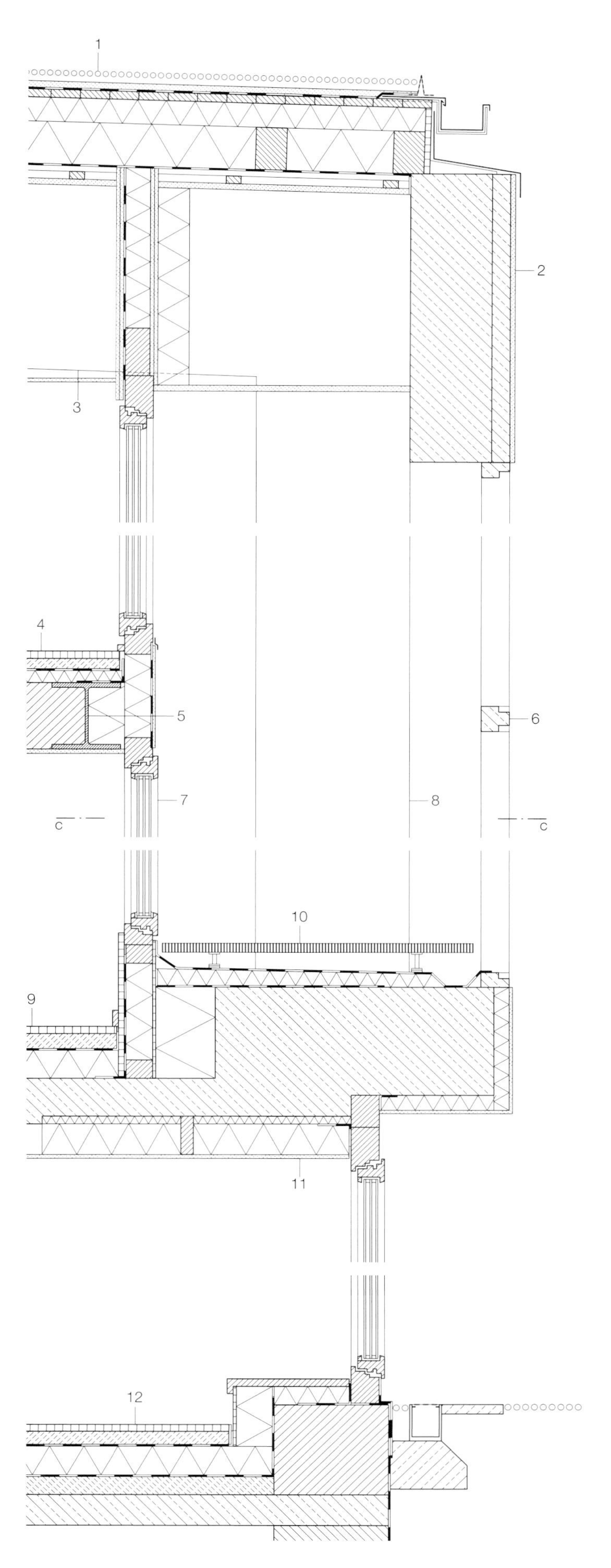

Grundrisse Wohnung D4
Maßstab 1:400

Floor plans of flat D4
scale 1:400

Doppelfassade ehemalige Turnhalle
Vertikalschnitt • Horizontalschnitt
Maßstab 1:20

Double facade to former gym
Vertical and horizontal sections
scale 1:20

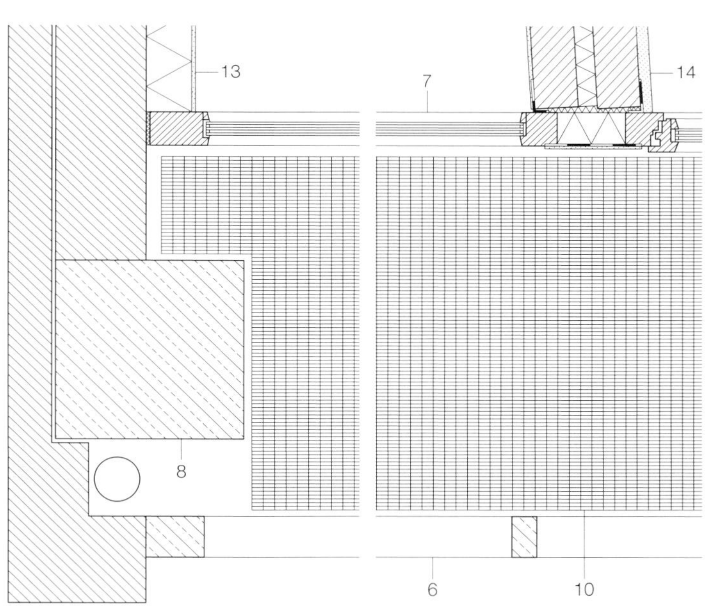

cc

Schnitt Balkonfassade
ehemaliger Klassentrakt
Maßstab 1:20

Section through balcony facade
Former classroom tract
scale 1:20

1 Kies 40 mm (Bestand)
Sand lehmig 20 mm (Bestand)
Abdichtung Bitumen dreilagig (Bestand)
Holzschalung 25 mm (Bestand)
Holzkonstruktion 40/120 mm (Bestand)
Korkplatten expandiert 35 mm (Bestand)
Stahlbeton-Kassettendecke 290 mm (Bestand), in den Hohlräumen Luftschicht 50 mm und Dämmung Holzfaser 160 mm
Lattung 50/40 mm, dazwischen Dämmung Holzfaser 40 mm
Dampfsperre
Konterlattung 50/20 mm
Gipskartonplatte 12,5 mm
2 Leichtputz 10 mm
Kalziumsilikatplatte 60 mm
3 Holzfenster mit Dreifach-Sonnenschutzverglasung, U = 0,9 W/m^2K
4 Keramikplatten 40 mm (Bestand)
Vormauerziegel 115 mm (Bestand)
Luftschicht 40 mm (Bestand)
Hochlochziegel 240 mm (Bestand)
Innendämmung Kalziumsilikatplatten kapillaraktiv 120 mm
Leichtputz 10 mm
5 Parkett 20 mm
PVC-Belag (Bestand)
Estrich 40 mm (Bestand)
Trittschalldämmung EPS 20 mm (Bestand)
Stahlbetonkassettendecke 290 mm (Bestand),
in den Hohlräumen Dämmung Holzfaser 210 mm
Dämmung PUR 60 mm (im Randbereich von 1 m)
Gipskartonplatte 12,5 mm
6 Kopfplatte Stahl feuerverzinkt 150/250/20 mm
7 Anschlussblech 250/70/15 mm
8 Zugstab Stahl feuerverzinkt 18 mm
9 Hebe-Schiebe-Fenstertür: Holzrahmen mit Dreifach-Isolierverglasung, U = 0,9 W/m^2K
10 Edelstahlprofil ⊔ 30/27/3 mm
11 Brüstung VSG transluzent aus ESG 8 mm + PVB-Folie + ESG 8 mm
12 Abdeckung Blech gekantet
13 Stahlprofil ⊔ 160 mm
14 Dielen Lärche geriffelt 35 mm
Bitumenpappe auf Distanzholz
Stahlrohr ⧄ 80/80/8 mm
Trapezblech 35 mm
Stahlblech 2 mm
15 Kopfplatte 150/270/24 mm

1 40 mm bed of gravel (existing)
20 mm loamy sand (existing)
three-layer bituminous seal (existing)
25 mm wood boarding (existing)
40/120 mm timber roof structure (existing)
35 mm expanded cork slabs (existing)
290 mm reinf. conc. coffered roof (existing) with 50 mm air layer in voids and
160 mm wood-fibre insulation
50/40 mm battens with 40 mm wood-fibre insulation between; vapour barrier
50/20 mm counterbattens
12.5 mm gypsum plasterboard
2 10 mm lightweight plaster on 60 mm calcium-silicate slabs
3 wood window with three-layer low-e glass (U = 0.9 W/m^2K)
4 40 mm ceramic slabs (existing)
115 mm outer brick skin (existing)
40 mm cavity (existing)
240 mm hollow-cored brickwork (existing)
120 mm calcium-silicate capillary-action internal insulation
10 mm lightweight plaster
5 20 mm parquet
PVC layer (existing)
40 mm screed (existing)
20 mm foamed polystyrene impact-sound insulation (existing)
290 mm reinforced concrete coffered floor (existing)
with 210 mm wood-fibre insulation in voids
60 mm polyurethane insulation (in 1-metre-wide peripheral area)
12.5 mm gypsum plasterboard
6 150/250/20 mm hot-dip-galvansed steel head plate
7 250/70/15 mm connecting plate
8 Ø 18 mm hot-dip galvanised steel tension rod
9 lifting sliding door: wood frame with triple glazing (U = 0.9 W/m^2K)
10 30/27/3 mm stainless-steel channel
11 translucent lam. safety glass balustrade: 2x 8 mm toughened glass and PVB foil
12 sheet-metal covering bent to shape
13 160 mm steel channel
14 35 mm larch boarding, grooved bitumen felt on distance pieces
80/80/8 mm steel SHSs
35 mm trapezoidal-section metal sheeting; 2 mm sheet steel
15 150/270/24 mm steel head plate

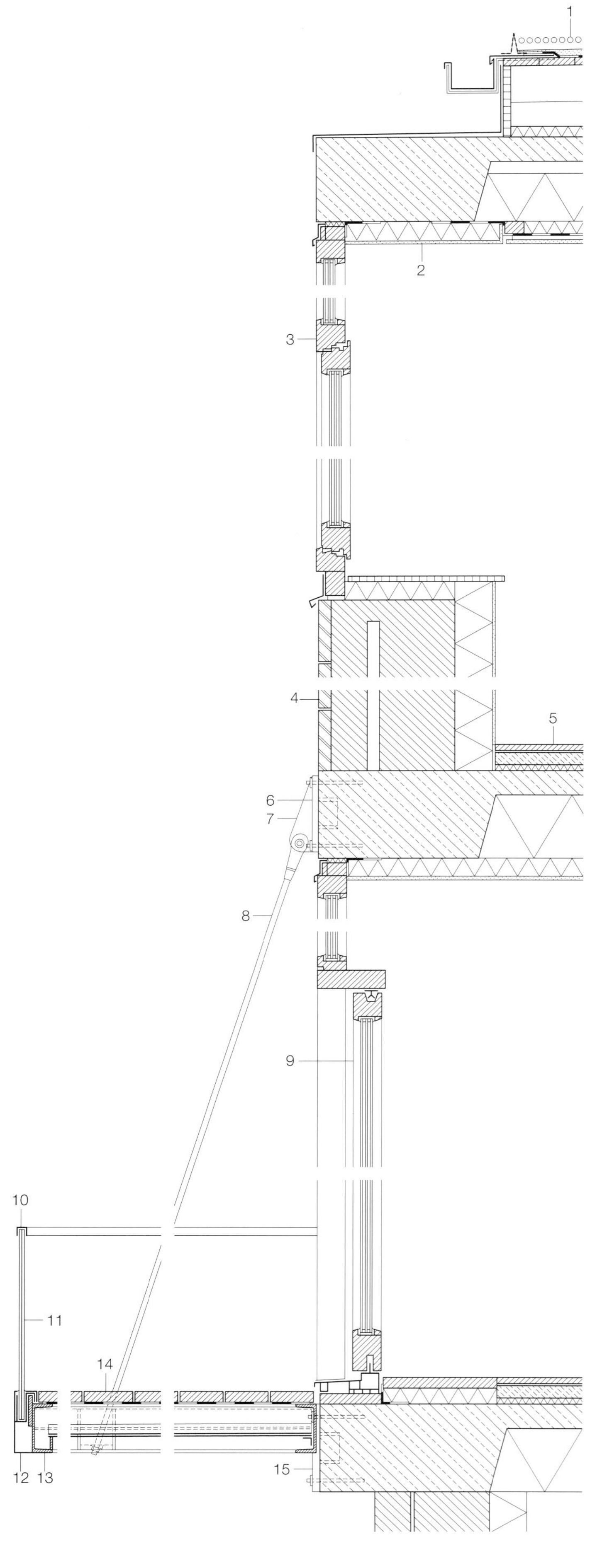

Together with the architects, the developers Plan W applied to take over a disused educational institution in the Südstadt of Hanover and convert it into a housing complex. Erected in 1962 as a school for the visually impaired, the building was a listed object, so that in addition to integrating dwellings efficiently into the U-shaped layout, it was necessary to preserve the outer appearance. A total of 16 dwelling units, with areas ranging from 60 to 170 m², are distributed about the three main wings, which formerly housed the library, the classroom tract and the gym. In addition, there are three offices and a new library for children and adolescents. The various aspects of the building allowed the creation of dwellings with quite different attributes. In the single-storey former library tract, there are now four flats, the main spaces of which are oriented to the courtyard. Access is via an internal arcade, which allowed the street face to remain unchanged. New floor-to-ceiling fenestration along the south side strengthens the links with the outdoor realm.
The old classroom and administrative tract underwent extensive alterations, particularly on the ground floor. On the courtyard face, the recreation corridor used during breaks – originally offset by roughly two metres from the main structure – was incorporated in the floor area of the dwellings. The intermediate space was reduced to three small, sheltered atria, while the brick facade became an interesting internal design feature.
The two upper floors, formerly housing the classrooms, have been divided into five dwelling units, including a maisonette. These are served by the two existing staircases, which have hardly been changed. With the consent of the conservation authority, balconies with translucent balustrades were suspended from the west facade. These follow the facade grid and are fixed to the outer columns.
The biggest changes occurred in the gym, where a new floor level was inserted to allow the creation of three-storey maisonettes. Access is from the courtyard on the middle level. The rooms on the lowest floor are oriented to a sunken outdoor space. Renewing the facade here proved to be problematic, since the division of the dwellings did not coincide with the existing grid. The solution lay in constructing a new facade one metre behind the concrete lattice structure and using the intermediate space as a small, continuous balcony.
The greatest challenge, though, was the modernisation of the energy system. To comply with low-energy standards, thermal bridges had to be analysed and optimised in more than 100 situations. Conservation requirements precluded external insulation, so that this had to occur on the inside. Triple glazing was installed in all existing glazed areas. Surprisingly little of the difficult planning process is outwardly evident. Almost effortlessly, it would seem, a school building has been transformed into a housing development.

Sanierung der Siedlung Park Hill in Sheffield

Refurbishment of Park Hill Estate in Sheffield

Architekten • *Architects*:
Hawkins\Brown, London
Studio Egret West, London
Tragwerksplaner • *Structural engineers:*
Stockley, London

Die Siedlung Park Hill gilt als größter denkmalgeschützter Gebäudekomplex Europas. Auf einer Anhöhe oberhalb des Bahnhofs von Sheffield dominiert sie die ehemals stolze englische Industriestadt. Wie eine Stadtkrone folgen die vier- bis dreizehngeschossigen Riegel dem Geländeverlauf. Bei seiner Fertigstellung im Jahr 1961 wurde der brutalistische Bau mit 995 geförderten Wohnungen als Symbol des Aufbruchs, als modernes, ehrgeiziges Vorbild zukünftiger Wohnsiedlungen und Vorzeigeprojekt des nach dem Zweiten Weltkrieg von der Labourregierung aufgelgten Wohnungsbauprogramms gepriesen. Das Zentrum der Stadt war im Zweiten Weltkrieg großflächig zerbombt, die nebenan gelegene Arbeitersiedlung abgerissen worden. Anstelle der Rücken an Rücken eng gedrängten Reihenhäuser entwarf der damalige Stadtbaumeister die nordenglische Variante einer Wohnmaschine. Die monumentale, von Le Corbusier ebenso wie von dem Wettbewerbsentwurf von Alison und Peter Smithson inspirierte Anlage bot in schmalen, mäandrierenden Gebäuderiegeln beidseits orientierte, mehrgeschossige Wohnungen mit viel Licht, Querlüftung und weiten Ausblicken über die Stadt hinaus. Doch es ging hier um mehr als eine modernistische Stilübung. Das Team von Stadt und Architekten wollte einen für Sheffield typischen und funktionierenden Mikrokosmos schaffen. Dazu untersuchte man mithilfe von Soziologen die Gesellschaftsstrukturen des abgerissenen Viertels. So gab es in Park Hill Läden und Waschsalons, einen Kindergarten, eine Polizeistation und vier Pubs. Die Erschließungswege auf jedem dritten Geschoss, bekannt als »streets in the sky«, übernahmen identitätsstiftend die Straßennamen des alten Quartiers. Sie sollten als Orte der Begegnung dessen Gemeinschaftsgefühl und soziales Leben wieder aufleben lassen. Außerdem erlaubten sie es, teils auf Geländeniveau auslaufend, trockenen Fußes von einem Ende zum anderen zu gelangen. Die Bewohner begeisterten vor allem die Fernwärmeheizung, das eigene Bad oder das moderne Müllentsorgungssystem. Wie die gesamte Stadt erfuhr die

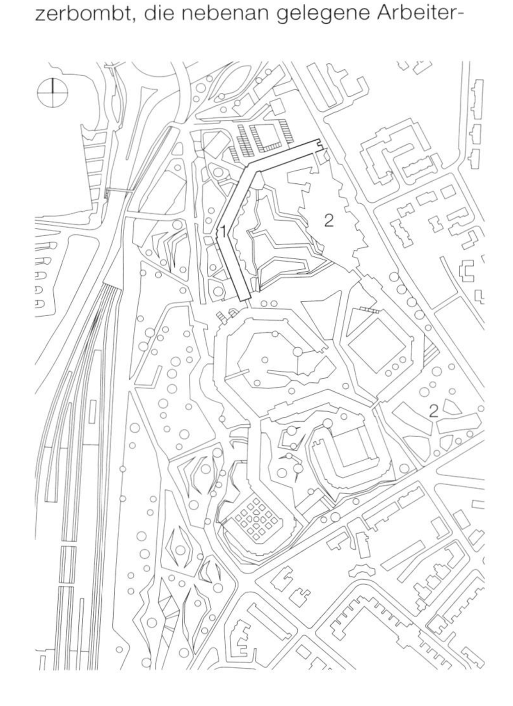

Masterplan
Maßstab 1:7500

1 Sanierung Abschnitt 1
2 künftige Nachverdichtung

Master plan
scale 1:7,500

1 Rehabilitation, stage 1
2 Future compaction

Grundriss Erschließungsgeschoss
(»street in the sky«)
Maßstab 1:1250

Fassadenausschnitt:
Aufnahmen vor/nach der Sanierung

Floor plan: access level
("street in the sky")
scale 1:1,250

Section of facade:
photos before and after refurbishment

anfangs beliebte Siedlung seit den 1970er-Jahren einen kontinuierlichen Niedergang. Die notwendige Instandhaltung wurde zusehends vernachlässigt, der Beton langsam unansehnlich. Immer mehr geriet der Komplex zum Auffangbecken für soziale Problemfälle, teils leer stehend oder besetzt, mit zerbrochenen oder verbretterten Scheiben. Hätte Park Hill 1998 nicht Denkmalstatus erlangt, wäre die Siedlung wohl abgerissen worden. Die Adresse war stigmatisiert. Traditionalisten wie politisch motivierte Gegner brandmarkten den Komplex nicht nur als weithin sichtbaren Schandfleck, sondern auch als Beweis für das Scheitern sozialdemokratisch geprägten Wohnungsbaus. Die Denkmalschutzbehörde entschied, dass nur das Betonskelett zu erhalten sei, und ein Investor – bekannt vor allem für Umwandlungen atmosphärischer Industriebauten zu Lofts – übernahm das Areal für ein symbolisches Pfund. Bisher wurde der nördlichste und höchste Teil, ein doppelt geknickter zehn- bis dreizehngeschossiger Riegel, erst bis auf das Tragskelett zurückgebaut, dann der brettgeschalte Beton mit einigem Aufwand saniert. Der gewollte, dem politisch-gesellschaftlichen Umfeld wie auch den Vermarktungsabsichten für die nun mehrheitlich frei finanzierten Eigentumswohnungen geschuldete Imagewandel spiegelt sich vor allem in den neuen Fassaden. Anstelle der ursprünglichen weißen Sprossenfenster zwischen Mauerwerksausfachungen, die von Dunkelbraun im Erdgeschoss bis Ockergelb unter dem Dach changierten, treten große Glasflächen und Öffnungsflügel aus eloxiertem Aluminium – von sattem Rot im unteren Bereich bis zu knalligem Zitronengelb nahe der Attika. Nicht ganz zu unrecht wurden sie als etwas plakativ kritisiert, doch vor allem aus der Ferne wirken sie frischer, wohl auch dauerhaft. Um die Schlafzimmer heller zu gestalten, wurde im Norden und Osten das Öffnungsverhältnis umgedreht, der Glasanteil liegt nun bei 66 %. Schlankere Betonbrüstungen mit feinerer Oberfläche und haptisch angenehmen Holzhandläufen ersetzen die alten Balustraden.

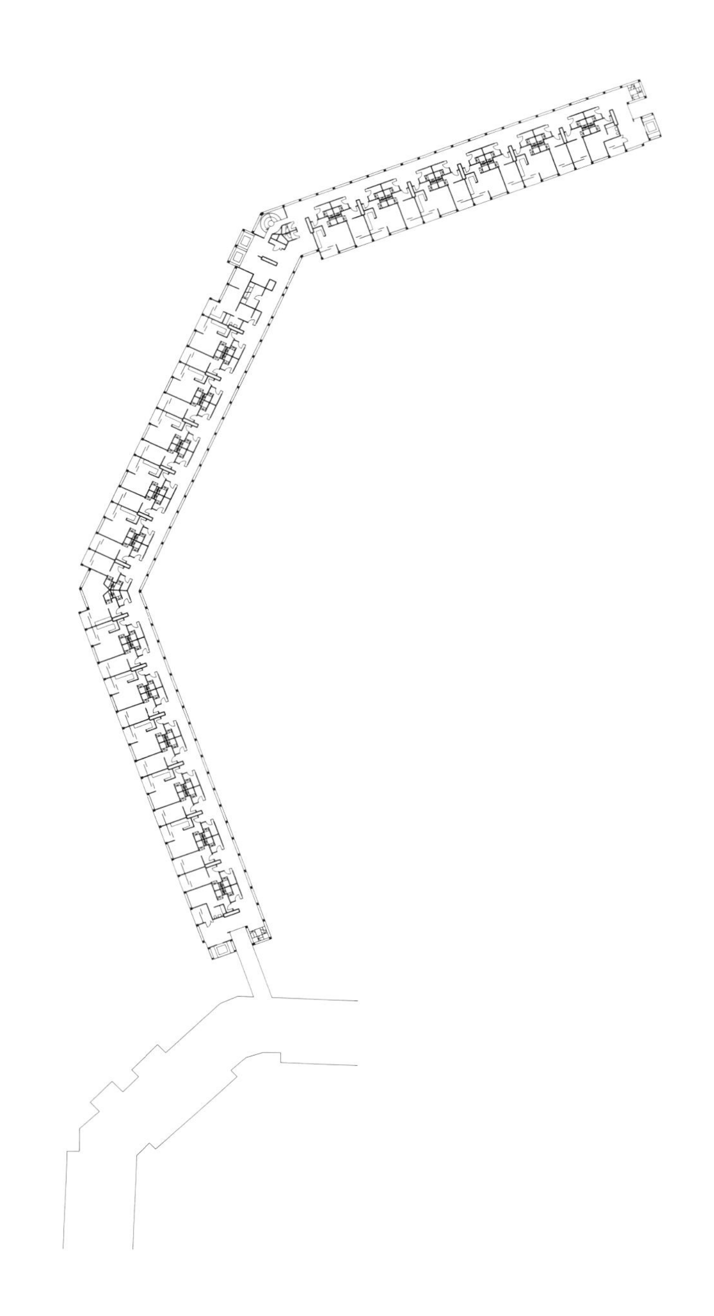

Grundsätzlich hat sich die Struktur mit dem typischen Grundelement der dreiachsigen und dreigeschossigen »Cluster« mit zweigeschossigen Wohnungstypen sowie Erschließungsstraßen auf jedem dritten Geschoss nicht geändert. Die unbestrittenen Qualitäten blieben erhalten, wie etwa die durchgesteckten Apartments mit natürlicher, auch nachts sicherer Querlüftung und nach Süden oder Westen orientierten Wohnzimmern sowie mindestens einem Balkon. Jedoch wurden die Grundrisse offener und großzügiger gestaltet, im Innern Betonflächen teils sichtbar belassen. Kleine Details, wie etwa im geöffneten Zustand bündig in flachen Wandnischen sitzende Zimmertüren, erinnern in ihrer Sorgfalt an die ursprüngliche Planung. Auch die Eingänge sind akzentuierter gestaltet, mit Vor- und Rücksprüngen, die die »Straßen« rhythmisieren, vor allem aber mit Fenstern, die nun soziale Kontrolle der Erschließungsebenen gewährleisten – zumindest wenn hier, wie geplant, der ein oder andere Arbeitsplatz entsteht und nicht nur mit Stauraum erweiterte Garderoben. Selbstverständlich sind das Fernwärmesystem, die übrige Haustechnik wie auch die akustische Dämmung auf aktuellen Stand gebracht. Ein neuer viergeschossiger Einschnitt schafft ein prominentes zentrales Portal, eine verspiegelte und gewendelte außenliegende Fluchttreppe sowie komplett verglaste Aufzüge, die Ausblicke über die Stadt bieten, markieren diesen Zugang. Um Park Hill zu einer belebten Destination zu machen, sind in den unteren Geschossen großflächig verglaste eineinhalb- bis dreigeschossige Einheiten für Läden und Studios, Cafés, Bars und Restaurants entlang der neu gestalteten Außenbereiche vorgesehen. Es wird auch wieder einen Arzt, Kindergarten und Saal geben.
In einigen Jahren soll der komplett revitalisierte Komplex 874 Wohnungen umfassen, darunter 240 in unterschiedlichem Maß geförderte. So wird die Bewohnerschaft zwar gemischter, der fehlende geförderte Wohnraum allerdings nicht an anderer Stelle ersetzt. DETAIL 04/2013

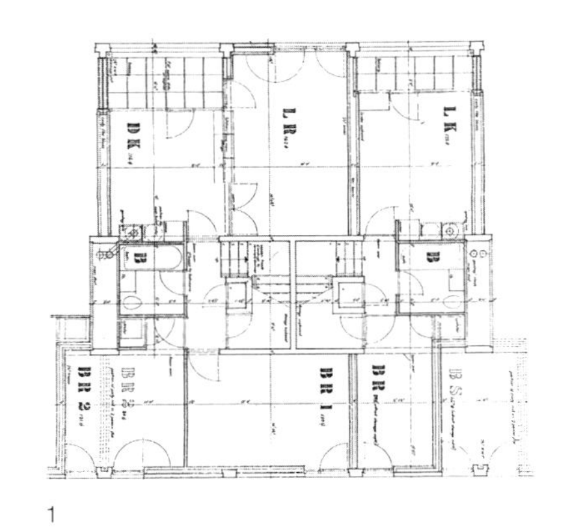

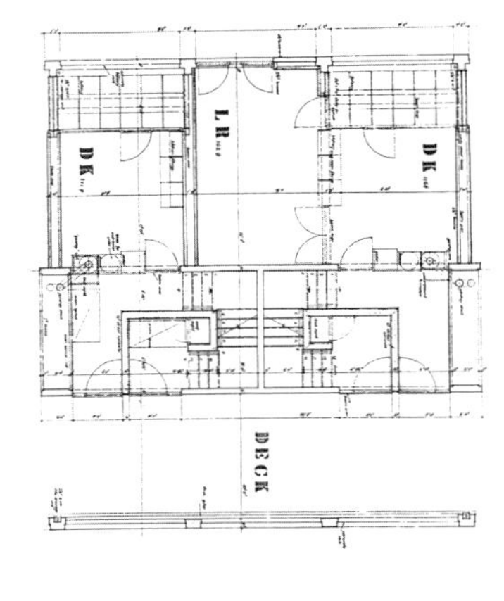

1

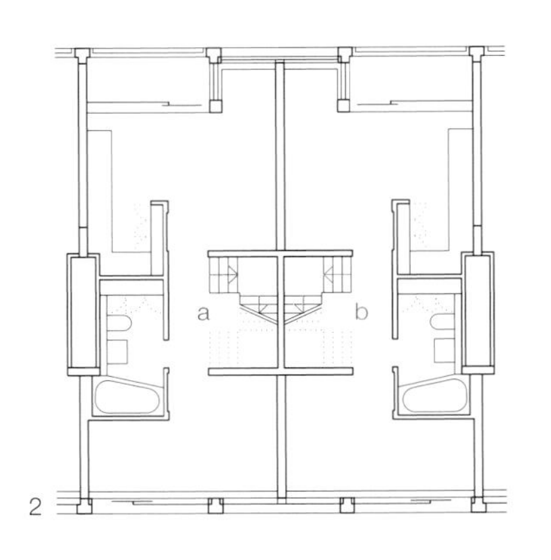

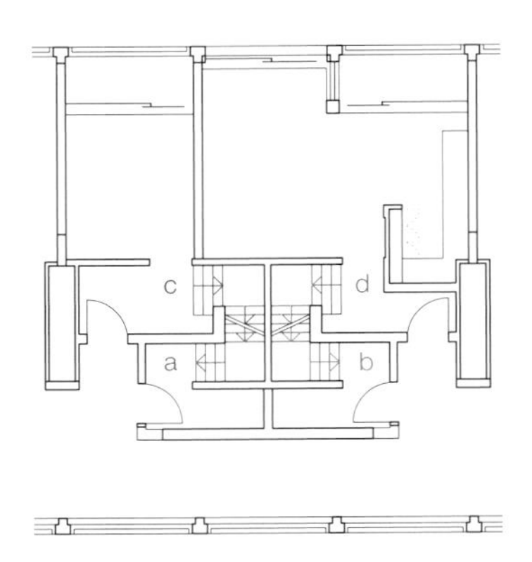

2

Wohnungstypen /*Dwelling types* a / b: 51 m²

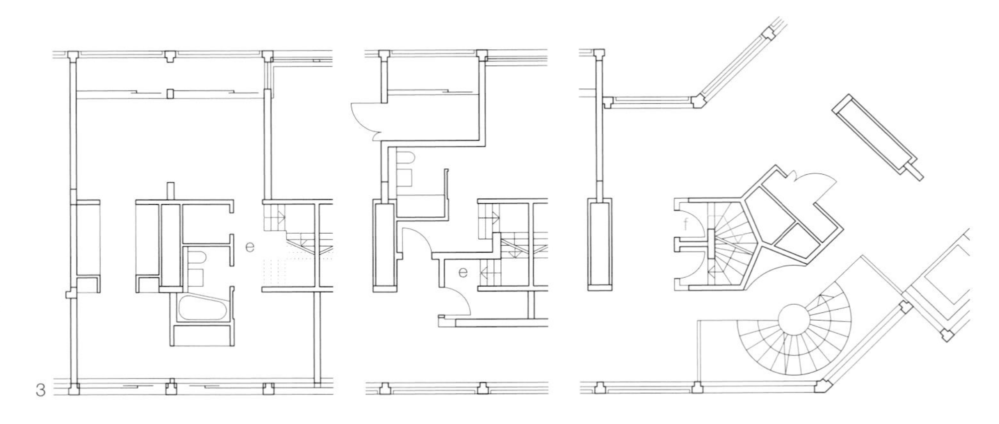

3

Endtyp /*End type* e: 73 m² (Typ mit extra Zimmer im Mittelgeschoss /*Type with add. room on middle storey*: 95 m²)

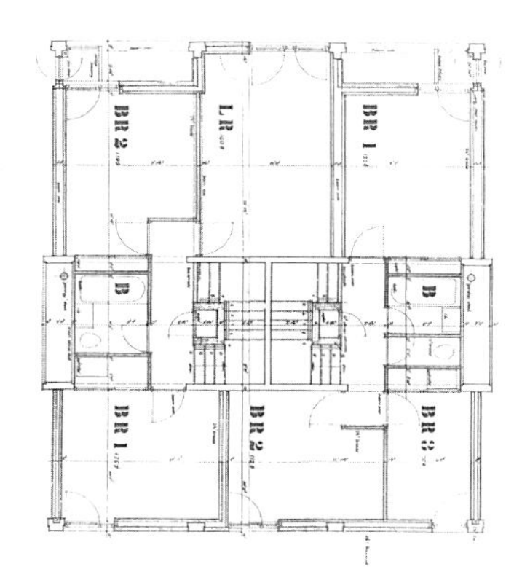

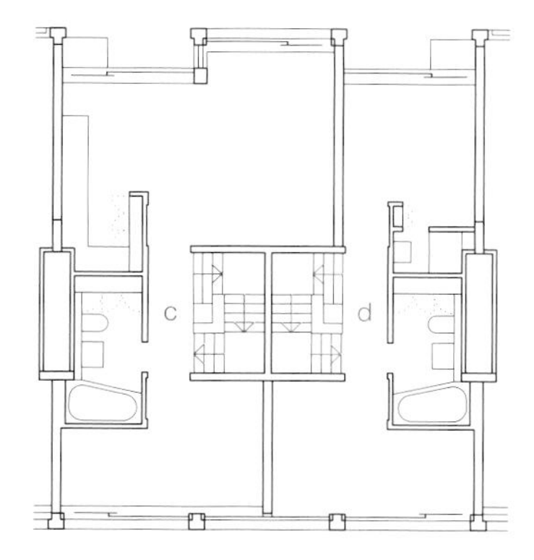

Wohnungstypen / *Dwelling types* c / d: 71 m²

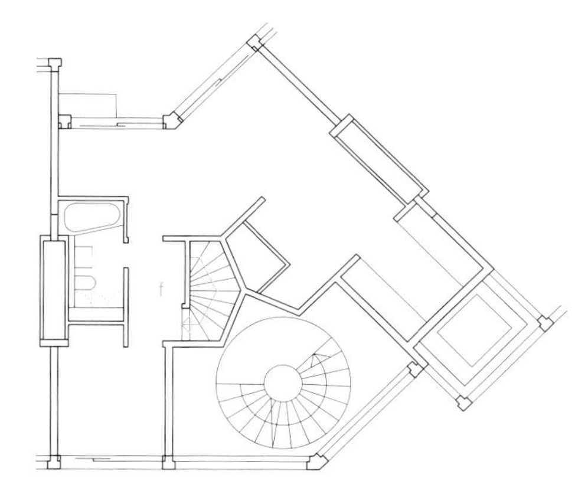

Gelenktyp / *Angled type* f: 70 m²

Grundrisse
Maßstab 1:250

1 Grundrisse Standard-»Cluster« 1961 (untere/Erschließungs-/obere Ebene)
2 Grundrisse Standard-»Cluster« 2013 (untere/Erschließungs-/obere Ebene)
3 Auswahl Sondertypen (Endtyp: untere/Erschließungsebene; Typ am Gelenk des Gebäuderiegels: Erschließungs-/obere Ebene)

Floor plans
scale 1:250

1 Plans of standard "clusters", 1961 (lower/access/upper levels)
2 Plans of standard "clusters", 2013 (lower/access/upper levels)
3 Selection of special types (End type: lower/access levels; type at angle of building strip: access/upper levels)

Park Hill is ranked as the largest listed building development in Europe. Situated on an elevation above Sheffield station, it consists of a series of 4- to 13-storey-high housing strips that follow the topography of the site, all rising to the same level and dominating the city like a crown. On their completion in 1961, the brutalist structures, with 995 publicly supported dwellings, were regarded – and not alone by the architects – as a new venture, a modern, ambitious symbol of future housing development. The centre of this industrial city had been extensively bombed in the Second World War, and the dilapidated worker housing in the area was among the first in the country to be demolished. In place of the rows of congested back-to-back dwellings, the city architect designed a north English variant of "the machine for living in". Inspired by a competition scheme by the Smithsons as well as by the work of Le Corbusier, this monumental development created narrow, multistorey housing strips oriented on two faces, with cross-ventilation, a great deal of daylight, and extensive views over the city. On the other hand, the team wanted to design a typical, well-functioning microcosm and studied the social structures of the demolished development. As a result, Park Hill was equipped with shops and launderettes, a kindergarten, a police station and four pubs. The access routes on every third floor, known as "streets in the sky", were given old street names in order to lend them identity. Residents were thrilled above all with the district heating, with having a bath of their own and with the modern refuse-disposal system. Like so much in the city, however, during the 1970s and 80s, the estate was subject to a continuous decline. Necessary maintenance was not carried out, the concrete became unsightly, and the complex degenerated into a catch basin for social problems. If Park Hill had not been given a protected status in 1998, the estate would probably have been demolished.
The conservation authority decided that only the concrete skeleton structure should be retained. An investor, known hitherto for atmospheric conversions of industrial buildings into lofts, took on the site for a symbolic pound. So far, the northernmost and tallest section of the development – a 10- to 13-storey cranked strip – has been reduced to its load-bearing skeleton and the boarded concrete rehabilitated at considerable cost.
The intended change of image, evident in the socio-political ambience and the freely financed owner occupation, is reflected above all in the new facades. Large areas of fenestration and opening lights in boldly coloured anodised aluminium are now evident in place of the original white, divided windows between brick infill panels. To create brighter bedrooms, the proportion of glazing was reversed on the north and east faces and is now two thirds. The former balustrades have been replaced with more slender concrete ones with finer surfaces and haptically pleasing wooden handrails.
The characteristic feature of the structure – the triaxial and three-storey cluster with two-storey dwelling types and access routes on every third floor – has not basically been changed. The undisputed qualities have been retained, such as dwellings extending from front to back with natural cross-ventilation, living rooms with a south or west orientation and at least one balcony. The layouts were designed more openly and generously, however, with concrete surfaces left visible in part internally. The district-heating system, other mechanical services and the acoustic insulation have, of course, been brought up to the latest standards. A four-storey recess cut in the strip forms a central portal where a concierge will be stationed in future. Other features of the new entrance are a mirrored spiral escape staircase and fully glazed lifts that afford views over the city. To make Park Hill a livelier destination, one-and-a-half to three-storey commercial units with large areas of glazing are foreseen at the base, including shops, bars and restaurants along the newly designed outer areas. In a few years, the revitalised complex should contain 874 dwellings, 240 of which will be supported to various degrees. Although the residency will be more mixed, the loss of subsidised living space will not be made good elsewhere – but that is a political, not an architectural decision.

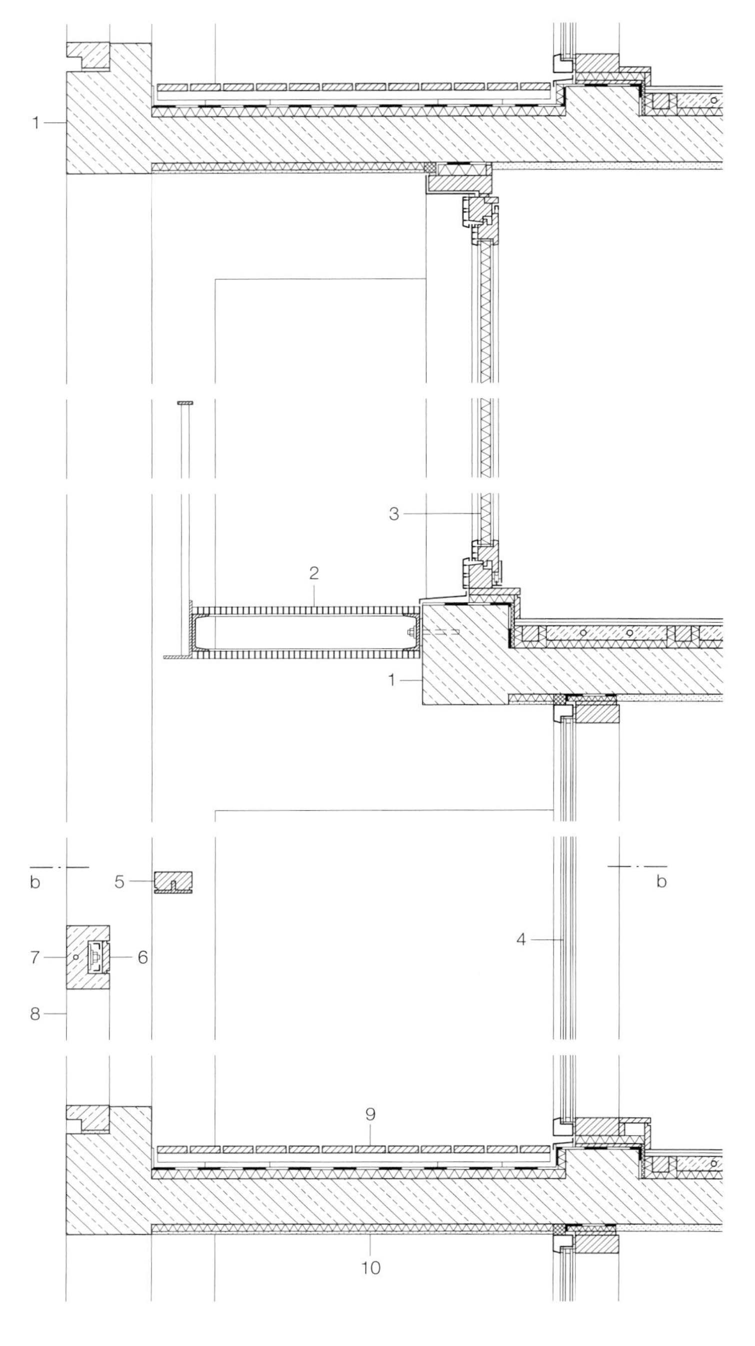

Vertikalschnitt • Horizontalschnitt
Loggia Maßstab 1:20

Vertical and horizontal sections through loggia scale 1:20

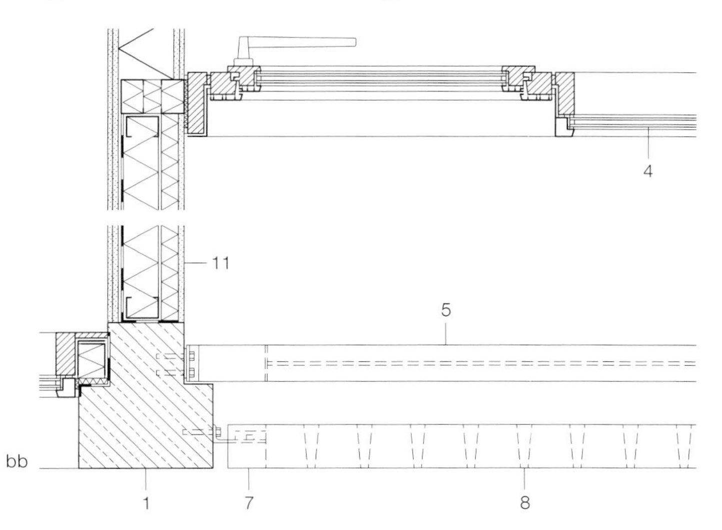

1 Stahlbetonstruktur (Bestand) gereinigt, ausgebessert, saniert
2 Austritt/Brüstung Stahl verzinkt pulverbeschichtet
3 Öffnungsflügel Aluminium eloxiert
4 Isolierverglasung in Aluminiumrahmen pulverbeschichtet
5 Handlauf Holz 100/50 mm auf Stahlprofil T
6 Verkleidung Holz 19 mm mit umlaufender Schattenfuge (über seitlicher Verankerung)
7 Brüstungselement Betonfertigteil 114/175 (gesamt 915 hoch) mm
8 Vertikalstäbe nach vorn verjüngend 20–40/120/670 mm
9 Holzdielen gehobelt auf Kanthölzern, Dichtungsbahn, Dämmung
10 Putz, Wärmedämmung
11 Wärmedämmverbundsystem, Leichtbauwand

1 existing reinforced concrete structure, airbrushed, rehabilitated
2 powder-coated, galvanised steel balustrade / balcony
3 anodised aluminium opening light
4 double glazing in powder-coated aluminium frame
5 100/50 mm wooden handrail on steel T-section
6 19 mm wood lining with peripheral shadow joint (over side fixing)
7 114/175 mm (915 mm overall) precast concrete balustrade element
8 20–40/120/670 mm vertical members tapering to front
9 wrot wooden boarding on bearers, sealing layer, insulation
10 rendering, thermal insulation
11 rendering/composite thermal-insulation system, lightweight partition

Umbau und Erweiterung Hotel Tannerhof in Bayrischzell

Remodelling and Extension of Hotel Tannerhof in Bayrischzell

Architekten • *Architects*:
Florian Nagler, München
Tragwerksplaner • *Structural engineers*:
Merz Kley Partner, Dornbirn

Der 1904 gegründete und seither in Familienbesitz befindliche Tannerhof in Bayrischzell, südlich von München, hatte über 100 Jahre als Sanatorium gedient. Hier ließen sich die Ideen der Naturheilkunde und unmittelbaren Naturverbundenheit in idealer Weise umsetzen ließen. 2011 war eine inhaltliche und bauliche Neuausrichtung erforderlich geworden. Um das Anwesen künftig als Kombination von Hotel und Sanatorium weiterzuführen, sollte das vorhandene Ensemble »entschlackt« und sein Hofcharakter gestärkt werden. Neben einer zeitgemäßen, aber behutsamen Renovierung der bestehenden Gebäude wurden die im oberen Hang verteilten »Lufthütten« um neue »Hüttentürme« ergänzt, als einfache Rückzugsorte in neuem Typus und zeitgemäßer Formensprache. Diese bieten Platz für jeweils drei übereinander angeordnete Zimmer. In den Hang integrierte Sockelgeschosse aus Stahlbeton tragen die Holzkonstruktion aus Brettsperrholz, die außen mit einer Schindelverkleidung versehen ist. Die Außentreppen und die Freisitze der oberen Geschosse wirken wie aus den Baukörpern herausgeschnitten und verleihen den Türmen so ihre plastisch markante Gestalt. Im Inneren sind die Zimmer von hölzernen Oberflächen und raumhohen Verglasungen mit Blick über die Landschaft geprägt. Auf das Herzstück der Anlage, das denkmalgeschützte Bauernhaus »Alte Tann«, wurde ein neues Geschoss in Holzbauweise aufgesetzt, das ihm nach früheren Umbauten wieder ein durchgehendes Einfirstdach verleiht. Die darunterliegenden Zimmer überraschen mit ungewöhnlichen Lösungen – die Nassbereiche sind teils wie Einbauschränke in die Trennwand zum Nachbarzimmer integriert, hölzerne Öffnungsklappen geben Waschbecken und Badewanne frei. Den großzügigen Glasflächen der Fassade ist als zusätzliche Raumschicht der holzverkleidete Balkon vorgelagert. Im Fensterbereich sind jeweils ein Schreibplatz sowie innere und äußere Sitzbänke integriert. In legerer Eleganz stärkt die Umgestaltung und Erweiterung den besonderen Charakter dieses Rückzugs- und Erholungsorts abseits der Hektik des Alltags. DETAIL 01–02/2014

Lageplan Maßstab 1:2500

1 »Alte Tann«
2 Hallenbad/Orangerie
3 Bäderhaus
4 »Neue Tann«
5 Sauna
6 Hüttentürme

Site plan scale 1:2500

1 "Alte Tann"
2 Indoor pool/Orangery
3 Bath house
4 "Neue Tann"
5 Sauna
6 Hut towers

Grundrisse • Schnitte
Hüttentürme
Maßstab 1:200
Vertikalschnitt
Maßstab 1:20

Floor plans • Sections
Hut towers
scale 1:200
Vertical section
scale 1:20

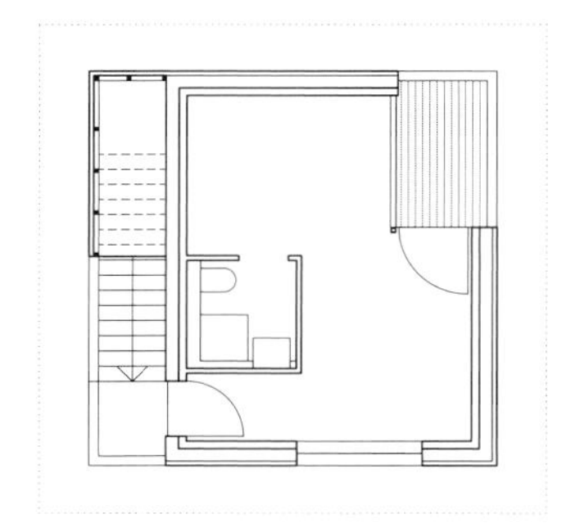

2. Obergeschoss
Second floor

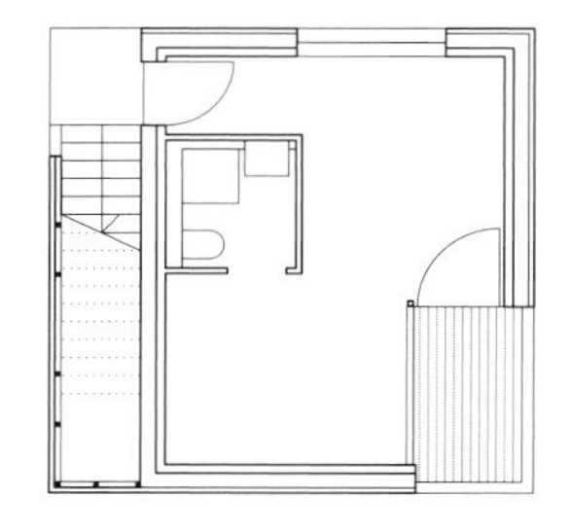

1. Obergeschoss
First floor

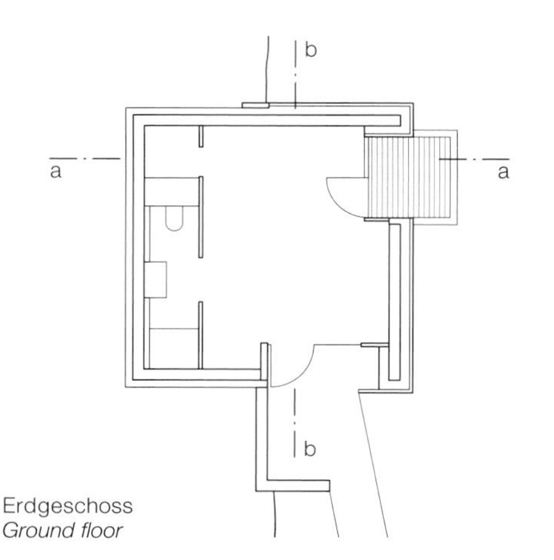

Erdgeschoss
Ground floor

1 Stehfalzdeckung 18°, Edelstahlblech 0,5 mm Unterspannbahn, Vlies Lattung 100/60 mm/ Holzfaserplatte 60 mm Dreischichtplatte 30 mm Sparren 200/100 mm
2 Brettschichtholz 480/160 mm
3 Verschraubung kreuzweise mit 45°
4 Lärchenholzschindeln gespalten, 2-lagig Länge 400 mm Traglattung 30 mm, Distanzlattung 30 mm Unterdeckplatte Holzfaser 22 mm Holzfaserdämmplatte 180 mm/Holz-Doppelstegträger 180/65 mm Brettsperrholz 120 mm
5 Dielen 120–200/40 mm, Lattung 40 mm Schalldämmstreifen Holzfaser 40 mm Lagerholz 120/120 mm, PE-Folie Brettsperrholz 180 mm Abhängung Unterdecke Dreischichtplatte Fichte 27 mm
6 Verbindungselement Schlitzblech
7 Glasfüllung VSG
8 Holzfenstertür isolierverglast
9 Holzdielen 120–200/40 mm Lagerholz 60/60 mm, Stelzlager Bautenschutzmatte, EPDM-Bahn 2 mm Wärmedämmung 120 mm Stahlbeton 240 mm

1 standing seam roofing, 18°, 0.5 mm stainless-steel sheet sarking membrane; fleece 60 mm wood fibreboard between 100/60 mm battens 30 mm lumber-core plywood, 3-ply 200/100 mm rafters
2 480/160 mm glued laminated timber
3 bolt fastening crosswise at 45°
4 larch shingles, split, two layers, 400 mm in length 30 mm laths; 30 mm battens 22 mm wood-fibre sheathing 180 mm wood-fibre ins. boards between 180/65 mm double-web wood beams 120 mm cross laminated timber
5 120–200/40 mm planks; 40 mm battens 40 mm wood-fibre acoustic ins. strips 120/120 mm flooring battens polythene membrane 180 mm cross laminated timber suspended ceiling; 27 mm softwood lumber-core plywood, 3-ply
6 metal-slot connection element
7 infill: laminated safety glass
8 wooden glazed door, double glazed
9 120–200/40 mm wood planks 60/60 mm flooring battens; pedestal supports; protective mat; 2 mm EPDM sealing layer; 120 mm thermal insulation 240 mm reinforced concrete

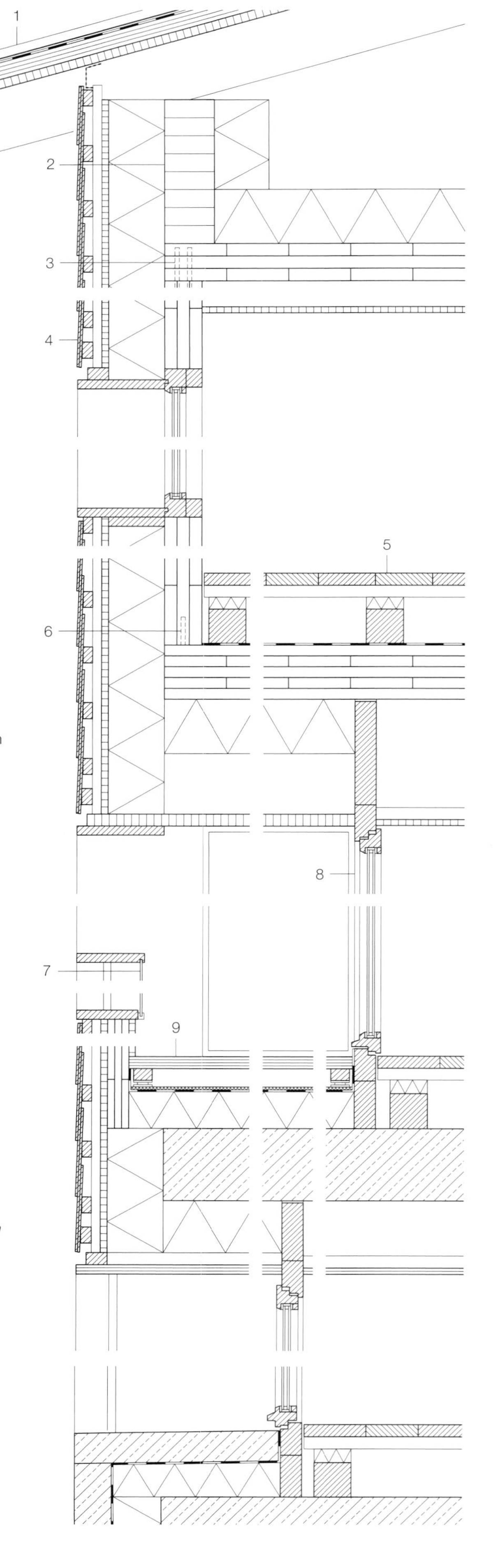

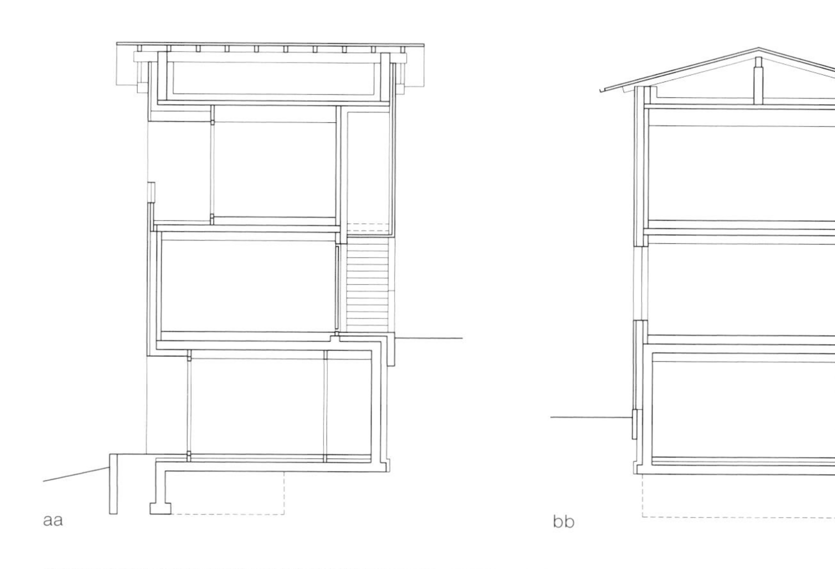

Hotel Tannerhof is located south of Munich, just outside the Alpine town Bayrischzell. Established in 1904, it is to this day a family-run business. For more than 100 years it served as sanatorium; notions of natural healing and direct interaction with nature are mutually reinforcing here. In 2011 the decision was made to reorient the operation. The ensemble should continue to function both as sanatorium and as hotel; this was to be achieved by ridding it of unnecessary elements and underscoring its farmhouse character. In addition to the contemporary, painstaking renovation of the existing buildings, a new element was introduced among the original "Lufthütten" (literally: air huts, the pavilions in which the patients could inhale the clean mountain air) that dot the landscape: the so-called "Hüttentürme" (literally: hut towers). These new elements are conceived of as places of solitude; the design is in a contemporary architectural language. Each hut contains three separate units stacked atop one another. The reinforced-concrete base of each tower – partially embedded in the slope – supports the shingle-clad, cross-laminated-timber structure above it. The exterior stair and the outdoor seating areas appear to have been cut out of the building massing; these openings give the towers their characteristic sense of depth. Inside the tower, the rooms have wood surfaces and floor-to-ceiling glazing. The latter offers ample views out to the landscape.
A new storey built in wood construction was added to the "Alte Tann", a listed farmhouse at the heart of the ensemble; it once again has a simple, continuous gable roof. Surprises are in store for the guests in the rooms beneath it: the bathrooms are treated as built-in closets, and wooden "tilt-outs" reveal sinks and bathtubs. The wood-clad balconies – an additional layer of space – are set in front of the facade's expansive glazing. Desks and benches – both inside and outside the room – are integrated in the window zone. Thanks to its casual elegance, the redesign and extension of the hotel intensifies the unique character of this serene retreat.

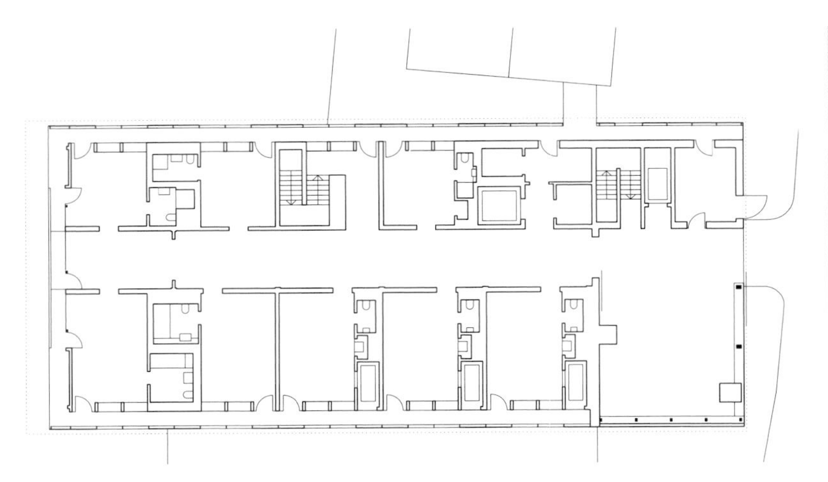

Grundriss 2. Obergeschoss
Maßstab 1:400
Schnitt Maßstab 1:50

Floor plan of second storey
scale 1:500
Section scale 1:50

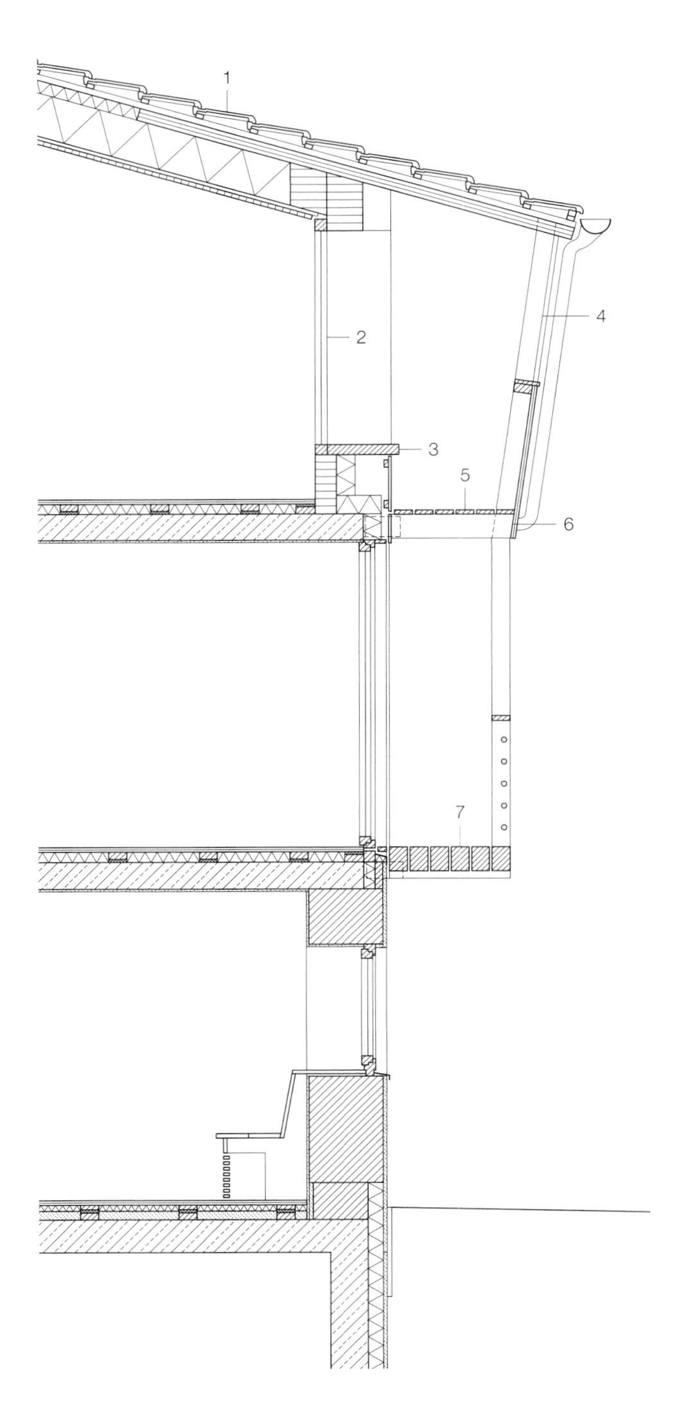

1 Ziegeldeckung 16°
Konterlattung 45/45 mm
Brettsperrholz 80 mm
Wärmedämmung/Sparren
280 mm
Ausgleichslattung 30 mm
Dreischichtplatte 30 mm
2 Holzfenster isolierverglast
3 Sitzbank Fichte massiv 40 mm
4 Zugstab Kantholz 120/40 mm
5 Dielen 30 mm
6 Zange 2× Kantholz 160/40 mm
7 Boden Kantholz 160/120 mm

1 roof tiles, 16°
45/45 mm counter battens
80 mm cross laminated timber
280 mm thermal insulation/rafters
30 mm battens; 30 mm lumber core plywood, 3-ply
2 wood window, double glazed
3 bench: 40 mm solid softwood
4 120/40 mm squared-timber tension member
5 30 mm planks
6 2× 160/40 mm binding piece
7 floor: 160/120 mm squ. timber

Der Fensterbereich mit Schreibtisch ist durch Vorhänge abtrennbar. Die integrierte Balkonsitzbank dient als geschützter Aussichtsplatz.

A curtain separates the window zone and balcony from the room. The built-in balcony bench is a protected spot to view the landscape.

Hotel »The Waterhouse« in Schanghai

Hotel "The Waterhouse" in Shanghai

Architekten • *Architects*:
Neri & Hu Design and Research Office, Schanghai
Tragwerksplaner • *Structural engineers*:
China Jingye Engineering Technology Company, Singapur

Die Gegend um den South Bund am Ufer des Huangpu, östlich der Altstadt und nahe des In-Viertels »Cool Docks« gelegen, war das Hafenviertel Schanghais. In großen Teilen ist hier die historische Stadtstruktur aus den 1920er- und 1930er-Jahren noch erhalten, und drei- bis viergeschossige Handels- und Lagerhäuser prägen das Stadtbild. Verkauf und Umnutzung eines Gebäudes bedeutete in Chinas rasantem Aufschwung der letzten Jahre meist Abriss und Wiederaufbau mit westlich orientierter Hochhausarchitektur in Stahl und Glas. Die gegenüberliegende Skyline von Pudong zeigt dies eindrücklich. Mit dem Erhalt und Umbau von drei Lagerhallen zu einem Hotel beschreiten die Architekten hier einen anderen Weg. Sie interpretieren das moderne Schanghai, indem sie Altes und Neues gleichberechtigt nebeneinanderstellen und Eingriffe in den Bestand auf ein Mindestmaß reduzieren. Selbst Rußspuren, Löcher, Putz- und Fliesenreste auf den Wandoberflächen im öffentlichen Bereich des Hotels blieben erhalten. Notwendige Treppen, Decken und Stützen wurden in Sichtbeton ergänzt. Die bestehende Fassade zum Innenhof ist saniert und weiß gestrichen. Im Kontrast dazu sind die Straßenseiten mit optisch kaum wahrnehmbaren Mitteln instand gesetzt. Ein besonderes Raumerlebnis mit Blickbeziehungen zwischen privaten und öffentlichen Bereichen schaffen Glasflächen und Stege im Inneren des Gebäudes. Sie gestatten Einblicke in Hotelzimmer, Durchblicke in angrenzende Räume oder in das Restaurant. Den Grad der Privatheit entscheidet der Gast selbst, mit blickdichten Vorhängen ist auch der Rückzug möglich. Das neue Dachgeschoss erhielt in Anlehnung an die frühere Nutzung als Hafendepot eine Stahlhülle mit vorbewitterter Oberfläche. Die hohen Glaselemente setzen Lichtakzente im Innenraum und bieten grandiose Ausblicke. Von außen scheint es, als blicke »The Waterhouse« neugierig aber gelassen auf das geschäftige Treiben und die glitzernde Welt auf der anderen Seite des Flusses. DETAIL 05/2011

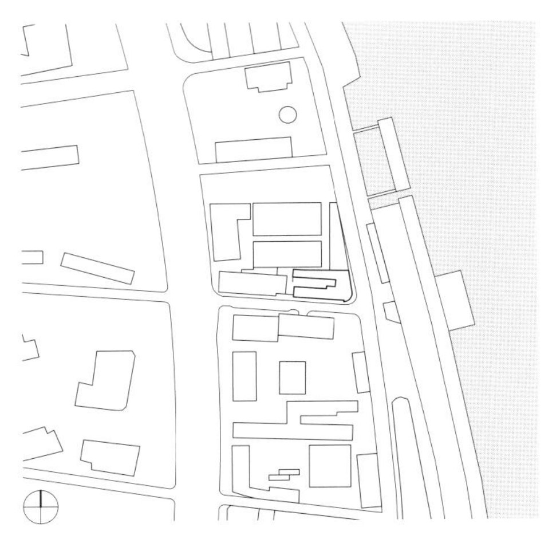

Lageplan	*Site plan*
Maßstab 1:6000	*scale 1:6,000*
Grundrisse • Schnitte	*Floor plans • sections*
Maßstab 1:500	*scale 1:500*

1	Lobby	*1*	*Lobby*
2	Restaurant	*2*	*Restaurant*
3	Speiseraum	*3*	*Dining area*
4	WC	*4*	*Bathroom*
5	Innenhof	*5*	*Interior courtyard*
6	Küche	*6*	*Kitchen*
7	Technik	*7*	*Utility room*
8	Umkleide	*8*	*Locker room*
9	Lounge	*9*	*Lounge*
10	Luftraum	*10*	*Void*
11	Hotelzimmer	*11*	*Hotel room*
12	Schacht verglast	*12*	*Glazed shaft*
13	Terrasse	*13*	*Terrace*
14	Loggia	*14*	*Loggia*
15	Balkon	*15*	*Balcony*
16	Lichtschacht	*16*	*Light shaft*
17	Dachterrasse	*17*	*Rooftop terrace*

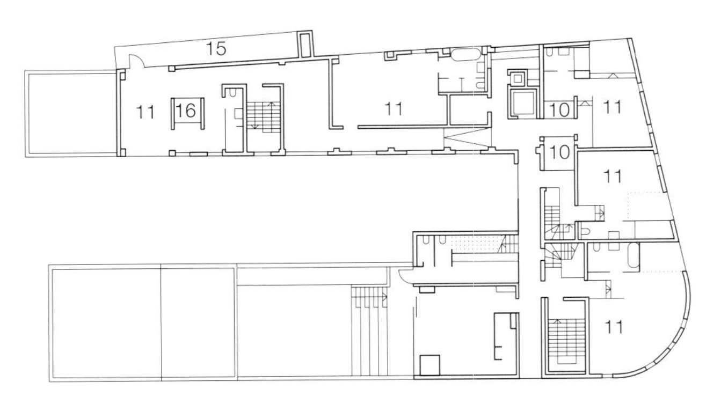

3. Obergeschoss / *Third floor*

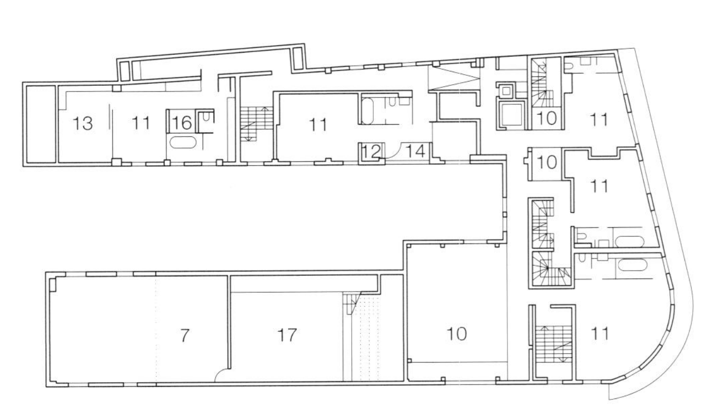

2. Obergeschoss / *Second floor*

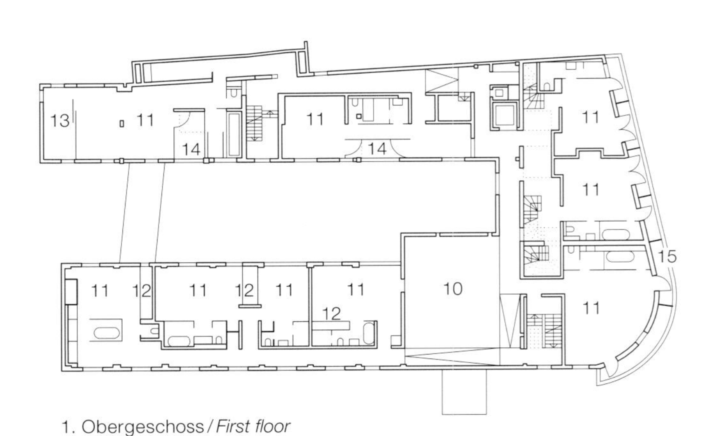

1. Obergeschoss / *First floor*

Erdgeschoss / *Ground floor*

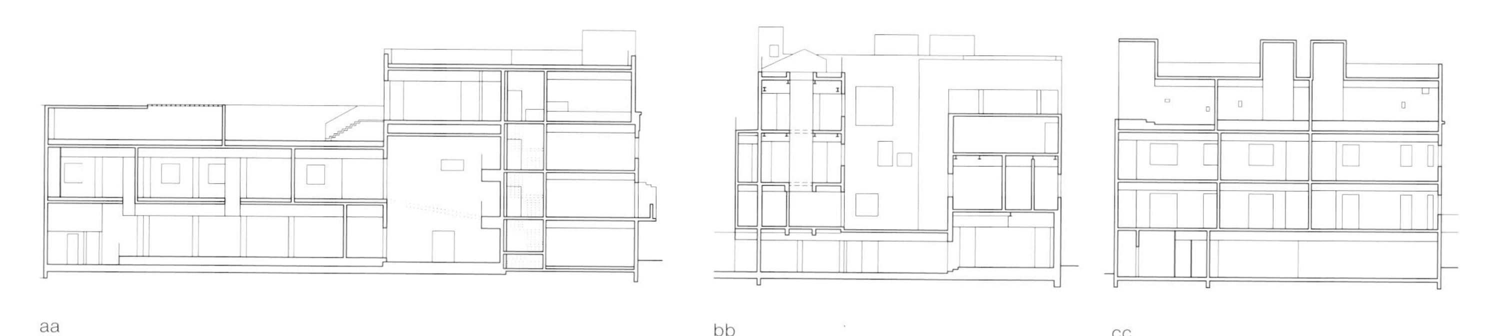

The area surrounding the South Bund along the banks of the Huangpu, situated east of the historic urban core and in direct vicinity to the new in-quarter "Cool Docks", used to be Shanghai's port district. For the most part, the historic urban fabric dating back to the 1920s and 1930s is still present, and three- to four-storey trade and storage buildings characterise the cityscape here. Sale and conversion of a building during the rapid growth that took place in China in the recent years typically meant demolishing and replacing it with Western-oriented steel and glass skyscraper architecture. The adjacent skyline of Pudong emphasises this.

In the presented case however, by maintaining and converting three storage buildings into a hotel, the architects tread a different path. Their interpretation of modern Shanghai entails juxtaposing old and new building components as equals and minimising interventions in the existing construction as far as possible. Even traces of soot, holes, remains of render and tile along wall surfaces in the publicly accessible part of the hotel have been preserved. Required stairs, ceilings, and columns have been added in exposed concrete. The existing facade towards the interior courtyard was renovated and received a white paint finish. In contrast, the streetside facades have been preserved by use of nearly untraceable measures.

A unique spatial experience characterised by visual connections between private and publicly accessible areas is created by glazed surfaces and footbridges in the building's interior. They offer views into hotel rooms, bordering spaces, or the restaurant. Guests themselves determine the degree of privacy. Curtains serve to conceal private spaces and enable individual withdrawal. The new rooftop level received a steel envelope with pre-rusted surface, reminiscent of the building's previous use. The tall glass elements provide illumination highlights within the interior and offer visitors grand vistas. From the exterior, it seems as if "The Waterhouse" was gazing curiously, yet with a cool attitude towards the busy hustle and bustle and the glittering skyline on the other side of the river.

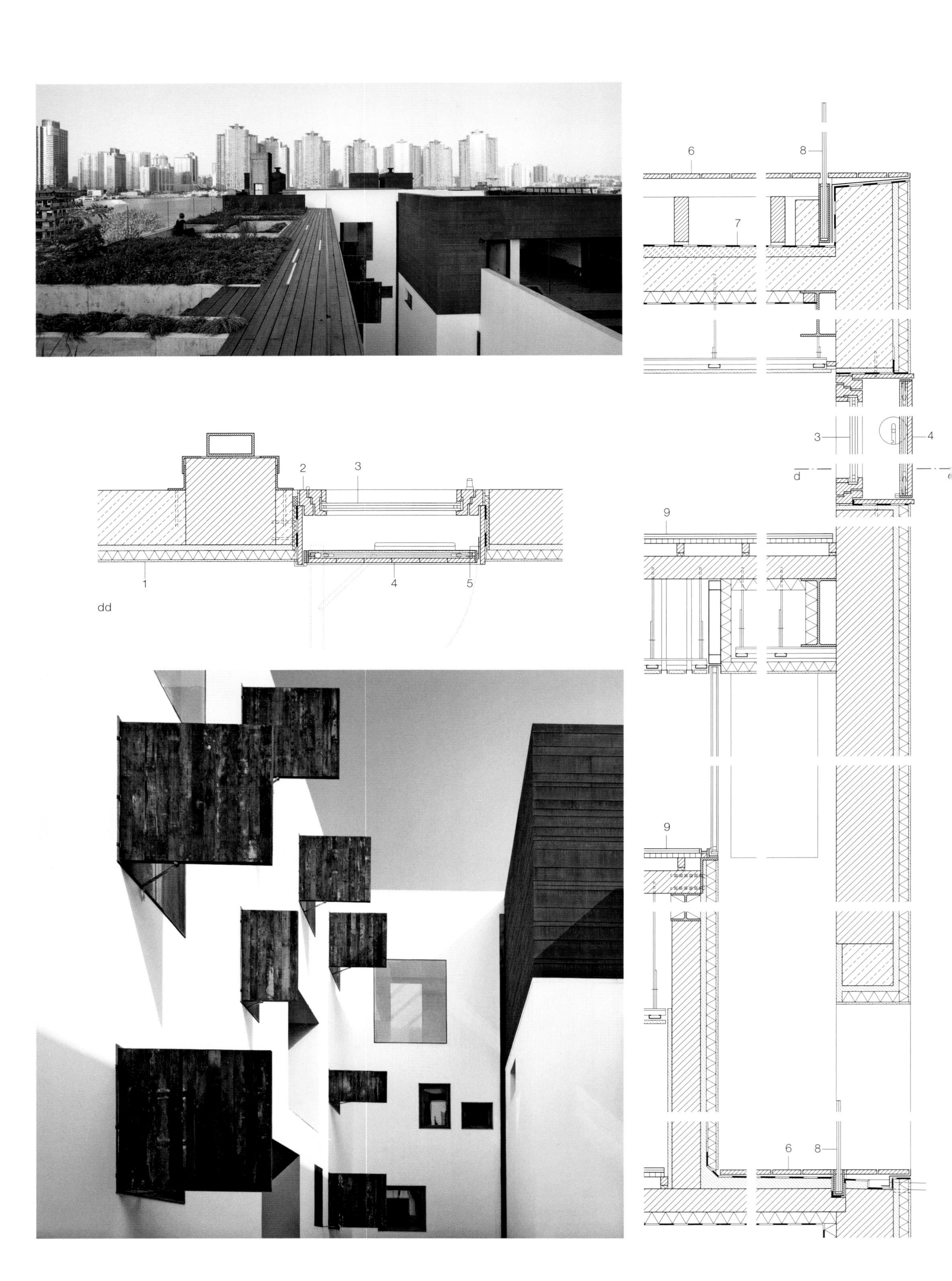
1
2
3
4
5
dd
6
7
8
3
4
d
9
9
6
8

Horizontalschnitt
Vertikalschnitte
Maßstab 1:20

Horizontal section
Vertical sections
scale 1:20

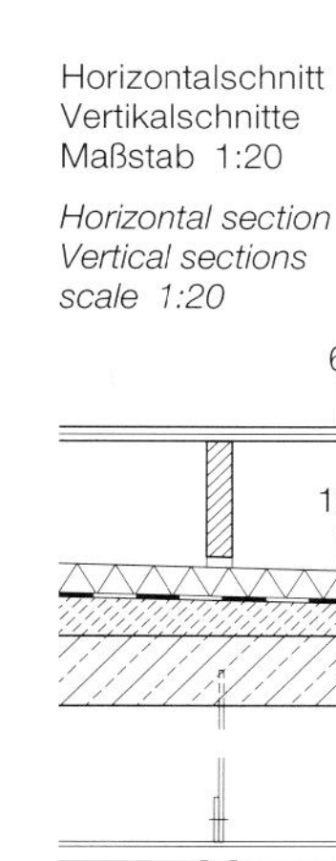

1 Putz mineralisch, Armierungsgewebe, Wärmedämmung XPS 40 mm, Ausgleichsschicht Zementputz 25 mm, Stahlbeton 250 mm
2 Fensterrahmen Eiche geölt
3 Isolierverglasung ESG 10 mm + SZR 12 mm + ESG 10 mm
4 Fensterladen Rahmen Flachstahl ▭ 53/5 mm Füllung Holz aus Bestand recycelt, lackiert 20 mm Luftschicht 25 mm, Aussteifung Stahlseil im Kreuzverband, Faserzementplatte 10 mm Edelstahl hochglanzpoliert 2 mm
5 Arretierung Fensterladen
6 Holzdielen Pinie 120/20 mm
7 Abdichtung EPDM-Folie, Gefälleestrich Stahlbetondecke 150 mm, Wärmedämmung XPS 50 mm, Dampfsperre, abgehängte Decke
8 Brüstung VSG 15 mm
9 Holzdielen Eiche 20 mm, Sperrholzplatte 20 mm, Lattung Holz 30/30 mm, Decke (Bestand)
10 Wärmedämmung XPS druckfest 50 mm, Abdichtung, Gefälleestrich, Stahlbetondecke 100 mm
11 Stahlblech vorbewittert 4 mm, Unterkonstruktion Edelstahl ☐ 30/30 mm Dichtungsschlämme armiert 20 mm, Porenbeton 175 mm, Wärmedämmung XPS 50 mm, Dampfsperre, Gipskarton 12 mm
12 Mörtelfuge bewehrt
13 Kies 60 mm, Wärmedämmung XPS 50 mm, Abdichtung EPDM-Folie, Gefälleestrich, Stahlbetondecke 100 mm, Wärmedämmung XPS 50 mm, abgehängte Decke
14 Holzdielen Eiche 20 mm, Sperrholzplatte 20 mm, Lattung Holz 30/30 mm, Leichtbeton, Trapezblech, Aufständerung, Stahlbetondecke 100 mm, Wärmedämmung XPS 50 mm, abgehängte Decke
15 Dampfsperre, Wärmedämmung XPS 40 mm, Porenbeton 175 mm, Außenwand (Bestand)
16 Gipskarton 12 mm, Dampfsperre, Wärmedämmung XPS 50 mm, Außenwand (Bestand)
17 Fensterrahmen Aluminium 60 mm
18 Gefälleestrich bewehrt, Oberfläche geglättet, Abdichtung EPDM-Folie
19 Ziegel aus Bestand im Mörtelbett

1 mineral render; reinforcement fabric; 40 mm XPS thermal insulation; 25 mm cement mortar levelling layer; 250 mm reinforced concrete
2 oak window frame, oiled
3 toughened glass 10 mm + cavity 12 mm + toughened glass 10 mm
4 window shutter: 53/5 mm flat steel frame 20 mm panel, recycled wood, painted finish 25 mm cavity; steel cable cross bracing 10 mm fibre cement panel; 2 mm stainless steel
5 window fastener
6 120/20 mm pine floorboards
7 EPDM foil sealant; screed to falls; 150 mm reinforced concrete slab; 50 mm XPS thermal insulation; vapour barrier; suspended ceiling
8 15 mm laminated safety glass railing
9 20 mm oak floorboards, 20 mm particle board; wood framing 30/30 mm; ceiling (exstg.)
10 50 mm XPS rigid thermal insulation; sealant screed to falls; 100 mm reinforced concrete ceiling
11 4 mm steel panel, pre-rusted surface 30/30 mm SHS stainless steel framing 20 mm reinforced sealing slurry; 175 mm aerated concrete; 50 mm XPS thermal insulation vapour barrier; 12 mm gypsum board
12 reinforced mortar joint
13 60 mm gravel; 50 mm XPS thermal insulation EPDM foil sealant; screed to falls; 100 mm reinforced concrete slab; 50 mm XPS thermal insulation; suspended ceiling
14 20 mm oak floorboards; 20 mm particle board; 30/30 mm wood framing; lightweight concrete; corrugated metal decking framing; 100 mm reinforced concrete slab
15 vapour barrier; 40 mm XPS thermal insulation 175 mm aerated concrete; exterior wall (exstg.)
16 12 mm gypsum board; vapour barrier; 50 mm XPS thermal insulation; exterior wall (exstg.)
17 60 mm aluminium window frame
18 reinforced screed to falls, smooth finish EPDM foil sealant
19 Brick, existing construction mortar bed

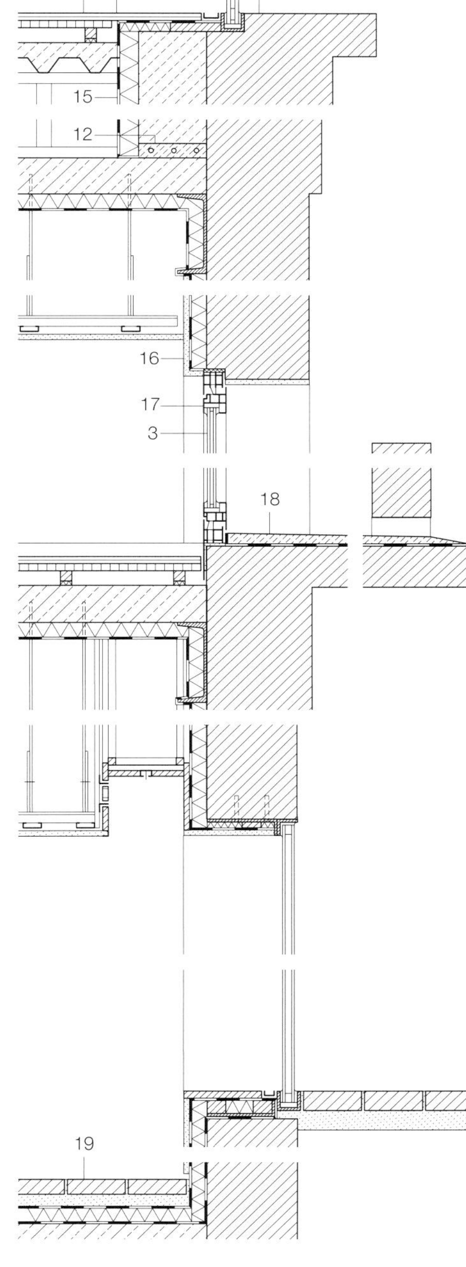

»BlueBox« in Bochum

"Blue Box" in Bochum

Architekten • *Architects*:
Archwerk Generalplaner, Bochum
Wolfgang Krenz
Tragwerksplaner • *Structural engineers*:
Tichelmann Simon Barrillas, Darmstadt
Karsten Tichelmann

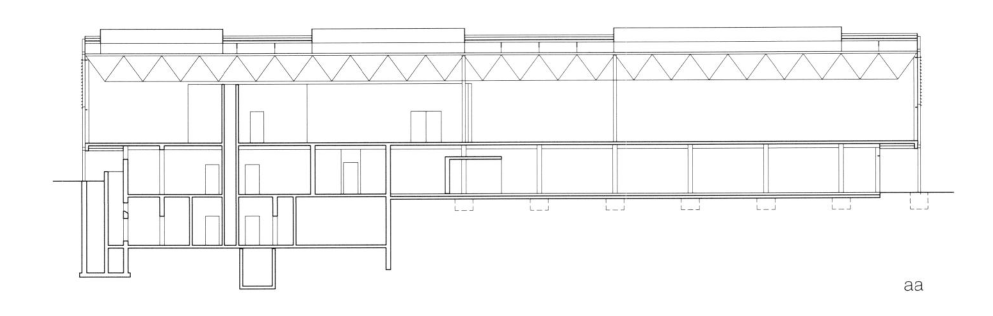

aa

Nur ein geschultes Auge erkennt an der »Blue Box« der Hochschule Bochum Hinweise auf die umfassende Sanierung des Gebäudes. 1965 hatte Bruno Lambart den Stahlbau in der klaren Sprache der späten Moderne als provisorische Mensa errichtet. Ab 1971 wurde das Gebäude durch die Universitätsbibliothek genutzt und schließlich zur Speicherbibliothek »abgewertet«, wobei die großformatige Verglasung durch blau lackierte Paneele geschlossen wurde. Ausgerechnet jener Zeit mangelnder Wertschätzung verdankt das Gebäude bis heute seinen Namen. Erst Anfang der 1990er-Jahre wurde der stark verwahrloste Bau durch den neu berufenen Professor Wolfgang Krenz abschnittsweise zum »Lerncenter« für die Architekturfakultät reaktiviert. 2009 schließlich war die Finanzierung für eine grundlegende Modernisierung gesichert, in deren Verlauf ein großzügiges, zeitgemäßes Lehr- und Lerngebäude entstand.
Die Grundstruktur des zweigeschossigen Baukörpers ist bis heute unverändert: Außenliegende Stahlstützen auf einem quadratischen Achsraster von 5 m tragen eines der ersten Mero-Raumfachwerke der deutschen Nachkriegszeit. An sechs Punkten in Feldmitte unterstützt, überspannt es mit einer Konstruktionshöhe von 1,75 m das gesamte Obergeschoss. Dessen Bodenplatte ist eine vorgefertigte Stahlbeton-Kassettenkonstruktion, die im Erdgeschoss durch ein Stützenfeld getragen wird. Im Randbereich, wo die Erdgeschossfassade zurückgesetzt ist, liegt die Decke auf Konsolen der umlaufenden Stahlstützen auf. Ein Kern teilt das Volumen auf beiden Geschossen in zwei deutlich unterschiedlich große Bereiche.
Anders als im Originalzustand wird das Gebäude über die früheren seitlichen Nebeneingänge erschlossen. Der Haupteingang zum westlichen Vorplatz und vier wuchtige Stahlbetontreppen in Gebäudemitte wurden abgerissen. So hat der beeindruckende ehemalige Speisesaal im Obergeschoss nochmals an Fläche gewonnen und steht nun für flexible Nutzungen zur Verfügung. Die Gebäudehülle war 2009 in einem derart

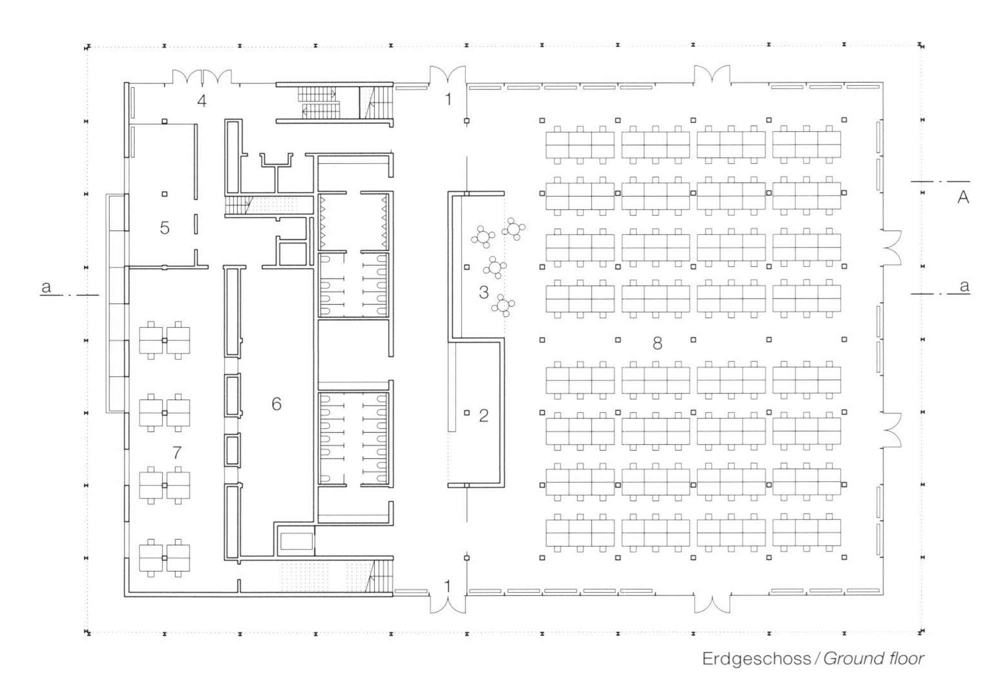

Erdgeschoss / *Ground floor*

Lageplan
Maßstab 1:4000
Schnitt • Grundrisse
Maßstab 1:500

Luftaufnahme des
Neubaus um 1965

1 Eingang
2 Garderobe
3 Teeküche
4 Nebeneingang
5 Büro
6 Lager
7 Arbeitsraum Master
8 Arbeitsraum 1.–4. Semester
9 Arbeitsraum 5.–8. Semester
10 Computerpool
11 Mehrzwecksaal

Site plan
scale 1:4000
Section • Floor plans
scale 1:500

Aerial view of new structure around 1965

1 Entrance
2 Cloakroom
3 Tea kitchen
4 Side entrance
5 Office
6 Store
7 Workspace (MA)
8 Workspace for 1st–4th semesters
9 Workspace for 5th–8th semesters
10 Computer pool
11 Multipurpose hall

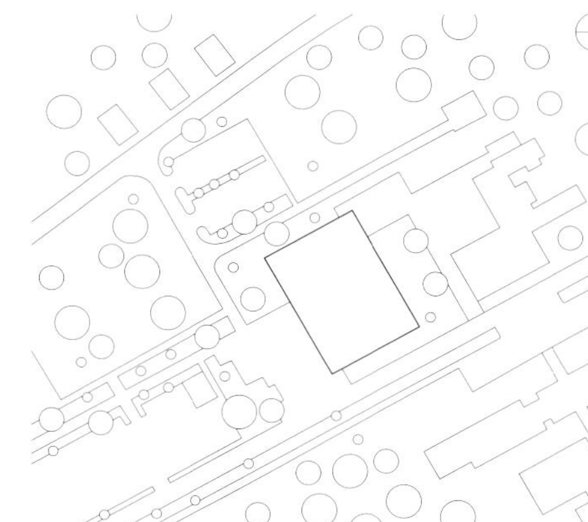

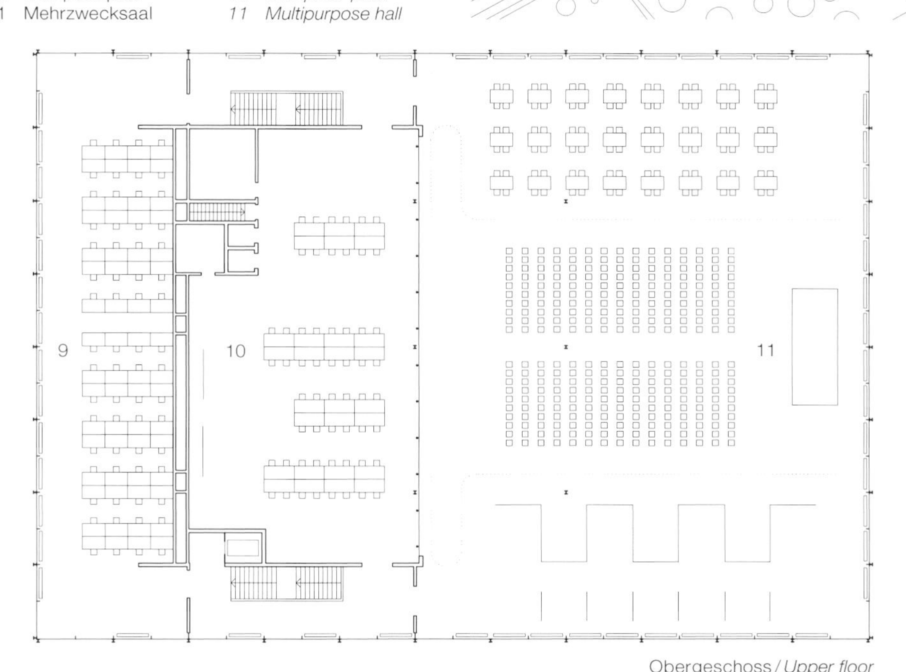

Obergeschoss / *Upper floor*

maroden Zustand, dass Dach und Fassade komplett ausgetauscht werden mussten. Um der EnEv 2009 gerecht zu werden, war ein höherer Dachaufbau notwendig, dessen Abschluss unauffällig hinter die ursprüngliche Attika zurückgesetzt ist. Die größere Dachlast und ein erneuter Tragfähigkeitsnachweis machten eine statische Ertüchtigung des Mero-Tragwerks notwendig. Etwa 200 Stäbe, die ursprünglich nicht benötigt worden waren, wurden ergänzt, einige Stäbe verstärkt. Der obere Abschluss der neuen Fassade wäre wegen der größeren Profiltiefe mit den äußeren Diagonalen des Mero-Systems kollidiert und liegt daher nun ca. 30 cm tiefer. Die Windlasten werden hier in einen liegenden C-Stahlträger geleitet, der rückseitig an die HEB-Stützen geschweißt wurde. Diese Maßnahme bleibt von außen gesehen hinter den noch originalen, vorgehängten Rahmen mit fest stehenden Aluminiumlamellen verborgen. Auch neue Lamellenraffstores als beweglicher Sonnenschutz treten dahinter kaum in Erscheinung.
Aus Brandschutzgründen schließen F90-Decken aus Trapezblech und Gipskarton die verbliebenen zwei Treppenräume nach oben ab, ohne das darüberliegende Raumtragwerk zu tangieren. Zwei dreigeteilte Oberlichtbänder mit RWA-Klappen dienen der Entrauchung ebenso wie der Nachtauskühlung im Sommer. Beide Funktionen werden durch Nachströmöffnungen im Brüstungsbereich jedes zweiten Fassadenfelds unterstützt.
Heute, fast 50 Jahre nach der Fertigstellung weckt der Blick auf das in der Abenddämmerung hell erleuchtete Gebäude Assoziationen an die 1956 eröffnete Crown Hall am IIT. Das mag sicher auch an der neuen Nutzung liegen – Architekturstudenten arbeiten in Chicago wie in Bochum bis spät in die Nacht. Vor allem aber wurden hier durch ein sorgfältiges Sanierungskonzept viele Details der vorgefundenen Architektursprache ins Heute übersetzt. So konnte ein fast schon verlorenes Musterbeispiel der Moderne für die Zukunft nutzbar gemacht werden.
DETAIL 04/2013

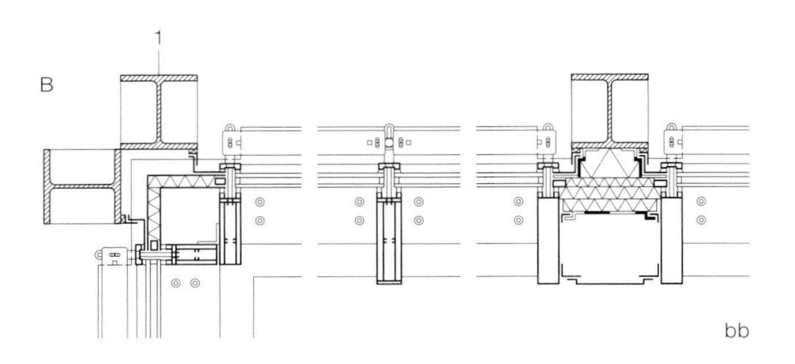

Vertikalschnitt
Horizontalschnitt
Maßstab 1:20

1. Stütze Tragwerk: Stahlprofil HEB 180 (Bestand)
2. Dichtungsbahn einlagig mit Klettsystem, PIB-beschichtet
   Schutzlage Kunststoffvlies
   Wärmedämmung PUR-Hartschaum 200 mm, Dampfsperre
   Trapezblech 50 mm im Gefälle
   Stahlrohr ◻ 70/70 mm, verzinkt
   Aufständerung Stahlrohr Ø 40 mm/ Installationszone
   abgehängte Akustiksystemdecke Mineralwolleplatten in Aluminiumrahmen
   Mero-Raumtragwerk Raster 2500 mm Systemhöhe 1750 mm mit ergänzten und teilweise verstärkten Stahlrohren
3. Lasur Epoxidharz
   Zementestrich 60 mm
   Trennlage PE-Folie
   Trittschalldämmung Mineralwolle 12 mm
   Ausgleichsschicht Leichtbeton 5–10 mm
   Stahlbeton-Kassettenplattendecke 130 mm (Bestand)
   Abhängung/Installationszone
   Mineralwolle 200 mm
   abgehängte Decke Aluminiumblech, gekantet, pulverbeschichtet, 3 mm
4. Verkleidung Aluminiumblech, gekantet, pulverbeschichtet, 3 mm
   Hinterlüftung, Wärmedämmung Mineralwolle 60 mm
5. Isolierverglasung VSG 8 mm + SZR 16 + VSG 10 mm in Pfosten-Riegel-Fassade Aluminium
6. Lasur Epoxidharz
   Zementestrich 50 mm
   Trennlage PE-Folie
   Wärmedämmung Mineralwolle 50 mm
   Ausgleichsschicht Leichtbeton 10–20 mm
   bituminöse Abklebung 10 mm
   Stahlbetondecke (Bestand)

Vertical section
Horizontal section
scale 1:20

1. *existing steel I-section column 180 mm deep*
2. *sealing layer with Velcro system, PIB-coated*
   synthetic protective mat
   200 mm polyurethane rigid-foam thermal insulation; vapour barrier
   50 mm trapezoidal-section metal sheeting to falls
   70/70 mm galvanised steel SHSs
   Ø 40 mm tubular steel raising pieces / mechanical services zone
   suspended acoustic soffit mineral-wool panels in aluminium frame
   2,500 mm Mero system space frame grid 1,750 mm deep with additional and partially reinforced steel tubes
3. *epoxy-resin coating*
   60 mm cement-and-sand screed
   polythene separating layer
   12 mm mineral-wool impact-sound insulation
   5–10 mm lightweight concrete levelling layer
   130 mm existing reinforced concrete coffered slab
   suspension layer/services zone
   200 mm mineral wool
   3 mm powder-coated sheet-aluminium suspended soffit, bent to shape
4. *3 mm powder-coated sheet-aluminium cladding, bent to shape*
   rear ventilation; 60 mm mineral-wool thermal insulation
5. *double glazing in aluminium post-and-rail facade: 8 + 10 mm lam. safety glass + 16 mm cavity*
6. *epoxy-resin coating*
   50 mm cement-and-sand screed
   polythene separating layer
   50 mm mineral-wool thermal insulation
   10–20 mm lightweight concrete levelling layer
   10 mm bituminous lining layer
   existing reinforced concrete slab

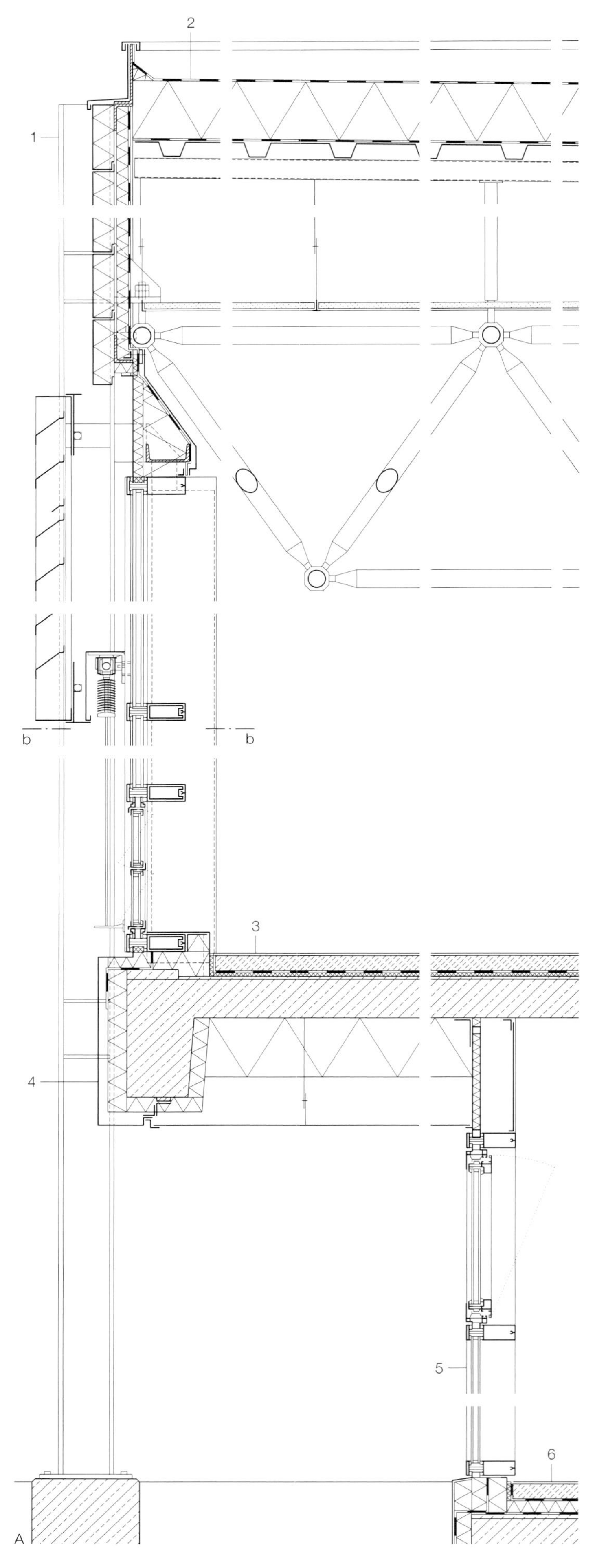

Innenraum Mensa um 1965

Vertikalschnitt
Horizontalschnitt (unterhalb feststehender Sonnenschutz)
Originaldetail 1965 und Zustand nach Sanierung
Maßstab 1:10

Interior of refectory around 1965

Vertical section
Horizontal section (below fixed sunshading)
Original detail (1965) and condition after refurbishment
scale 1:10

1 Dachaufbau:
Dichtungsbahn einlagig mit Klettsystem, PIB-beschichtet, Schutzlage Kunststoffvlies
Wärmedämmung PUR-Hartschaum 200 mm
Dampfsperre
Trapezblech 50/262,5/0,88 mm im Gefälle
Stahlrohr ▭ 70/70 mm, verzinkt
Aufständerung Stahlrohr ∅ 40 mm/Installationszone
abgehängte Akustiksystemdecke Mineralwolleplatten in Aluminiumrahmen
Mero-Raumtragwerk Raster 2500 mm Systemhöhe 1750 mm mit ergänzten und teilweise verstärkten Stahlrohren
2 Aluminiumblech gekantet pulverbeschichtet 2 mm
Stahlprofil ∟ 60/200 mm
3 Stütze Tragwerk: Stahlprofil HEB 180 (Bestand)
4 Dachrand: Rahmen aus Stahlprofilen ∟ 60/90 mm und T 60/60 (Bestand), gefüllt mit Mineralwolle 60 mm, Dampfsperre PE-Folie
5 Kassetten Aluminiumblech 220/70/2 mm pulverbeschichtet hinterfüllt mit Mineralwolle 65 + 35 mm

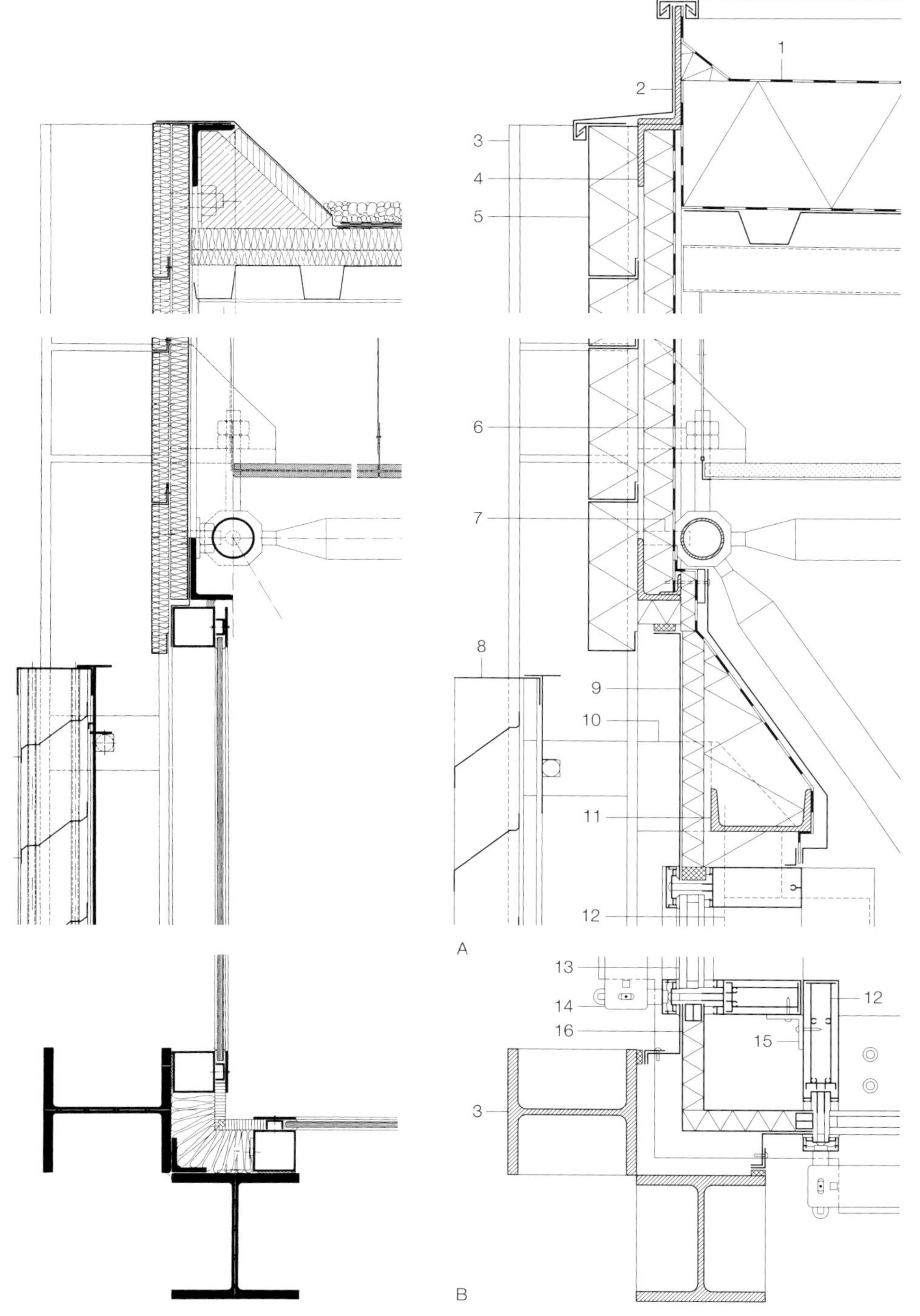

6 Aufhängung Dachtragwerk: Gewindebolzen M 20 an Konsole Stahl geschweißt (Bestand)
7 Aufhängung Dachrand: Gewindebolzen M 20
8 fest stehender Sonnenschutz Aluminium (Bestand)
9 Aluminiumblech gekantet, pulverbeschichtet, 3 mm
Wärmedämmung PUR-Hartschaum 30 mm
Wärmedämmung Mineralwolle 0–140 mm
Dampfsperre
Aluminiumblech gekantet, pulverbeschichtet, 3 mm
10 Konsole Stahl geschweißt
11 Stahlprofil [140/60 mm
12 Einschiebling Fassadenpfosten Stahl geschweißt
13 Isolierverglasung VSG 12 mm + SZR 16 mm + ESG 8 mm in Pfosten-Riegel-Fassade Aluminium
14 Sonnenschutz Lamellenraffstore
15 Aluminiumprofil L 50/50 mm
16 Eckpaneel: Aluminiumblech gekantet 2 mm, pulverbeschichtet
Wärmedämmung PUR-Hartschaum 30 mm
Stahlblech gekantet 2 mm

1 roof construction: roof sealing layer with Velcro system, PIB-coated; synthetic protective mat
200 mm polyurethane rigid-foam thermal insulation; vapour barrier
50/262.5/0.88 mm trapezoidal-section metal sheeting to falls
70/70 mm galvanised steel SHSs
∅ 40 mm tubular steel raising pieces/mechanical services zone
suspended soffit, acoustic system
mineral wool in aluminium frame
2,500 mm Mero system space frame grid 1,750 mm deep with additional and partially reinforced steel tubes
2 2 mm powder-coated aluminium sheeting, bent to shape; 60/200 mm steel angle
3 existing steel I-section column 180 mm deep
4 steel framing at edge of roof: 60/90 mm angle and 60/60 mm existing T-section filled with 60 mm mineral wool; polythene vapour barrier
5 220/70/2 mm powder-coated sheet-aluminium coffering with 65 + 35 mm mineral-wool filling
6 suspension of roof structure: ∅ 20 mm threaded bolt welded to existing steel bracket
7 fascia suspension: ∅ 20 mm threaded bolt
8 existing fixed aluminium sunshading
9 3 mm powder-coated aluminium sheeting, bent to shape; 30 mm polyurethane rigid-foam thermal insulation; 0–140 mm mineral-wool thermal insulation; vapour barrier; 3 mm powder-coated aluminium sheeting bent to shape
10 welded-steel bracket
11 140/60 mm steel channel
12 welded steel inserted facade post
13 12 mm lam. safety glass + 16 mm cavity + 8 mm toughened glass in alum. post-and-rail facade
14 louvred sunblind
15 50/50 mm aluminium angle
16 corner panel: 2 mm powder-coated aluminium sheeting bent to shape
30 mm polyurethane rigid-foam thermal insulation
2 mm steel sheeting bent to shape

Only a trained eye could recognise the comprehensive refurbishment that the University of Bochum's "Blue Box" has undergone. Built in 1965 as a provisional refectory, this steel structure was used from 1971 as the university library and finally relegated to a store, at which point the large areas of glazing were boarded up with blue panels – hence the nickname. In the early 1990s, however, the dilapidated building was gradually reactivated and turned stage by stage into a "centre for learning" for the architectural faculty by Professor Wolfgang Krenz; and in 2009 funds became available for a complete modernisation. The basic two-storey structure has remained unchanged. External steel columns laid out to a 5-metre grid support one of the first Mero space frames in post-war Germany. With a depth of 1.75 m and supported at six points in the centre, this structure spans the entire upper floor area. The precast concrete coffered floor slab over the ground floor is borne by internal columns and by brackets fixed to a ring of steel stanchions around the outside, where the ground floor facade is set back. On both levels, a core structure divides the volume into two realms of quite different sizes. In 2009, though, the building skin was so dilapidated that the roof and facades had to be completely renewed; and to comply with new energy regulations, it was necessary to increase the depth of the roof construction. In addition, the greater roof loads and a new analysis of the load-bearing capacity necessitated a strengthening of the Mero structure. From the outside, these measures remain concealed behind the original suspended louvred facade framework.
Today, almost 50 years after its construction, the building conjures associations of the ITT Crown Hall in Chicago, opened in 1956. That may well have to do with the fact that both developments are working places for architectural students. But above all, the refurbishment concept has translated many existing details into a modern architectural language. A model of late modernism that was almost lost has been rescued for the future.

Umbau und Sanierung eines Universitätsgebäudes in München

Conversion and Refurbishment of a University Building in Munich

Architekten • *Architects*:
Hild und K Architekten, München
Andreas Hild, Dionys Ottl
Tragwerksplaner • *Structural engineers*:
rb-BauPlanung, München

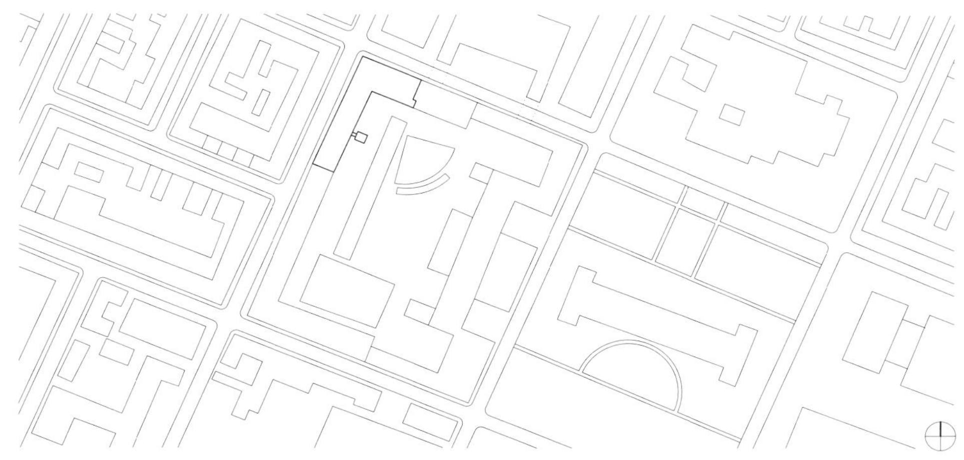

Die TU München besetzt in der Maxvorstadt einen städtebaulichen Block aus Gebäuden verschiedenster Baujahre. Der dazugehörige L-förmige Sichtbetonbau an der Nordwestecke – 1963 nach Plänen des Münchner Architekten Franz Hart errichtet – war sanierungsbedürftig geworden; vor allem im Hinblick auf Energieverbrauch und Brandschutz entsprach er längst nicht mehr den heutigen Anforderungen.
Ausgangspunkt für das Sanierungskonzept war das bestehende Tragwerk aus zwei übereinandergestapelten Stahlbetonrahmensystemen, von denen das obere ein wenig zurückspringt. Dieser Versprung hat die Architekten zur Gestaltung der neuen Gebäudehülle aus Mauerwerk inspiriert: Die Pfeiler, die die Lochfassade gliedern und das vorhandene Stützenraster aufnehmen, schwingen in unterschiedlich gewölbten Wellen und verleihen der ansonsten eher streng wirkenden dunklen Klinkerfassade eine spielerische Note.
Innen wurde das Gebäude für die wirtschaftswissenschaftliche Fakultät bis auf das Stahlbetonskelett zurückgebaut und die vorhandene Gebäudestruktur optisch herausgearbeitet. Geschliffener Beton als Fußboden und nackte Sichtbetonträger bilden einen spannungsvollen Kontrast mit den golden gestrichenen Decken und hellgelben Wänden. Besonders gut kommt dies im neu geschaffenen zweigeschossigen Foyer zur Geltung, in dem sich eine gekurvte Freitreppe zwischen freiliegenden Betonträgern nach oben schwingt. Auch das Treppenhaus am Haupteingang präsentiert sich nach dem Umbau großzügig mit einem gebäudehohen Luftraum. Wo sich ehemals eine breite Gebäudefuge befand, wurde die Fassade an die vordere Baulinie vorgezogen – zusammen mit den dort eingebauten farbigen, von verschiedenen Künstlern gestalteten Glasbildern, die durch den neuen Luftraum eindrucksvoll inszeniert werden. Gern hätten die Architekten dem weit gespannten Tragwerk entsprechend weitere große Räume realisiert, die Nutzer wünschten jedoch eine kleinteilige Struktur mit überwiegend Einzelbüros. DETAIL 04/2013

Lageplan
Maßstab 1:6000

Site plan
scale 1:6,000

bb

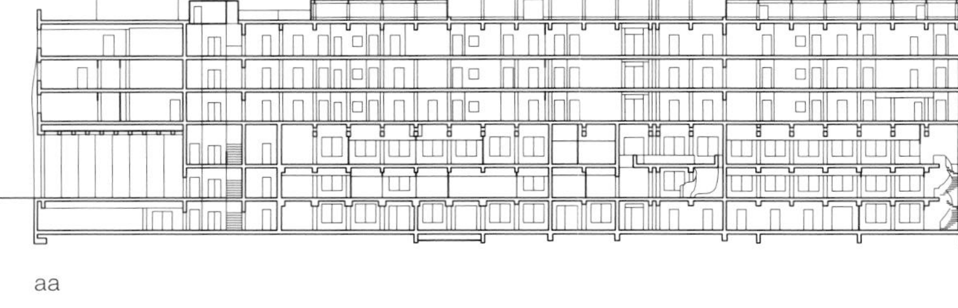

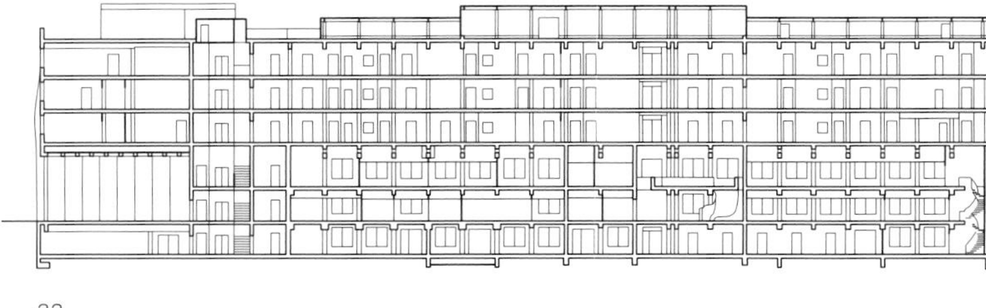

aa

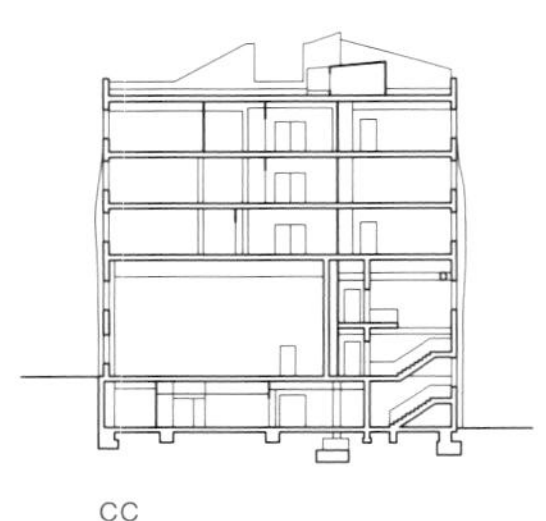

cc

Schnitte • Grundrisse
Büroebene, Eingangsebene
Maßstab 1:1000

1 Versuchshalle der Materialprüfanstalt
2 Seminarraum
3 Büro
4 Bibliothek
5 Eingang
6 Technik
7 Hörsaal
8 Lager
9 Teeküche
10 Foyer
11 Computerraum
12 Arbeitsplätze für Studenten
13 Besprechungsraum
14 EDV
15 Luftraum
16 Hausmeister

Sections • Floor plans
Office level, entrance level
scale 1:1000

1 Experimental hall of material testing institute
2 Seminar space
3 Office
4 Library
5 Entrance
6 Mechanical services
7 Lecture hall
8 Store
9 Tea kitchen
10 Foyer
11 Computer space
12 Workplaces for students
13 Discussion space
14 Data processing
15 Void
16 Caretaker

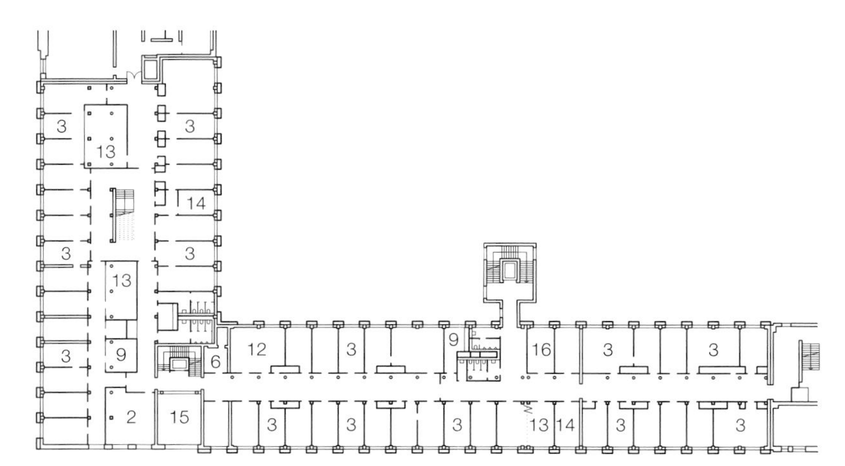

Büroebene / *Office level*

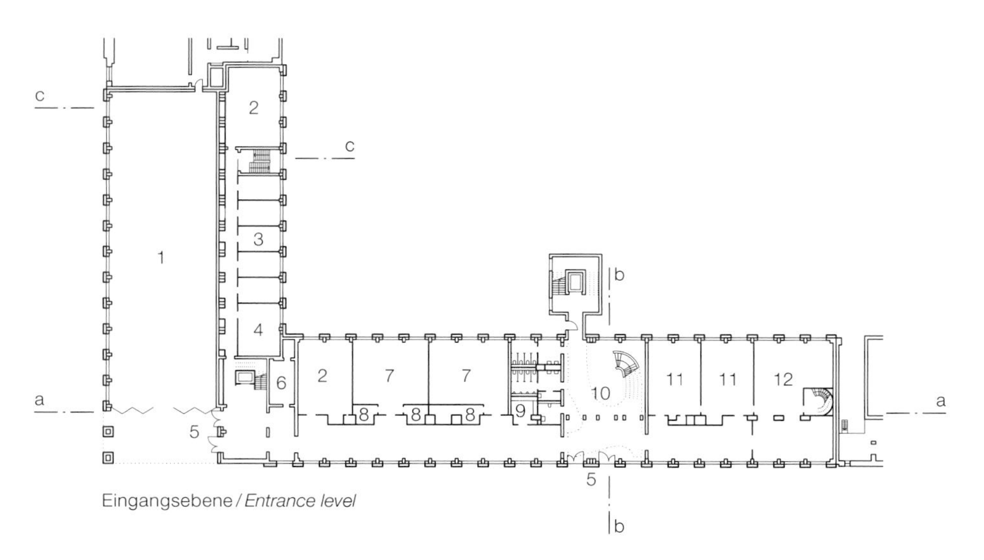

Eingangsebene / *Entrance level*

Perspektive Tragwerk
Luftraum im Treppenhaus mit Glasbildern aus dem Bestand

Perspective of load-bearing structure
Void in staircase with glass artwork from existing building

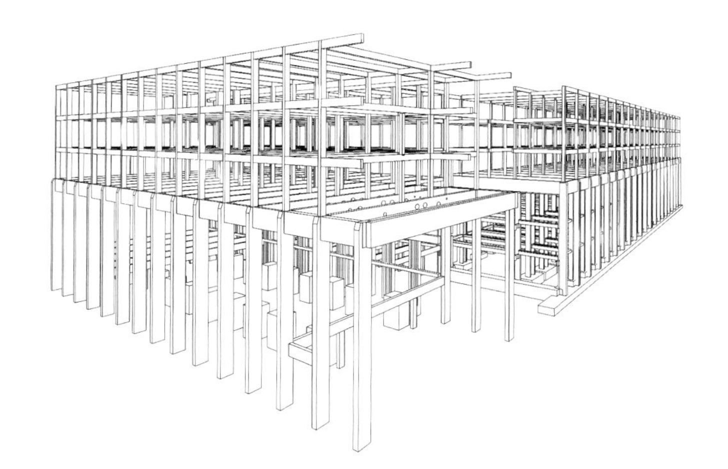

The University of Technology, Munich, occupies a whole street block in the Maxvorstadt district of the city. The complex consists of buildings dating from various periods. At the north-west corner is an L-shaped exposed-concrete structure erected in 1963 to plans by Munich architect Franz Hart. In the meantime, this had grown dilapidated and was in need of refurbishment, especially in terms of its energy consumption and fire protection, which no longer complied with present-day standards.
The starting point for the refurbishment was the existing load-bearing structure, consisting of two reinforced concete frame systems stacked on top of each other. The upper of these was set back a little. This irregular break in the facade plane was adopted by the architects as a design element for the new brick building skin. The piers, which articulate the facade with its rectangular openings and follow the existing grid of columns, curve back in waves of different arrangement, lending a more playful note to what would otherwise be a somewhat dark, strict brick facade.
This building for the Faculty of Economics was broken away internally down to the reinforced concrete skeleton frame, and the existing building volume was visually articulated. Polished concrete was used for the flooring, while the exposed-concrete beams form an exciting contrast to the gold-painted soffits and the pale-yellow walls. This is a particularly effective feature in the newly designed two-storey foyer, where an open staircase curves upwards between exposed concrete beams. The staircase at the main entrance has a similarly generous appearance after the alterations, with an open space extending over the full height of the building. At the point where a broad junction strip formerly existed, the facade has been drawn forward to the outer construction line, together with the stained-glass windows by various artists that have been incorporated there to great effect in the generous space. In view of the broad structural spans, the architects would like to have created more spaces of this kind, but the clients required a smaller-scale layout, consisting largely of individual offices.

Horizontalschnitt • Vertikalschnitt
Maßstab 1:20

1 Dachaufbau:
Kies 60 mm
Bautenschutzbahn
Abdichtung Bitumenschweißbahn zweilagig
Wärmedämmung EPS 180 mm im Gefälle
Dampfsperre
Voranstrich
Stahlbetondecke 160 mm
2 Fassadenaufbau:
Vorsatzschale Klinkerziegel 240/115/40 mm, Befestigung durch Abfangkonsolen und Mauerwerksanker Edelstahl
Luftschicht 90 mm
Wärmedämmung Mineralwolle 160 mm
Unterzug Stahlbeton 140 mm (Bestand)
3 Fensterrahmen Aluminium
4 Isolierverglasung ESG 8 mm + SZR mit Sonnenschutz 24 mm + VSG 10 mm
5 Deckenaufbau:
Linoleum 5 mm
Grundierung
Spachtelung
Zementestrich 55 mm
Trennlage
Trittschalldämmung 15 mm
Stahlbetondecke 120 mm bzw. 150 mm (Bestand)
6 Unterzug Stahlbeton 350/300 mm (Bestand)
7 Vorsatzschale Klinkerziegel 240/115/40 mm, im regelmäßigen Läuferverband gemauert, Brüstungsverband mit viertelsteiniger Überdeckung, Befestigung durch Abfangkonsolen und Mauerwerksanker Edelstahl
8 Stahlbetonwand 160 mm
9 Stahlbetonstütze 400/800 mm (Bestand)
10 Stahlbetonstütze 200/500 mm (Bestand)

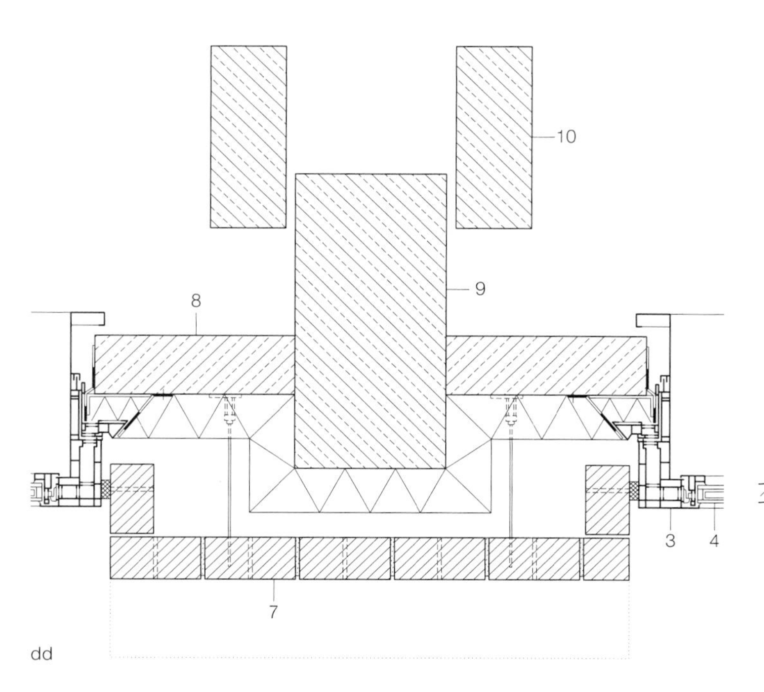

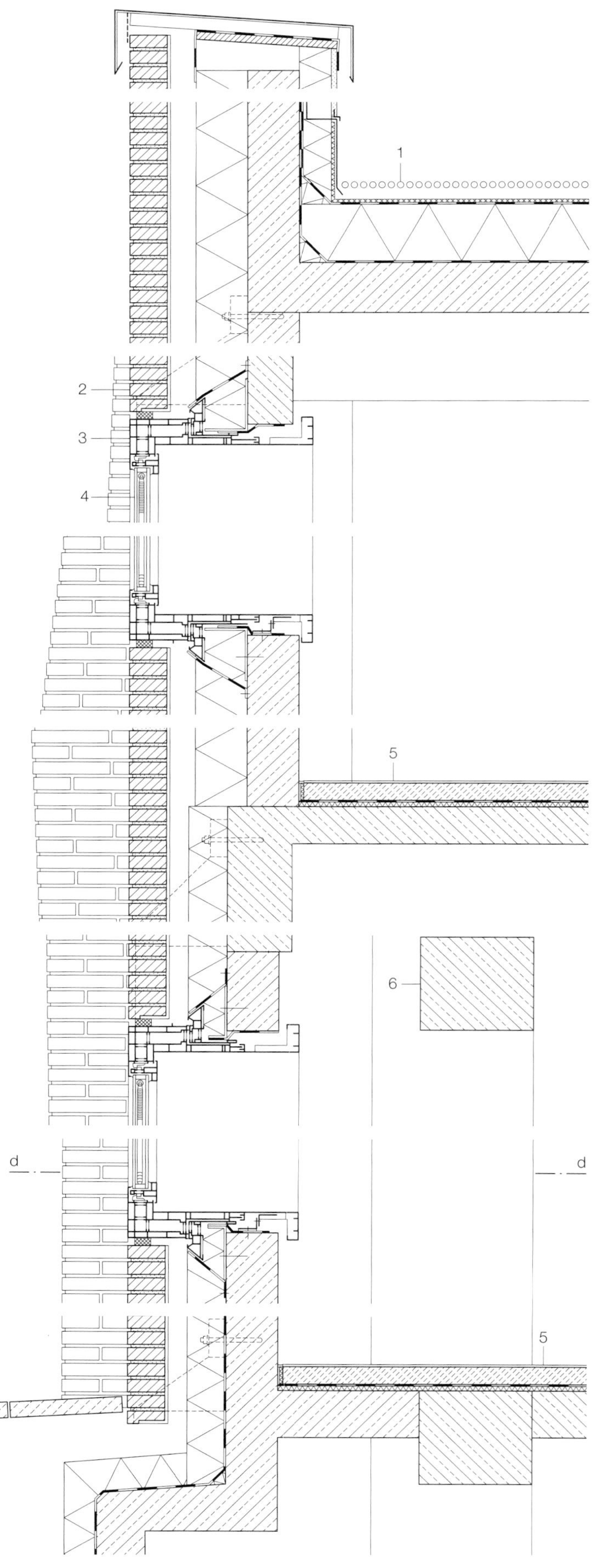

Horizontal and vertical sections
scale 1:20

1 roof construction:
60 mm bed of gravel
protective layer
two-layer bituminous seal
180 mm expanded polystyrene thermal insulation to falls
vapour barrier
undercoat
160 mm reinforced concrete roof
2 facade construction:
brick facing skin (240/115/40 mm) fixed with brackets and stainless-steel anchors
90 mm cavity
160 mm mineral-wool thermal insulation
140 mm existing reinforced concrete downstand beam
3 aluminium window frame
4 double glazing: 8 mm toughened glass + 24 mm cavity with sun-shading + 10 mm lam. safety glass
5 floor construction:
5 mm linoleum
priming coat; smoothing layer
55 mm cement-and-sand screed
separating layer
15 mm impact-sound insulation
120 mm reinforced concrete floor or 150 mm existing floor
6 350/300 mm existing reinforced concrete downstand beam
7 brick outer skin (240/115/40 mm) in regular stretcher bond; balustrades bonded with quarter-brick lap; fixed with brackets and stainless-steel anchors
8 160 mm reinforced concrete wall
9 400/800 mm existing reinforced concrete column
10 200/500 mm existing reinforced concrete column

C

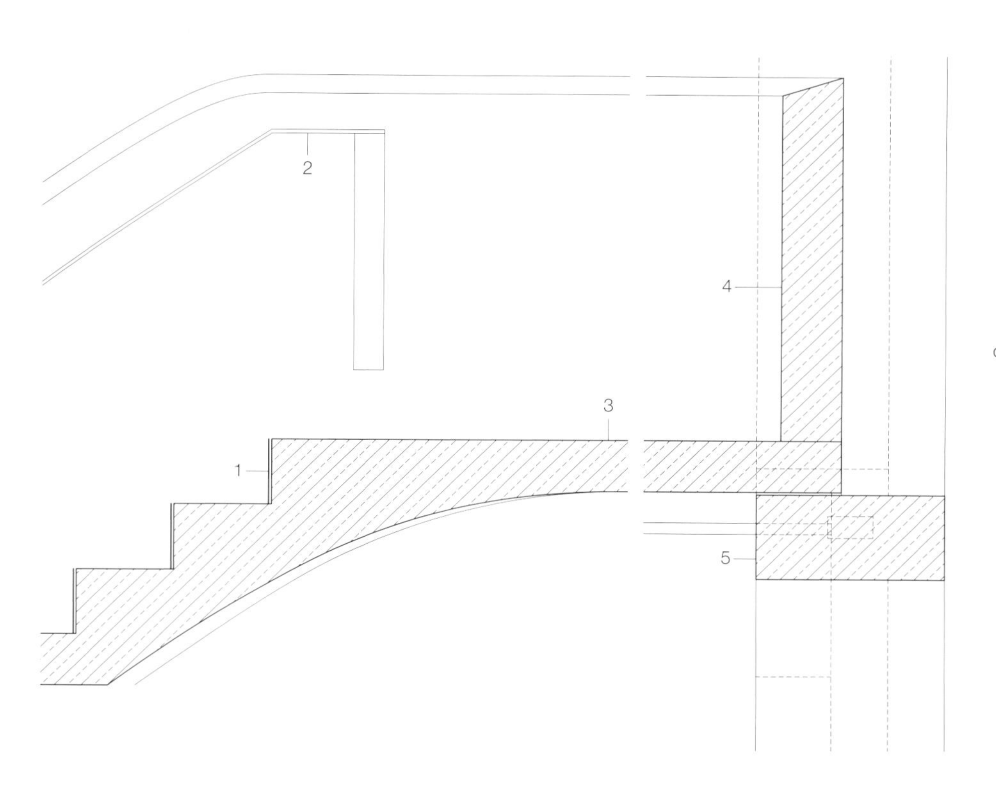

d

Details Treppe und Decke im Foyer
Maßstab 1:20

c zweigeschossiges Foyer mit Freitreppe
d Hörsaal
e obere Foyer-Ebene
f breiter Flur vor den Hörsälen

Details of stairs and floor in foyer
scale 1:20

c Two-storey foyer with open staircase
d Lecture hall
e Upper foyer level
f Broad corridor outside lecture halls

1 Setzstufe Edelstahl 4 mm
2 Handlauf Flachstahl lackiert 50/10 mm
3 Stahlbetondecke 140 mm, Oberfläche flügelgeglättet, geschliffen, poliert
4 Brüstung Stahlbeton 160 mm, beidseitig ungehobelte Brettschalung
5 Unterzug Stahlbeton 500/230 mm
6 Elastomerlager
7 Unterzug Stahlbeton (Bestand)
8 Zementestrich 60 mm, Oberfläche geschliffen
Trennlage
Trittschalldämmung 15 mm
Stahlbeton-Fertigbalkendecke 150 mm (Bestand)
9 Ringanker Stahlbeton
10 Mauerwerk 240 mm, beidseitig Kalkzementputz 15 mm

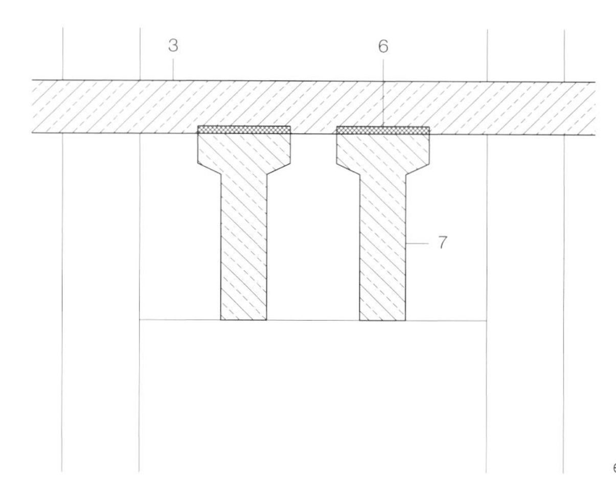

e

1 4 mm stainless-steel riser
2 50/10 mm flat steel handrail, painted
3 140 mm reinforced concrete floor, smoothed and polished
4 160 mm reinforced concrete balustrade with sawn boarded formwork to both faces
5 500/230 mm reinf. concrete beam
6 elastomer bearings
7 existing reinf. conc. downstand beam
8 60 mm cement-and-sand screed with polished surface
separating layer
15 mm impact-sound insulation
150 mm existing precast concrete beam floor
9 reinforced concrete ring beam
10 240 mm brick wall with 15 mm cement-and-lime plaster on both faces

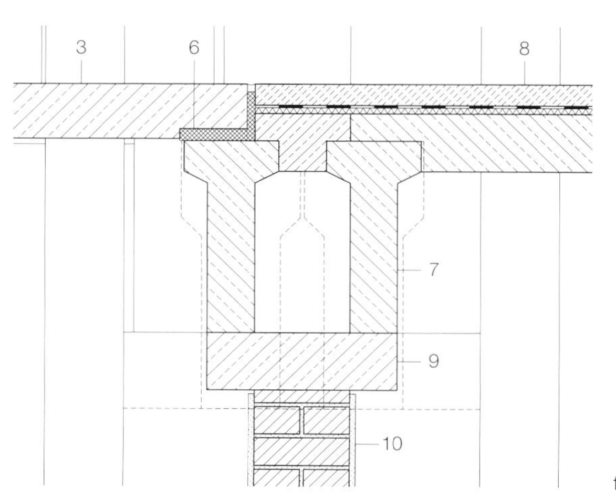

f

Multifunktionshalle in Madrid

Multi-Purpose Hall in Madrid

Architekten • *Architects*:
Iñaqui Carnicero Architecture Office, Madrid
Iñaqui Carnicero, Ignacio Vila, Alejandro Viseda
Tragwerksplaner • *Structural engineers*:
mecanismo, diseño y cálculo de estructuras, Madrid

Seit der Schlachthof von Madrid 1996 stillgelegt wurde, wird das Areal schrittweise zu einem Kulturpark mit Kino, Bibliothek, Ausstellungsräumen und Flächen für Musikveranstaltungen umstrukturiert. Mit nur wenigen Eingriffen haben die Architekten eine der beiden 95 × 50 m großen Jugendstilhallen von einem Schweinestall in eine puristische, aber sehr atmosphärische Multifunktionshalle verwandelt. Der Bestand blieb weitgehend erhalten, lediglich der Putz an der Innenseite der Wände wurde entfernt, um den Materialcharakter der Ziegel- und Natursteinwände auch im Inneren erlebbar zu machen. Ein hochbelastbarer Hohlraumboden aus Beton mit flexiblen Anschlüssen ersetzt den Sandboden. Wesentliches Gestaltungsmittel sind Öffnungselemente aus unbehandeltem Stahl, die je nach räumlicher Gegebenheit und funktionaler Anforderung variiert werden: Mit 5,75 m hohen drehbaren Trennwandscheiben kann in einem der beiden Hallenschiffe ein 500 m² großer und bis zu 13 m hoher Mehrzweckraum abgetrennt werden. Mit Drehflügeln aus Stahlpaneelen vor den Oberlichtbändern beider Schiffe lässt sich die gesamte Halle abdunkeln. In den Haupteingängen verschließen raumhohe stählerne Schwingflügel die Öffnungen. Horizontal um die Mittelachse gedreht, bilden sie innen und außen kleine Vordächer. DETAIL 07–08/2013

Following the closing of Madrid's slaughterhouse, the compound was restructured in phases as a cultural park with movie theatre, library, and spaces for exhibitions and concerts. With a small number of interventions, the architects transformed one of the two 95 × 50 m art-nouveau halls from a piggery into a distinctive multi-purpose hall. The existing building fabric was retained to a great degree: the interior render was removed to reveal load-bearing stone and brick-masonry walls. The sand floor was replaced with a high-performance reinforced-concrete raised floor. Different versions of steel pivoting sashes constitute a major design element; they are employed as light blocks and to partition the space.

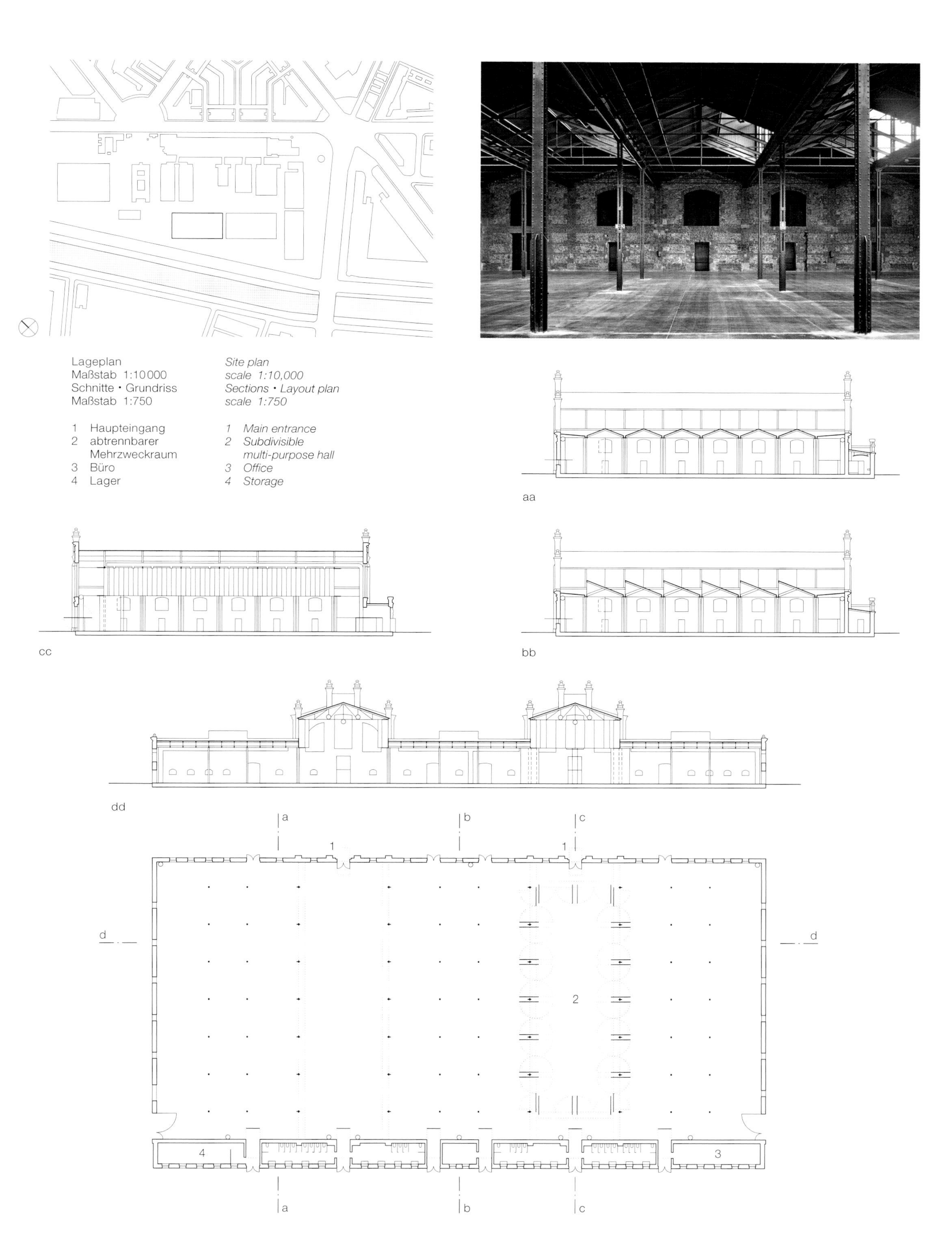

Lageplan
Maßstab 1:10000
Schnitte • Grundriss
Maßstab 1:750

1 Haupteingang
2 abtrennbarer Mehrzweckraum
3 Büro
4 Lager

Site plan
scale 1:10,000
Sections • Layout plan
scale 1:750

1 Main entrance
2 Subdivisible multi-purpose hall
3 Office
4 Storage

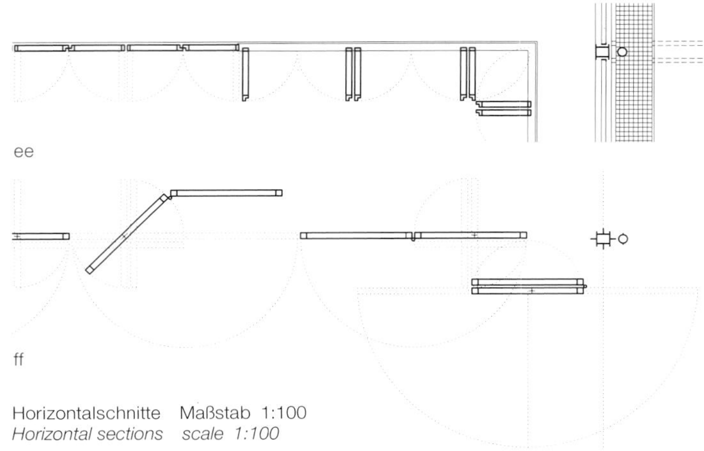

Horizontalschnitte Maßstab 1:100
Horizontal sections scale 1:100

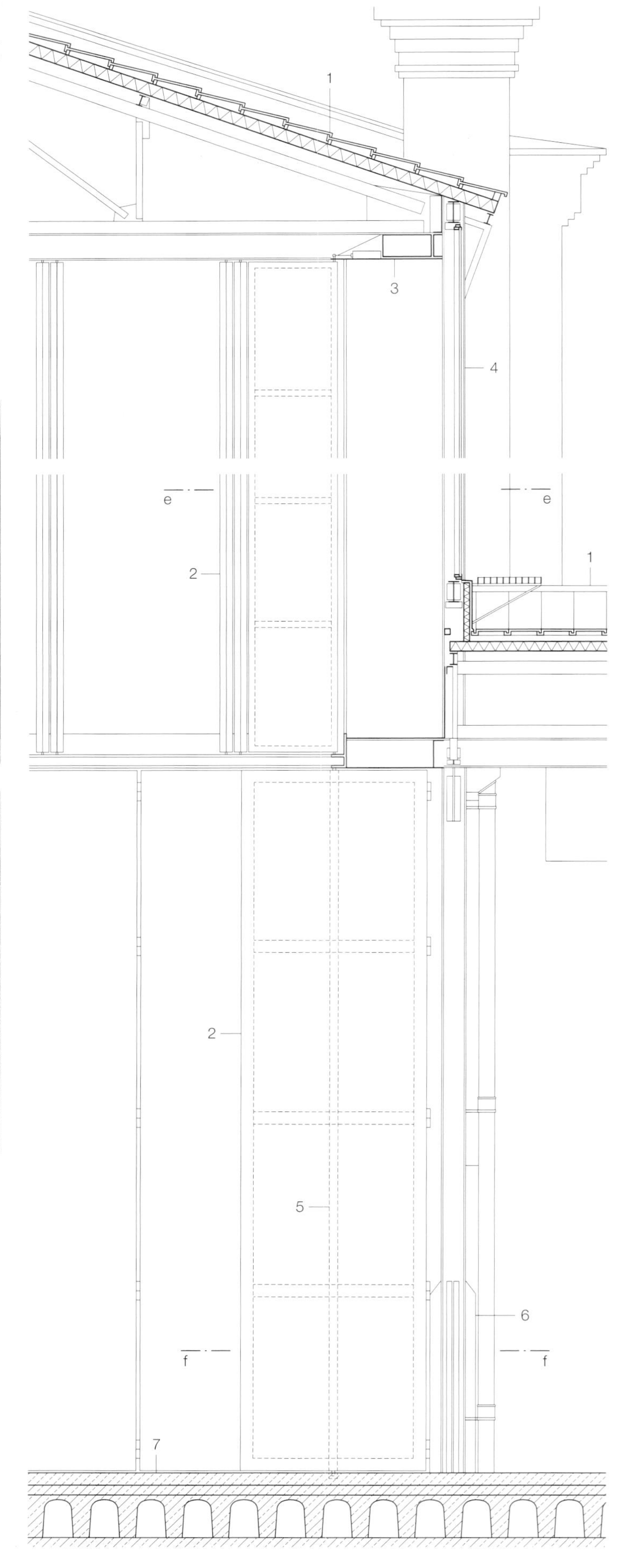

Vertikalschnitt Maßstab 1:50

1. Ziegeldeckung, Hinterlüftung Sandwichpaneel Stahlblech gedämmt (Bestand)
2. Verdunkelung motorisch drehbar bzw. Trennwandelement manuell drehbar: Beplankung Stahlblech Schwarzstahl transparent lackiert 4 mm, Rahmen Stahlrohr ◻ 100/41 mm bzw. 100/100 mm, dazwischen Mineralwolle
3. Motor Verdunkelung
4. Festverglasung VSG in Stahlprofil
5. Drehachse Stahlpaneel
6. Stütze (Bestand) mit Stahlblech verstärkt
7. Beton flügelgeglättet 100 mm Stahlbeton 80 mm, Hohlraum-Kassettenboden: Stahlbeton 350 mm

Vertical section scale 1:50

1. *clay roofing tile; ventilated air space sheet-steel sandwich panel, insulated (existing)*
2. *light block motor-operated, or partition-wall element, manually operated: 4 mm sheet steel veneering, untreated steel, lacquered transparent mineral wool between 100/41 mm or 100/100 mm steel SHS frame*
3. *motor for light-blocking*
4. *laminated-safety-glass fixed glazing in steel profile*
5. *maintenance catwalk*
6. *column (existing) reinforced with sheet steel*
7. *100 mm concrete, trowelled 80 mm reinforced concrete 350 mm reinforced-concrete raised-floor system*

Schnitt Haupteingang
Maßstab 1:100

Horizontalschnitt
Vertikalschnitt
Maßstab 1:20

1 Festverglasung VSG in Stahlprofil
2 Stahlprofil L 150 mm schwarz lackiert
3 Schwingtor: Beplankung Stahlblech Schwarzstahl transparent lackiert 4 mm, Rahmen Stahlprofil ⌀ 100/100 mm dazwischen Mineralwolle
4 Ganzglastür VSG

Section through main entrance
scale 1:100

Horizontal section
Vertical section
scale 1:20

1 laminated-safety-glass fixed glazing in steel profile
2 150 mm steel angle, black lacquered
3 pivoting door: 4 mm sheet steel veneering untreated steel, transparent lacquered mineral wool between 100/100 mm steel SHS frame
4 frameless laminated-safety-glass door

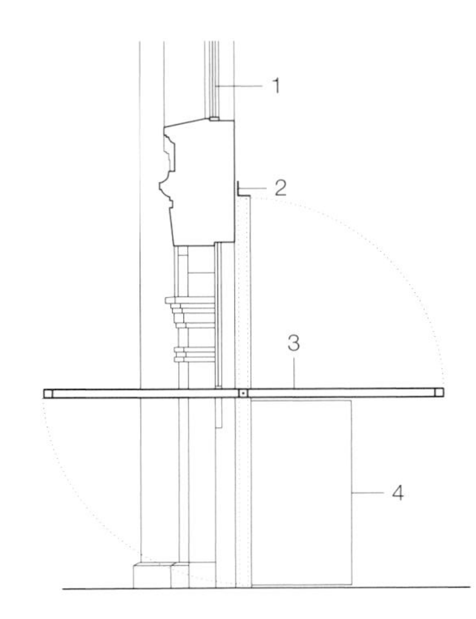

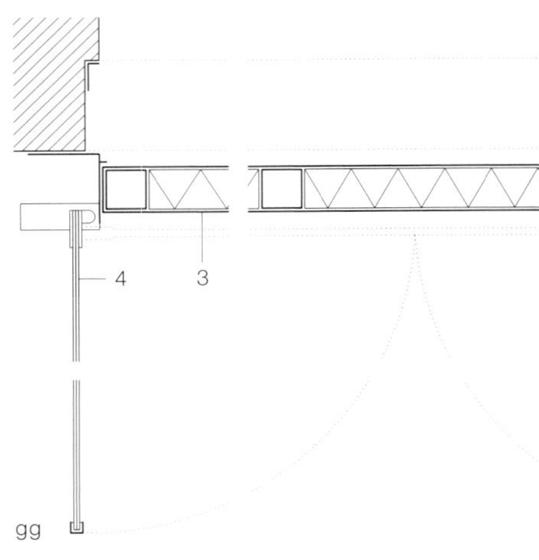

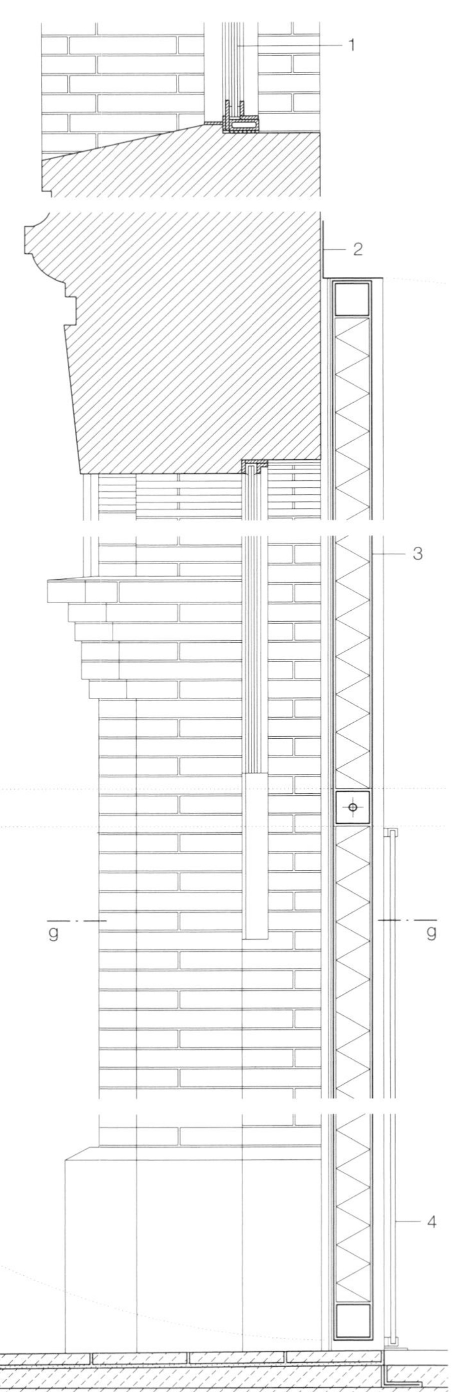

Ingenieurbüro in Rotterdam

Engineering Office in Rotterdam

Architekten • *Architects*:
Ector Hoogstad Architecten, Rotterdam
Joost Ector, Chris Arts
Tragwerksplaner • *Structural engineers*:
IMd Consulting Engineers, Rotterdam

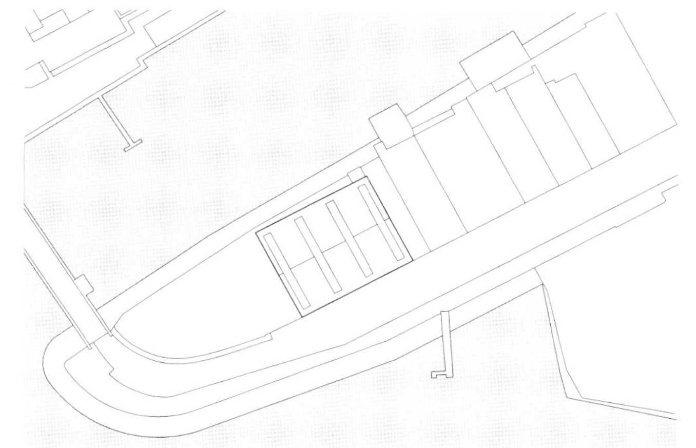

Lageplan
Maßstab 1:2500

Site plan
scale 1:2,500

Für das partnerschaftlich verbundene Rotterdamer Ingenieurbüro IMd entwickelten die Architekten ein ungewöhnliches Bürokonzept mit loftartiger Atmosphäre in einer bestehenden, früher als Stahlwerk genutzten Halle in reizvoller Lage direkt an der Maas. Eine grundlegende Erneuerung oder energetische Verbesserung der Gebäudehülle des mit Ziegelmauerwerk ausgefachten Stahlskelettbaus schied aus finanziellen Gründen aus. Stattdessen wurden nur die Arbeitsplätze als klimatisierte Boxen eingestellt. So blieben die räumlichen Qualitäten des großen Volumens mit seinem eindrucksvollen Stahltragwerk erhalten. Nach der Entfernung unschöner kleinerer Anbauten wurden zunächst großflächige Fenster in die Halle eingefügt, das Stahltragwerk saniert und bestehendes Mauerwerk und Estriche gereinigt. Die Arbeitsräume schließlich sind mit tragendem Stahlskelett auf zwei Ebenen in das große Volumen eingestellt. An beiden Stirnseiten der Halle befinden sich die Büros, dazwischen, im Zentrum der niedriger temperierten Halle, liegen Pavillons mit Konferenzräumen oder Gruppenarbeitsplätzen sowie Pausenzonen, die Küche und ein Picknickbereich mit einfachen Holzbänken. Offene Erschließungsplattformen und -stege im Obergeschoss verbinden die Arbeitsräume und bieten spannungsvolle Perspektiven auf das Geschehen im Inneren und die umgebende Konstruktion der Halle. Die bestehenden Dachoberlichter und die neuen großen Fenster füllen die Räume mit Tageslicht und bieten Aussicht auf die Maas. Die Wirkung der neuen Einbauten ist von der Reduktion auf wenige Materialien und Farbenbestimmt: transparente Polycarbonat-Doppelstegplatten, roh belassenes Holz für die Treppen und kräftige gelbe Farbakzente. Die diffus transparente Erscheinung der neuen Elemente und das lichte Gelb unterstreichen ihren Charakter als Einfügung. So erfüllt eine anregende, legere Atmosphäre diese »Spielwiese für Ingenieure«. Umgeben von viel Licht und Raum haben die Mitarbeiter immer direkten Bezug zum organisatorischen und kommunikativen Zentrum der Halle. DETAIL 04/2013

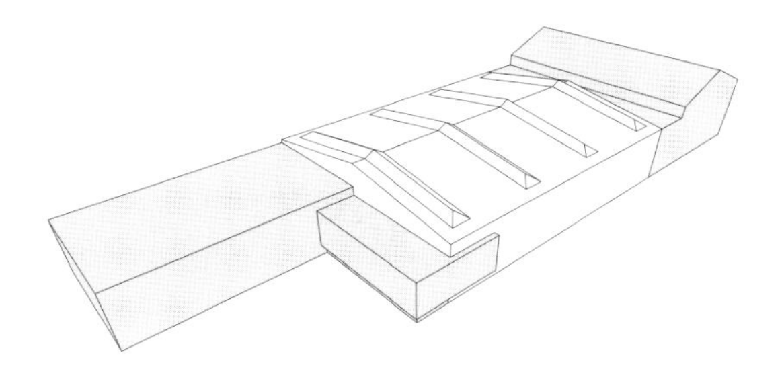

a altes Stahlwerk (Bestand)
Former steelworks

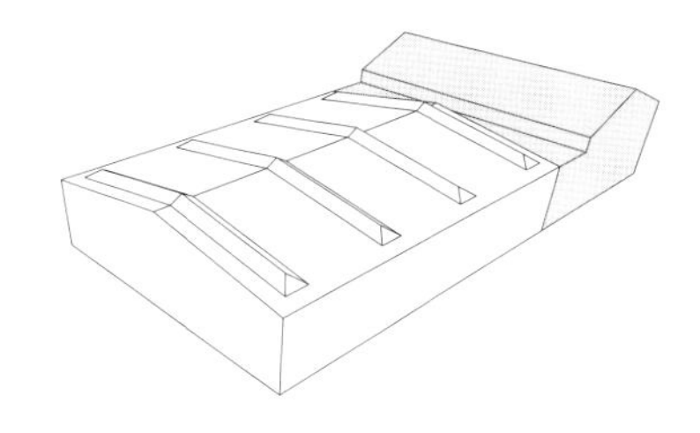

b Abbruch unschöner Anbauten
Removal of unattractive annexes

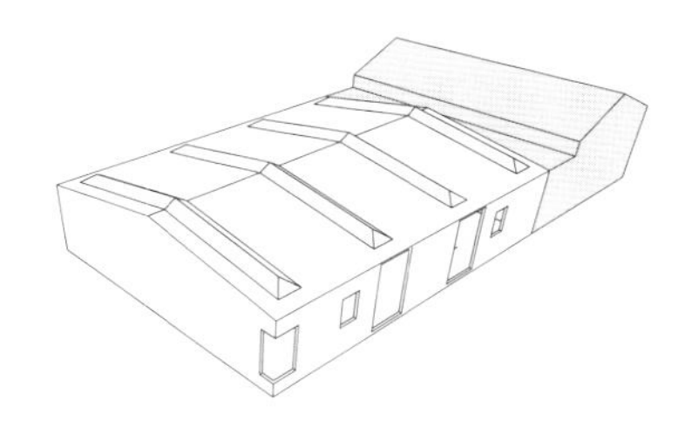

c neue große Fenster
New large-scale windows

Schnitte • Grundrisse
Maßstab 1:500

1 Eingang
2 Rezeption
3 Garderobe
4 Wartezone
5 Versammlungstribüne
6 Esstische
7 Lager
8 Terrasse
9 Konferenzraum groß
10 Küche
11 Reprografieraum
12 Konferenzraum klein
13 ruhige Arbeitsplätze
14 Technikraum
15 Kopierplatz
16 Archiv
17 Sekretariat
18 Serverraum
19 Multifunktionsraum
20 Fahrradabstellraum
21 Büroarbeitsplätze
22 Besprechungsraum
23 Geschäftsführung
24 Besprechungsnische
25 Loungeecke
26 Gruppenarbeitsplatz
27 Bibliothek
28 Einzelarbeitsplätze

Sections • Floor plans
scale 1:500

1 Entrance
2 Reception
3 Cloakroom
4 Waiting room
5 Tiers of seating
6 Dining tables
7 Store
8 Terrace
9 Large meeting space
10 Kitchen
11 Reprography space
12 Small meeting space
13 Quiet workplaces
14 Mechanical services
15 Copy room
16 Archives
17 Administrative office
18 Server room
19 Multifunctional space
20 Bicycle store
21 Office workplaces
22 Conference room
23 Management
24 Discussion corner
25 Lounge corner
26 Group workplace
27 Library
28 Single workplaces

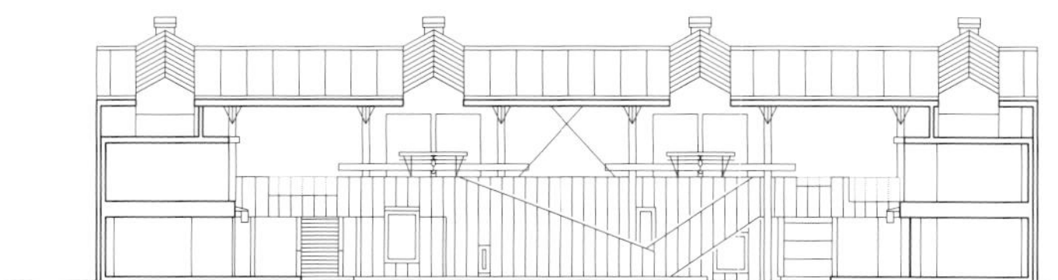

aa

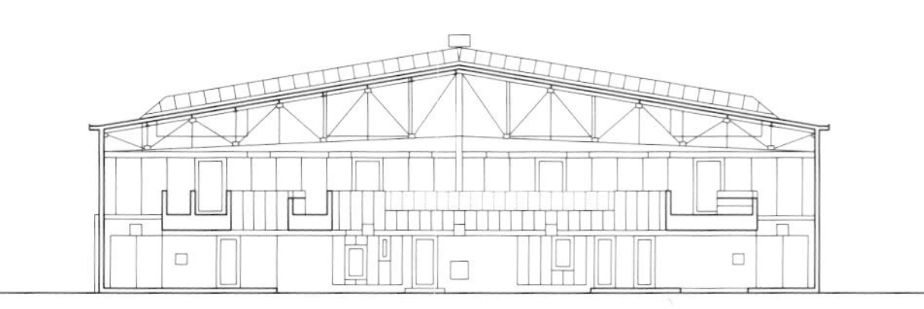

bb

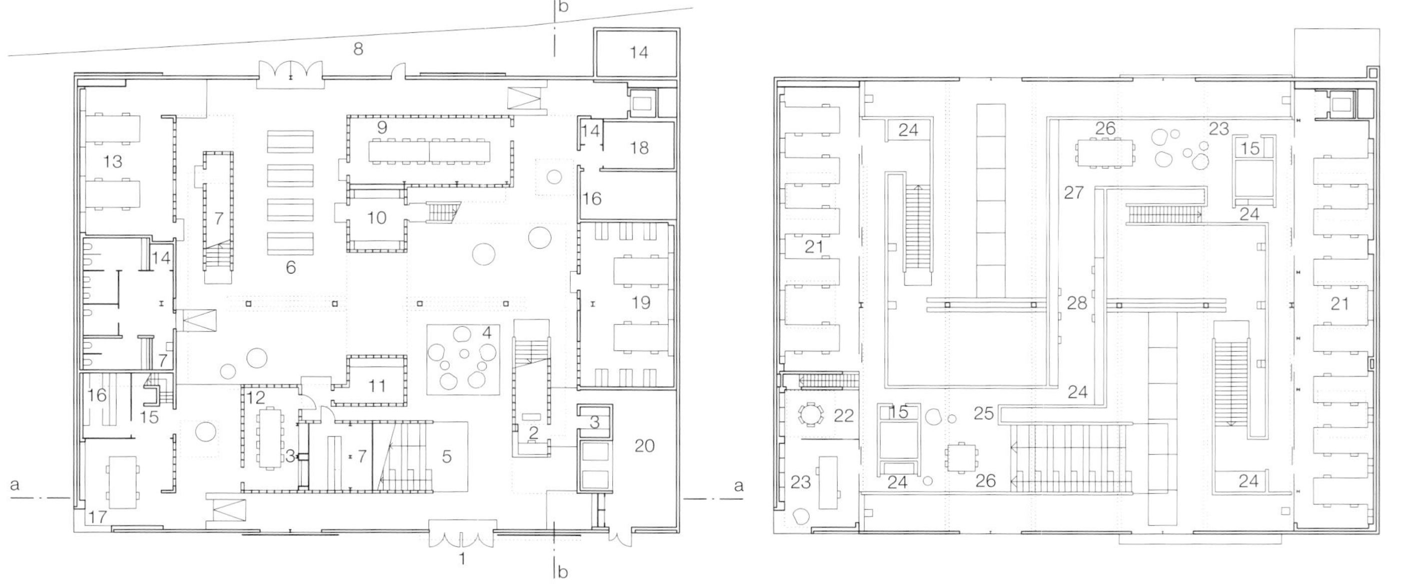

Erdgeschoss / *Ground floor*

Obergeschoss / *Upper level*

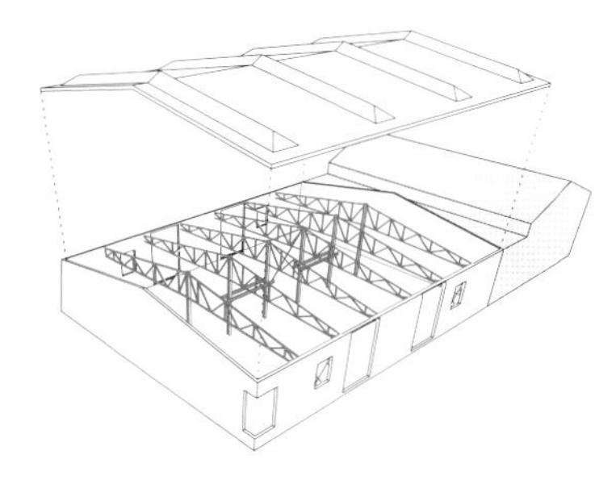

d Sanierung Stahltragwerk
Refurbishment of steel structure

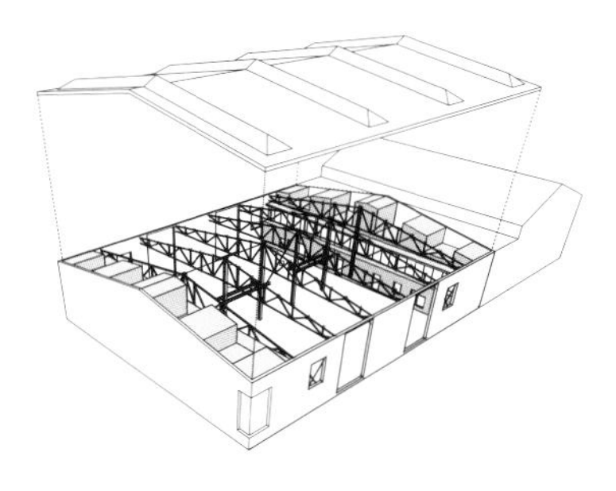

e Arbeitsplätze als eingestellte Boxen
Workplaces in form of inserted cells

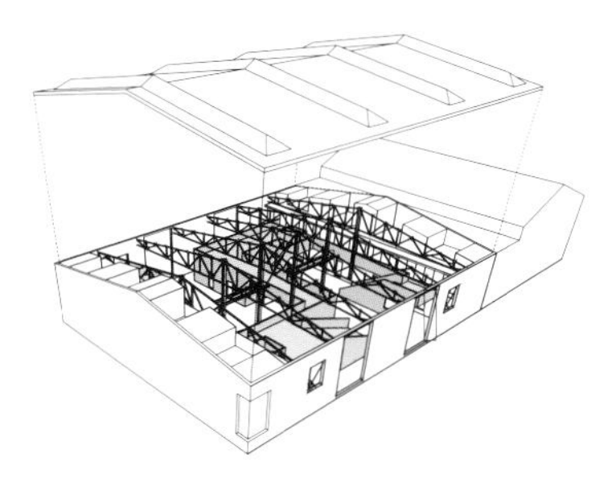

f Erschließungsstege und Meetingbereiche
Access walkways and meeting areas

In the hall of a former steelworks attractively situated on the River Maas, the architects developed an unusual office concept with a loft-like ambience for a partner engineering practice. The building consists of a steel skeleton-frame structure with an outer skin of brick infill panels. For financial reasons, it was not possible to undertake a radical renewal nor to upgrade the energy performance of the building envelope. Instead, the workplaces were designed in the form of air-conditioned boxes. The spatial qualities within the large volume with its impressive steel structure thus remained intact. After removing unattractive smaller annexes, large-area windows were built into the hall. The load-bearing structure was refurbished, and the existing brickwork and screeds were cleaned. Finally, the working spaces were inserted in the form of two-storey cubes with steel skeleton frames.
The offices are located at both ends of the hall. Between them, in the central area, where the temperature is slightly lower, are pavilions with conference spaces and group workplaces, as well as lounge zones, a kitchen and a "picnic area" with simple wooden benches. On the upper level, the working spaces are linked by open access platforms and walkways that provide fascinating views of the surrounding hall structure and of what is going on inside. The existing roof lights and the large new windows ensure that the spaces enjoy ample daylighting as well as a view of the River Maas. The new installations are distinguished by their restrained design and the use of only a few materials: transparent two-layer webbed synthetic panels and sawn timber for the stairs, for example, highlighted in a bold yellow colour.
The diffusely transparent quality of the new elements and their yellow colouration identify them as additions to the original structure, with the outcome that this "playground for engineers" has a stimulating, relaxed atmosphere. In a well-lighted, spacious environment, members of the staff enjoy constant links with the organisational and communicative centre of the hall.

Vertikalschnitte Maßstab 1:20
Vertical sections scale 1:20

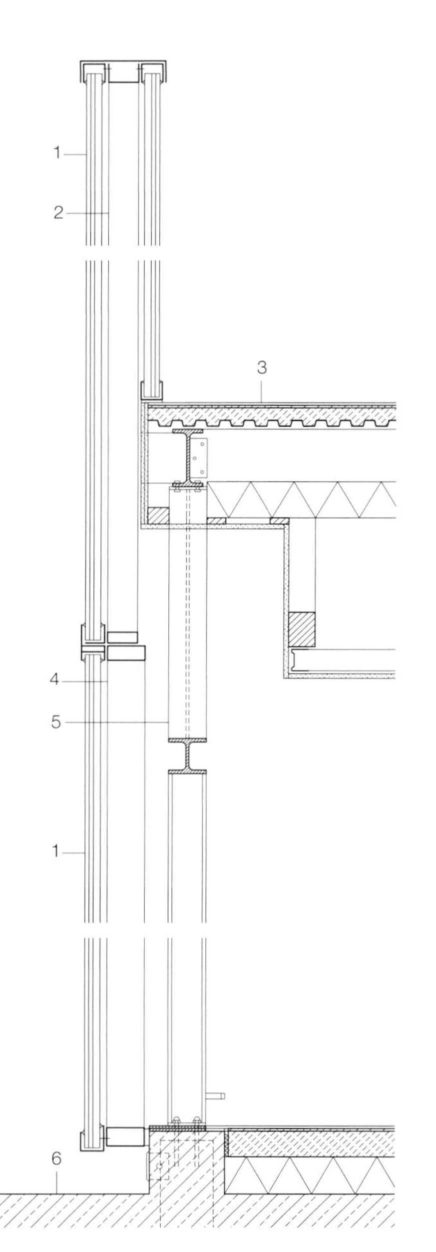

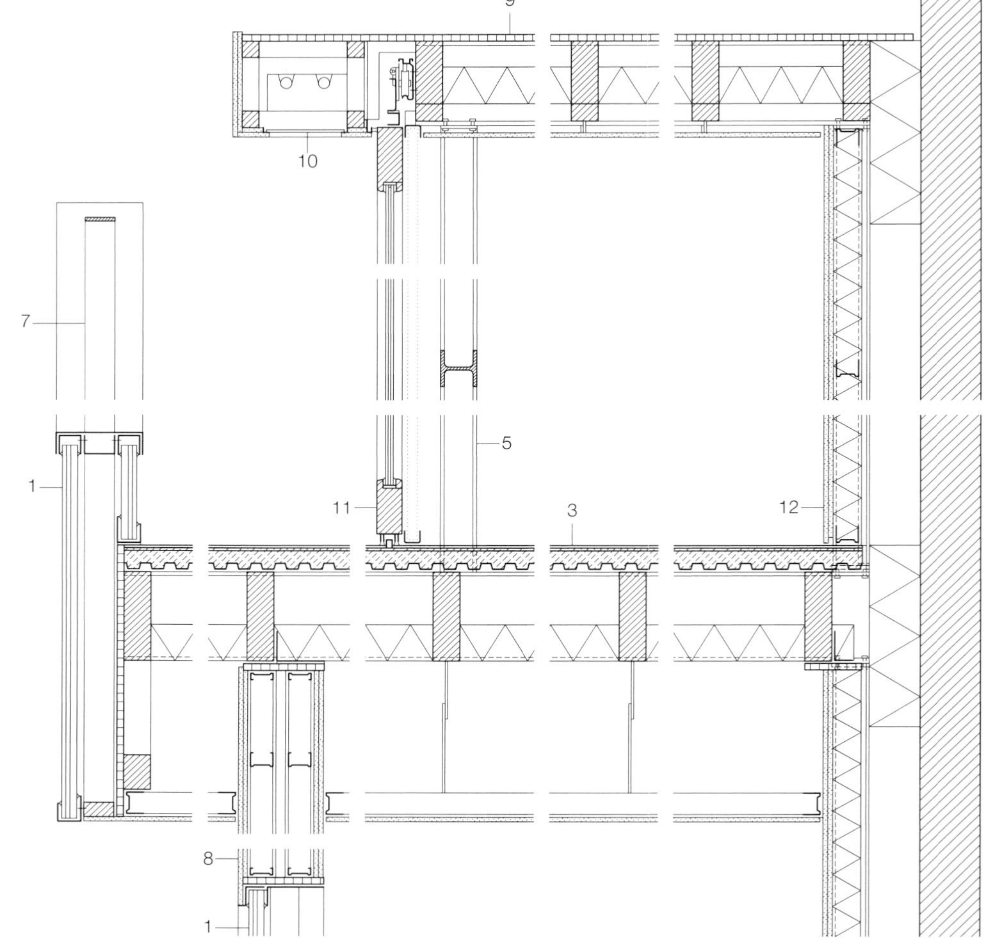

1 Doppelstegplatte Polycarbonat transluzent 40 mm
2 Pfosten Stahlprofil ▭ 80/40/30 mm
3 Belag Vinylgewebe 5 mm, Ausgleichsschicht 5 mm, Zementestrich faserverstärkt auf Trapezblech 50 mm, Holzbalkenlage 71/221 mm/Mineralfaserplatte 100 mm, Luftzwischenraum 357 mm, Metallunterkonstruktion, Gipskartonplatte 12,5 mm
4 Aussteifung Aluminiumprofil ▭ 80/30/3 mm Isolierverglasung in Aluminiumprofilrahmen
5 Stütze Stahlprofil HEA 100
6 Bodenplatte (Bestand) Stahlbeton
7 Geländer Flachstahl 80/10 mm
8 Metallständerwand 225 mm
9 Furniersperrholzplatte 18 mm, Stahlträger HEA 240/Holzbalken 71/171 mm/Mineralfaser 100 mm, Holzunterkonstruktion, Gipskartonplatte 12,5 mm
10 Leuchtenabdeckung Kunststoff transluzent 5 mm
11 Schiebetür Holzrahmen isolierverglast
12 Gipskartonplatte 2× 12,5 mm, Stahlstütze HEA100/ Mineralfaserplatte 100 mm, Mauerwerk (Bestand)

1 40 mm translucent polycarbonate cellular slabs
2 80/40/30 mm steel RHS post
3 5 mm vinyl fabric flooring; 5 mm levelling layer 50 mm fibre-reinforced screed on trapezoidal-section metal sheeting; 71/221 mm timber joists/ 100 mm mineral fibre; 357 mm intermediate space 12.5 mm plasterboard on metal supporting structure
4 80/30/3 mm aluminium bracing section double glazing in aluminium frame
5 steel I-column 100 mm deep
6 reinforced concrete floor slab (existing)
7 80/10 mm steel-flat balustrade
8 225 mm metal stud wall
9 18 mm lam. construction board; steel I-beam 240 mm deep/71/171 mm timber joists/100 mm mineral fibre; wood structure; 12.5 mm plasterboard
10 5 mm translucent plastic light cover
11 sliding door: wood frame with double glazing
12 2× 12.5 mm plasterboard; steel I-column 100 mm deep/100 mm mineral fibre; brickwork (existing)

Bürohaus in Mailand

Office Building in Milan

Architekten • *Architects:*
Park Associati, Mailand
Filippo Pagliani, Michele Rossi

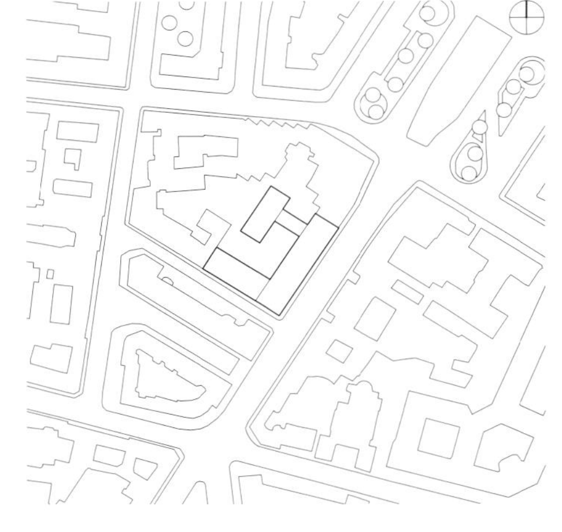

Den meisten Mailändern ist der Verwaltungsbau, der einen gesamten Straßenblock umfasst, als »Palazzo Campari« bekannt. Für die Hersteller des Bitterlikörs hatten ihn die Brüder Ermenegildo und Eugenio Soncini geplant, Eröffnung war im Jahr 1964. Damals galt der Bau als hochmodern und technisch innovativ, heutigen Standards genügte er jedoch nicht mehr. Entsprechend wollte der Eigentümer den hohen Anteil nicht nutzbarer Flächen reduzieren und die Bürogeschosse neu organisieren. So wurden die zuvor als Freibereich oder Durchgang gestalteten Zonen auf Eingangsebene geschlossen und zu einer Bankfiliale ausgebaut. Nur noch ein Zugang zum neu gestalteten Innenhof blieb erhalten. Indem die Architekten die Verkehrsflächen reduzierten, die vertikalen Erschließungen bündelten und Trennwände abbrachen, boten sie eine höhere Flexibilität für die Nutzung künftiger Mieter. So entstanden Büroeinheiten verschiedener Größe, die vom Mieter nach eigenen Vorgaben ausgebaut werden können. Besonderes Augenmerk aber legten die Architekten auf die Fassade. Indem sie die gläserne Haut in großen Bereichen nach außen versetzten, erzielten sie zwei Vorteile: Zum einen wurden insgesamt 360 m² Nutzfläche gewonnen und zum anderen das Problem der Wärmebrücken gelöst, weil die bestehende Stahlkonstruktion komplett im Inneren liegt. So dominieren auf der Westseite graue Glasflächen, in denen sich die historischen Bauten der Umgebung spiegeln. Die Hauptfassade hingegen ist im Vergleich zu früher stärker profiliert: Dort wurde die Glasebene nach innen gerückt, und das komplette Fassadentragwerk liegt frei. Die neue Gliederung ist durch Metallpaneele, die mit den Glasflächen alternieren, komplexer geworden. Doch ist der Bezug zum Vorgänger noch deutlich spürbar. So sieht man dem Gebäude seine Entstehungszeit auch nach der Sanierung an, dem Nutzer bietet es mit seinem LEED-Gold-Siegel jedoch deutlich mehr Komfort und erheblich niedrigere Unterhaltskosten. DETAIL 05/2014

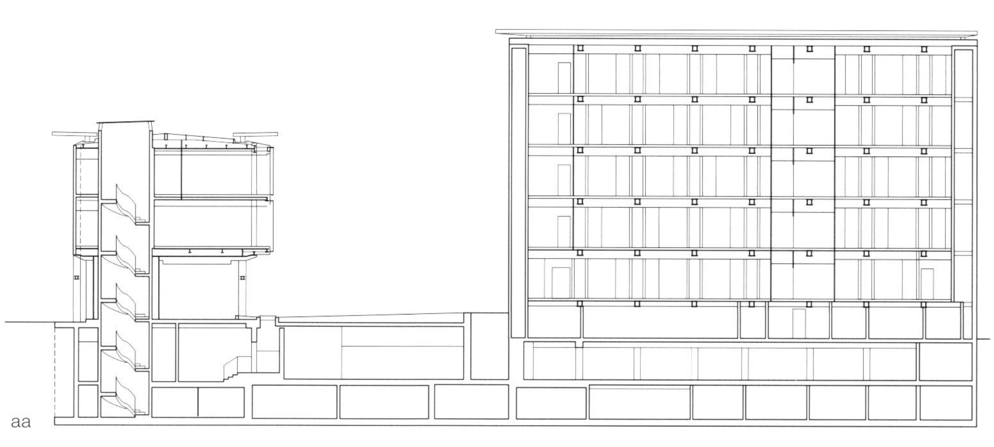

Most Milanese are familiar with Palazzo Campari, an office building planned by Ermenegildo and Eugenio Soncini. Upon completion in 1964 it was considered ultra-modern and technologically innovative, but it doesn't meet contemporary standards: it has a high ratio of non-programmed spaces and rigid organisation of the office levels. Zones that had been articulated as outdoor spaces and the passage on the ground level were converted to commercial use. Only one of the entrances to the re-designed courtyard was retained. By reducing the circulation's surface area and reorganising lifts and stairs, the architects were able to provide a high degree of flexibility for future occupants. Office units of varying size are now available. The architects devoted special attention to the facade. Two improvements were achieved by repositioning large segments of the glazed skin outward: first, a total of 360 m² net surface area was gained, and second, owing to the fact that the complete original steel construction is now within the building envelope, the thermal bridge problem was solved. On the west side, grey-toned glass surfaces, which reflect the historic buildings surrounding it, predominate. On the south side, in contrast, the facade's bas-relief is more marked than in the original state: here the plane of glass was shifted inward and the entire facade structure bared. Nevertheless, following the refurbishment, the spirit of the 1960s is still palpable.

Lageplan
Maßstab 1:5000

Schnitt
Grundriss Standardgeschoss
Maßstab 1:500

1 Serverraum
2 Pausenraum
3 Telefonkabine
4 Besprechungsraum
5 Großraumbüro
6 Gruppenbüro
7 Einzelbüro

Site plan
scale 1:5,000

Section
Layout plan
Typical floor
scale 1:500

1 Server
2 Break room
3 Telefone booth
4 Conference room
5 Open-plan office
6 Group office
7 Individual office

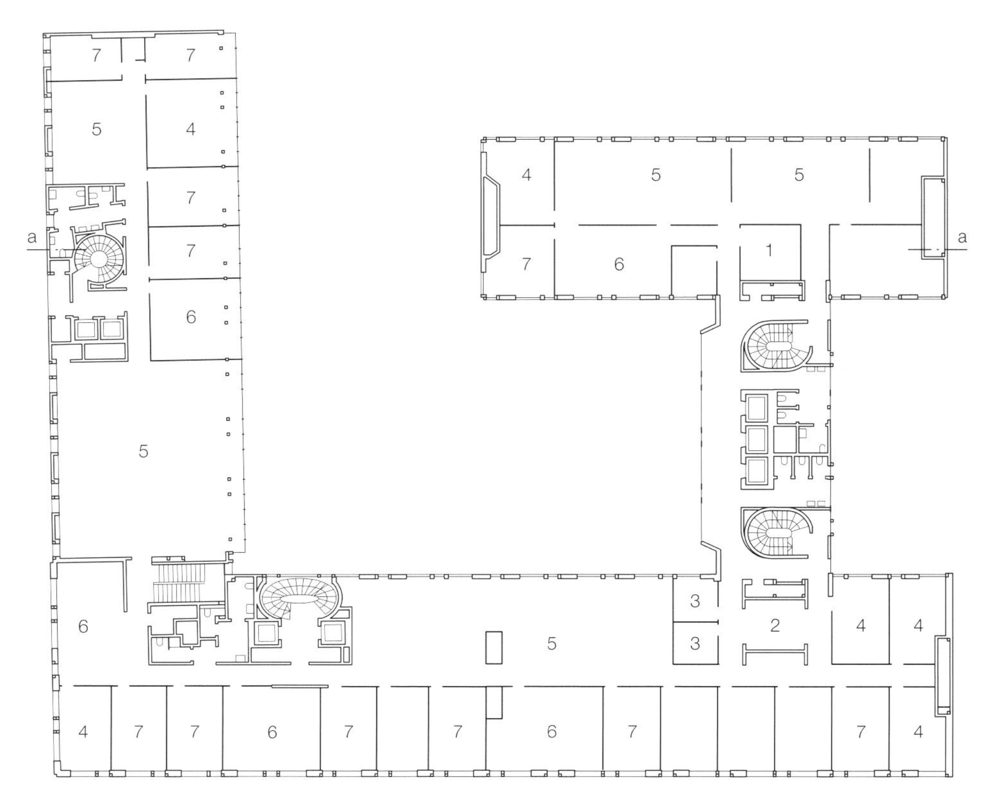

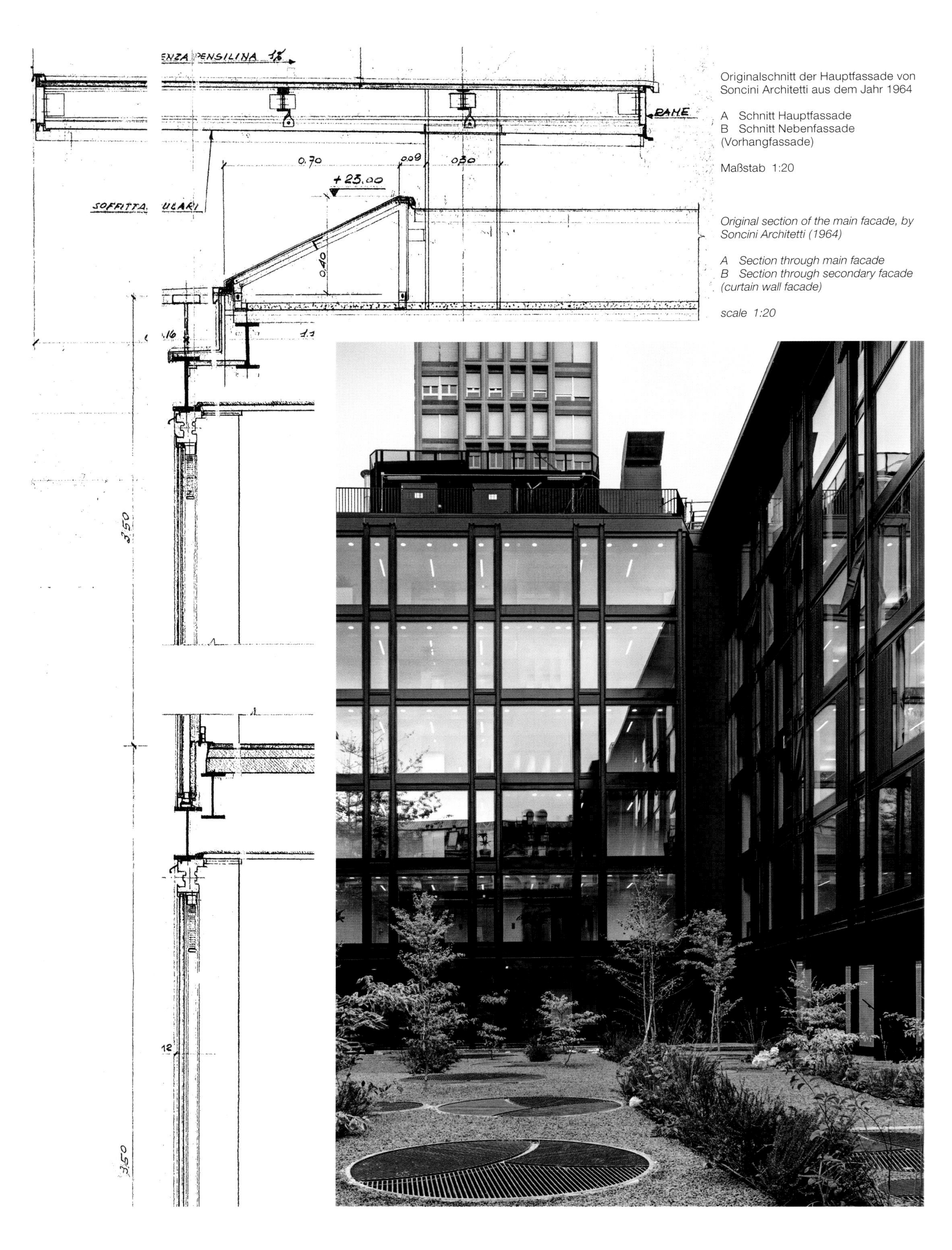

Originalschnitt der Hauptfassade von Soncini Architetti aus dem Jahr 1964

A Schnitt Hauptfassade
B Schnitt Nebenfassade (Vorhangfassade)

Maßstab 1:20

Original section of the main facade, by Soncini Architetti (1964)

A Section through main facade
B Section through secondary facade (curtain wall facade)

scale 1:20

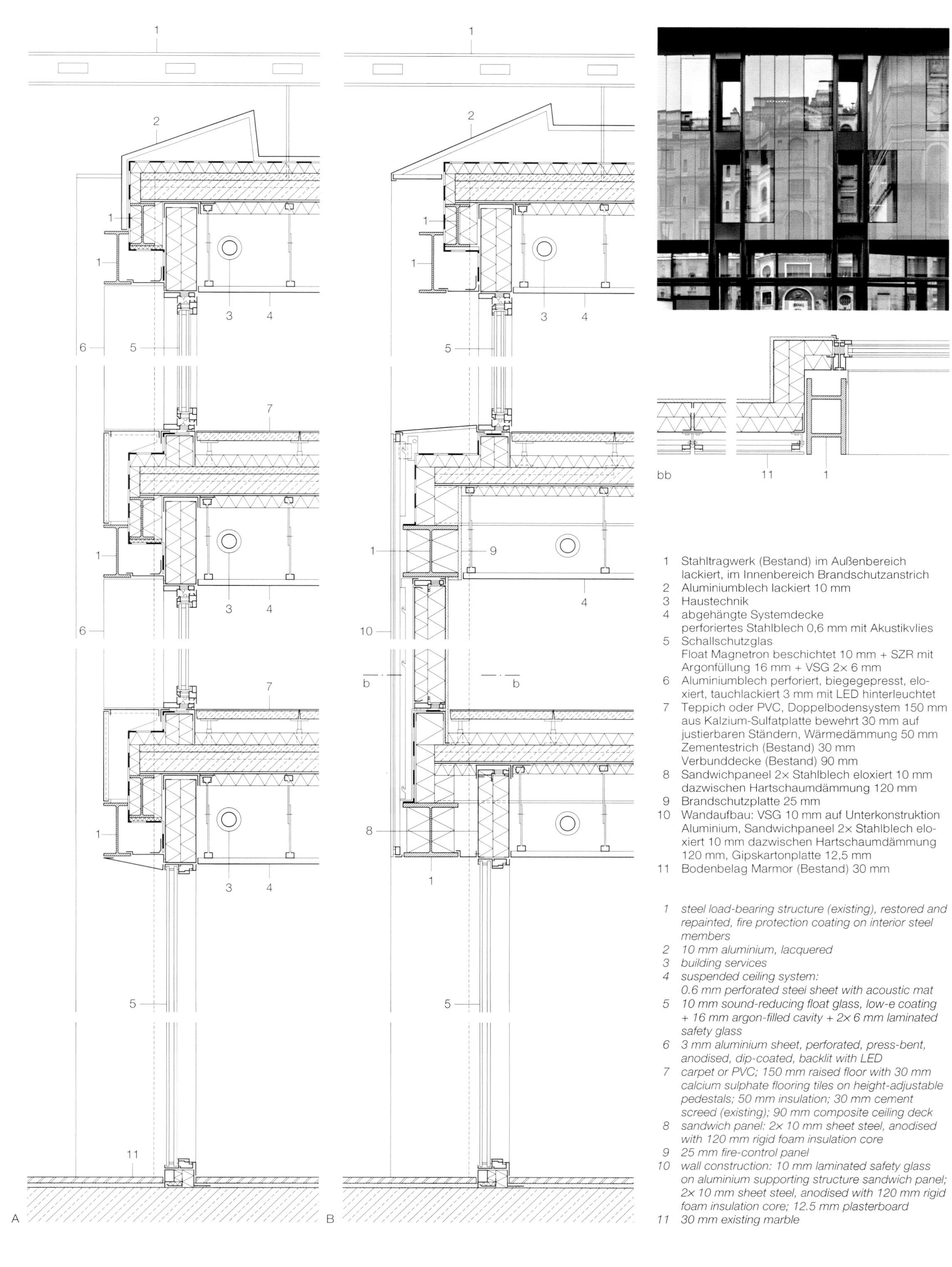

1 Stahltragwerk (Bestand) im Außenbereich lackiert, im Innenbereich Brandschutzanstrich
2 Aluminiumblech lackiert 10 mm
3 Haustechnik
4 abgehängte Systemdecke perforiertes Stahlblech 0,6 mm mit Akustikvlies
5 Schallschutzglas Float Magnetron beschichtet 10 mm + SZR mit Argonfüllung 16 mm + VSG 2× 6 mm
6 Aluminiumblech perforiert, biegegepresst, eloxiert, tauchlackiert 3 mm mit LED hinterleuchtet
7 Teppich oder PVC, Doppelbodensystem 150 mm aus Kalzium-Sulfatplatte bewehrt 30 mm auf justierbaren Ständern, Wärmedämmung 50 mm Zementestrich (Bestand) 30 mm Verbunddecke (Bestand) 90 mm
8 Sandwichpaneel 2× Stahlblech eloxiert 10 mm dazwischen Hartschaumdämmung 120 mm
9 Brandschutzplatte 25 mm
10 Wandaufbau: VSG 10 mm auf Unterkonstruktion Aluminium, Sandwichpaneel 2× Stahlblech eloxiert 10 mm dazwischen Hartschaumdämmung 120 mm, Gipskartonplatte 12,5 mm
11 Bodenbelag Marmor (Bestand) 30 mm

1 steel load-bearing structure (existing), restored and repainted, fire protection coating on interior steel members
2 10 mm aluminium, lacquered
3 building services
4 suspended ceiling system: 0.6 mm perforated steel sheet with acoustic mat
5 10 mm sound-reducing float glass, low-e coating + 16 mm argon-filled cavity + 2× 6 mm laminated safety glass
6 3 mm aluminium sheet, perforated, press-bent, anodised, dip-coated, backlit with LED
7 carpet or PVC; 150 mm raised floor with 30 mm calcium sulphate flooring tiles on height-adjustable pedestals; 50 mm insulation; 30 mm cement screed (existing); 90 mm composite ceiling deck
8 sandwich panel: 2× 10 mm sheet steel, anodised with 120 mm rigid foam insulation core
9 25 mm fire-control panel
10 wall construction: 10 mm laminated safety glass on aluminium supporting structure sandwich panel; 2× 10 mm sheet steel, anodised with 120 mm rigid foam insulation core; 12.5 mm plasterboard
11 30 mm existing marble

Kantonsschule in Chur

Cantonal School in Chur

Architekten • *Architects*:
Pablo Horváth, Chur
Tragwerksplaner • *Structural engineers*:
Widmer Ingenieure und
Bänziger Partner, Chur

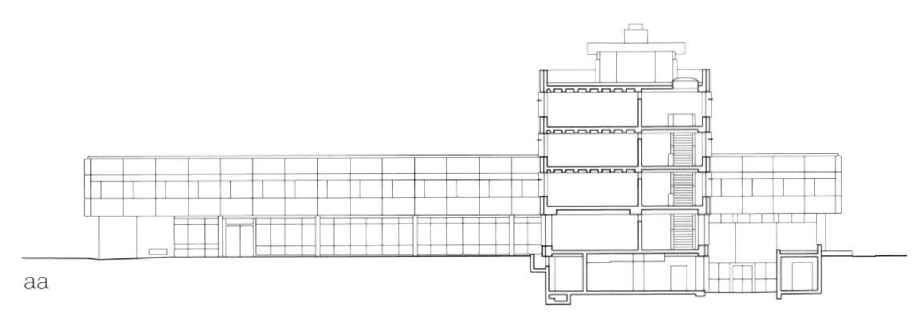

Schnitt
Maßstab 1:750
Lageplan
Maßstab 1:4000

Section
scale 1:750
Site plan
scale 1:4,000

Nach Abschluss der zweijährigen Sanierungsarbeiten an der Kantonsschule Clerc in Chur nimmt der beiläufige Blick des Passanten das zurückgestutzte Grün der Außenanlagen als einzige Neuerung wahr. Unverändert scheint das plastische Relief der Betonfassade mit den vor- bzw. zurückgesetzten Stützen sowie den markanten Brise Soleils. Ebenso vertraut ist das spannungsvolle Fugenbild der horizontal oder vertikal strukturierten Fassadenelemente. Nur dem Fachmann erschließen sich die breiteren Ansichtskanten der Vorsatzschalen an den Gebäudeecken als Hinweis auf die weitgehenden Eingriffe, im Zuge derer die Fassade komplett ausgetauscht wurde. Das ehemalige Bündner Lehrerseminar wurde 1962–64 von Andres Liesch erbaut und gilt heute als ein herausragendes Beispiel der Schweizer Nachkriegsmoderne. Die Gebäudestruktur besteht aus einem aufgeständerten, liegenden »Spezialtrakt«, an den auf der Straßenseite die kleinere Aula und rückwärtig der stehende Quader des Klassentraktes anschließen.
Für die zukünftige Ausrichtung auf musische und gestalterische Fächer musste das Gebäude dem heutigen Stand der Technik angepasst werden. Zu diesem gehören auch die Einhaltung des Minergie-Standards, also effektive Wärmedämmung und kontrollierte Lüftung, sowie Maßnahmen zu Brandschutz und Erdbebensicherheit. Vor dem Anbringen einer Wärmedämmung mussten die an die Ortbetonstruktur angegossenen Betonelemente der gesamten Fassade abgebrochen werden. Neue, um 20 cm Dämmstärke nach außen versetzte Fertigteile übernehmen Fugenbild und Oberflächenstruktur der Originalfassade, entsprechen aber in der Dicke den heutigen Normen für Betonüberdeckungen. Das geringfügige Anheben der Brüstung bleibt durch feines Austarieren der Proportionen für das Auge unsichtbar. Beim viergeschossigen Klassentrakt hätten vorgehängte Einzelelemente aufgrund ihrer veränderten Lage und Dicke die alte Tragstruktur überlastet. Deswegen wurde hier die Außenhaut über die gesamte Höhe als selbsttragende Scheibe vor die bestehende Konstruktion gestellt. Moderne Holz-Metall-Rahmen ersetzen die alten Holzfenster in der gleichen filigranen Profilbreite. Im Inneren wurde eine zweiläufige Treppe als zusätzlicher Fluchtweg und gezielt angeordnete Stahlbetonwände zur Verbesserung der Erdbebensicherheit eingefügt. Dabei orientieren sich alle neuen Bauteile gestalterisch eng am Bestand. Auch in der Schweiz stößt die Moderne der 1960er-Jahre nicht auf ungeteilte Gegenliebe. In diesem Fall jedoch wurden die Qualitäten des Bauwerks rechtzeitig erkannt und durch den respektvollen Umgang mit der Substanz für die nächsten Dekaden erhalten. DETAIL 05/2014

Following a two-year refurbishment, a passerby might think that the school's greenery had merely been pruned. The concrete facade's bas-relief, consisting of projecting and recessed columns, and the striking brise-soleil both seem unchanged. Upon closer inspection, for example, at the corners, one will notice the greater width of the facing masonry – evidence of a more profound intervention. In fact, the entire facade has been replaced. The school, an outstanding example of post-war Swiss modernism, was designed by Andres Liesch and erected in 1964/65. The massing has three parts. A low-rise wing for specialised classrooms rests atop pilotis; it is abutted streetside by the smaller assembly space and on the back by the classroom wing. The technical infrastructure was updated to ready the school for its future specialty: music and art instruction. This included measures to attain the Minergie standard (high-performance insulation and controlled ventilation), but also to improve fire safety (a new stair) and earthquake safety (strategically placed concrete walls). The original in-situ concrete facade was removed; now prefabricated units replicate its surface texture and arrangement of joints. However, to comply with current concrete cover standards, they are now thicker. The 4-storey classroom wing's load-bearing structure could not support the additional weight of thicker units. Here the skin is self-supporting and extends the entire height of the building.

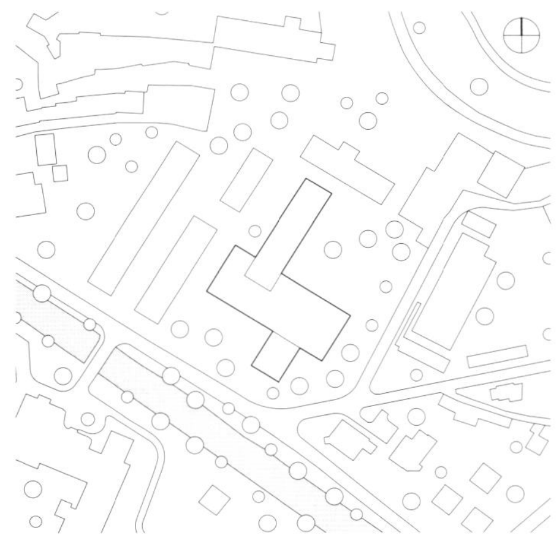

Grundrisse
Maßstab 1:750
Schnitt Treppenpodest
Maßstab 1:10

Layout plans
scale 1:750
Section through landing
scale 1:10

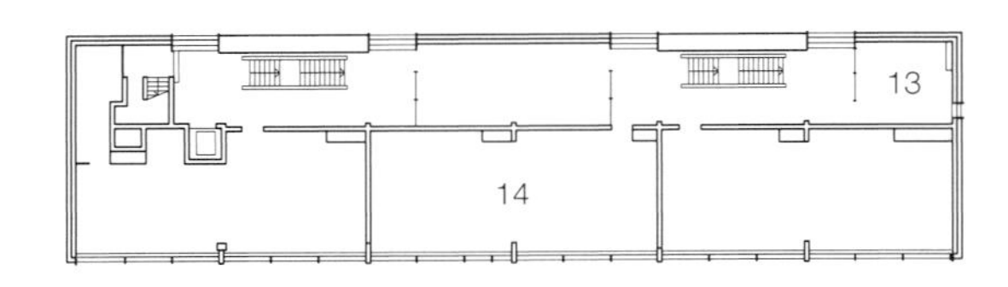

3. Obergeschoss / *Third floor*

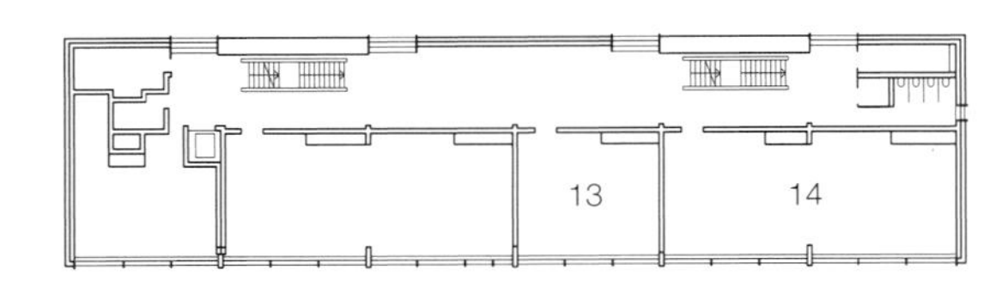

2. Obergeschoss / *Second floor*

1	Eingang	*1*	*Entrance*
2	Garderobe	*2*	*Lockers*
3	Halle	*3*	*Hall*
4	Aula	*4*	*Assembly hall*
5	Handarbeitsraum	*5*	*Crafts room*
6	Instrumentalunterr.	*6*	*Musical instruments*
7	Lehrerzimmer	*7*	*Teachers' room*
8	Büro	*8*	*Office*
9	Mehrzweckraum	*9*	*Multi-purpose room*
10	Musikzimmer	*10*	*Music room*
11	Computerraum	*11*	*Computer room*
12	Klassenzimmer	*12*	*Classroom*
13	Gruppenraum	*13*	*Group room*
14	Bildnerisches Gest.	*14*	*Art classroom*

In den Klassenzimmern wurden die Oberflächen komplett erneuert, einige Zimmer sind zu Werkräumen für bildnerisches Gestalten zusammengefasst.

In the classrooms all surfaces were renovated; larger spaces required for art class were attained by combining a number of smaller rooms.

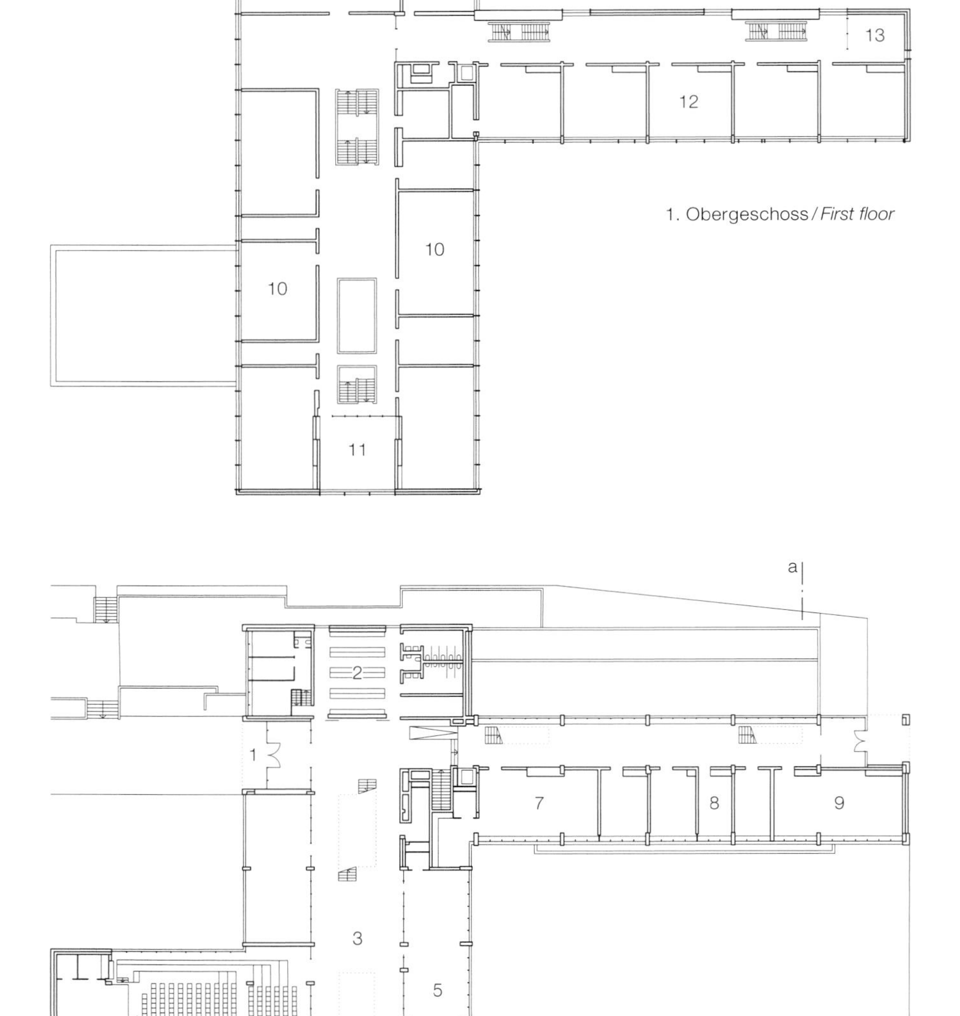

1. Obergeschoss / *First floor*

Erdgeschoss / *Ground floor*

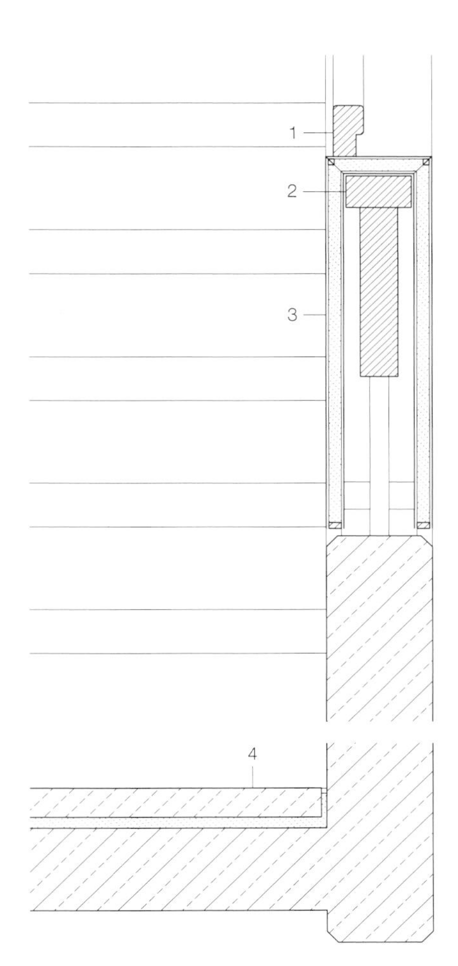

1 Handlauf Eiche gefräst 40/70 mm
2 Montagekantholz 100/50 mm
3 Gipsfaserplatte Eiche furniert 20 mm
Stahl- / Holzgeländer (Bestand)
Gipsfaserplatte Eiche furniert 20 mm
4 Treppenpodest (Bestand):
Kunststeinplatten 40 mm
Mörtelbett 15 mm
Stahlbeton 120 mm

1 40/70 mm oak handrail, milled
2 100/50 mm squared timber
3 20 mm gypsum fibreboard, oak veneer
steel/ wood balustrade (existing)
20 mm gypsum fibreboard, oak veneer
4 landing (existing):
40 mm cast stone slabs
15 mm mortar base
120 mm reinforced concrete

Die Gegenüberstellung der Halle vor und nach der Sanierung zeigt die fast unveränderte Atmosphäre des durch Sichtbeton, Kunststein, Holz, Glas und Linoleum geprägten Raums. Selbst die kugelförmigen Pendelleuchten wurden erhalten.
Die bestehenden Geländer der Haupttreppe dienen als Unterkonstruktion für die neuen, aus baurechtlichen Gründen notwendig gewordenen geschlossenen Brüstungen aus Eiche.

The juxtaposition of photos from before and after the refurbishment shows the nearly unaltered atmosphere, which is characterised by exposed concrete, cast stone, wood, glass and linoleum. Even the spherical pendant lights have been reused.
The main stair's existing railings serve as the supporting structure for the new, solid balustrades – which are now clad in oak veneer – that comply with the current building code.

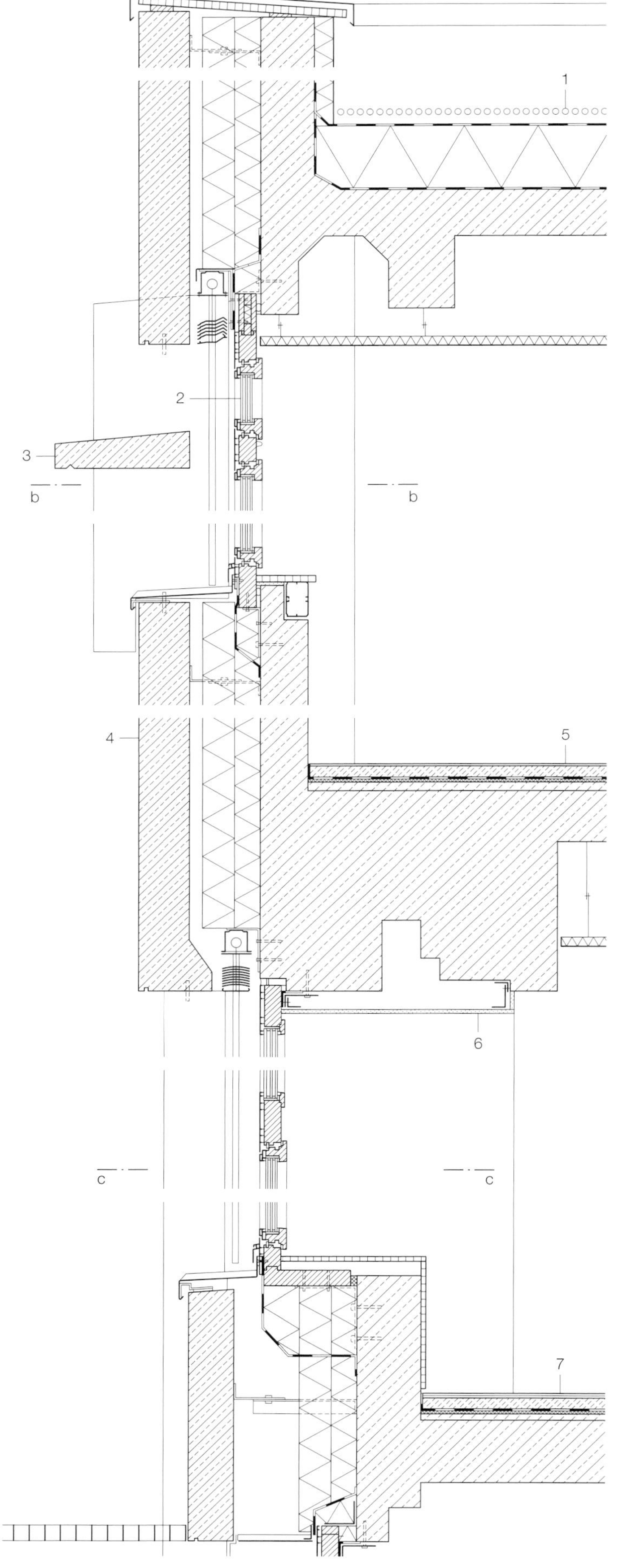

In der Detailansicht der Fassade weist zunächst nur die Oberflächenqualität des Betons auf die Sanierung hin.

1 Kies 50 mm
Dachdichtung Bitumenbahn
Wärmedämmung Schaumglas im Gefälle 80–200 mm
Dampfsperre
Stahlbetonrippendecke (Bestand) 250/480 mm; abgehängte Systemdecke, perforiertes Stahlblech 0,6 mm, mit Akustikvlies
2 Dreifachverglasung ESG 6 + SZR 14 mm + Float 4 mm + SZR 14 mm + ESG 4 mm in Holz-Aluminium-Rahmen
3 Brise Soleil Stahlbetonfertigteil 420/120 mm
4 Brüstungselement Stahlbetonfertigteil 160 mm an Edelstahlankern
Hinterlüftung 40 mm
Wärmedämmung Mineralwolle 180 mm
Stahlbeton 150 mm (Bestand)
5 Linoleum 5 mm verklebt
Zementestrich 35 mm, PE-Folie
Trittschalldämmung 10 mm
zementgebundene Ausgleichsschicht 30 mm
Stahlbetondecke (Bestand) 165 mm
6 Verkleidung Gipskarton 12,5 mm
7 Parkett 15 mm verklebt
Zementestrich 35 mm, PE-Folie
Trittschalldämmung 10 mm
Ausgleichsestrich 20 mm
Stahlbetondecke (Bestand) 200 mm
8 Fassadenstütze Stahlbetonfertigteil 300/420 mm
9 Fassadenpfosten Stahlbetonfertigteil 120/420 mm
10 Verstärkung Fensterrahmen: Vekleidung Aluminiumblech 2 mm
Aluminiumprofil 50/105 mm

In the detail view of the facade, at first glance only the surface quality of the concrete alludes to the refurbishment.

1 50 mm gravel; bituminous roof seal
80–200 mm foam glass thermal insulation to falls
vapour barrier
250/480 mm ribbed concrete floor deck (existing); suspended ceiling system: 0.6 mm perforated steel sheet with acoustic mat
2 triple glazing: 6 mm toughened glass + 14 mm cavity + 4 mm float + 14 mm cavity + 4 mm toughened glass in wood-aluminium frame
3 brise soleil: 420/120 mm precast concrete unit
4 160 mm precast concrete unit spandrel on stainless-steel anchors
40 mm ventilated cavity; 180 mm mineral-wool thermal insulation
150 mm reinforced concrete (existing)
5 5 mm linoleum, glued
35 mm cement screed; polythene membrane; 10 mm impact-sound insulation; 30 mm cement-bound levelling compound; 165 mm reinforced concrete deck (existing)
6 12.5 mm plasterboard cladding
7 15 mm parquet, glued
35 mm cement screed; polythene membrane; 10 mm impact-sound insulation; 20 mm levelling screed
200 mm reinforced concrete deck (existing)
8 facade columns: 300/420 mm precast concrete unit
9 facade posts: 120/420 mm precast concrete unit
10 reinforcement of window frames: 2 mm aluminium-sheet cladding 50/105 mm aluminium profile

Vertikalschnitt
Horizontalschnitte
Maßstab 1:20

Vertical section
Horizontal sections
scale 1:20

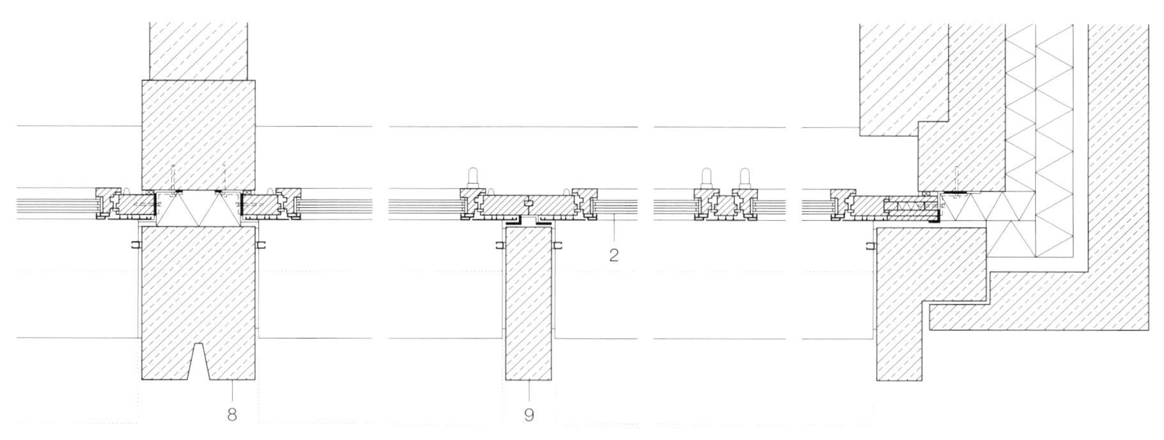

bb

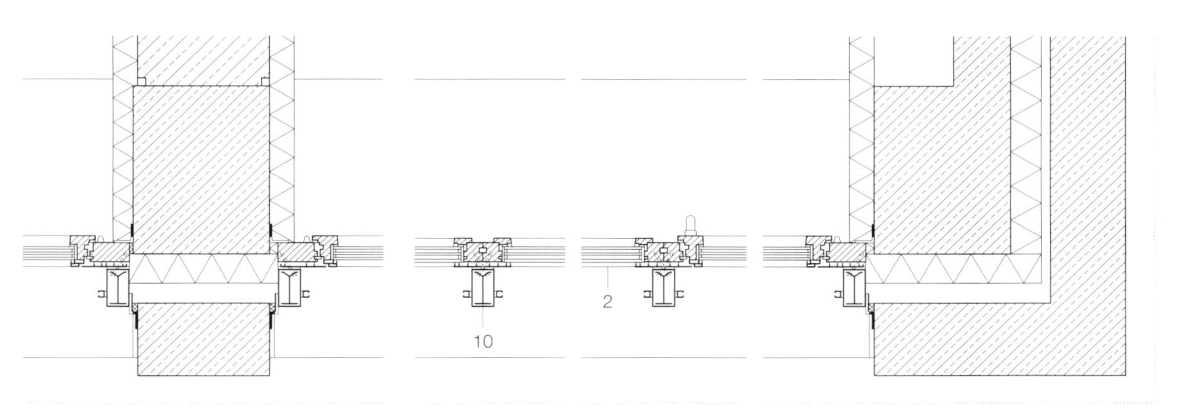

cc

Filmzentrum in Madrid

Film Centre in Madrid

Architekten • *Architects*:
Churtichaga + Quadra-Salcedo, Madrid
Josemaría de Churtichaga,
Cayetana de la Quadra-Salcedo
Tragwerksplaner • *Structural engineers*:
Euteca, Madrid

In den letzten Jahren hat sich das Matadero-Gelände mit den von 1907 bis 1927 errichteten Hallen des ehemaligen städtischen Schlachthofs von Madrid zu einem Campus für Kreativkultur gewandelt. Für die Umwandlung der Nordost-Ecke des Komplexes zu einem Filmzentrum setzten die Architekten ein außergewöhnliches Konzept um, das mit seinem raffinierten innenräumlichen Spiel von hell und dunkel in direktem Bezug zur Filmkunst steht. Das aus mehreren verbundenen Gebäuden bestehende Filmzentrum, das sich vor allem dem Dokumentar- und Experimentalfilm widmet, umfasst neben einem Filmarchiv zwei Vorführsäle, Film- und Fernsehstudios mit Büroräumen sowie eine Bar und einen Hof für sommerliches Freiluftkino. Um die kraftvolle Atmosphäre der Bestandsgebäude mit ihren Natursteinfassaden und gemauerten Ziegelbändern erhalten und in die Umgestaltung integrieren zu können, wurden umfangreiche Reparaturen wie der Einsatz zusätzlicher Pfähle zur Fundamentverstärkung oder rissstabilisierender Stahleinlagen in den Wänden durchgeführt sowie neue Stahlbetondecken eingebracht. Die neuen Einfügungen setzen sich gegenüber dem Bestand mit dunklen Böden, Decken und Wandbekleidungen ab. Vor allem aber prägt ein zusätzliches markantes Element die Innenräume: Flechtwerke aus Kunststoffschläuchen über einem Gerüst aus stählernen Rundstäben fassen den schmalen Treppen- und Luftraum der Archivgeschosse und kleiden in Form riesiger Körbe Wände und Decken der Kinosäle aus. Entlang der tragenden Stahlstäbe eingearbeitete LEDs lassen das über drei Etagen reichende Geflecht in den Archivräumen orangefarben leuchten und versehen die umlaufenden Regale mit einem Schimmer warmen Lichts. In das dunkelgraue Geflecht des großen Kinosaals sind ebenfalls LEDs eingearbeitet, die dem Raum bis zum Vorstellungsbeginn einen geheimnisvollen Schimmer verleihen. Nach dem Film bietet sich ein Besuch in der Bar Cantina an, in der die ursprüngliche Atmosphäre des alten Schlachthauses am stärksten spürbar geblieben ist. DETAIL 04/2013

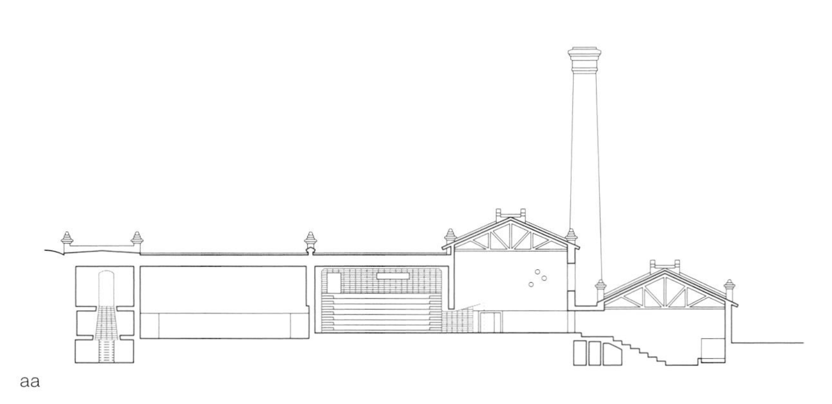
aa

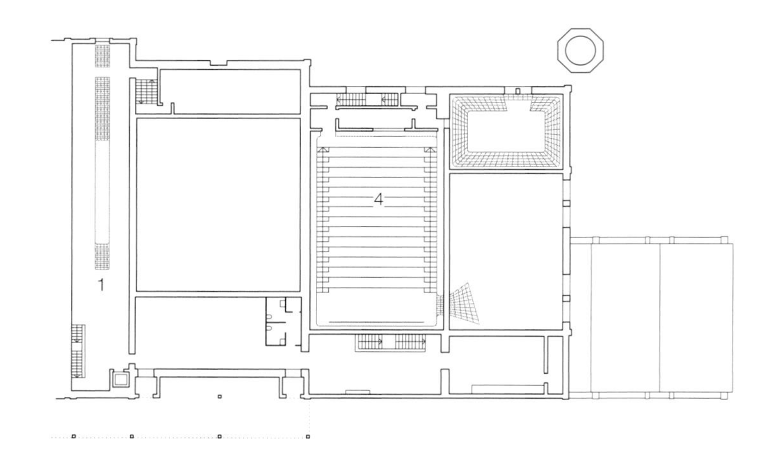

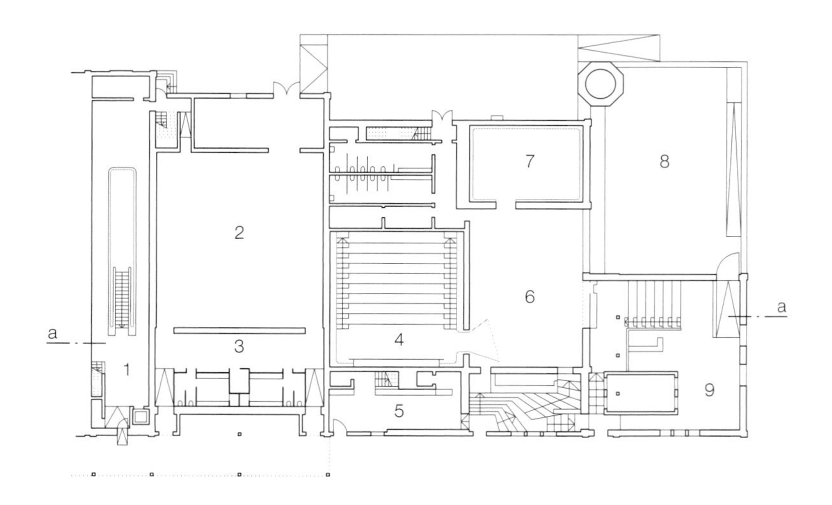

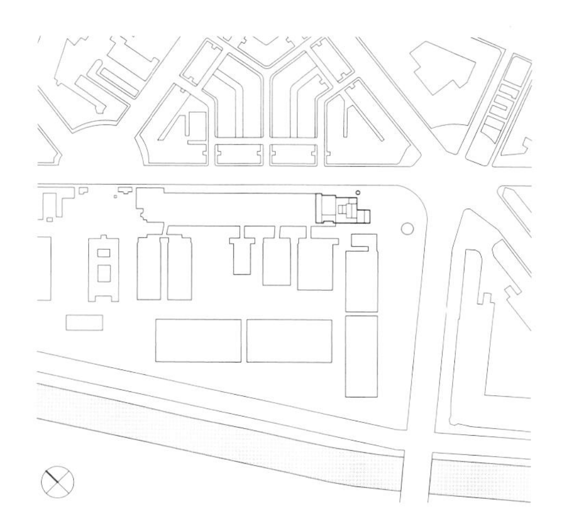

In recent years, the Matadero site, on which the municipal slaughterhouse once stood, has been converted into a campus for creative culture.
To transform one section into a film centre, the architects implemented a concept that involved an interplay of light and dark internally. The complex, consisting of a number of linked buildings, contains two projection halls, film and TV studios with offices, a bar and a courtyard for open-air showings as well as a film archive. To retain the appearance of the existing buildings with their stone facades and brick banding and to integrate these in the new design, numerous repairs were carried out, the foundations were reinforced with piles, steel inlays were placed in the walls to prevent cracking and new concrete floors were inserted. A trelliswork of plastic tubes over a framing of steel rods was used to flank the narrow staircase and the space above the archive, as well as cladding the walls and ceilings of the cinema halls like huge baskets. LEDs worked into the construction along the load-bearing rods make the woven tubes gleam with warm orange light over three floors to the archive spaces and lend a mysterious shimmer to the dark grey woven walls of the large cinema hall before performances. After the film, a visit to the Bar Cantina allows guests to feel something of the original spatial atmosphere of the former slaughterhouse.

Schnitte • Grundrisse
Maßstab 1:750
Lageplan
Maßstab 1:10000

1 Filmarchiv
2 Film-/Fernsehstudio
3 Büros
4 großer Kinosaal
5 Eingang Kino/Ticketverkauf
6 Vestibül/Multifunktionssaal
7 kleiner Kinosaal
8 Hof/Freiluftkino
9 Bar Cantina

Sections • Floor plans
scale 1:750
Site plan
scale 1:10,000

1 Film archive
2 Film/TV studio
3 Office area
4 Large cinema
5 Cinema entrance/Box office
6 Vestibule/Multifunctional hall
7 Small cinema
8 Courtyard/Open-air cinema
9 Bar Cantina

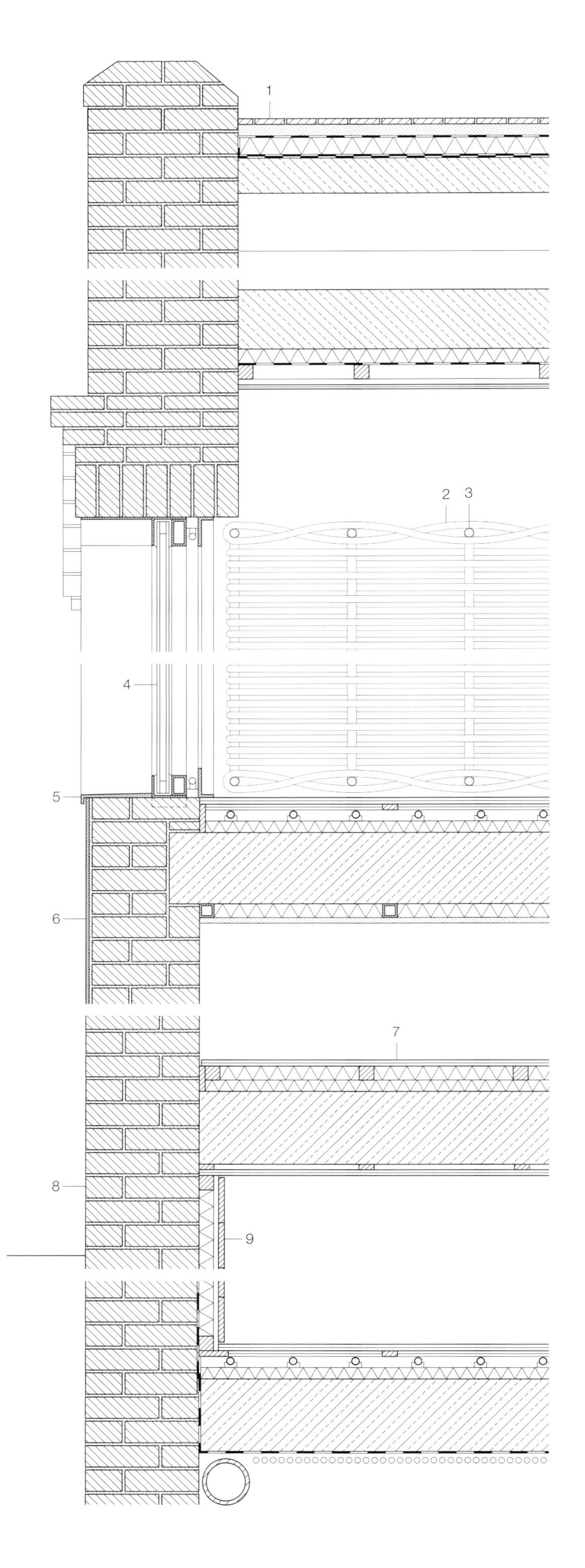

Vertikalschnitt
Maßstab 1:20

Vertical section
scale 1:20

1 Terrakottakacheln 20 mm
Mörtelbett 40 mm, Geotextil
Hartschaumplatte 60 mm
Abdichtung zweilagig
Decke Stahlbeton 120 mm
(Bestand)
2 Kunststoffschlauch ⌀ 25 mm
3 Stahlrohr ⌀ 30 mm
4 Isolierverglasung Float 8 mm
+ SZR 15 mm + VSG 8 mm
in Stahlprofilrahmen
5 Stahlblech 10 mm
6 Stahlblech im Fensterbereich
Mauerwerk 360 mm
7 Holzdielen 20 mm,
Mineralfaser 50 mm
Trittschalldämmung 40 mm
Stahlbeton 250 mm
Holzbekleidung grau 20 mm
8 Mauerwerk (Bestand) saniert
9 Holzbekleidung grau 20 mm
Hartschaumplatte 50 mm

1 20 mm terracotta tiles
40 mm bed of mortar
geotextile layer
60 mm rigid-foam slab
two-layer seal; 120 mm
existing reinf. conc. roof
2 ⌀ 25 mm plastic tube
3 ⌀ 30 mm steel tube
4 8 mm float glass + 15 mm cavity
+ 8 mm lam. safety glass in
steel section frame
5 10 mm sheet-steel sill
6 sheet steel beneath window
360 mm brick wall
7 20 mm wood boarding
50 mm mineral fibre
40 mm impact-sound insulation
250 mm reinf. conc. floor
20 mm grey wood cladding
8 existing brickwork (refurbished)
9 20 mm grey wood cladding
50 mm rigid-foam slab

Schwimmhalle in Paris

Indoor Pool in Paris

Architekten • *Architects*:
YOONSEUX architectes, Paris
Philippe Yoonseux, Kyunglan Yoonseux
Tragwerksplaner • *Structural engineers*:
étha, Paris
David Fèvre

Im Herzen des 19. Pariser Arrondissements verwandeltenn die Architekten das Innere eines in die Jahre gekommenen städtischen Sportzentrums in einen atmosphärischen Raum, der neue visuelle, sensorische und taktile Qualitäten bietet. Das Raumprogramm umfasst einen Pool, Dusch- und Sanitärbereiche, Umkleiden sowie verschiedene Verbindungs- und Erschließungsräume. Aufgrund der Baufälligkeit vergab die Stadt Paris den Auftrag zur Modernisierung und technischen Aufrüstung der Schwimmhalle aus den 1970er-Jahren. Das Ergebnis ist jedoch mehr als eine simple Sanierung. Als Antwort auf die Enge des ursprünglichen Raums und das Fehlen einer attraktiven Aussicht schaffen die Architekten fließende Räume mit spannenden Oberflächen und einem völlig neuen Farbkonzept. Das Weiß der Decke und Wände, das Spiel mit künstlichem Licht, die Reflexion der Spiegelwände und die Transparenz der Glaswand wirken wie eine räumliche Ausdehnung. Die Konzentration auf ein einziges Material, optisch fugenlos verarbeitet, schafft einen einheitlichen und ruhigen Raumeindruck. Zugleich bietet der dreidimensional thermoplastisch verformbare Mineralwerkstoff die Möglichkeit eines vielseitigen Formenspiels. Für ein haptisches Erlebnis sorgt vor allem die glatte, von einer reliefartigen Blasenstruktur überzogene Wandoberfläche im Farbton Arktisch-Weiß, die teilweise, z. B. im Duschbereich, durch entsprechende Beleuchtung in ein leichtes Rosa getaucht ist. Im Kontrast dazu steht der schwarze matte Bodenbelag mit Antirutschbeschichtung rund um das Schwimmbecken. Der acrylgebundene Verbundwerkstoff hat außerdem akustische Vorteile. Die organisch anmutenden Reliefwände vermindern Echo und auch im Fall der Decke über dem Pool maximieren zylinderförmige Zapfen, die zwischen den Sichtbetonrippen angeordnet sind, die Schallabsorption. Aufgrund seiner porenfreien wasserabweisenden Oberfläche ist das Material undurchlässig gegenüber Schmutz, Bakterien und zahlreichen Chemikalien und damit besonders für feuchte Bereiche geeignet. DETAIL 05/2015

Schnitte • Grundriss
Maßstab 1:400

Section • Layout plan
scale 1:400

1 Umkleide
2 Föhnbereich
3 WC
4 Zugang Technikräume 2. UG
5 Duschen
6 Fußbecken
7 Schwimmbecken
8 Bademeister / Sanitätsraum
9 Lichthof

1 Changing room
2 Blow dryer
3 WC
4 Access services in 2nd basement
5 Shower
6 Footbath
7 Swimming pool
8 Life guard / First aid
9 Light well

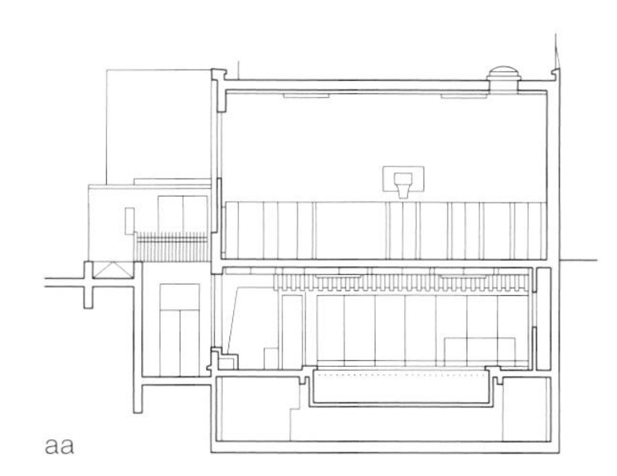

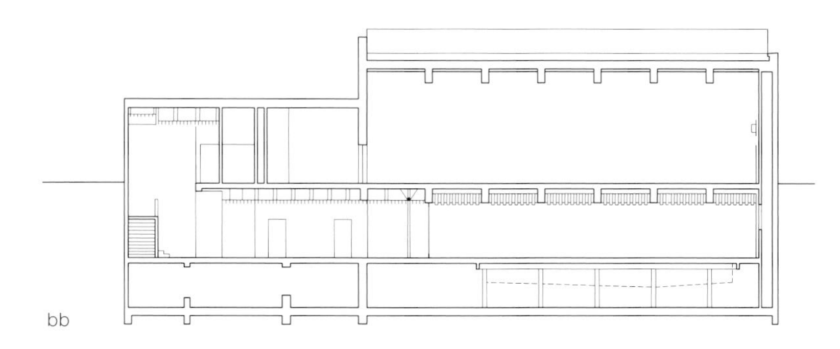

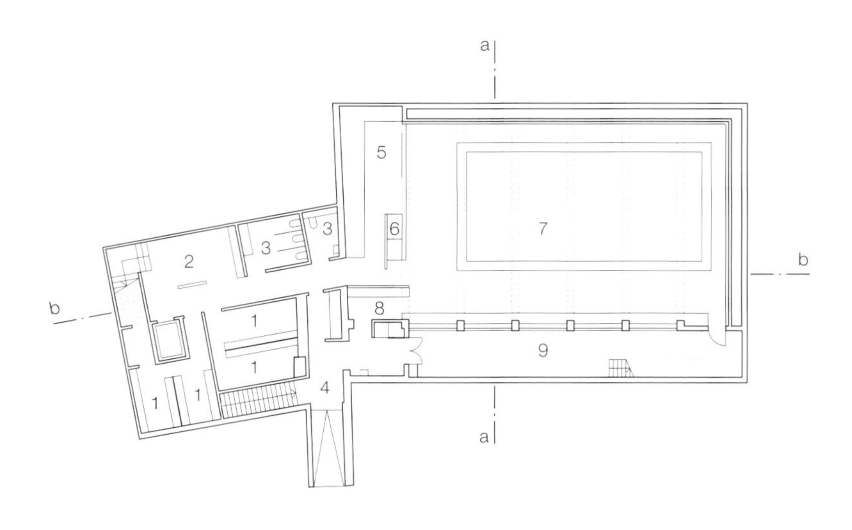

Vertikalschnitte Maßstab 1:20

1 Lufteinströmöffnung
2 abgehängte Decke:
Lamelle Mineralwerkstoff acrylgebunden 160/70/12 mm
3 Unterkonstruktion Rost aus Stahlrohren ⌀ 40/40 mm
4 Deckenleuchte LED mit Farbfilter
5 abgehängte Decke:
Akustikkegel Melaminschaum schalldämmend 150 mm, ∅ 60 mm, Befestigung mittels Regulationsring auf Unterkonstruktion,
Hülle aus Textilmembran, schallabsorbierend, feuchtigkeitsunempfindlich,
Unterseite geschlossen mittels Mineralwerkstoffscheibe
6 indirekte Beleuchtung Stabröhre Polycarbonat zwischen Akustikkegeln
7 Wandöffnung für Luftabsaugung
8 Wandpaneel Schwimmhalle:
Mineralwerkstoff acrylgebunden 12 mm, luftdurchlässig, schallabsorbierend perforiert,
Oberfläche reliefartig strukturiert,
rückseitig Bohrlöcher für Schraubenbefestigung,
Paneelstöße unsichtbar verschweißt
Unterkonstruktion Aluminiumrahmen 25 mm aus vertikalen Pfosten und horizontalen regulierbaren Profilen und Agraffen,
dazwischen Dämmung Silikat-Aerogel 15 mm
9 Stahlbetonwand 100 mm
10 Wandpaneel Duschbereich:
Mineralwerkstoff acrylgebunden 12 mm, rückseitig Bohrlöcher für Schraubenbefestigung,
Paneelstöße unsichtbar verschweißt,
Unterkonstruktion Aluminiumrahmen 25 mm,
dahinter Steigleitung Wasser
11 Bodenbeschichtung Mineralwerkstoff acrylgebunden 12 mm, wasserundurchlässig,
Oberfläche rutschhemmend texturiert als Halbkugelrelief, Raster 100 × 100 mm
Beschichtung Epoxidharz 3 mm
Leichtbeton 60 mm im Gefälle
Stahlbeton 250 mm
12 Ablaufrinne bodenbündig

In the heart of the nineteenth arrondissement in Paris the interior of a municipal sports centre that had seen better days has been transformed into an atmospheric space which now offers new visual, sensory and tactile experiences. The facility comprises a pool, shower, sanitary zone, and changing rooms, as well as a variety of circulation spaces. On account of the facility's state of disrepair, the City of Paris decided to modernise and technically upgrade the indoor swimming pool, which dated to the 1970s. However, the result is considerably more than a simple refurbishment. In response to the lack of an attractive view to the exterior and the consensus that in the existing design, space felt constricted, the architects have created flowing spaces with stimulating surfaces and a completely new colour concept.
The white of the ceilings and walls, the playful use of artificial light, the reflections in the mirror-clad walls, and the transparency of the glass wall all contribute to a more spacious overall impression. By concentrating on a single material, whose seams are not visible to the eye, the design creates a unified and serene spatial impression. At the same time the mouldable, thermoplastic solid surface material holds great potential for formal variety. But the surface that most strongly stimulates the sense of touch is the smooth wall covering that bears a bas-relief bubble pattern in an arctic white tone, and which, in some areas – for example, in the showers – employs lighting that bathes the space, so to speak, in a pale shade of pink. In contrast, the floor surface around the swimming pool is edged with a black matt material. The acrylic solid surface material also has acoustic advantages. The organic pattern of the bas-relief walls effectively reduces echo, and the cylindrical cones, which are arranged between the ribbed concrete floor deck of the ceiling above the pool, optimise the sound absorption. Thanks to its non-porous, water-repellent surface, the material is also impervious to grime, bacteria and numerous chemicals and is therefore particularly well-suited to use in moist settings.

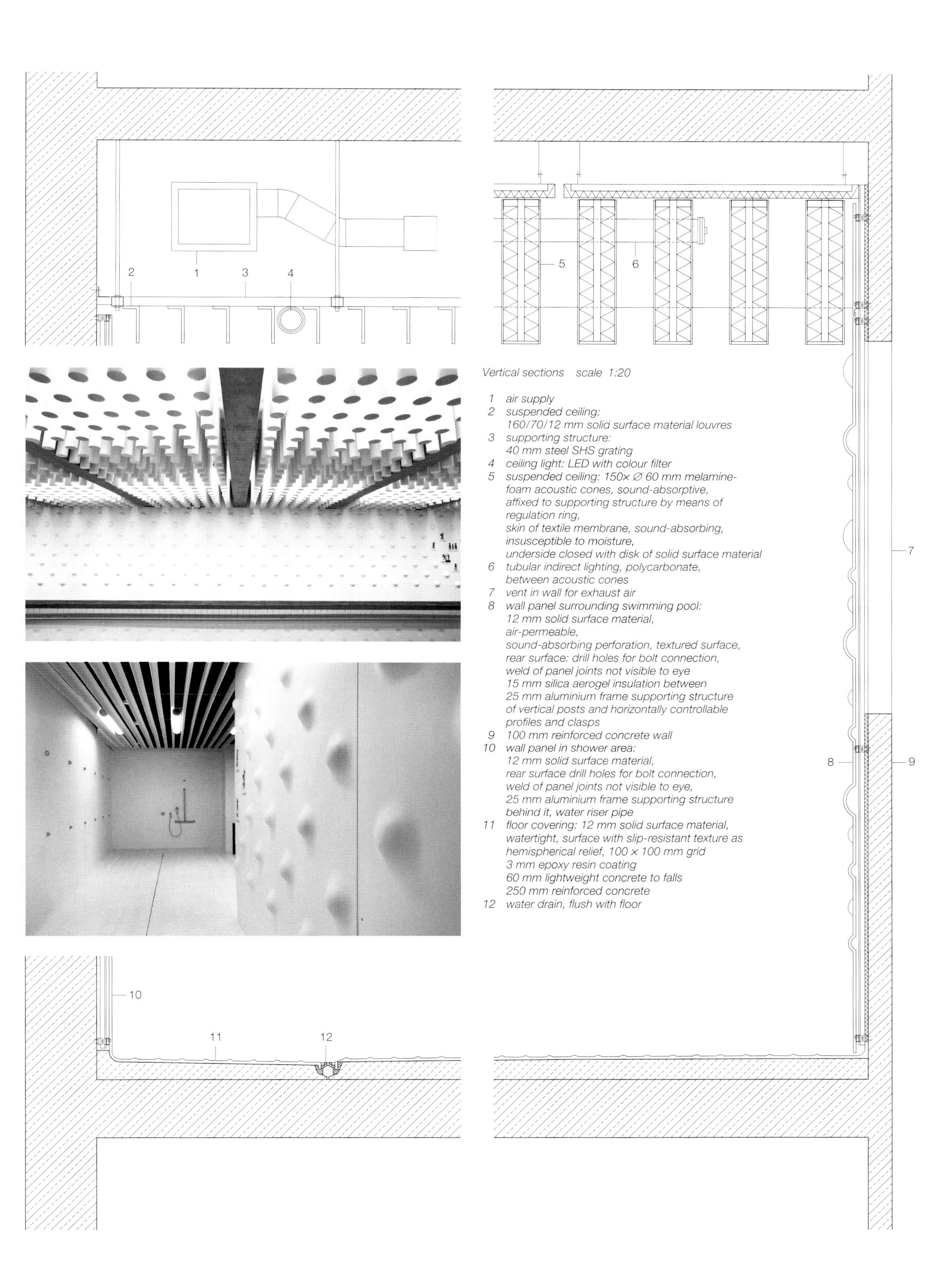

Vertical sections scale 1:20

1 air supply
2 suspended ceiling:
160/70/12 mm solid surface material louvres
3 supporting structure:
40 mm steel SHS grating
4 ceiling light: LED with colour filter
5 suspended ceiling: 150× ∅ 60 mm melamine-foam acoustic cones, sound-absorptive, affixed to supporting structure by means of regulation ring,
skin of textile membrane, sound-absorbing, insusceptible to moisture,
underside closed with disk of solid surface material
6 tubular indirect lighting, polycarbonate, between acoustic cones
7 vent in wall for exhaust air
8 wall panel surrounding swimming pool:
12 mm solid surface material,
air-permeable,
sound-absorbing perforation, textured surface,
rear surface: drill holes for bolt connection,
weld of panel joints not visible to eye
15 mm silica aerogel insulation between
25 mm aluminium frame supporting structure
of vertical posts and horizontally controllable
profiles and clasps
9 100 mm reinforced concrete wall
10 wall panel in shower area:
12 mm solid surface material,
rear surface drill holes for bolt connection,
weld of panel joints not visible to eye,
25 mm aluminium frame supporting structure
behind it, water riser pipe
11 floor covering: 12 mm solid surface material,
watertight, surface with slip-resistant texture as
hemispherical relief, 100 × 100 mm grid
3 mm epoxy resin coating
60 mm lightweight concrete to falls
250 mm reinforced concrete
12 water drain, flush with floor

Erweiterung Dentalklinik Dublin

Expansion Dublin Dental University Hospital

Architekten • *Architects*:
McCullough Mulvin Architects, Dublin
Niall McCullough, Valerie Mulvin
Tragwerksplaner • *Structural engineers*:
O'Connor Sutton Cronin, Dublin

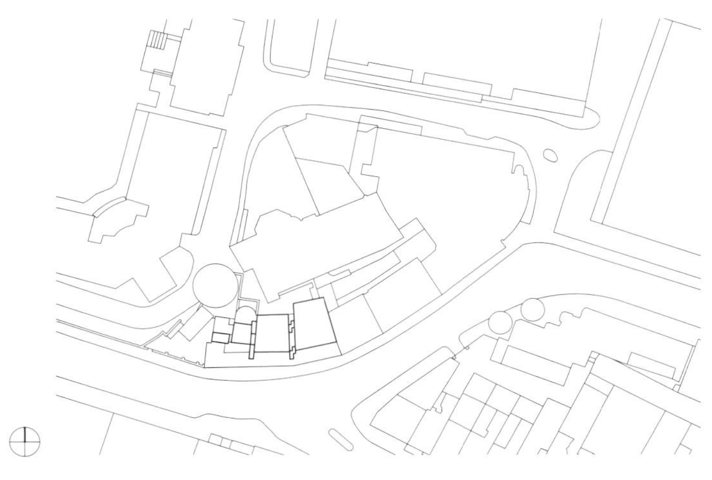

Inmitten der Altstadt, an der südöstlichen Ecke des Trinity Colleges, befindet sich das Dublin Dental University Hospital. Schon bald nach seiner Gründung im Jahre 1897 entwickelte es sich zur modernsten Dentalklinik Europas. Bis heute hat die Einrichtung wenig an Bedeutung eingebüßt. Hier werden bis zu 2500 Patienten wöchentlich behandelt und rund 300 Studenten ausgebildet.
1998 erfolgte die erste Sanierung und Erweiterung des Gebäudekomplexes. Zehn Jahre später erhielten die Architekten den Auftrag, die vernachlässigten Flächen in der Leinster Street zu revitalisieren. Fünf denkmalgeschützte Gebäude aus der georgianischen und der viktorianischen Epoche sollten hinsichtlich Wärme- und Brandschutz sowie behindertengerechter Erschließung auf zeitgemäßen Standard gebracht werden. Über dem nicht veränderten Erdgeschoss mit anderen Nutzungen entstanden auf drei Etagen die benötigten Büro- und Seminarräume. Sie gruppieren sich um eine großzügige, sorgfältig gestaltete Erschließungszone. Hölzerne Rampen und Treppen vermitteln zwischen den unterschiedlichen Ebenen, raumhohe Holzlamellen zwischen den Büros und den öffentlichen Bereichen. Das Herzstück bildet das gläserne Atrium: Es erstreckt sich bis zum Dach und bringt Helligkeit und Offenheit in die Gebäude. Wo möglich, wurden historische Materialien, Oberflächen, Türen und Fenster konserviert, sodass die Spuren der Vergangenheit allgegenwärtig bleiben. Eine moderne, eigenständige Formensprache zeigt sich bei der Gestaltung der Dachaufstockung: Die leichte Stahlkonstruktion, deren Last über die Bestandswände und -decken abgetragen wird, beherbergt die Bibliotheksräume. Blechverkleidete Boxen mit Panoramaverglasung, auf der Hofseite zum Teil auskragend, sind zur Straße hin zurückversetzt, um die historischen Fassaden optisch nicht zu beeinträchtigen. Das Ergebnis ist eine gut nutzbare Architektur, die sich durch ein spannungsvolles Nebeneinander von Alt und Neu auszeichnet. DETAIL 05/2011

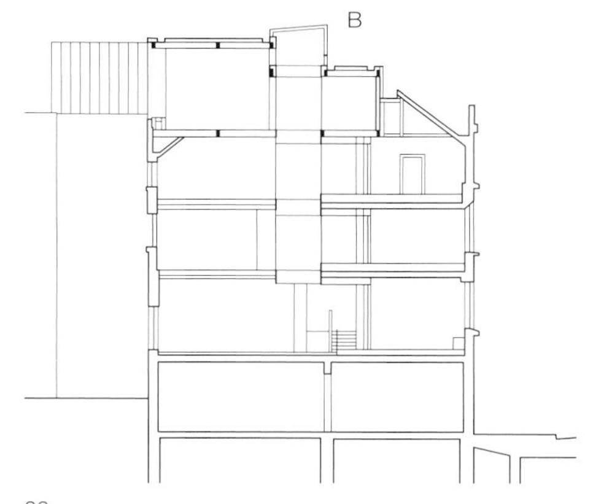

aa

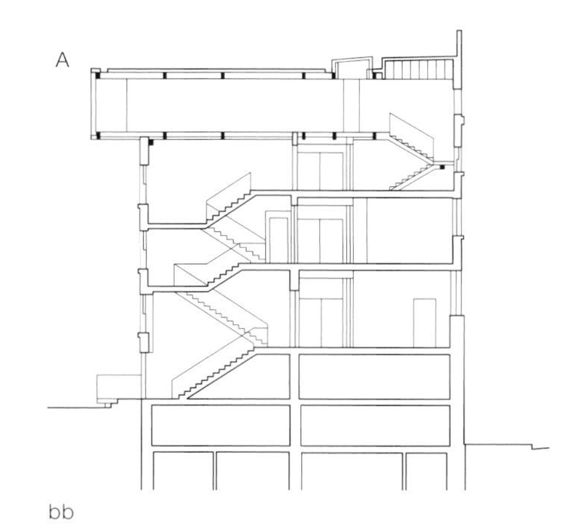

bb

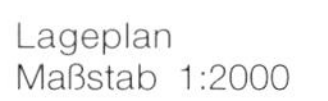

Lageplan Maßstab 1:2000	*Site plan* *scale 1:2,000*
Schnitte • Grundrisse Maßstab 1:400	*Sections • floor plans* *scale 1:400*

1 Büro
2 Teeküche
3 Seminarraum
4 Sekretariat
5 Aufenthaltsraum
6 Übergang Dentalklinik
7 Atrium
8 Computerarbeitsraum
9 Bücherei

1 Office
2 Coffee kitchen
3 Seminar room
4 Office
5 Lounge
6 Transition, dental hospital
7 Atrium
8 Computer workspace
9 Library

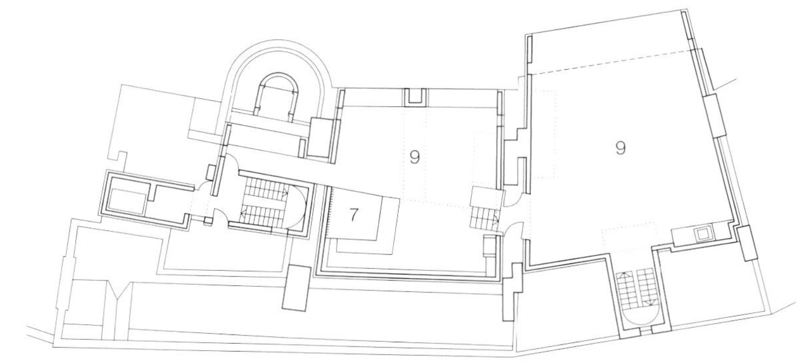

4. Obergeschoss / *Fourth floor*

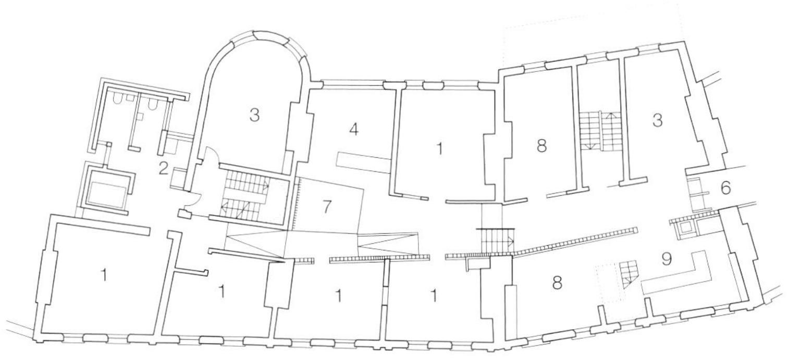

3. Obergeschoss / *Third floor*

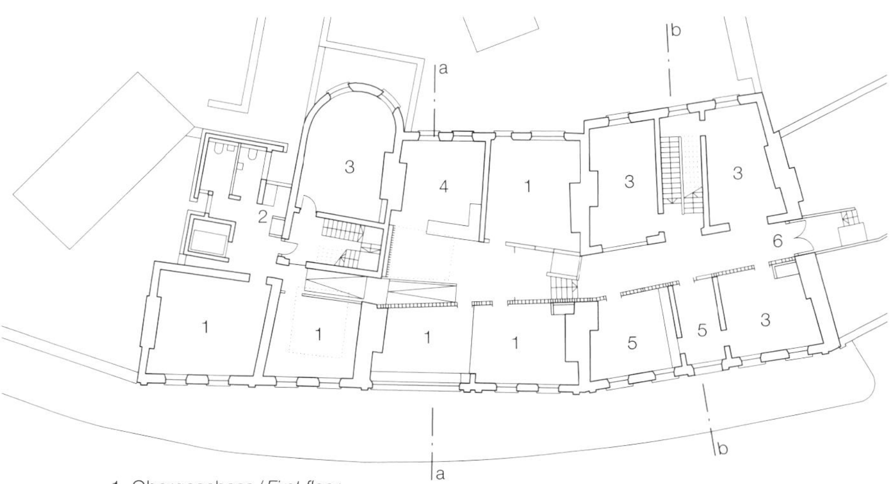

1. Obergeschoss / *First floor*

Vertikalschnitt • Horizontalschnitt
Maßstab 1:20

Vertical section • Horizontal section
scale 1:20

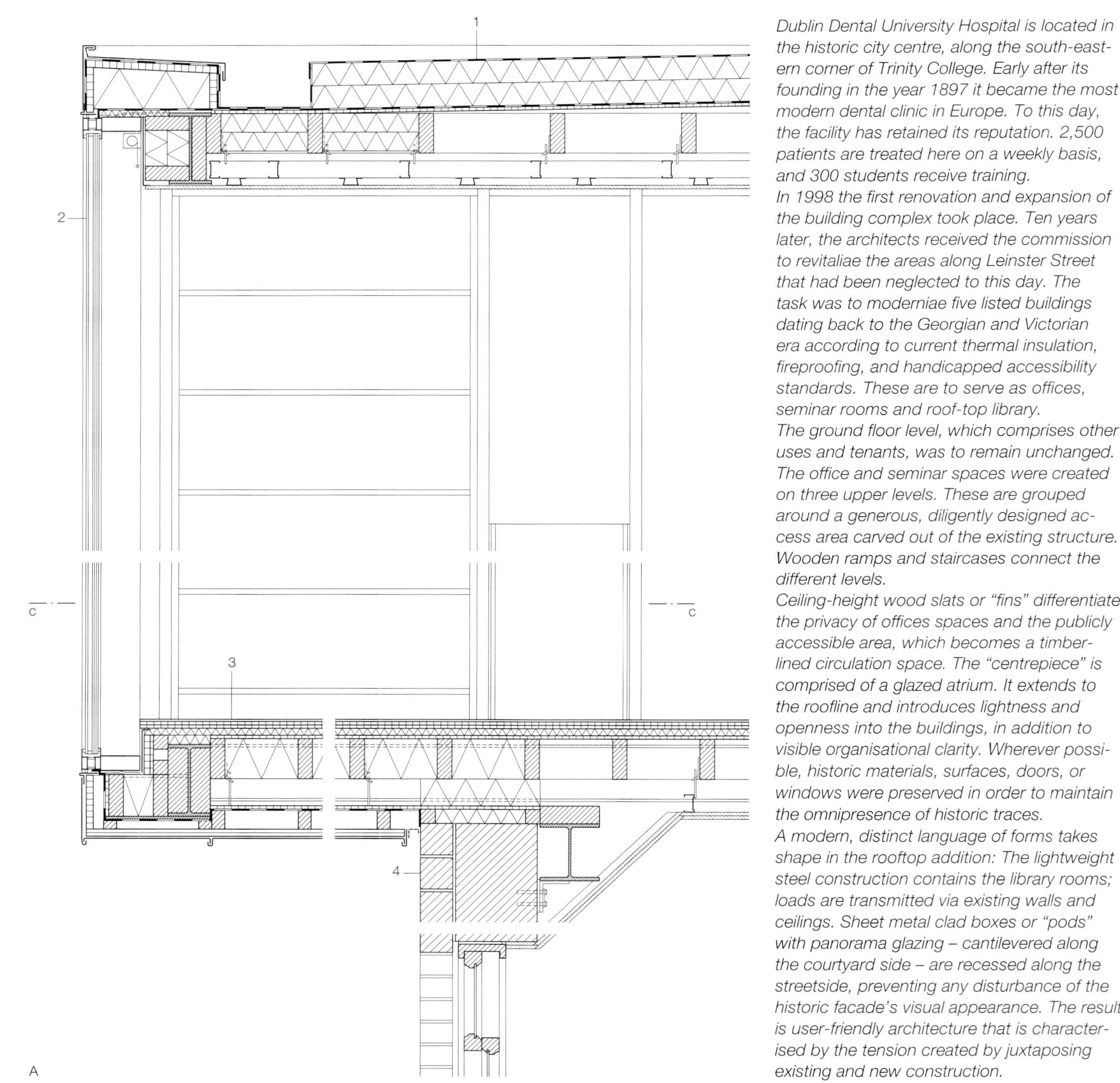

Dublin Dental University Hospital is located in the historic city centre, along the south-eastern corner of Trinity College. Early after its founding in the year 1897 it became the most modern dental clinic in Europe. To this day, the facility has retained its reputation. 2,500 patients are treated here on a weekly basis, and 300 students receive training.
In 1998 the first renovation and expansion of the building complex took place. Ten years later, the architects received the commission to revitaliae the areas along Leinster Street that had been neglected to this day. The task was to moderniae five listed buildings dating back to the Georgian and Victorian era according to current thermal insulation, fireproofing, and handicapped accessibility standards. These are to serve as offices, seminar rooms and roof-top library.
The ground floor level, which comprises other uses and tenants, was to remain unchanged. The office and seminar spaces were created on three upper levels. These are grouped around a generous, diligently designed access area carved out of the existing structure. Wooden ramps and staircases connect the different levels.
Ceiling-height wood slats or "fins" differentiate the privacy of offices spaces and the publicly accessible area, which becomes a timber-lined circulation space. The "centrepiece" is comprised of a glazed atrium. It extends to the roofline and introduces lightness and openness into the buildings, in addition to visible organisational clarity. Wherever possible, historic materials, surfaces, doors, or windows were preserved in order to maintain the omnipresence of historic traces.
A modern, distinct language of forms takes shape in the rooftop addition: The lightweight steel construction contains the library rooms; loads are transmitted via existing walls and ceilings. Sheet metal clad boxes or "pods" with panorama glazing – cantilevered along the courtyard side – are recessed along the streetside, preventing any disturbance of the historic facade's visual appearance. The result is user-friendly architecture that is characterised by the tension created by juxtaposing existing and new construction.

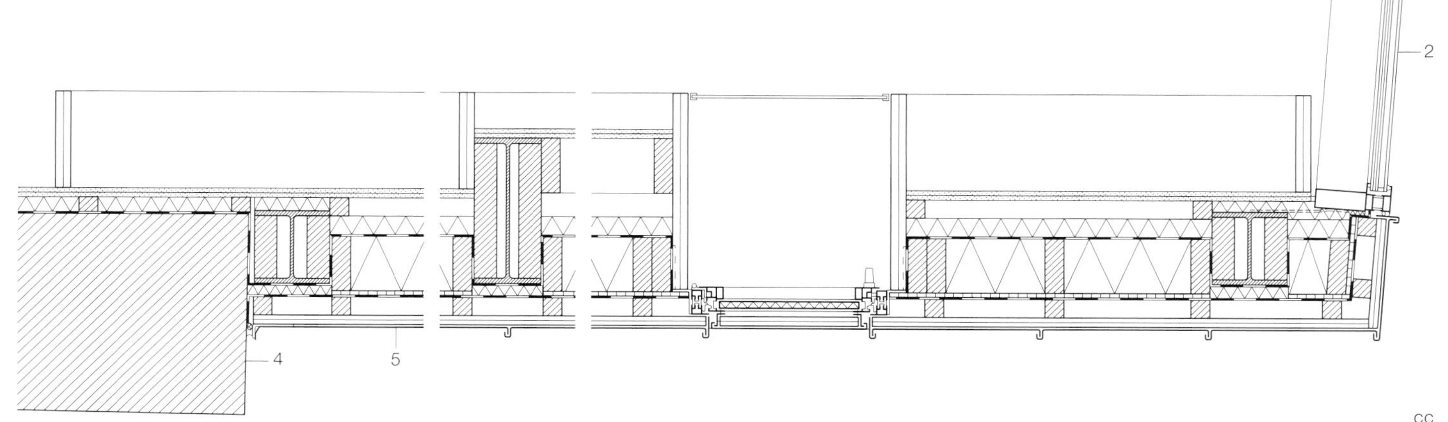

1 Dichtungsbahn auf Unterspannbahn
Wärmedämmung im Gefälle 2× 80 mm
Dampfsperre
Sperrholzplatte 12 mm
Ausgleichslattung
Rahmen aus Kantholz 50/140 mm
abgehängte Decke:
Gipskarton 12,5 mm auf
Stahlunterkonstruktion
2 Isolierverglasung ESG 8 mm + SZR 20 mm +
ESG 20 mm in Aluminiumrahmen
3 Teppich, 2× Sperrholzplatte 12 mm
Trittschalldämmung 25 mm
Sperrholzplatte 12 mm
Rahmen aus Kantholz 50/140 mm,
dazwischen Wärmedämmung
Hartschaum 140 mm
Sperrholzplatte 12 mm
Dichtungsbahn diffusionsoffen
Holzlattung 50/50 mm
Holzschalung 25 mm
Falzdeckung Blech verzinkt
4 Mauerwerk (Bestand)
5 Falzdeckung Blech verzinkt
Schalung Lärche 25 mm
Lattung 50/50 mm
Dichtungsbahn diffusionsoffen
Sperrholzplatte 12 mm
Rahmen aus Kantholz 50/140 mm,
dazwischen Wärmedämmung 140 mm
Dampfsperre
Wärmedämmung 50 mm, Lattung 50/50 mm
Gipskartonplatte feuerhemmend 2× 12,5 mm

1 roof sealant layer on sarking membrane
2× 80 mm thermal insulation to falls
vapour barrier
12 mm plywood sheathing; wood blocking
50/140 mm wood framing
suspended ceiling: 12.5 mm gypsum board
steel supporting structure
2 toughened glass 8 mm + cavity 20 mm +
toughened glass 20 mm in aluminium frame
3 carpet
2× 12 mm plywood subfloor
25 mm impact sound insulation
12 mm plywood sheathing
50/140 mm wood framing
140 mm inlaid rigid thermal insulation
12 mm plywood sheathing
breather membrane
50/50 mm wood framing
25 mm wood sheathing, treated
sheet metal roofing, galvanised,
standing seam
4 brick wall (existing)
5 sheet metal roofing, galv., standing seam
25 mm larch sheathing
50/50 mm framing
breather membrane
12 mm plywood sheathing
50/140 mm wood framing
140 mm inlaid rigid thermal insulation
vapour barrier; 50 mm thermal insulation
50/50 mm wood framing
2× 12.5 mm gypsum board, fireproof

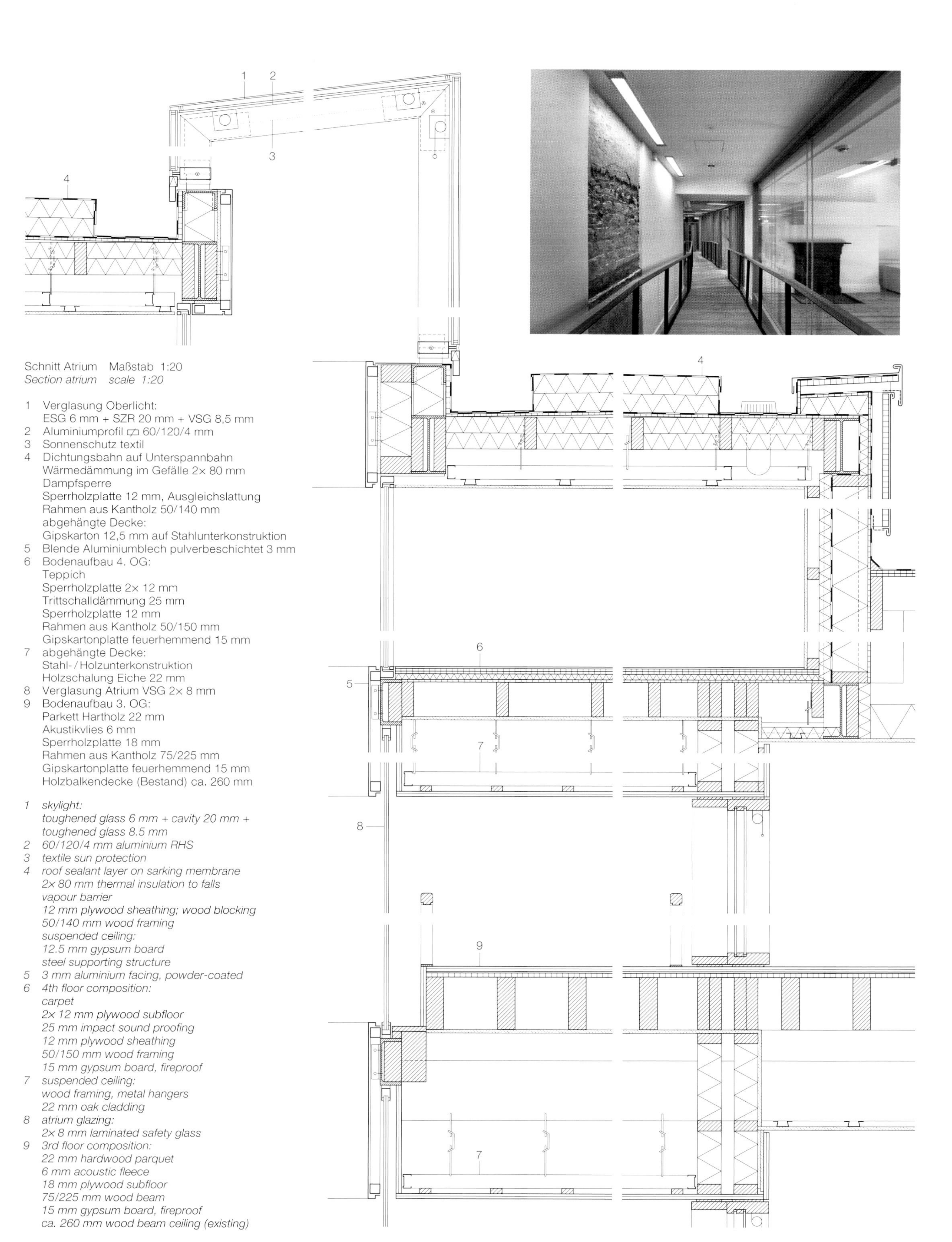

Schnitt Atrium Maßstab 1:20
Section atrium scale 1:20

1 Verglasung Oberlicht:
ESG 6 mm + SZR 20 mm + VSG 8,5 mm
2 Aluminiumprofil ▭ 60/120/4 mm
3 Sonnenschutz textil
4 Dichtungsbahn auf Unterspannbahn
Wärmedämmung im Gefälle 2× 80 mm
Dampfsperre
Sperrholzplatte 12 mm, Ausgleichslattung
Rahmen aus Kantholz 50/140 mm
abgehängte Decke:
Gipskarton 12,5 mm auf Stahlunterkonstruktion
5 Blende Aluminiumblech pulverbeschichtet 3 mm
6 Bodenaufbau 4. OG:
Teppich
Sperrholzplatte 2× 12 mm
Trittschalldämmung 25 mm
Sperrholzplatte 12 mm
Rahmen aus Kantholz 50/150 mm
Gipskartonplatte feuerhemmend 15 mm
7 abgehängte Decke:
Stahl- / Holzunterkonstruktion
Holzschalung Eiche 22 mm
8 Verglasung Atrium VSG 2× 8 mm
9 Bodenaufbau 3. OG:
Parkett Hartholz 22 mm
Akustikvlies 6 mm
Sperrholzplatte 18 mm
Rahmen aus Kantholz 75/225 mm
Gipskartonplatte feuerhemmend 15 mm
Holzbalkendecke (Bestand) ca. 260 mm

1 skylight:
toughened glass 6 mm + cavity 20 mm +
toughened glass 8.5 mm
2 60/120/4 mm aluminium RHS
3 textile sun protection
4 roof sealant layer on sarking membrane
2× 80 mm thermal insulation to falls
vapour barrier
12 mm plywood sheathing; wood blocking
50/140 mm wood framing
suspended ceiling:
12.5 mm gypsum board
steel supporting structure
5 3 mm aluminium facing, powder-coated
6 4th floor composition:
carpet
2× 12 mm plywood subfloor
25 mm impact sound proofing
12 mm plywood sheathing
50/150 mm wood framing
15 mm gypsum board, fireproof
7 suspended ceiling:
wood framing, metal hangers
22 mm oak cladding
8 atrium glazing:
2× 8 mm laminated safety glass
9 3rd floor composition:
22 mm hardwood parquet
6 mm acoustic fleece
18 mm plywood subfloor
75/225 mm wood beam
15 mm gypsum board, fireproof
ca. 260 mm wood beam ceiling (existing)

Rathaussanierung in Heinkenszand

City Hall Refurbishment in Heinkenszand

Architekten • *Architects*:
Atelier Kempe Thill, Rotterdam
André Kempe, Oliver Thill
Tragwerksplaner • *Structural engineers*:
Grontmij Nederland, De Bilt

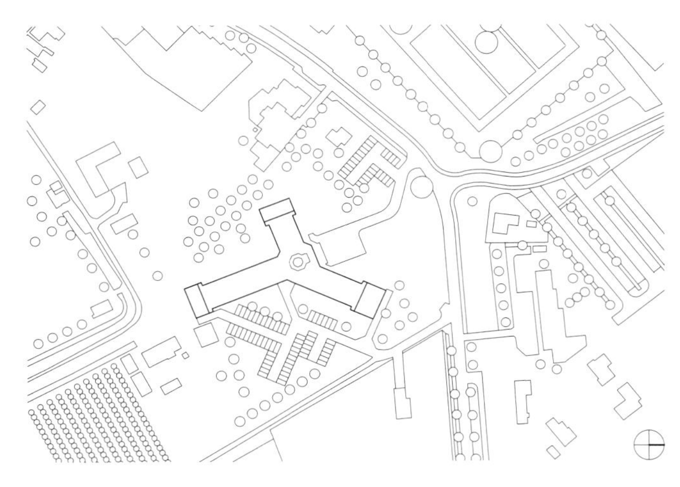

In der niederländischen Küstenprovinz Zeeland schlossen sich 1970 mehr als ein Dutzend Dörfer zusammen und gründeten die Gemeinde Borsele. Das administrative Zentrum für die 25000 Einwohner bildet seither der kleine Ort Heinkenszand. Nach mehr als 30 Jahren Nutzung war das bestehende Rathaus dringend sanierungsbedürftig. Aufgrund des begrenzten Budgets konnte an der wenig überzeugenden Geometrie des Gebäudes jedoch so gut wie nichts verändert werden. Notwendig gewordene räumliche und energetische Anpassungen mussten vor allem durch die technische und ästhetische Neugestaltung bestehender Oberflächen erzielt werden. Der Wunsch, mehr Dialog mit dem öffentlichen Raum zu signalisieren, führte zu der Entscheidung, die Fassaden der Eingangshalle sowie der drei Kopfbauten des sternförmigen Gebäudes teilweise aufzubrechen und durch selbsttragende, geklebte Glasfassaden zu ergänzen. Sie ermöglichen großzügige Einblicke und verankern den Baukörper in seiner Umgebung. Überaus beruhigend auf die heterogene Gebäudeform wirkt die konsequente Gleichbehandlung aller geschlossenen Fassadenoberflächen. Eine hinterlüftete und isolierte Glasmosaikfassade liegt nun vor den bestehenden Klinkerflächen und zieht sich nahtlos bis über den Dachrand. Dadurch entsteht ein ganzheitlicher Gesamteindruck, der den repräsentativen Charakter des Gebäudes stärkt. Die in China speziell für das Projekt produzierten Glasfliesen sind grünschwarz emailliert, um das Bauwerk kompakter wirken zu lassen. Die dunkle Farbe ist zugleich eine Referenz an die für Zeeland typischen schwarz geteerten Scheunen. Flächenbündig eingebrachte, strukturell verklebte Senkklappfenster im Format 1,80 × 1,60 m tragen durch ihre extrem schlanke Profilierung dazu bei, eine ruhige, fast hermetische Gebäudehülle entstehen zu lassen. Zu diesem Zweck wurden nahezu alle technischen Installationen von den Fassaden entfernt. Eine Kombination aus reflektierendem Glas und aluminiumbeschichteten Innenrollos sorgt für ausreichenden Sonnenschutz. DETAIL 01–02/2015

Lageplan
Maßstab 1:4000
Grundriss • Schnitt
Maßstab 1:750

1 Haupteingang
2 Foyer
3 Büro
4 Besprechungsraum
5 Kantine
6 Archiv

Site plan
scale 1:4000
Floor plan • Section
scale 1:750

1 Main entrance
2 Foyer
3 Office
4 Conference room
5 Canteen
6 Archive

aa

In 1970 more than a dozen villages in the Dutch coastal province Zeeland consolidated. The community they formed is called Borsele. Since then the town Heinkenszand has served as the administrative centre for the 25,000 residents. After some thirty years of use, the existing city hall was in urgent need of refurbishment. However, due to the limited budget it was clear that very little change could be made to the building's awkward geometry. Therefore the adaptation – whether related to the required rooms or energy efficiency – had to be achieved through means of technical and aesthetic renovation of the existing spaces and surfaces.
The desire to signal and encourage more dialogue with the public realm led to the decision to partially open the facades of the entrance hall as well as of the volumes at the ends of the star-shaped building's three wings, and to incorporate self-supporting, glued glazing in them. These glazed surfaces allow "large-format" glimpses into the building and anchor the latter in its surroundings. The consistent surface treatment of all of the facade's opaque components has a calming effect on the heterogeneous building massing. The original brick facade received a new outer skin: the building has been equipped with a ventilated cavity facade, including insulation, and covered in mosaic tiles. This new sheathing even continues up beyond the cornice line. In this manner the architects have managed to unite the building's disparate parts – and the design correspondingly underscores its official character.
To make the building seem more compact, the architects selected green-black enamelled glass tiles – they were produced in China especially for this project. But the dark tone also makes reference to the black barns typical of Zeeland. The slender profiles of the structurally adhered awning windows (format: 1.8 × 1.6 metres), which are flush with the facade, play a role in arriving at a serene, almost "hermetic" building envelope. To this end, nearly all of the technical installations were removed from the facade. The combination of reflective glass and aluminium-coated interior blinds provides ample solar control.

Vertikalschnitte
Maßstab 1:20

Vertical sections
scale 1:20

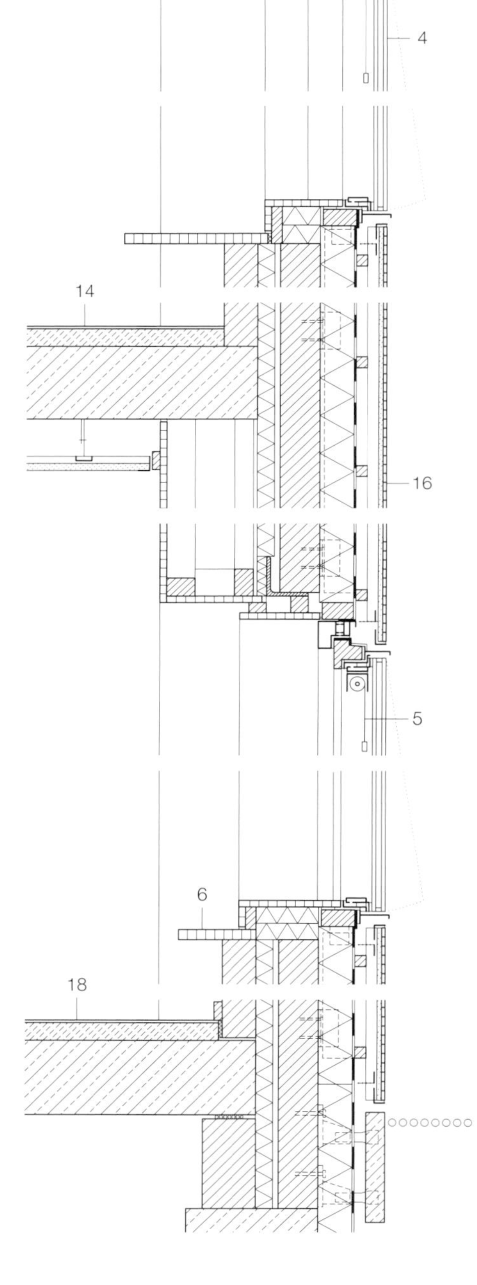

1 Abdichtung Bitumenbahn zweilagig 5 mm
Wärmedämmung PUR 50 mm
Wärmedämumg EPS 30 mm
Furniersperrholz 22 mm
Holzbalken 71/196 mm
Dämmung Mineralwolle 90 mm zwischen
Stahlträger (Bestand)
Innenverkleidung (Bestand)
2 Glasmosaikfliesen 25/25/8 mm geklebt
Trägerplatte Blähglasgranulat 12 mm
Lattung 35 mm, Konterlattung 35 mm
Dichtungsbahn diffusionsoffen
Wärmedämmung EPS 30 mm
Furniersperrholz (Bestand)
Stahlträger, Innenverkleidung (Bestand)
3 Dauerlüfter selbstschließend
4 Senkklappfenster Aluminium,
strukturell geklebt, Sonnenschutzglas
ESG 6 mm + SZR 15 mm + ESG 5 mm
5 Sonnenschutzrollo aluminiumbeschichtet
6 Fensterbank Furniersperrholz gestrichen 30 mm

1 5 mm bituminous seal, 2 layers
50 mm PUR thermal insulation
30 mm EPS thermal insulation
22 mm veneer plywood
71/196 mm wood beams
90 mm mineral wool insulation between
steel beams (existing)
sheathing (existing)
2 25/25/8 mm glass mosaic tiles, glued
12 mm expanded-glass-granulate carrier board
35 mm battens; 35 mm counterbattens
sealing layer, moisture diffusing
30 mm EPS thermal insulation
veneer plywood (existing)
steel beams (existing); sheathing (existing)
3 permanent ventilation, self-closing
4 awning window, aluminium, structural glazing, solar-control glazing, 6 mm toughened gl. + 15 mm cavity + 5 mm toughened gl.
5 sun blind, aluminium-coated
6 window sill: 30 mm veneer plywood, painted

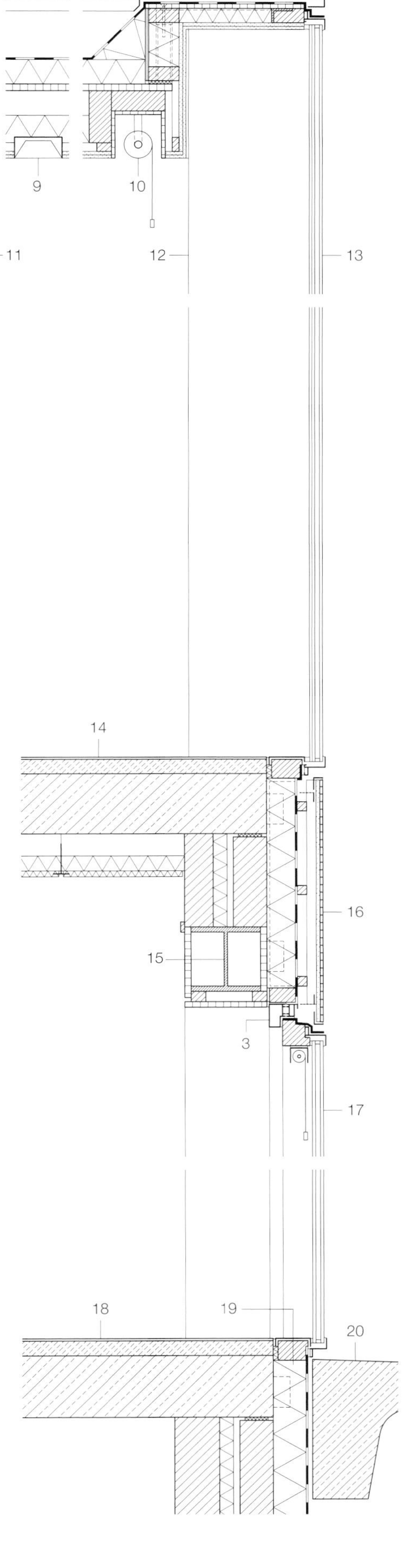

7 Dichtungsbahn EPDM 5 mm
Wärmedämmung PUR 80 mm
Furniersperrholz 22 mm,
Holzbalken 71/196 mm
Stahlträger (Bestand), abgehängte Decke:
Dämmung Mineralwolle 90 mm
Unterkonstruktion Stahl verzinkt
Akustikplatte Glaswolle 20mm
8 Abdeckblech Aluminium gekantet 3 mm
Dichtungsbahn EPDM 5 mm
Sperrholz 9 mm
Wärmedämmung PUR 50 mm zwischen
Stahlkonstruktion 50/50/5 mm
Gipskartonplatte 12,5 mm
Putz 10 mm
9 LED-Downlight
10 Sonnenschutzrollo halbtransparent
11 Putz 10 mm
Gipskartonplatte 12,5 mm
Lattung 22 mm
Dämmung Mineralwolle 90 mm
Furniersperrholz 18 mm
12 Glasfinne aus 3× ESG 15/400/4800 mm
13 Festverglasung, strukturell geklebt
VSG 2× 4 mm + SZR 15 mm + VSG 2× 8 mm
14 Teppich 5 mm
Estrich, Stahlbetondecke (Bestand)
abgehängte Decke:
Dämmung Mineralwolle 50 mm
Unterkonstruktion Stahl verzinkt
Akustikplatte Glaswolle 20mm
15 Stahlprofil HEB 250
16 Glasmosaikfliesen 25/25/8 mm geklebt
Trägerplatte Blähglasgranulat 12 mm
Lattung 35 mm, Konterlattung 35 mm
Aluminiumfolie 0,5 mm
Wärmedämmung PU 90 mm
Mauerwerk zweischalig (Bestand)
17 Festverglasung VSG 2× 8 mm + SZR 15 mm
+ VSG 2× 10 mm
18 Teppich 5 mm
Estrich, Bodenplatte (Bestand)
19 Wärmedämmung PUR 110 mm
20 Betonelement vorgefertigt

7 5 mm EPDM sealing layer
80 mm PUR thermal insulation
22 mm veneer plywood
71/196 mm wood beams
steel beams (existing)
90 mm mineral wool insulation
steel supporting structure, galvanised
20 mm glass wool acoustic board
8 3 mm aluminium coping, bent to shape
5 mm EPDM sealing layer
9 mm plywood
50 mm PUR thermal insulation between
50/50/5 mm load-bearing steel
12.5 mm plasterboard; 10 mm plaster
9 LED down-light
10 solar blind, semi-transparent
11 10 mm plaster
12.5 mm plasterboard
22 mm battens
90 mm mineral wool insulation
18 mm veneer plywood
12 glass fin: 3× 15/400/4,800 mm toughened gl.
13 fixed glazing, structural bond
2x 4 mm laminated safety glass +
15 mm cavity + 2× 8 mm lam. safety glass
14 5 mm carpet
screed, reinforced concrete deck (existing)
50 mm mineral wool insulation
steel supporting structure, galvanised
20 mm glass wool acoustic board
15 250 mm wide-flange I-beam (HEB 250)
16 25/25/8 mm glass mosaic tiles, glued
12 mm expanded-glass-granulate carrier board
35 battens
35 mm counterbattens
0.5 mm aluminium foil
90 mm PU thermal insulation
double-wythe masonry (existing)
17 fixed glazing: 2× 8 mm lam. safety glass +
15 mm cavity+ 2× 10 mm lam. safety glass
18 5 mm carpet
screed; floor slab (existing)
19 110 mm PUR thermal insulation
20 precast concrete unit

Überdachung des Cour Visconti im Louvre Paris

A Covering for Cour Visconti at the Louvre Paris

Architekten • *Architects*:
Mario Bellini, Mailand
Rudy Ricciotti, Bandol
Tragwerksplaner • *Structural engineers*:
Berim, Pantin
Hugh Dutton Associés, Paris

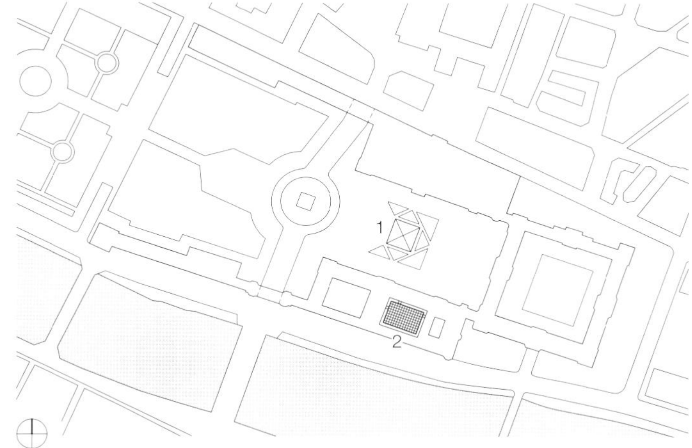

Lageplan
Maßstab 1:10000

1 Pyramide (I. M. Pei, 1989)
2 Cour Visconti (2012)

Site plan
scale 1:10,000

1 Pyramid (I. M. Pei, 1989)
2 Cour Visconti (2012)

Nach der revolutionären Glaspyramide von 1989, hat der Louvre in einem Innenhof des Südflügels nun einen weiteren spektakulären zeitgenössischen Einbau erhalten, der die neu geschaffene Abteilung für islamische Kunst aufnimmt. Einem Segel ähnlich, scheint das wellenförmige transluzente Dach über dem Cour Visconti zu schweben und stellenweise fast den Boden zu berühren. Den Wettbewerb gewannen die Architekten mit der Idee, den Hof nicht komplett zu überdachen, sondern ihn lediglich mit einer luftigen, von seinen Rändern leicht abgerückten Konstruktion zu bespielen. Diese Geste, die die historischen Hoffassaden des 18. Jahrhunderts weiterhin offen und sichtbar lässt, beweist zum einen den rücksichtsvollen Umgang mit dem Bestand, zum anderen gewährleistet das leichte Flächentragwerk aus Stahl und Glas helle tageslichtdurchflutete Ausstellungsräume. Den nötigen Filtereffekt schafft ein Metallgewebe, das die ondulierende Oberfläche des Daches sowohl außen als auch innen komplett verkleidet. Von den angrenzenden Sammlungen betreten die Besucher den Hof durch geschlossene Verbindungsgänge, die anstelle der ehemaligen Ausgänge direkt in den neuen Pavillon führen. Dessen Ornamentik lässt ihn zur adäquaten Hülle für die orientalisch-islamische Ausstellung werden. Die insgesamt 2800 m² große Fläche erstreckt sich über zwei Ebenen und zeigt mit mehr als 3000 Exponaten einen bedeutenden Ausschnitt islamischer Kunst zwischen dem 7. und 19. Jahrhundert, von Andalusien bis Indien. Das durch Leichtigkeit und Transparenz charakterisierte Erdgeschoss präsentiert kleinteilige Kunstobjekte in Glasvitrinen. Es wird über Treppen und Lufträume mit dem Untergeschoss verbunden, das von Dämmerlicht und schwarz eingefärbten Betonwänden bestimmt und daher lichtempfindlichen Objekten wie z. B. Teppichen vorbehalten ist. Neben Architekturexponaten wie Holzportalen und mosaikverzierten Wandverkleidungen prägt hier die Stimme eines Erzählers den Raum, der türkische, persische und arabische Lyrik rezitiert. DETAIL 04/2013

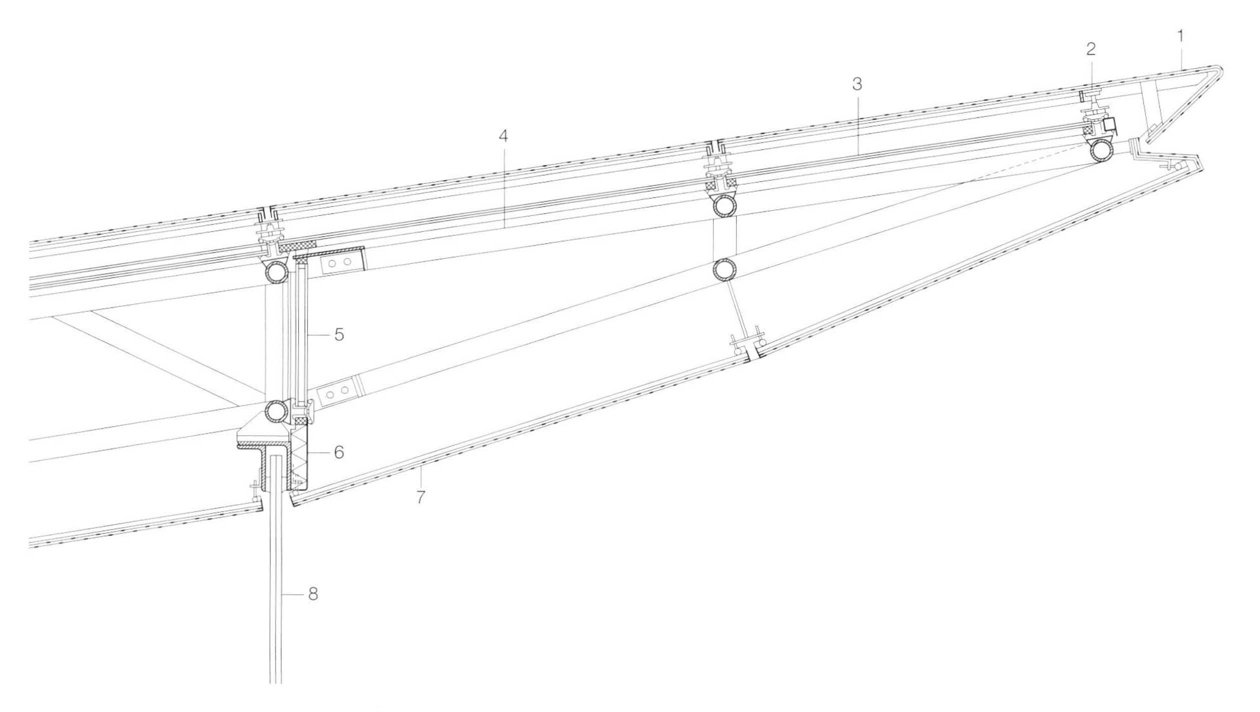

1 Dachverkleidung doppelschichtiges Streckmetallgitter Aluminium eloxiert 2× 6 mm Stahlprofil T 30/20/3 mm
2 Punktbefestigung am Tragwerk
3 Verglasung Dachrand VSG aus 2× TVG 5 mm
4 Tragstruktur Stahlrohr ∅ 60/4 mm
5 Isolierverglasung TVG 6 mm + SZR 20 mm + TVG 6 mm
6 Sandwichpaneel Aluminiumblech 2 mm und Dämmung XPS 40 mm, Abdichtungsmembran
7 Verkleidung Untersicht doppelschichtiges Streckmetallgitter Aluminium eloxiert 2× 6 mm Stahlprofil T 20/20/3 mm
8 Fassade VSG 2× 15 mm vertikale Glasstöße mit Silikonfuge 12 mm
9 Isolierverglasung Dach VSG 6 mm + SZR 14 mm + VSG 2×6 mm
10 Bodenplatte Beton-Marmorstaub-Gemisch mit Kupferpartikeln 45 mm Metallfuß höhenverstellbar, Estrich 40 mm, Abdichtung, Dämmung 75 mm, Abdichtung Stahlbetondecke 160 mm, Dämmung 55 mm
11 Stahlprofil ⊔ 80/50 mm, auf Betonsockel geschraubt
12 Lüftungsöffnung Gitterrost
13 Akustikpaneel stoffbespannt 40 mm Stahlrahmen aus Stahlprofil ⊔ 55/40 mm
14 abgehängte Decke Akustikpaneel stoffbespannt

1 roof skin: 2× 6 mm expanded-metal mesh, aluminium anodised; 30/20/3 mm steel T-profile
2 point fixing on structural member
3 laminated safety glass at canopy's edge: 2× 5 mm heat-strengthened prestressed glass
4 structural member: ∅ 60/4 mm steel CHS
5 double glazing: 6 mm heat-strengthened prestressed glass + 20 mm cavity + 6 mm heat-strengthened prestressed glass
6 sandwich panel of 2 mm aluminium sheet and 40 mm extruded polystyrene insulation; sealing membrane
7 skin on underside: 2× 6 mm expanded-metal mesh, aluminium anod.; 20/20/3 mm steel T-profile
8 2× 15 mm laminated safety glass facade 12 mm vertical glass butt joint, with silicone seal
9 glazing: 6 mm laminated safety glass + 14 mm cavity + 2× 6 mm laminated safety glass
10 45 mm tiles of concrete-marble dust mixture with copper particles adjustable; metal supports 40 mm screed; seal; 75 mm insulation 160 mm reinforced-concrete deck; 55 mm insulation
11 80/50 mm steel channel, bolted to concr. base
12 air vent, grating
13 40 mm acoustic panel with fabric covering steel frame: 55/40 mm steel channel
14 suspended ceiling acoustic panel with fabric covering

Schnitt Dachrand und Fassade
Maßstab 1:20
Schnitt Dachverkleidung und Tragwerk
Maßstab 1:5

Vertical section through canopy's edge and facade scale 1:20
Section through structural members and skin scale 1:5

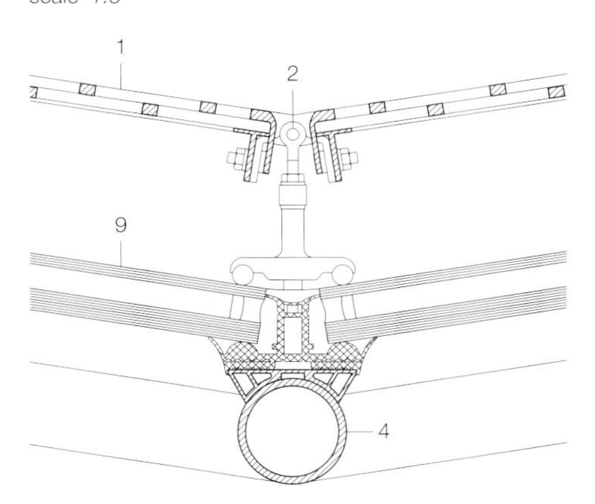

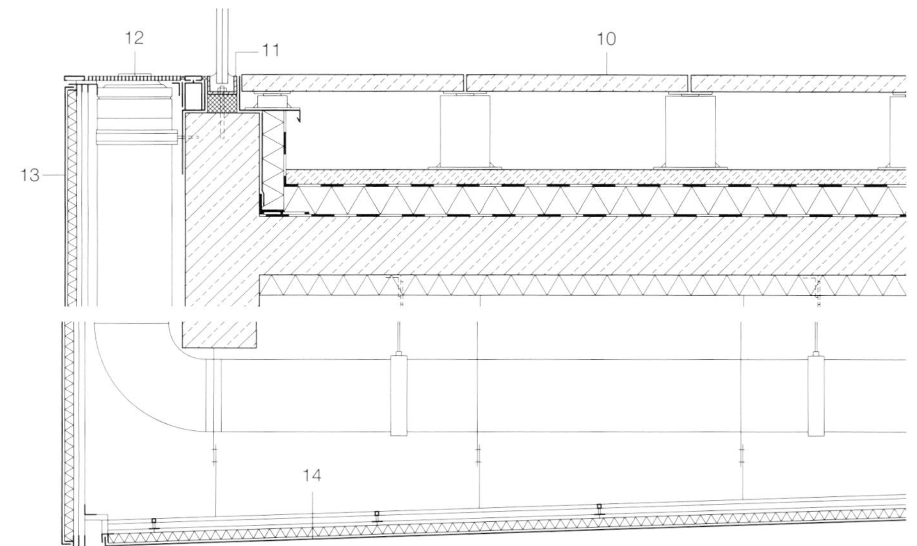

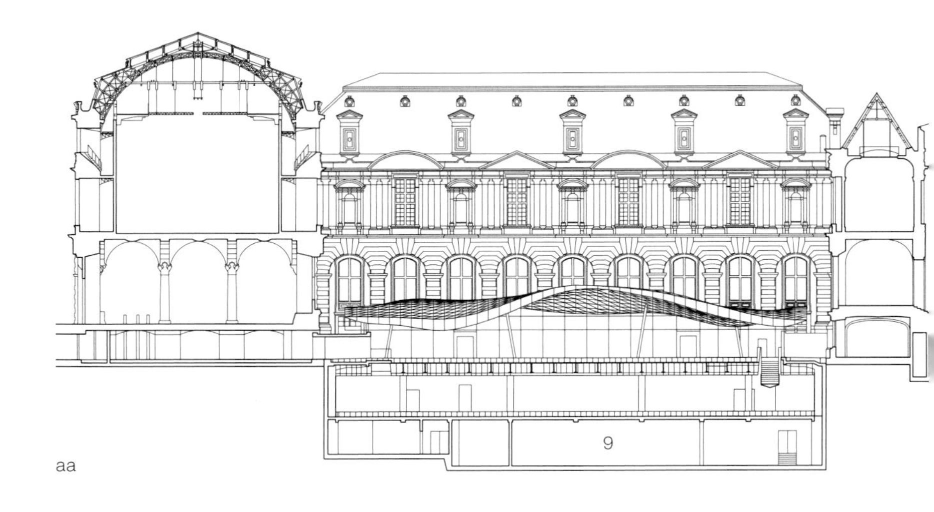

aa

More than twenty years after opening its glass pyramid, the Musée du Louvre has completed a further spectacular contemporary intervention, this time accommodating the recently established Department of Islamic Art in the interior courtyard of the southern wing. Calling to mind a billowing sail, the undulating translucent roof appears to float above Cour Visconti, and at some points, almost touch the ground.
The architects won the competition with a concept that does not completely cover the courtyard, but instead introduces a lattice structure situated at a slight distance from the edges. This gesture, which allows the historic eighteenth-century courtyard facades to remain open and visible is evidence of a thoughtful approach to the existing building, and the lightweight planar load-bearing structure of steel and glass yields exhibition spaces that receive ample daylight. The metal mesh, which completely sheathes the undulating surface of the roof both outside and inside, provides the necessary filtering effect.
From the adjacent collections, the visitor enters the courtyard by passing through opaque connecting corridors, which, situated at the former exits, lead directly to the new pavilion. The ornamentation of the pavilion makes it a fitting envelope for the exhibition. The floor area – totalling 2,800 m² – extends over two levels. The collection numbers some 3,000 objects, and a majority of the most important works of Islamic art, created between the seventh and nineteenth centuries and originating in settings as far-flung as Andalusia and India, are on display.
On the ground floor, which is characterised by loftiness and transparency, smaller-scale works of art are presented in glass display cases; this space is connected by stairs and openings to the lower level, whose mood is determined by dimmed light and integrally coloured, black concrete walls and is therefore reserved for items that are sensitive to light, as, for example, rugs. In addition to architectural exhibits such as timber portals and mosaic-covered wall cladding, here visitors encounter a voice reciting Turkish, Persian and Arabic poetry.

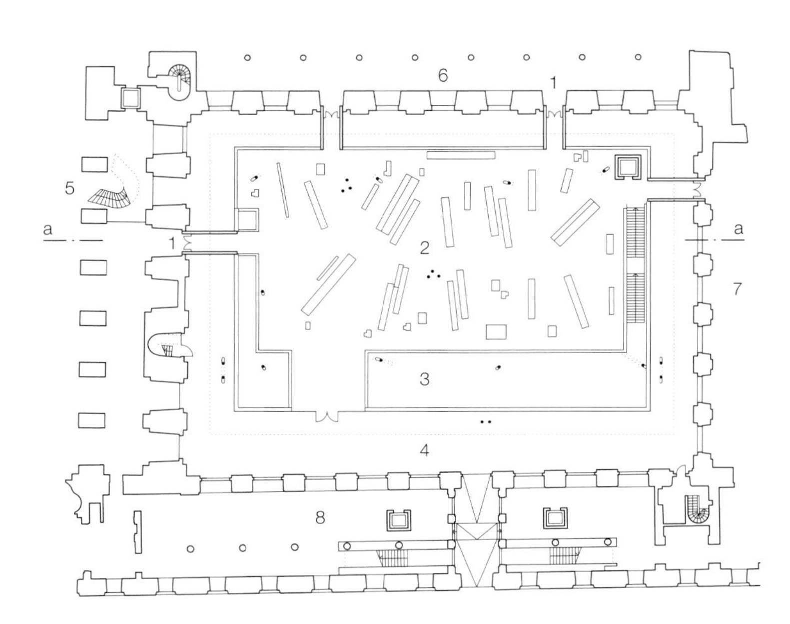

Erdgeschoss Hofebene / *Ground floor – Courtyard level*

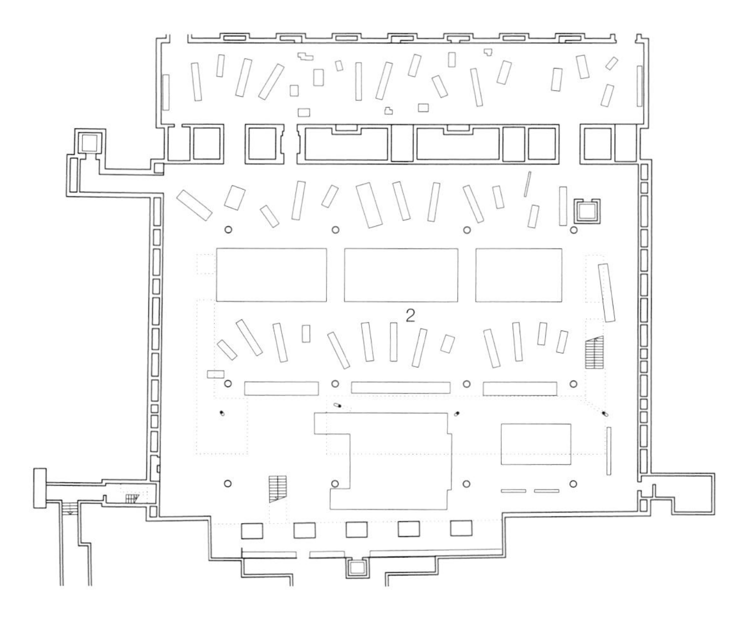

Untergeschoss / *Basement*

Schnitt • Grundrisse
Maßstab 1:800

1 Zugang
2 neue Ausstellung: Kunst des Islam
3 Luftraum
4 Außenbereich Hof
5 Ägyptisch-Römische Sammlung
6 Ionisch-Griechische Antikensammlung
7 Ägyptisch-Koptische Sammlung
8 Ausstellung der drei Antiken
9 Technikgeschoss

Section • Layout plans scale 1:800

1 Entrance
2 New exhibition: Islamic Art
3 Void
4 Exterior area of courtyard
5 Egyptian-Roman Collection
6 Ionic-Greek Antiquities Collection
7 Egyptian-Coptic Collection
8 Exhibition of the Three Antiquities
9 Building services

a

Die auf den ersten Blick simple Geste der textil anmutenden Welle erfordert ein hochkomplexes technisches System. Der Geometrie des Entwurfs liegt daher ein computergesteuerter Rechenprozess zugrunde, der die 1700 m² messende Gesamtfläche in viele kleine Rauten- und Dreiecksformen aufteilt. Dies erlaubt es, die insgesamt 1800 Gläser und 2350 Metallgitterpaneele an die freie Form anzupassen. Das mit 135 t relativ leichte doppelschichtige Tragwerk besteht aus miteinander verschweißten Stahlrohren und ruht auf Stahlstützen, die unterschiedlich geneigt sind, was eine erhöhte Lateralstabilität zur Folge hat. Eine Herausforderung stellten die beengten Arbeitsräume und Anlieferbedingungen dar. Da über den Bestandsbau nichts in den Hof mittels Kran eingehoben werden durfte, musste der komplette Materialtransport über eine nur 2,70 m breite Einfahrt abgewickelt werden.

b

The gesture of gently undulating fabric appears at first glance simple, but its realisation required a complex technical system. Consequently, the geometry of the design was calculated by a computer program, which broke the 1,700 m² surface area down into small diamond-shaped and triangular forms. This made it possible to determine the shapes of the 1,800 panes of glass and 2,350 metal-mesh panels that would fit the free form. The double-lattice structure, relatively lightweight at 135 metric tons, is constructed of welded steel tubes; it is supported by steel columns that are slanted at different angles to increase the lateral stability. Delivery logistics and the limited availability of space for staging and working presented further challenges. Because using a crane to heave materials above the existing building and into the courtyard was not permitted, all material had to be delivered through a 2.70-metre-wide passage.

c

a doppelschichtiges Tragwerk aus Stahlrohren mit dreieckigen Gläsern
b abgehängte Decke aus goldfarben eloxiertem Streckmetallgitter
c Montage der oberen Streckmetallelemente auf dem Dach

a Double-lattice structure of tubular steel with triangular glass
b Suspended ceiling of gold-toned, anodised expanded-metal mesh
c Mounting the expanded metal mesh elements on the roof

Umbau Astley Castle in Nuneaton, Warwickshire

Conversion Astley Castle in Nuneaton, Warwickshire

Architekten • *Architects*:
Witherford Watson Mann Architects, London
Tragwerksplaner • *Structural engineers*:
Price & Myers, London

Über 800 Jahre war Astley Castle bewohnt: Im 13. Jahrhundert als Landsitz der Familie Astley erstmals erwähnt, erfuhr es während seiner langen und bewegten Geschichte diverse bauliche Veränderungen und Ergänzungen. Seine teils bedeutenden Bewohner, darunter drei englische Königinnen, nutzten Astley als Schloss, Festung oder auch Stützpunkt, bis es schließlich in den 1960er-Jahren zu einem Hotel umgebaut wurde. Ein Brand im Jahre 1978 zerstörte den geschichtsträchtigen Bau weitgehend. Mehrere Ansätze, das Schloss in seiner ursprünglichen Form wieder aufzubauen, scheiterten an den Kosten. Und so setzten Wind und Wetter der Ruine über drei Dekaden hinweg zusätzlich zu. Die Rettung kam schließlich in Form eines Wettbewerbs, ausgelobt vom Landmark Trust, einer Stiftung, die historisch wertvolle Gebäude vor dem Verfall bewahrt. Mit einem Budget von 2,5 Millionen Pfund wurde die Ruine in ein Ferienhaus für acht Gäste umgewandelt.
Im ältesten Teil befinden sich nun Wohn- und Schlafräume. Durch Betonbalken zusammengebunden sind die historischen Mauern stabilisiert und durch das neue Dach geschützt. Ausfachungen aus Mauerwerk schließen die Wände, lassen die alten Wunden aber sichtbar – der Eindruck des Verfallenen, Unvollendeten bleibt. Die ehemals prominentesten Räume aus dem 15. und 17. Jahrhundert sind heute offene Höfe – statt Fresken an der Decke zeigt sich der Himmel mit seinen Wolkenspielen. Umrahmt ist er von einem Dach aus Holz. In Holzrahmen sitzen auch die großen Verglasungen, die Blicke in die Höfe mit ihren einst prächtigen Renaissancefenstern freigeben. Durch das Fenster des Wohn- und Essbereichs, der der Aussicht wegen im Obergeschoss liegt, blickt man auf eine 400 Jahre alte Kirche.
Astley Castle ist eine mittelalterliche Ruine mit Fußbodenheizung und Hochdruckdusche. Zwar bröckelt das Mauerwerk noch immer, doch es ist dank heutiger Ingenieurbaukunst für die kommenden Jahrzehnte gesichert. DETAIL 05/2014

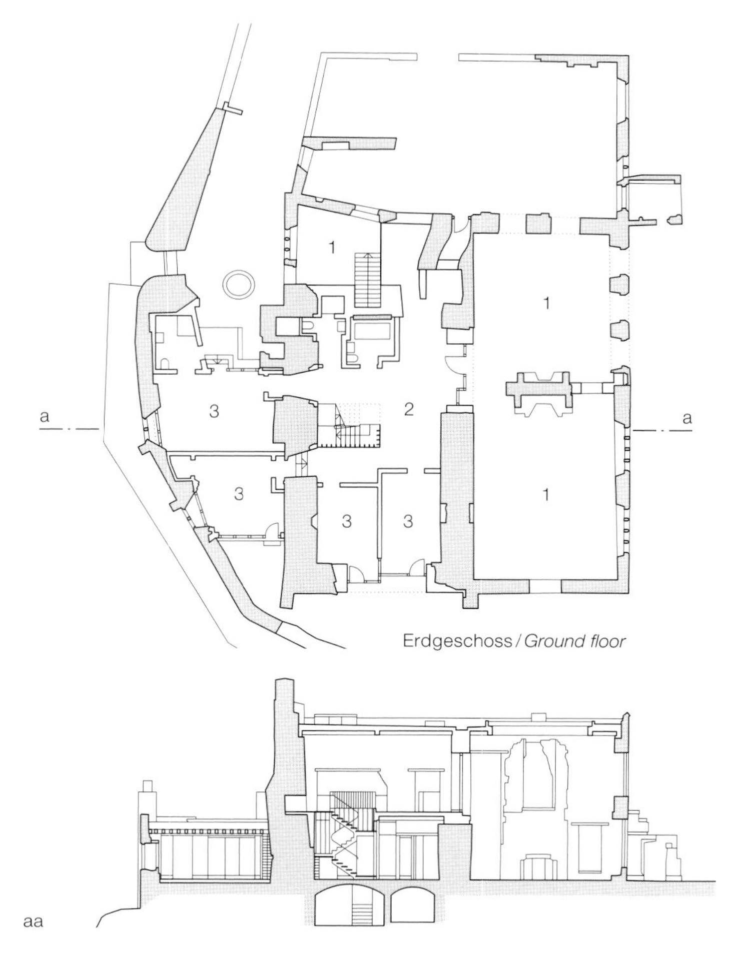

Erdgeschoss / *Ground floor*

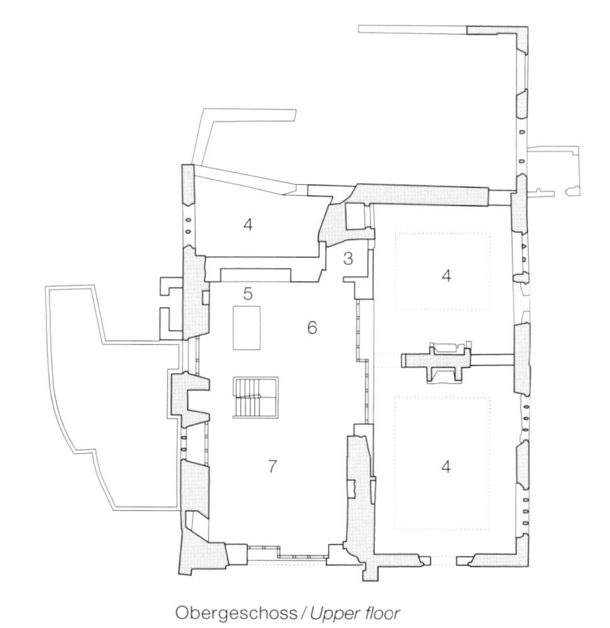

Obergeschoss / *Upper floor*

Grundrisse
Schnitt
Maßstab 1:400

Layout plans
Section
scale 1:400

1 Hof
2 Halle
3 Schlafen
4 Luftraum
5 Küche
6 Essen
7 Wohnen

1 Courtyard
2 Hall
3 Bedroom
4 Void over court
5 Kitchen
6 Dining area
7 Living area

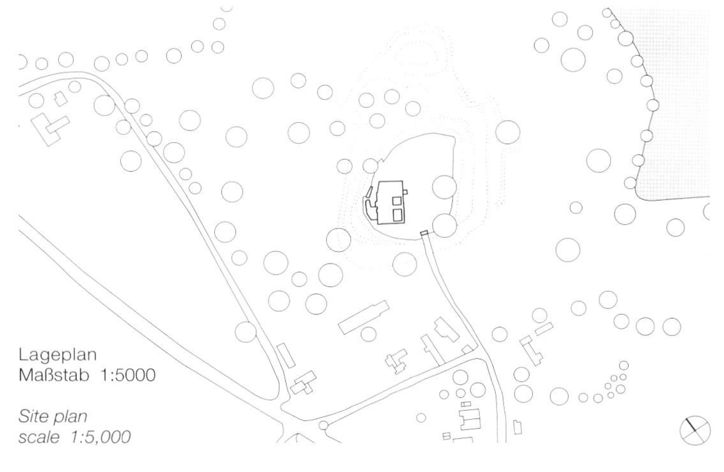
Lageplan
Maßstab 1:5000

Site plan
scale 1:5,000

Astley Castle served as a place of residence for more than eight centuries: it was first chronicled in the thirteenth century as the country seat of the Astley family. The oldest remaining walls date to the 11th century; over the years, numerous additions were made to that rectangular core. In 1978, a significant part of the castle was destroyed by fire. A number of concepts seeking to reinstate its pre-fire state were drawn up in the 1990s, but each of them was stymied by the costs. And so for more than three decades the wind and the rain further eroded the ruin. The solution came in the form of an invited architecture competition, hosted by the Landmark Trust. Twelve teams were asked to develop designs for a contemporary accommodation for eight guests situated within the castle's remnants. Emphasis was placed on the historic context: the castle stands on a shallow ridge, surrounded by a hamlet with a slender church and traces of medieval field systems and eighteenth century gardens. The living and sleeping spaces are now situated in the castle's oldest part. The historic walls are tied together by reinforced concrete lintels, buttressed by new brick piers, and protected by the new roof. This makes the walls structurally sound, but the old wounds remain open. From a distance it still gives the impression of a ruin. The shell of two magnificent rooms dating to the 15th and 17th centuries was transformed into open courtyards. Instead of bearing frescoed ceilings they now frame a view to the sky. The walls are crowned by a roof of wood whose high-performance, load-bearing structure remains hidden. The glazing that provides views to the courtyard and its once magnificent Renaissance windows is also framed in wood. From the second window in the living and dining area – on the upper level due to the view – one sees the church. Today Astley Castle is a medieval ruin with underfloor heating and a variety of other contemporary amenities. Admittedly, the masonry continues to crumble, but thanks to contemporary engineering, what remains of the castle has been secured for the coming decades.

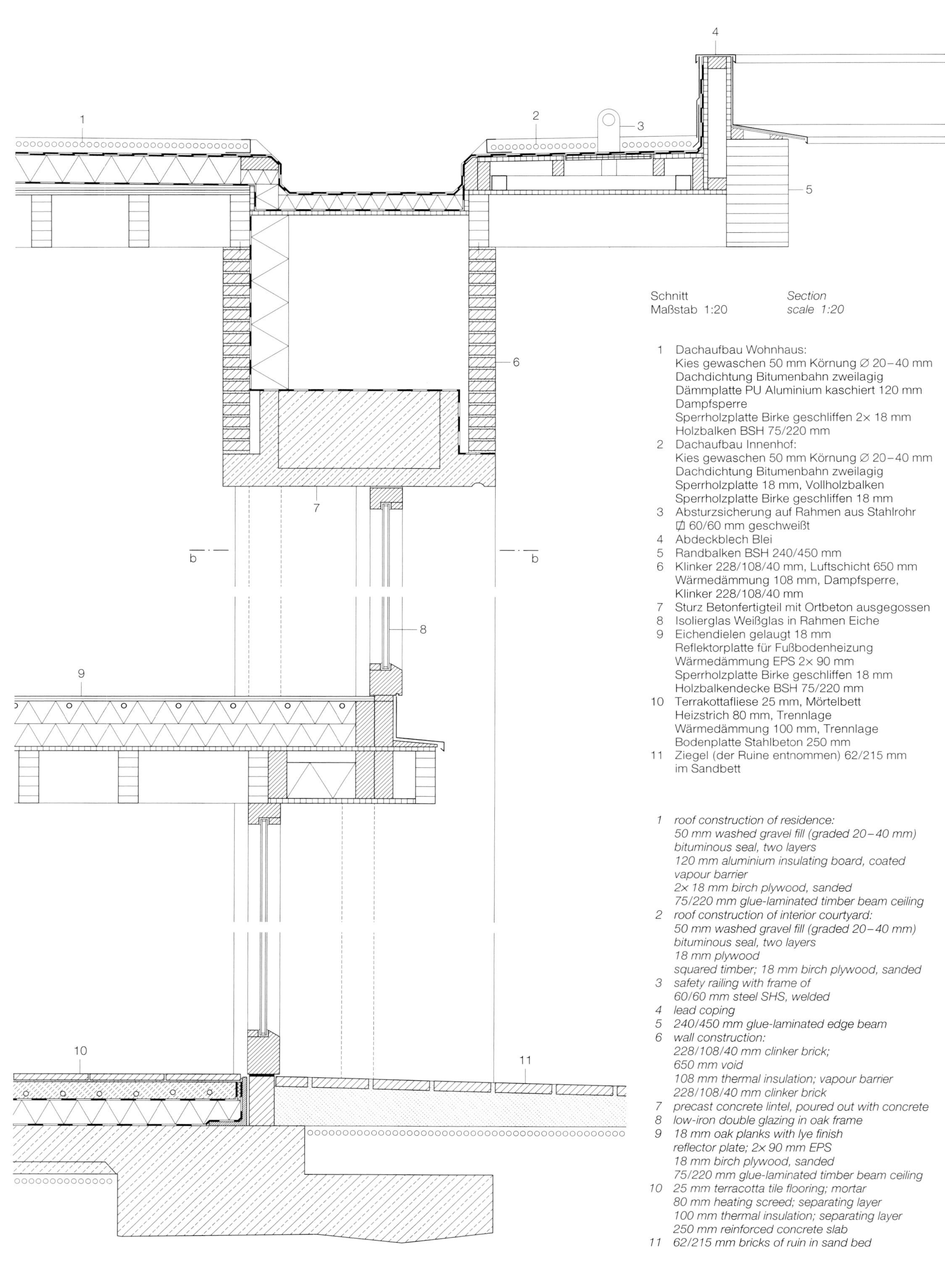

Schnitt
Maßstab 1:20

Section
scale 1:20

1 Dachaufbau Wohnhaus:
Kies gewaschen 50 mm Körnung ∅ 20–40 mm
Dachdichtung Bitumenbahn zweilagig
Dämmplatte PU Aluminium kaschiert 120 mm
Dampfsperre
Sperrholzplatte Birke geschliffen 2× 18 mm
Holzbalken BSH 75/220 mm
2 Dachaufbau Innenhof:
Kies gewaschen 50 mm Körnung ∅ 20–40 mm
Dachdichtung Bitumenbahn zweilagig
Sperrholzplatte 18 mm, Vollholzbalken
Sperrholzplatte Birke geschliffen 18 mm
3 Absturzsicherung auf Rahmen aus Stahlrohr
◻ 60/60 mm geschweißt
4 Abdeckblech Blei
5 Randbalken BSH 240/450 mm
6 Klinker 228/108/40 mm, Luftschicht 650 mm
Wärmedämmung 108 mm, Dampfsperre,
Klinker 228/108/40 mm
7 Sturz Betonfertigteil mit Ortbeton ausgegossen
8 Isolierglas Weißglas in Rahmen Eiche
9 Eichendielen gelaugt 18 mm
Reflektorplatte für Fußbodenheizung
Wärmedämmung EPS 2× 90 mm
Sperrholzplatte Birke geschliffen 18 mm
Holzbalkendecke BSH 75/220 mm
10 Terrakottafliese 25 mm, Mörtelbett
Heizstrich 80 mm, Trennlage
Wärmedämmung 100 mm, Trennlage
Bodenplatte Stahlbeton 250 mm
11 Ziegel (der Ruine entnommen) 62/215 mm
im Sandbett

1 roof construction of residence:
50 mm washed gravel fill (graded 20–40 mm)
bituminous seal, two layers
120 mm aluminium insulating board, coated
vapour barrier
2× 18 mm birch plywood, sanded
75/220 mm glue-laminated timber beam ceiling
2 roof construction of interior courtyard:
50 mm washed gravel fill (graded 20–40 mm)
bituminous seal, two layers
18 mm plywood
squared timber; 18 mm birch plywood, sanded
3 safety railing with frame of
60/60 mm steel SHS, welded
4 lead coping
5 240/450 mm glue-laminated edge beam
6 wall construction:
228/108/40 mm clinker brick;
650 mm void
108 mm thermal insulation; vapour barrier
228/108/40 mm clinker brick
7 precast concrete lintel, poured out with concrete
8 low-iron double glazing in oak frame
9 18 mm oak planks with lye finish
reflector plate; 2× 90 mm EPS
18 mm birch plywood, sanded
75/220 mm glue-laminated timber beam ceiling
10 25 mm terracotta tile flooring; mortar
80 mm heating screed; separating layer
100 mm thermal insulation; separating layer
250 mm reinforced concrete slab
11 62/215 mm bricks of ruin in sand bed

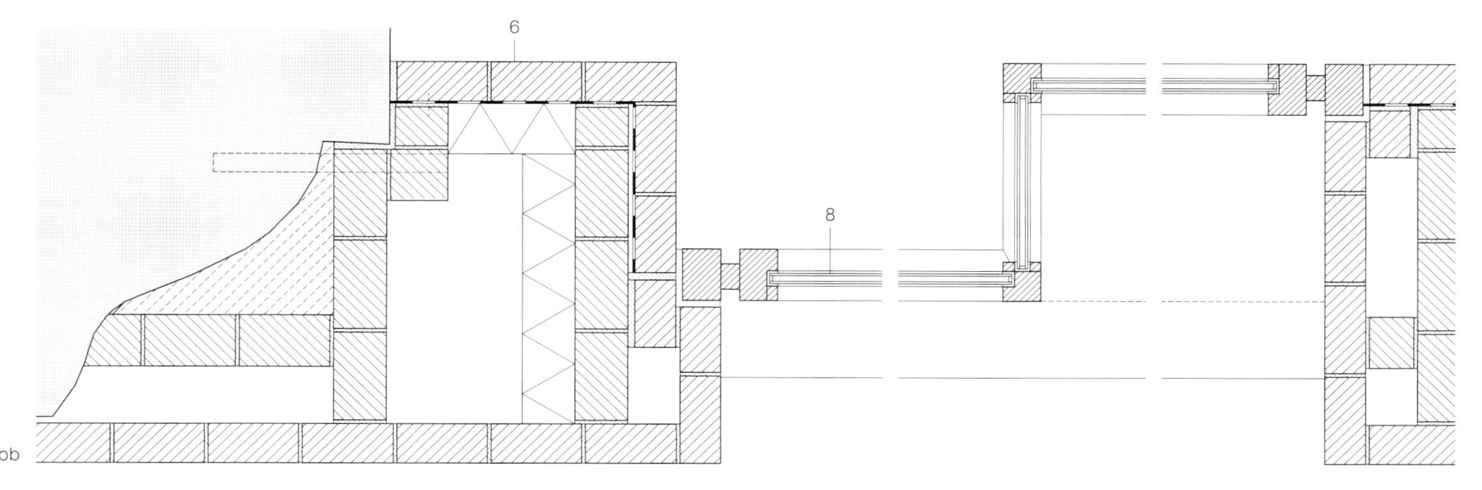
6
8
b

1 Abdeckblech Blei
2 Kiesschüttung 50 mm
Dachdichtung Bitumenbahn zweilagig
Sperrholzplatte 18 mm
Vollholzbalken im Gefälle
Sperrholzplatte Birke geschliffen 18 mm
Holzbalken BSH 75/220 mm
3 Hochlochziegel 140 mm
4 Attikaabdeckung Stahlbetonfertigteil
5 Wandaufbau:
Klinker 228/108/40 mm
Luftschicht 200 mm
Klinker 228/108/40 mm
6 Sperrholzplatte Birke geschliffen 18 mm
7 Sturz Stahlbetonfertigteil
8 Randbalken BSH 240/450 mm

1 lead coping
2 50 mm washed gravel fill
bituminous seal, two layers
18 mm plywood
squared timber
18 mm birch plywood, sanded
75/220 mm glue-laminated timber beam ceiling
3 140 mm brick masonry
4 precast concrete parapet
5 wall construction:
228/108/40 mm clinker brick
200 mm void
228/108/40 mm clinker brick
6 18 mm birch plywood, sanded
7 precast concrete lintel
8 240/450 mm glue-laminated edge beam

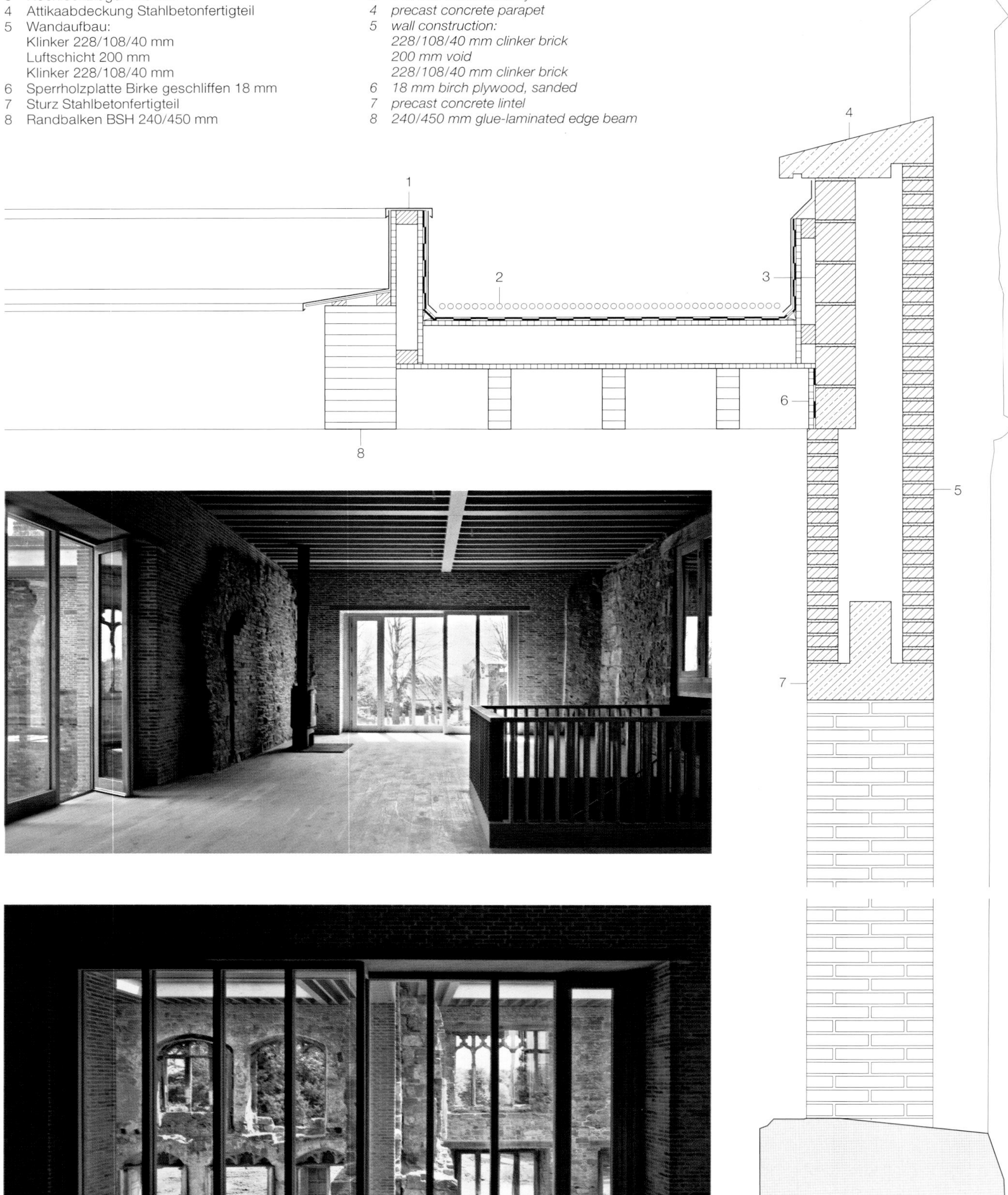

Vertikalschnitt
Maßstab 1:20

Vertical section
scale 1:20

Sanierung und Neugestaltung der Pfarrkirche St. Moritz in Augsburg

St. Moritz Parish Church in Augsburg, Refurbishment and Redesign

Architekten • *Architects*:
John Pawson, London
Rainer Heuberger, Augsburg (Bauleitung/ *construction management*)
Tragwerksplaner • *Structural engineers*:
Dr. Schütz Ingenieure, Kempten

Die Pfarrkirche St. Moritz, vor knapp 1000 Jahren gegründet und heute im Zentrum von Augsburg gelegen, blickt auf eine wechselvolle Geschichte zurück: Nach Brand und Einsturz in frühen Jahren wurde sie als romanische Basilika neu errichtet, in der Gotik mit Chor und Gewölben versehen, im Zuge von Reformation und Gegenreformation abermals verändert und schließlich im Barock prunkvoll neu gestaltet. Dominikus Böhm baute die im Zweiten Weltkrieg stark beschädigte Kirche in moderner Form wieder auf – auch in seiner Fassung scheinen die Epochen der Baugeschichte durch. Nach der Liturgiereform in den 1960er-Jahren verlor der Bau jedoch an Schlüssigkeit und gestalterischem Anspruch.
John Pawsons puristische, von Klarheit und Licht geprägte Neugestaltung des Kircheninnenraums markiert nun ein neues Kapitel. Der Fokus richtet sich wieder auf Chor und Apsis. Dünn geschnittene Onyxscheiben tauchen diesen Raum in helles, diffuses Licht – Symbol für die Schwelle zur Transzendenz. Auf einer Plattform davor scheint Georg Petels lebensgroßer »Christus Salvator«, eine herausragende Figur des Augsburger Barock, direkt aus dem Licht der Apsis hervorzutreten. In die Kuppeln

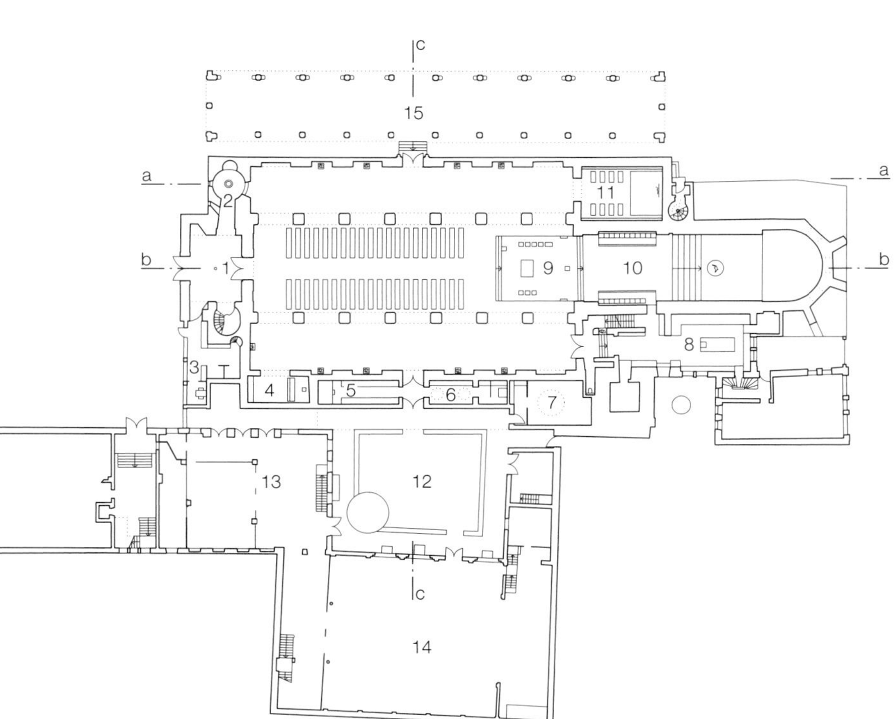

Schnitte • Grundriss
Maßstab 1:800

Sections • Layout plan
scale 1:800

1	Haupteingang	*1*	*Main entrance*
2	Taufkapelle	*2*	*Baptistery*
3	»Offenes Ohr« (Gesprächsseelsorge, geplant)	*3*	*The Sympathetic Ear (pastoral care, planned)*
4	Marienkapelle	*4*	*Lady Chapel*
5	Vorbereitung	*5*	*Preparation*
6	Beichtkapelle	*6*	*Confession chapel*
7	Meditationsraum	*7*	*Meditation space*
8	Sakristei	*8*	*Vestry*
9	Altar	*9*	*Altar*
10	Chor	*10*	*Choir*
11	Kreuzkapelle	*11*	*Chapel of the Cross*
12	Innenhof	*12*	*Courtyard*
13	Foyer	*13*	*Foyer*
14	Moritzsaal	*14*	*Moritz Hall*
15	Arkaden/Markthalle	*15*	*Arcades*

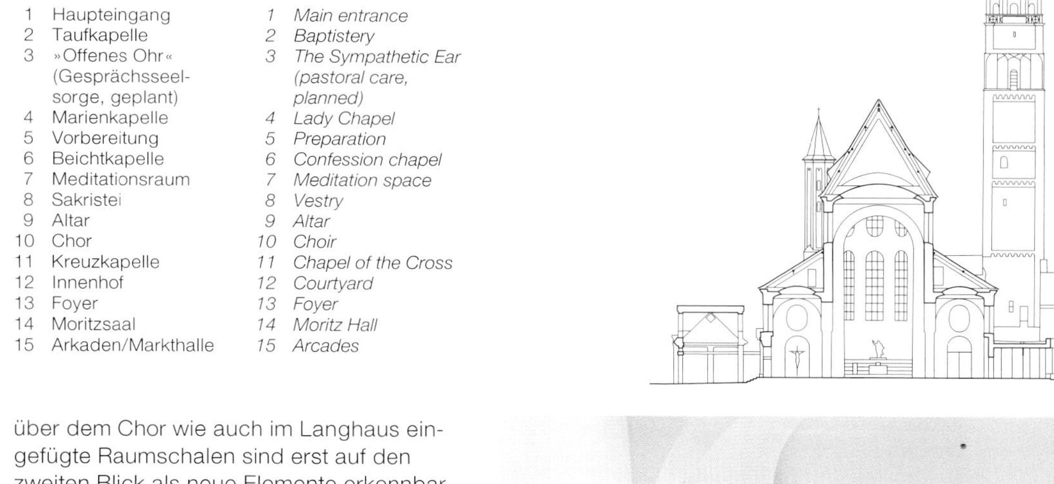

über dem Chor wie auch im Langhaus eingefügte Raumschalen sind erst auf den zweiten Blick als neue Elemente erkennbar – ähnlich wie das Chorgestühl wirken sie weder historisierend noch als Fremdkörper. Der Lichtraum der Apsis, die Plattform des »Christus Salvator« und das Chorgestühl gliedern den gesamten Chor, die Tiefe des Raums wird so erneut lesbar. Die jetzt im Hauptschiff platzierte Altarinsel rückt die Liturgie näher an die Gemeinde.
Nur wenige, sauber verarbeitete Materialien kommen zum Einsatz, neben weiß verputzten Wänden dominieren vor allem gebeizte Eiche und portugiesischer Kalkstein. Eigens entworfene Objekte, von Stelen und Bänken bis zu Ambo und Taufbecken, greifen Materialkanon und Formensprache der raumbildenden Elemente auf.
Die Lichtregie, in vielfachen Simulationen erarbeitet und über programmierte Szenen steuerbar, spielt eine große Rolle im Gesamtkonzept. Ziel waren Lichtverhältnisse wie in einer romanischen Basilika, mit besonders heller Apsis, um die Aufmerksamkeit auf Altar und Chor zu lenken. Dabei gibt es so gut wie keine sichtbaren Lampen. Die vorwiegend verwendeten LEDs – jeweils warm- und kaltweiß paarweise – sind meist in die Raumschalen integriert, zudem werden teils schon vorhandene Löcher in den Kuppeln genutzt, um Chor und Hauptschiff auszuleuchten. Bodenleuchten akzentuieren darüber hinaus die Säulen sowie den »Christus Salvator«. Weit über 90 % des Bestands an Kunstwerken sind laut Architekten in der Kirche verblieben – jedoch neu arrangiert. Gerade die noch erhaltenen Figuren des barocken Apostelzyklus kommen in den Nischen der Seitenschiffe besonders zur Geltung. Ein wesentlicher Bestandteil der Sanierung bleibt verborgen: Die neue Fußbodenheizung sorgt über das ganze Jahr für eine relativ konstante Temperatur, um Zugluft, insbesondere aber Kondensat zu vermeiden und so Bausubstanz wie Artefakte zu schützen. Mittels hydraulisch öffenbarer Fenster und sorgfältig platzierten Lüftungsöffnungen lässt sich die Luftfeuchte regulieren.
DETAIL 11/2013

a die Barockkirche (Aufnahme vor 1944): Pilaster schaffen Verbindung zwischen Kuppeln und Erde, rythmisieren den Raum, verleihen ihm Tiefe; Perspektive zentriert auf Hochaltar, Chorfenster dadurch verdeckt; Figuren und Chorgestühl in Nischen
b Kriegsschäden 1944
c Wiederaufbau Dominikus Böhm: Figuren statt Pilaster als raumgliedernde Elemente, Lücken anstelle im Krieg verbrannter Originalfiguren; Hochaltar bleibt im Zentrum der Perspektive, mittleres Chorfenster wie im Barock verdeckt; Trennung von Chorraum und Hauptschiff durch Balustrade, Bodenbelag, Höhenunterschied

a

b

c

Schnitte Maßstab 1:20
Fenster Apsis
Kuppel / Raumschale Chor

1 Schutzverglasung außen (Bestand, erhalten auf Wunsch der Denkmalpflege): Einscheibenverglasung Float 5 mm auf Flachstahlrahmen (innen mit Vorlegeband trocken angedichtet, außen zusätzlich mit Silikon versiegelt)
2 Innenverglasung VSG (neu): ESG Weißglas 12 mm + Onyx 6 mm (aufkaschiert);
Rahmen aus Stahlprofilen L /Glashalteleisten Flachstahl geschraubt, jeweils feuerverzinkt/lackiert, in Laibung eingesenkt/verankert
3 Aufputz umlaufend bis 30 mm stark (Rahmen Innenscheibe eingeputzt)
4 Aufbeton bewehrt 140 mm (Hakenaufhängung Kuppelschale integriert) Kuppeloberseite (Bestand) gereinigt und aufgeraut
5 Trockenbau-Schnellabhänger mit Ösen verzinkt (l = bis 120 cm), je Kuppel 340 Stück in Aufbeton (Kuppeloberseite) eingebunden
6 eingehängte Kuppelschale, Schalenstärke gesamt 25 mm: Tragringe Rundstahl verzinkt, ∅ 8 mm (je Kuppel 4 Ringe) Bewehrungsgitter Rundstahl verzinkt ∅ 6 mm, diagonal über Kreuz verlegt, an Tragringe angebunden (Abstand ca. 30 cm)
Rabitzgitter verzinkt, in Diagonalbewehrung eingebunden
Kalkgipsputz faserbewehrt, in Traggitter eingedrückt, Kalkgipsputz, Feinputz (Kalkschweißmörtel) gefilzt und freskal gekalkt
7 indirekte Beleuchtung LED zweireihig (warmweiß, kaltweiß), dimmbar

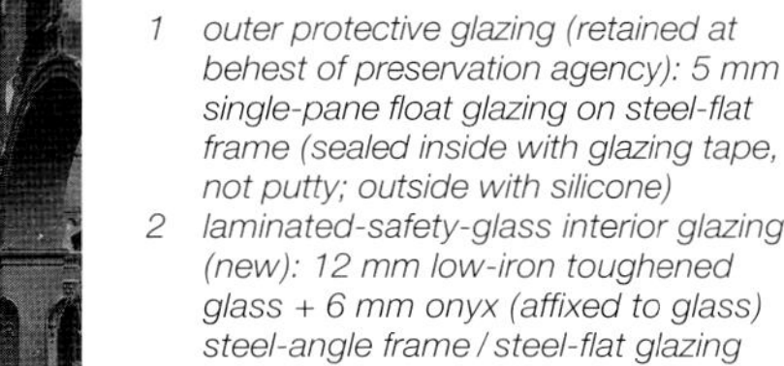
Sections scale 1:20
Windows in apse
Dome/Shell at choir

1 *outer protective glazing (retained at behest of preservation agency): 5 mm single-pane float glazing on steel-flat frame (sealed inside with glazing tape, not putty; outside with silicone)*
2 *laminated-safety-glass interior glazing (new): 12 mm low-iron toughened glass + 6 mm onyx (affixed to glass) steel-angle frame / steel-flat glazing bead, bolted, each hot-dip galvanised/lacquered, recessed/anchored in reveal*
3 *stucco surround, up to 30 mm thick (frame of inner glazing unit embedded in stucco)*
4 *140 mm concrete (atop existing dome), reinf. (suspension hooks integrated in dome shell), upper surf. of existing dome cleaned, roughened*
5 *dry construction, quick mounting with eyelets, galvanised (l = up to 120 cm), 340 per dome, incorporated in upper shell*
6 *dome-shaped shell, suspended, 25 mm overall thickness: structural ring: ∅ 8 mm steel bar, galvanised (4 rings per dome) ∅ 6 mm steel-rod reinforcement mesh, galvanised, diagonally overlapping, secured to structural rings (at ca. 30 cm intervals) rabitz wire lathing, galvanised, integrated in diagonal reinforcement gauged mortar plaster, fibre-reinforced, embedded in wire mesh gauged mortar plaster, finishing plaster (lime mortar) felted and limewashed*
7 *indirect LED lighting, two rows (warm white, cool white), dimmable*

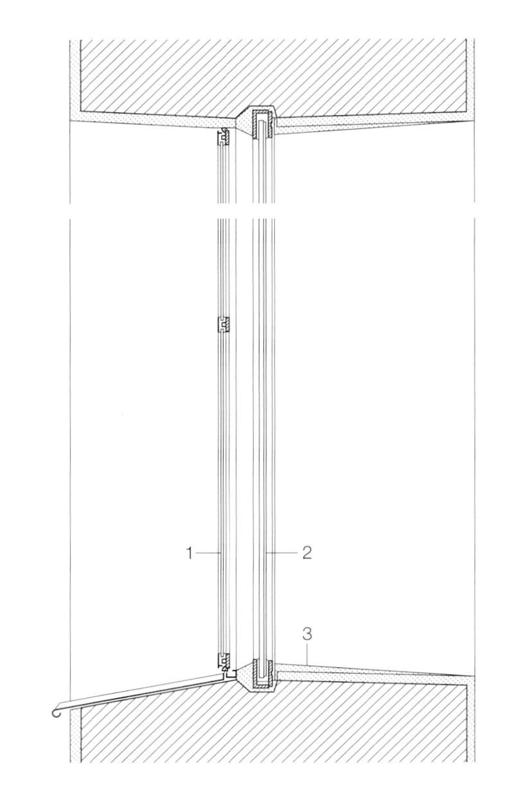

dd

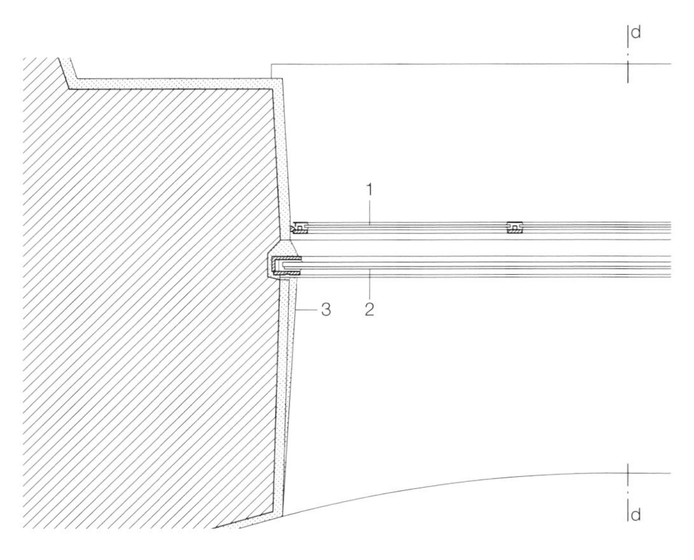

a the baroque church (photo pre-1944): pilasters create connections between domes and earth, provide rhythm to the space, give it depth; perspective centred on high altar, as a result choir windows are concealed; figures und choir stalls in niches
b War damage, 1944
c Reconstruction: Dominikus Böhm ("elements were omitted that detracted from the clarity of the spatial and structural composition"): figures instead of pilasters as space-defining elements, voids in place of original figures destroyed in the course of the war; the high altar remains at centre of the perspective; like in baroque version the middle choir window is concealed; choir and nave separated by balustrade, floor material, level change.

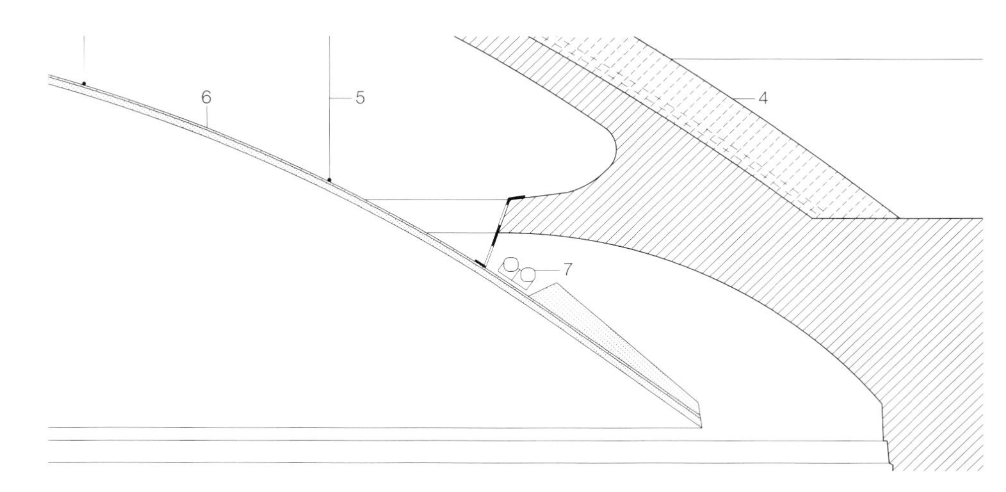

1 Bodenbelag Kalksteinplatte Heizestrich
2 Klappsitz Chor:
Sitzfläche Eiche massiv 20 mm, dunkel gebeizt, Maserung quer, Sitzmulde ca. 10 mm vertieft
Furniersperrholzplatte Eiche furniert 18 mm
3 Ausgleichsgewicht eingenutet zum selbstständigen Hochschwenken des Sitzes
4 Stahlwelle 12 mm gelagert in Polyethylenbuchse
5 Gummipuffer 8 mm (über die gesamte Breite der Sitzfläche)
6 Notenablage schwenkbar mit Magnethalterung
7 Spieltisch Chororgel
8 Hohlraum/Orgelmechanik
9 Trägerplatte Holzwerkstoff 25 mm, beidseitig Eiche furniert, Maserung vertikal, dunkel gebeizt
10 Acryglas satiniert, hochklappbar für Wartungszwecke
indirekte Beleuchtung LED
11 Feinputz, Gipskarton
12 Netzbespannung weiß mit vertikaler Struktur, Aluminiumrahmen weiß
13 indirekte Beleuchtung LED
14 Orgelpfeifen Chororgel

1 floor material:
limestone slab, heating screed
2 fold-up seat in choir:
20 mm oak seat, dark stain, grain perpendicular, ca. 10 mm seat hollow
18 mm veneer plywood, oak veneer
3 counterweight, groove mounted to allow seat to tilt up on its own
4 12 mm steel axle, supported by polythene holder
5 8 mm rubber buffer (along the entire width of the seat)
6 music rest, pivots, with magnet mounting
7 console, choir organ
8 cavity/organ mechanics
9 25 mm composite-wood carrier, oak veneer on both sides, vertical grain, dark stain
10 acrylic glass, satin finish, tilts up for maintenance
indirect LED lighting
11 finishing plaster, plasterboard
12 fabric net, white, with vertical structure, aluminium frame, white
13 indirect LED lighting
14 pipes of choir organ

Detailschnitt
Netzbekleidung Chor-/
Orgelempore
Chorgestühl / Spielbrett
Chororgel
Maßstab 1:20

Sectional detail
Net sheathing of choir/
organ gallery
Choir stalls / Keyboard
of choir organ
scale 1:20

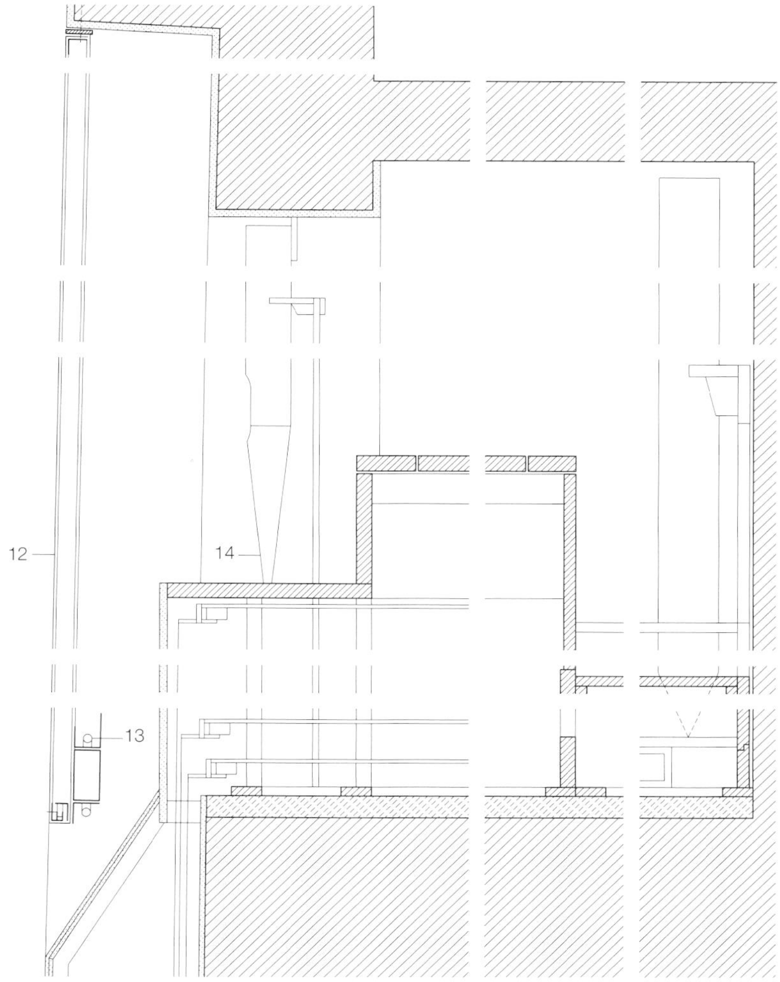

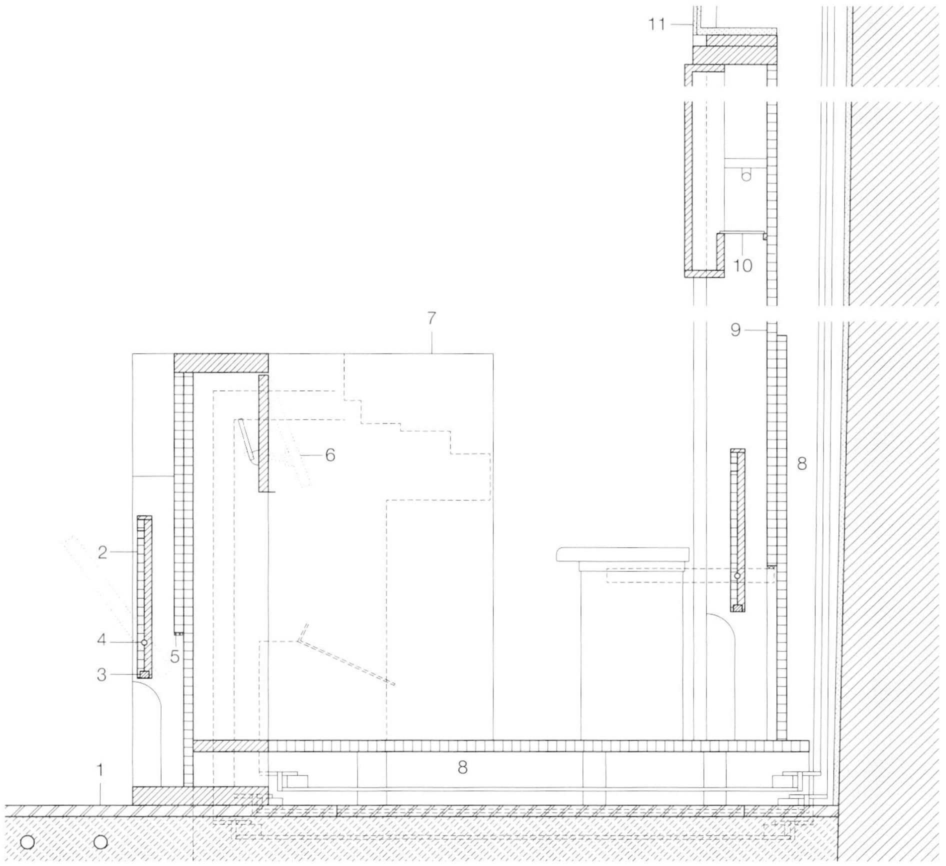

St. Moritz Parish Church was established in what is presently the centre of Augsburg nearly 1,000 years ago. Following fire and collapse in early years, a Romanesque basilica was erected; later a Gothic choir and vaults were introduced. It was altered in the course of Reformation and Counter-Reformation and was later lavishly reappointed in the baroque era. Dominikus Böhm directed the rebuilding of the church, which had been damaged during World War II; he gave it a modern form. Nevertheless, in this version, as in others, different historical periods shine through. Following liturgical reform in the 1960s, however, the consonance was diminished.
Pawson's purist redesign of the church interior marks a new chapter. The focus is again on the choir and apse. Thin slabs of onyx bathe this space in pale, diffuse light – a symbol of the threshold to transcendence. On a platform in front of the apse, Georg Petel's full-scale Christ the Saviour appears to emerge directly from the apse. Only upon second glance does it become apparent that the shells inserted in the domes above the choir are new elements. The choir stalls are a similar case: their design neither attempts to conjure up the past, nor is it incongruous. The light-filled apse, the platform beneath Christ the Saviour, and the choir stalls embellish the choir; these measures make the depth of the space legible again. The freestanding altar moves the liturgy closer to the congregation.
Only a small number of precisely crafted materials were used: aside from the white stucco walls, these include dark-stained oak and Portuguese limestone – with delicate, barely perceptible nuances, for example, the polish of a surface. The bespoke objects, from steles and benches to ambo and baptismal font, pick up on the material canon and formal vocabulary of the space-defining elements. The refined dramaturgy of light plays an important role in the overall concept. The goal was to attain light conditions like in a Romanesque basilica, with an especially bright apse to direct attention to the altar and choir. Yet there are no visible lamps to speak of. Warm and cool shades of white predominate in the LED lighting.
Most of the lamps are integrated in the shells; it was possible to make use of extant holes in the domes to illuminate the choir and nave. In addition, floor lamps accentuate the columns and the Christ the Saviour.
In keeping with the architects' concept, more than 90% of the artwork has remained in the church – but has been repositioned. The surviving baroque apostle figures occupying niches in the side aisles have a particularly strong presence.
One new component remains hidden: subfloor heating maintains a constant temperature throughout the year, forestalls draughts, and condensation, and protects the building as well as the artefacts. Humidity is controlled by means of hydraulically operated windows and carefully positioned vents.

Umbau und Erweiterung Jugendherberge St. Alban in Basel

Conversion and Extension of St. Alban's Youth Hostel in Basel

Architekten • *Architects*:
Buchner Bründler Architekten, Basel
Daniel Buchner, Andreas Bründler
Tragwerksplaner • *Structural engineers*:
Walther Mory Maier Bauingenieure, Basel

Alle Eingriffe in den Bestand der seit den 1980er-Jahren in einer ehemaligen Seidenbandfabrik untergebrachten Jugendherberge zielten ab auf eine robuste, haptisch erfahrbare Materialisierung, die an die industrielle Vorgeschichte des Gebäudes erinnert. Mit ihrer Intervention klären die Architekten die städtebaulichen und innenräumlichen Bezüge und fügen die geforderte Erweiterung als Anbau hinzu. Durch die Verlegung des Eingangs von der Süd- auf die direkt am ehemaligen Gewerbekanal St. Albanteich gelegene Nordseite orientiert sich das Gebäude nun zum öffentlichen Raum. Eine hölzerne Fußgängerbrücke führt über den Kanal zum Eingang und geht dort in einen als Eichenholzpergola gefassten Steg über, der sich entlang der Nordfassade bis zum Neubauteil am westlichen Ende zieht, wo der Terrassenraum der Jugendherberge liegt. Vertikale Eichenlamellen verlaufen über die gesamte Gebäudehöhe, gliedern als äußerste Fassadenschicht den Anbau und bilden mit Brücke und Steg eine verbindende, hölzerne Klammer um das Ensemble. Das Erdgeschoss des Altbaus ist völlig neu organisiert. Empfang, Küche und Nebenräume sind jetzt hangseitig angeordnet. Die Gebäudegrundstuktur mit ihren Gewölben und eingestellten Stützen wurde freigelegt und die Eingangshalle geht fließend in den tiefer gelegenen Essbereich über. So kehrt die räumliche Großzügigkeit der ehemaligen Fabrik in das Gebäude zurück. In die 48 Mehrbettzimmer des Altbaus ist jeweils eine neue, über Schiebetüren abtrennbare Pufferzone zwischen öffentlichem Flur und Schlafbereich eingefügt, die einen kleinen Edelstahlwaschtisch sowie Gepäckfächer aus lasiertem Seekiefersperrholz aufnimmt. Der Erweiterungsbau bietet zusätzlichen Raum für 21 Doppelzimmer mit Bad. Hier dominieren Sichtbeton, lasierter Estrich und Eichenholz. Raumhoch verglaste Fassaden mit vorgelagerten Austrittsbalkonen sorgen für einen unmittelbaren Bezug zum dichten Grün der umgebenden Baumkronen. DETAIL 06/2011

Grundrisse Maßstab 1:500

1 Zugangsbrücke
2 Foyer
3 Büro
4 Seminarraum
5 Speisesaal im ehemaligen Färberkeller
6 Selbstbedienungstheke
7 Küche
8 Terrasse
9 Heizraum
10 Lüftungsanlage Küche
11 Doppelzimmer
12 4-Bett-Zimmer
13 Familienzimmer
14 Gemeinschaftsduschen
15 6-Bett-Zimmer
16 Einzelzimmer

Floor plans scale 1:500

1 Access bridge
2 Foyer
3 Office
4 Seminar room
5 Dining hall in former dyeing cellar
6 Self-service counter
7 Kitchen
8 Terrace
9 Boiler room
10 Kitchen ventilating plant
11 Double room
12 Four-bed room
13 Family room
14 Shared showers
15 Six-bed room
16 Single room

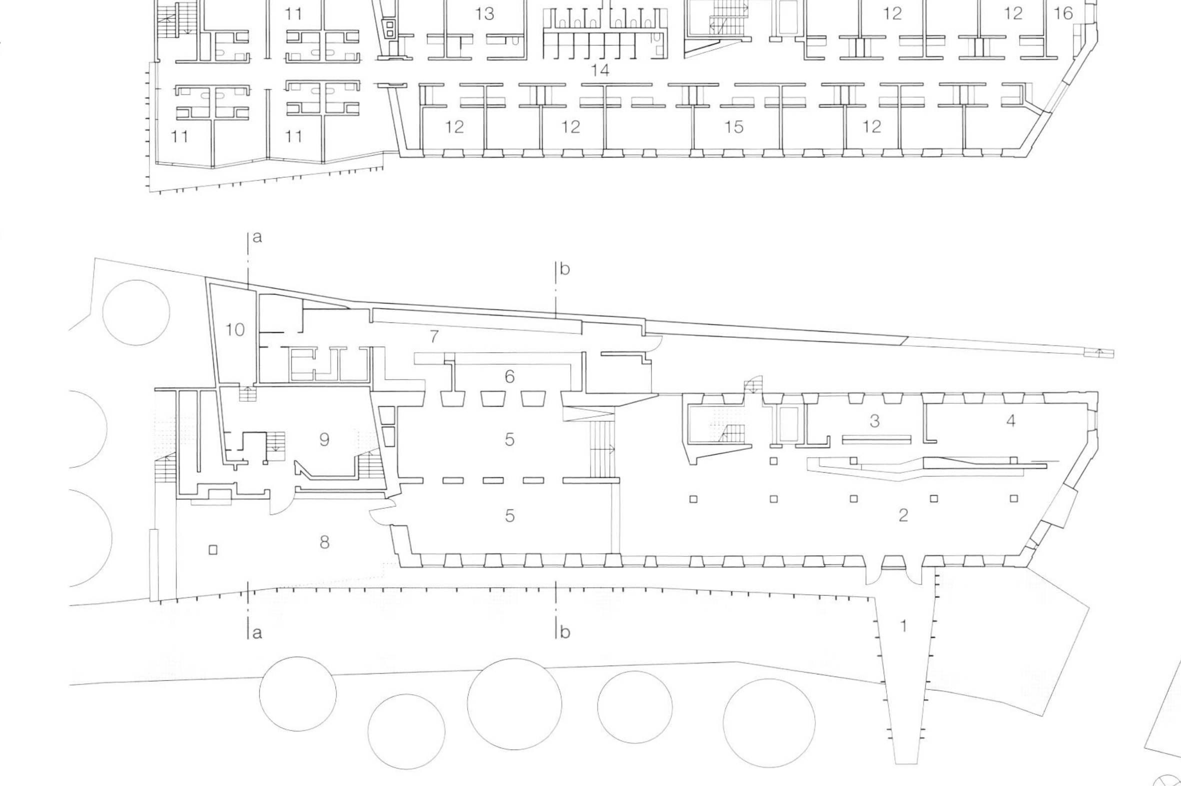

Schnitt Neubau • Schnitt Altbau
Maßstab 1:500
Detailschnitte Maßstab 1:20

1 Kalksandsteinmauerwerk Ausgleichssteine lasiert 145 mm
2 Brandschutzglas VSG farbig 20 mm
3 Türblatt Eiche furniert 62 mm
4 Blockrahmen Eichenholz Dichtung eingenutet
5 Trennwand/Schrankfächer Sperrholz Seekiefer 21 mm Unterkonstruktion, Kanthölzer 110/60 + 60/40 mm
6 Türgriff Sperrholz Seekiefer 21 mm
7 Türblatt Röhrenspanplatte 21 mm beplankt mit Sperrholz Seekiefer 9 mm
8 Front Sperrholz Seekiefer 24 mm
9 Deckenleuchte
10 Installationskanal verdeckt montiert
11 Zuluftauslass Schlitze eingefräst

aa

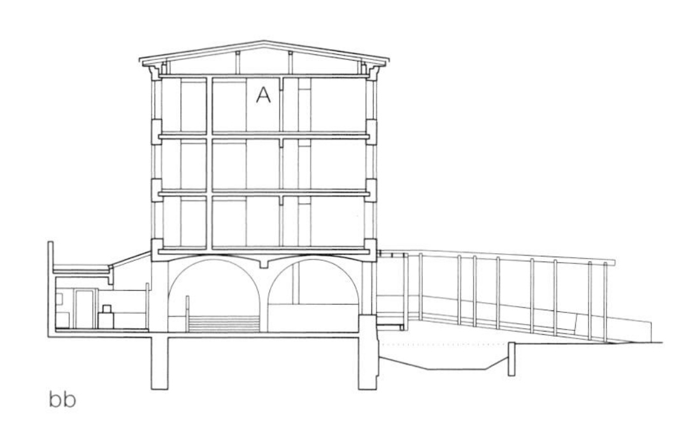

Sections through new and existing building
scale 1:500
Sectional details scale 1:20

1 145 mm sand-lime brick wall: special-size bricks with scumbled finish
2 20 mm fire-resisting laminated safety glass, coloured
3 62 mm oak-veneered door
4 squared oak frame; seal fixed in groove
5 partition/cupboard wall: 21 mm maritime pine plywood on 110/60 + 60/40 mm timber studding
6 21 mm maritime pine plywood door pull
7 21 mm tubular-core chipboard door lined with 9 mm maritime pine plywood
8 24 mm maritime pine plywood cupboard door
9 soffit light fitting
10 concealed service duct
11 ventilation slits cut in cladding

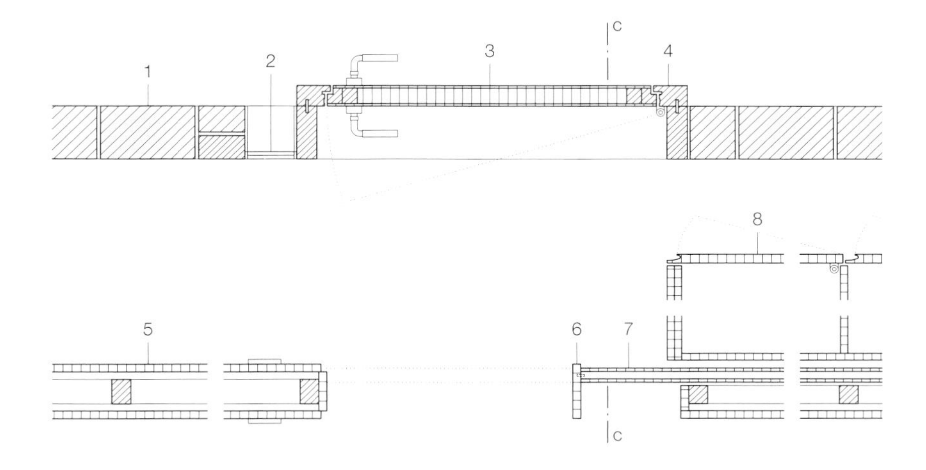

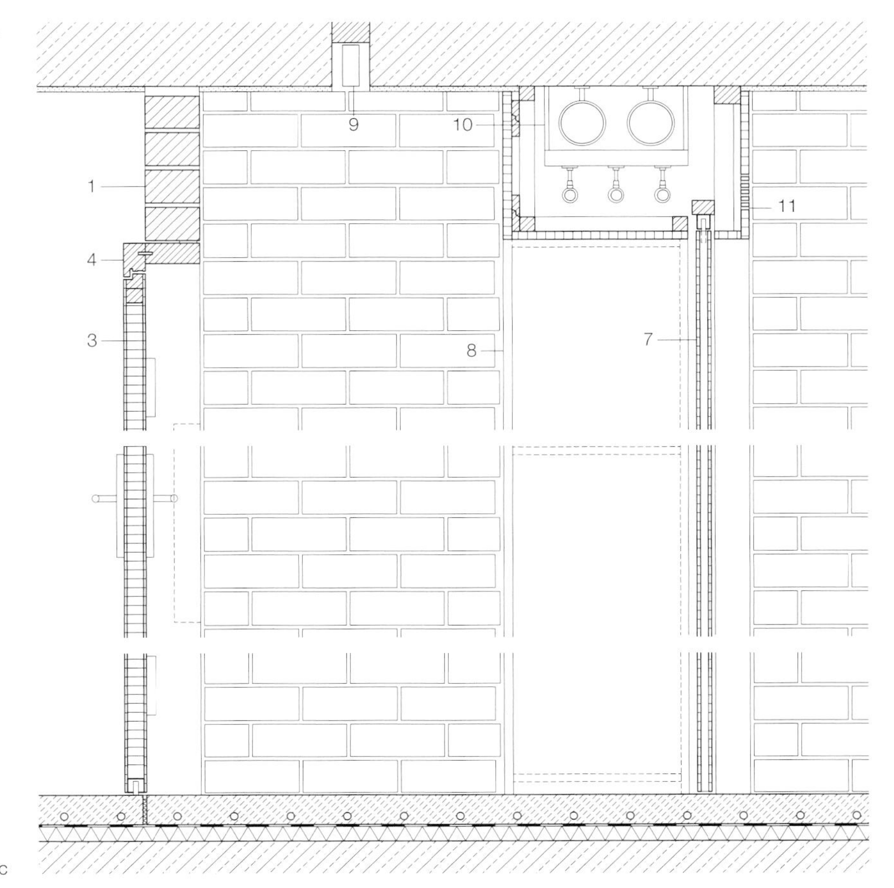

Alle Räume sind von einfachen Materialien und unmittelbarer, aber sorgfältiger Detaillierung geprägt, bis hin zum neuen Treppenhaus mit der aus rohen Stahlblechen verschweißten und mit Autowachspolitur behandelten Treppe und dem zur Treppe hin verglasten Aufzug. Den Flurwänden im Altbau aus Kalksandsteinmauerwerk sind lasierte Eichenholztüren mit kräftigen Rahmen vorgesetzt. Kleine farbige Glasfelder neben den Türen erlauben begrenzte Ein- oder Ausblicke. Die vom Flur aus zugänglichen Duschkabinen besitzen Türen aus kräftig dimensionierten Stahltafeln, die ein massiver Eichenholzhandgriff gegen Beulen stabilisiert. Handtuchhaken und Seifenablage auf der Innenseite sind einfach aufgeschweißt, Farbveränderungen im Blech durch das Schweißen sind unter der klaren Lackierung sichtbar belassen. Trotz schlichter Materialien entsteht im Gebäude durch das Zusammenspiel der roh wirkenden Oberflächen mit den präzise gesetzten Einbauten eine edle Atmosphäre. Eichenholz und Seekieferplatten fügen den lasierten Beton- und Mauerwerksflächen wärmere Töne hinzu. Neben der zurückhaltenden Möblierung tragen raffinierte Details zur legeren Eleganz der Innenräume bei. So wurden Türbeschläge teils eigens entwickelt, Gummi- oder Lederstreifen als Aufschlagsbegrenzung eingesetzt oder Leuchten unauffällig in Betonaussparungen der Deckenränder platziert.

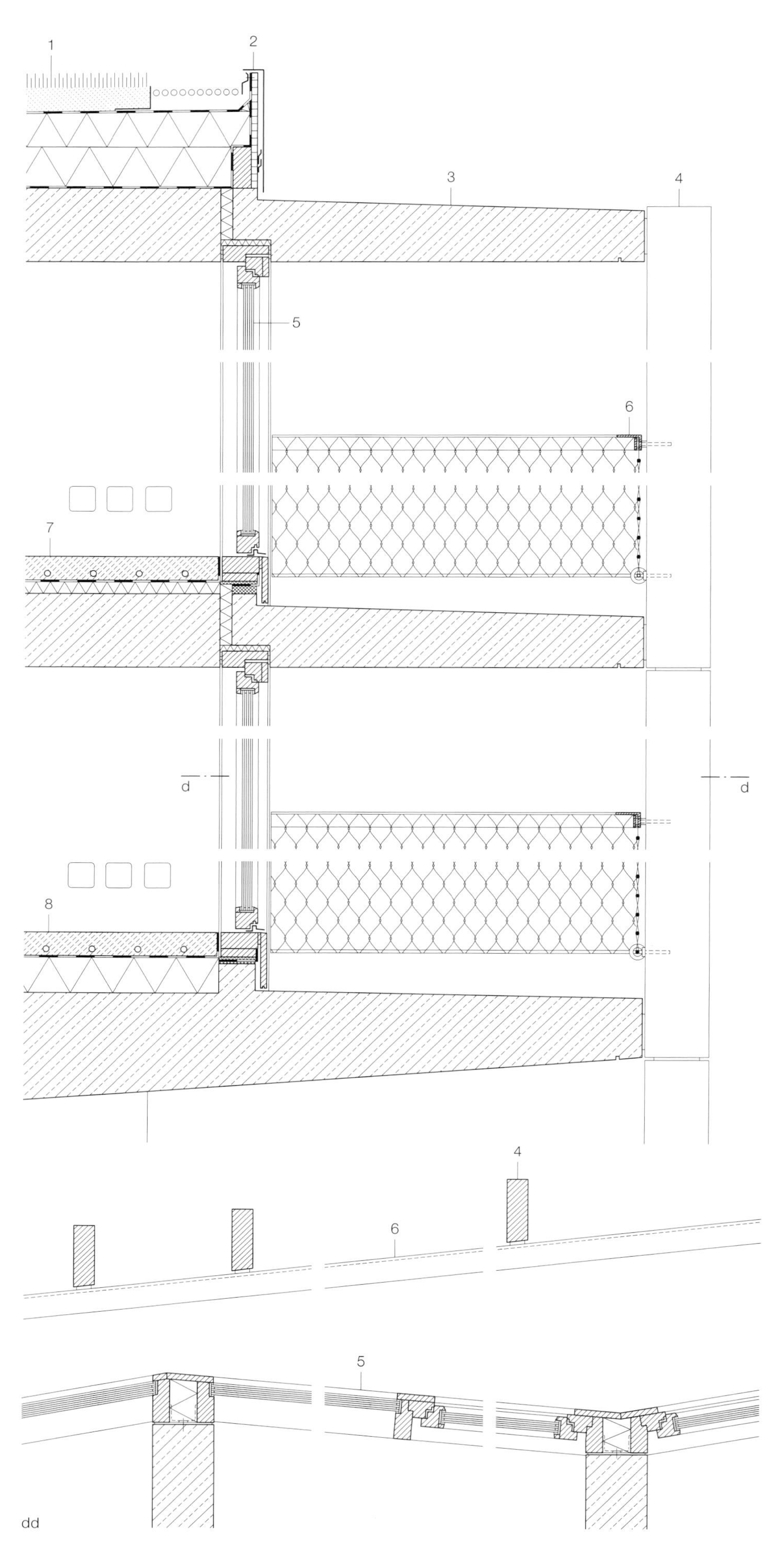

1 Extensivbegrünung 70 mm
Abdichtung 3 mm
Gefälledämmung 20–120 mm
Wärmedämmung Hartschaumplatten 140 mm
Dampfbremse 3 mm
Stahlbetondecke 250 mm
2 Aluminiumblech 4 mm
3 Betonfertigteil Oberseite versiegelt
4 Eichenholzlamellen 210/80 mm
5 Pfosten-Riegel-Fassade Eichenholz lasiert
Isolierverglasung ESG 6 mm + SZR 12 mm + ESG 4 mm + SZR 12 mm + ESG 6 mm, U = 0,7 W/m²K
6 Geländer Stahlprofil pulverbeschichtet
∟ 80/50/8 mm, Füllung Edelstahlnetz
7 Hartbetonboden mit Fußbodenheizung 80 mm
Trennlage 1 mm
Trittschalldämmung 40 mm
Stahlbetondecke 250 mm
8 Bodenaufbau wie Punkt 7, jedoch
Wärmedämmung 120 mm
Stahlbetondecke 200–400 mm

1 70 mm extensive planting layer
3 mm sealing layer
20–120 mm insulation to falls
140 mm rigid-foam thermal insulation
3 mm vapour-retarding layer
250 mm reinforced concrete roof slab
2 4 mm sheet-aluminium eaves cladding
3 precast concrete element, top surface sealed
4 80/210 mm vertical oak members
5 oak post-and-rail facade, with glazed finish
triple glazing: 6 + 4 + 6 mm toughened safety glass + 2× 12 mm cavities (U-value = 0.7 W/m²K)
6 80/50/8 mm powder-coated steel angle balustrade rail with stainless-steel mesh filling
7 80 mm granolithic flooring with underfloor heating
1 mm separating layer
40 mm impact-sound insulation
250 mm reinforced concrete floor slab
8 floor construction as pos. 7, but with
120 mm thermal insulation
200–400 mm reinforced concrete floor slab

Vertikalschnitt • Horizontalschnitt
Maßstab 1:20

Vertical and horizontal sections
scale 1:20

Since the 1980s, this former factory structure has been occupied by a youth hostel. All modifications that have now been made to the building have sought to achieve a robust, haptic quality that recalls the original industrial character. In the process, the architects have clarified the urban-planning situation and extended the hostel. The entrance, for example, was moved to the north face, so that the building is now oriented to the public realm.
A timber pedestrian bridge leads across what was once a commercial canal to the entrance and continues in the form of a walkway along the facade to the extension at the western end, where a terrace has been created.
The ground floor layout of the existing structure has been completely reorganised, and the basic construction, with vaulted arches and free-standing columns, has been exposed to view. The large entrance hall now flows into the dining area, which is set at a lower level. In this way, the original sense of space has been restored to the building.
Between the hall and the 48 multi-bed rooms, buffer zones have been inserted that accommodate washbasins and luggage space.
The extension houses 21 double rooms with their own bathrooms. Exposed concrete, scumbled screeds and oak are the dominant materials here. Room-height facade glazing and balconies allow close contact with the surrounding vegetation. All spaces are distinguished by the use of simple materials and careful detailing. The new exposed-steel staircase and glazed lift are examples of this.
In the corridors of the existing structure, the oak doors and frames are set on the faces of the brick walls. Small panels of coloured glazing next to the doors allow restricted views in and out. The shower-cabin doors consist of boldly dimensioned steel panels with solid oak opening strips that protect against damage. Despite the use of plain materials, the interplay of untreated surfaces and precisely designed fittings creates a noble atmosphere. The exposed brick and concrete elements are complemented by the warmer tones of oak and maritime pine. Together with the restrained furnishings, subtle details lend the indoor spaces an informal elegance.

1 Treppenbrüstung
Stahlblech Schwarzstahl
verschweißt 6 mm,
Oberfläche Autowachspolitur
2 Zementestrich eingefärbt 50 mm
Trennfolie 1 mm
Schichtholzplatte 28 mm
Unterkonstruktion Stahlprofile UPN 120
Stahlblech wie Brüstung 3 mm
3 Estrichbelag 50 mm
Stahlblech wie Brüstung 6 mm
4 Handlauf Stahlprofil verschweißt
L 60/40/7 mm
5 Verglasung Aufzugsschacht
VSG 12 mm
6 Riegel Stahlprofil UPN 120 +
Flachstahl 15/120 mm
7 Leuchte
8 Stahlprofil UPN 120
9 Stahlprofil HEA 100
10 Stahlprofil T 60/60/7 mm

1 staircase balustrade next to wall:
6 mm welded hot-rolled black sheet steel, surface treated with car wax
2 50 mm coloured screed
1 mm separating membrane
28 mm laminated timber board
supporting structure:
steel channels 120 mm deep
3 mm hot-rolled sheet steel (as pos. 1)
3 50 mm screed
6 mm hot-rolled sheet steel (as pos. 1)
4 60/40/7 mm steel angle handrail, welded
5 glazing to lift shaft:
12 mm lam. safety glass
6 steel channel rail 120 mm deep
15/120 mm steel plate
7 lighting strip
8 steel channel 120 mm deep
9 steel I-beam 100 mm deep
10 60/60/7 mm steel T-section

Vertikalschnitte Treppe Maßstab 1:20
Vertical sections through stairs scale 1:20

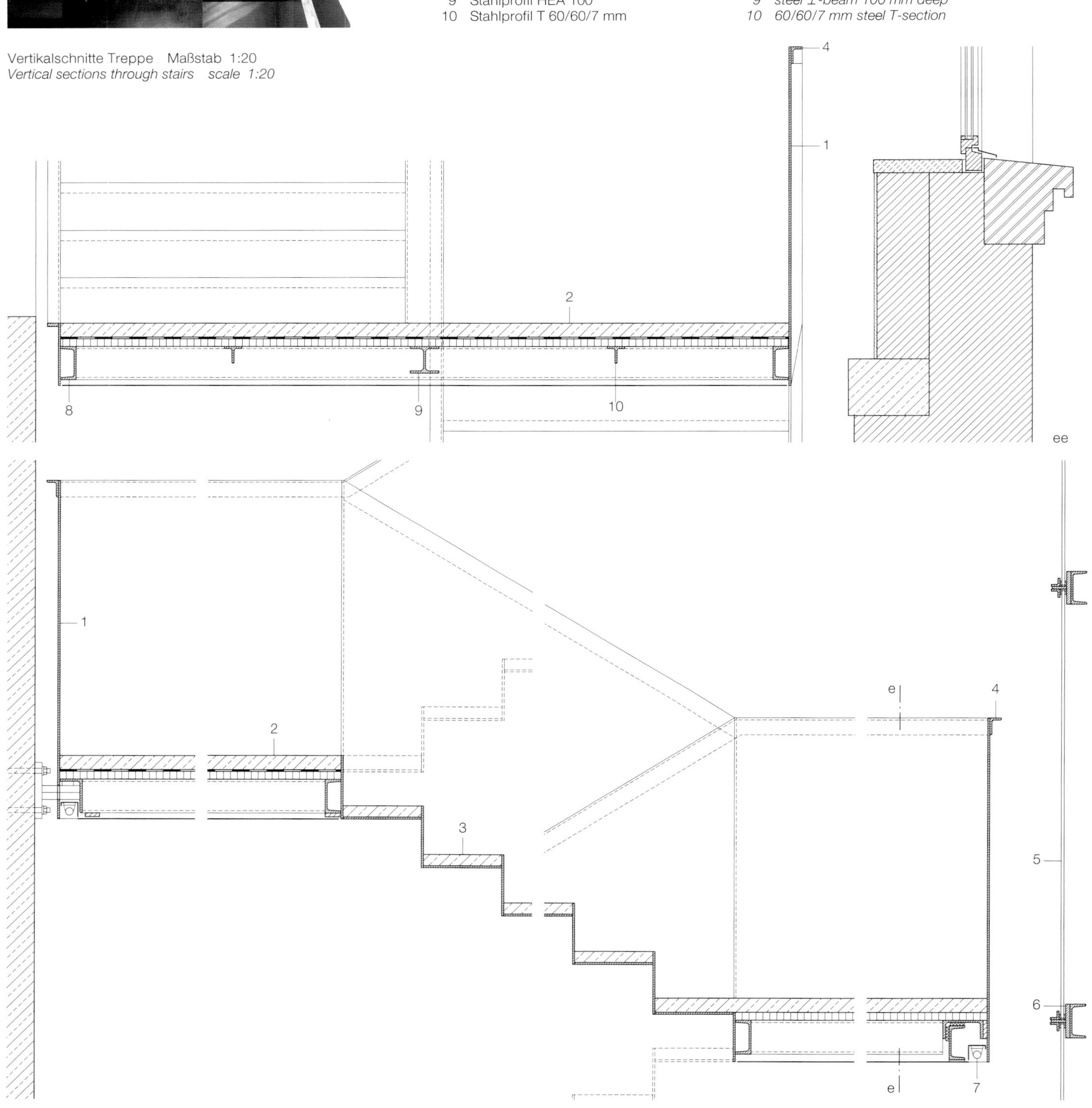

Museum Can Framis in Barcelona

Museum Can Framis in Barcelona

Architekten • *Architects*:
BAAS, Jordi Badia, Barcelona
Tragwerksplaner • *Structural engineers*:
BOMA, Josep Tamón Solé, Barcelona

Angenehm zurückhaltend präsentiert sich das 2009 eröffnete Museum Can Framis inmitten der meist vielgeschossigen kommerziellen Neubauten des einstigen Industrieviertels Poblenou zwischen Barcelonas Zentrum und der Küste. Antoni Vila Casas, pensionierter Pharmazeut, gründete vor 25 Jahren die Stiftung Vila Casas mit dem Anliegen, katalanische Kunst zu fördern. Zu diesem Zweck erwarb er die ehemalige Textilfabrik als Standort für die Sammlung zeitgenössischer Malerei. Obgleich von der einst vier Blöcke umfassenden Fabrik lediglich zwei Zweckbauten und ein Schornstein erhalten geblieben waren, stellt sie ein wichtiges Zeugnis der seinerzeit bedeutenden Textilindustrie dar. Die Architekten prüften und sanierten zunächst Fundamente, Tragwerk und Dächer. Die nahezu parallelen Altbauriegel ergänzten sie mit einem neuen Trakt aus Stahlbeton. Hellgraue Farbe überzieht die Bruchsteinfassade und die ausgemauerten Gebäudeöffnungen des Bestands und verbindet Neu und Alt harmonisch miteinander. Im Inneren erweitern die blinden Fenster die Ausstellungsflächen und vermeiden zu hohen Lichteinfall. Die neuen hölzernen Fachwerkträger imitieren das alte Tragwerk und charakterisieren die schlichten Ausstellungsräume. Neu eingefügte Öffnungen akzentuieren wichtige Stellen im Nutzungsgefüge und bilden Schaufenster zur Stadt. DETAIL 05/2011

The Museum Can Framis presents itself in a pleasantly restrained way, situated among the mostly new multi-storey commercial buildings within the former industrial quarter of Poble Nou, located between Barcelona's centre and the coast. While only two commercial buildings and a smokestack remain of the factory's former four blocks, it comprises an important testimony to the then-important textile industry. The architects complemented the almost parallel existing buildings with a new reinforced concrete wing between them. Matching light grey colour covers the quarry stone facade and the building apertures infilled with masonry in the existing construction, joining new and old in harmony.

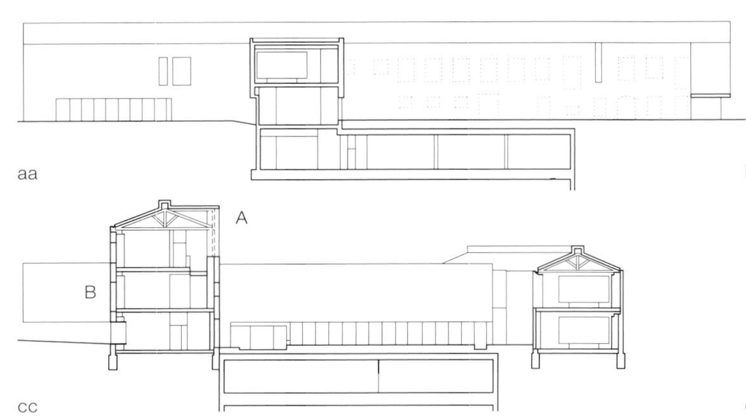

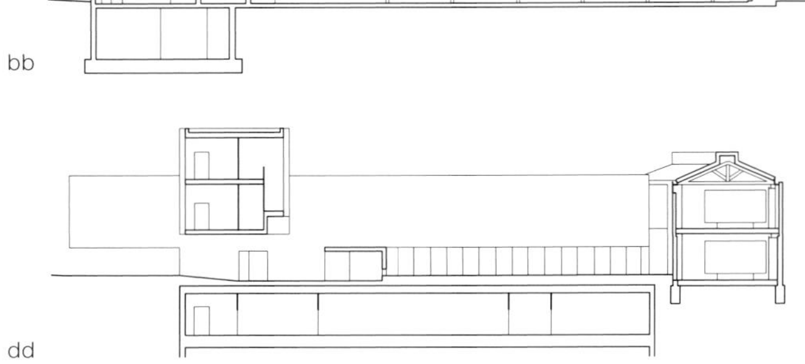

Schnitte • Grundrisse
Maßstab 1:750

1 Haupteingang
2 Ausstellung
3 Rezeption / Halle
4 Vorbereich Ausstellung
5 Büro
6 Multifunktionssaal
7 Technik

Sections • Floor plans
scale 1:750

1 Main entrance
2 Exhibition
3 Reception / Hall
4 Antespace, exhibition
5 Office
6 Multi-use hall
7 Utility room

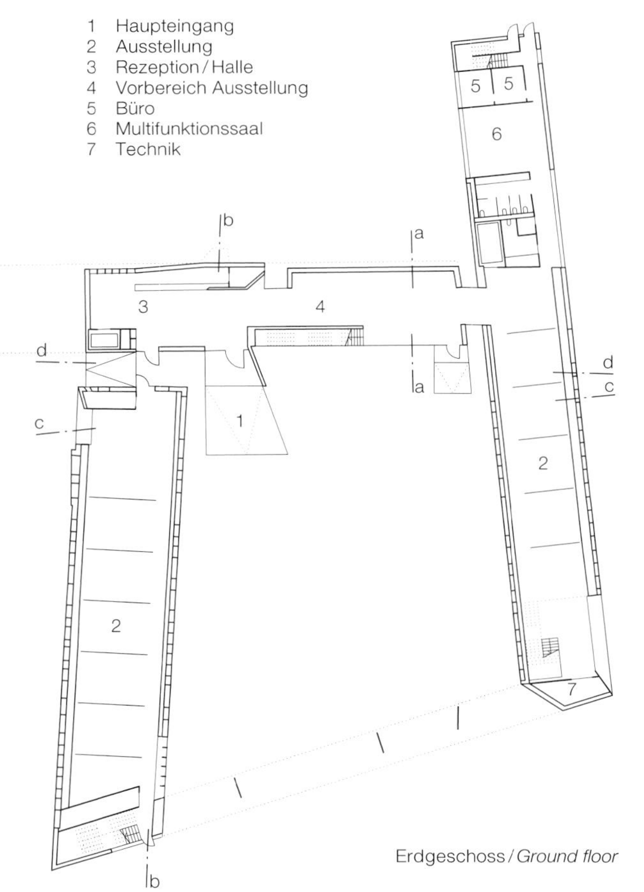

Erdgeschoss / *Ground floor*

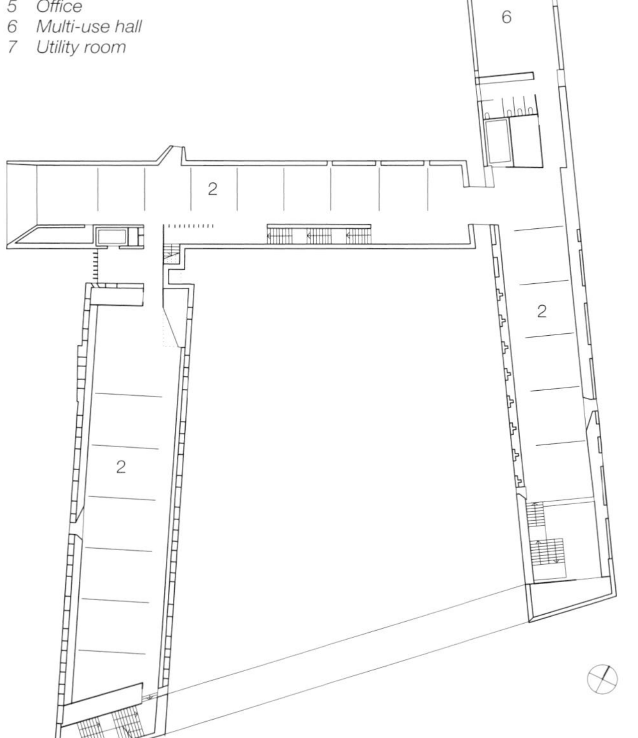

Obergeschoss / *Upper floor*

Vertikalschnitt
Maßstab 1:20

1. Stehfalzdeckung Stahlblech verzinkt 0,65 mm
   Noppenmatte 10 mm
   MDF-Platte wasserdicht 19 mm
   Wärmedämmung PU 80 mm
   Trägerrost Kantholz 100/175 mm
   MDF-Platte 19 mm
   Gipskartonplatte gestrichen 15 mm
   Fachwerkträger
   BSH 150/175 mm
2. Mauerwerk (Bestand):
   Bruchstein mit
   Kalkmörtel 440 mm
3. Ausfachung:
   Kalkputz gestrichen
   Ziegel 290/145/90 mm
   Ausgleichsmörtel
   Wärmedämmung
   PU-Hartschaum 80 mm
4. Stütze
   Stahlprofil HEB 200
5. Lüftungsauslass
6. Kabelkanal
7. Gipskartonplatte gestrichen 11 mm
   MDF-Platte 19 mm
   Ständerwerk Aluminium 50 mm
8. Wasserleitung
9. Lüftungsschacht
10. Estrich mit Quarzzuschlag poliert 60 mm
    Stahlbetondecke 250 mm
11. MDF-Platte gestrichen 20 mm
12. Stahlrohr ⌀ 60/60 mm
13. Isolierverglasung:
    VSG 2× 6 mm + SZR 12 mm +
    VSG 2× 8 mm

Vertical section
scale 1:20

1. *0.65mm sheet metal roof, standing seam, galvanised*
   10 mm studded mat
   19 mm MDF panel, waterproof
   80 mm PU thermal insulation
   100/175 wood framing
   19 mm MDF panel
   15 mm gypsum board, painted finish
   150/175 mm truss girder, glued laminated timber
2. *440 mm quarry stone wall, lime mortar (existing)*
3. *infill:*
   lime render, painted finish
   290/145/90 mm brick
   leveling mortar
   80 mm PU rigid thermal insulation
4. *200/200 mm steel I-beam, column*
5. *vent*
6. *cable channel*
7. *11 mm gypsum board, painted finish*
   19 mm MDF panel
   50 mm aluminium framing
8. *water pipe*
9. *ventilation duct*
10. *60 mm screed, quartz aggregate, polished*
    250 mm reinforced steel slab
11. *20 mm MDF panel, painted finish*
12. *60/60 mm steel CHS*
13. *laminated safety glass*
    2× 6 mm + cavity 12 mm +
    laminated safety glass 2× 8 mm

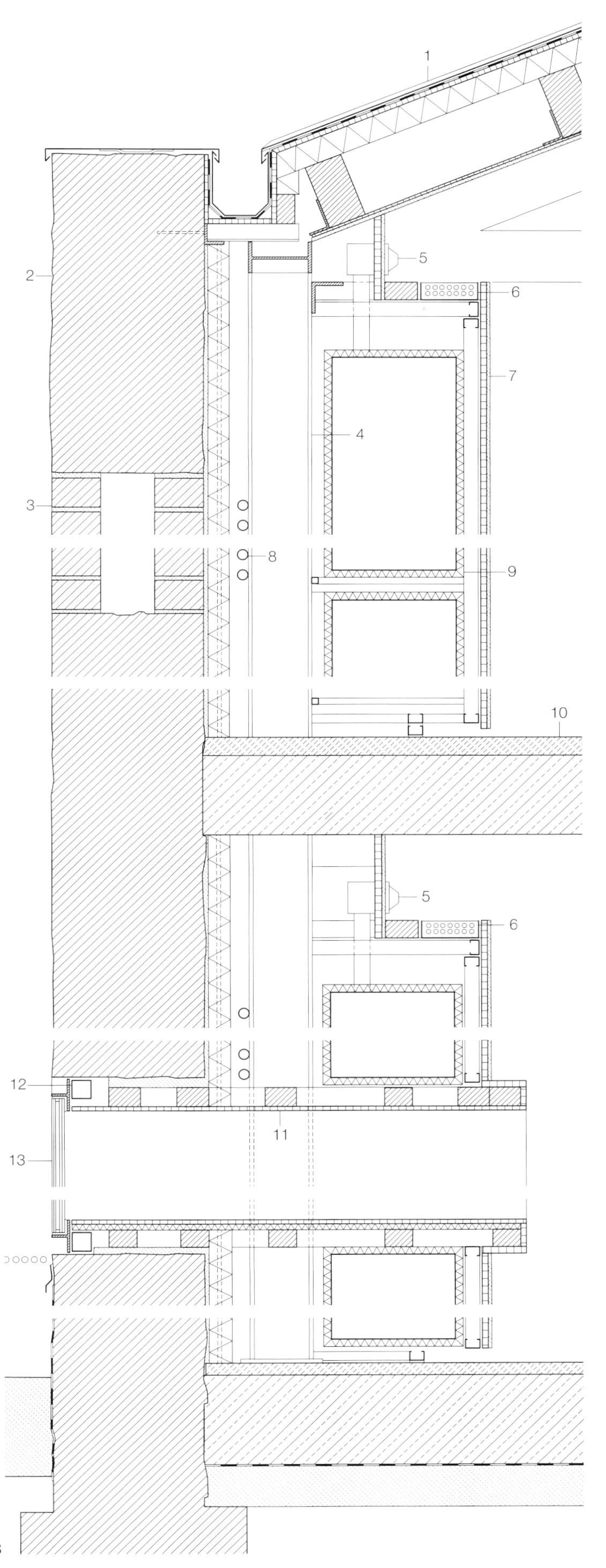

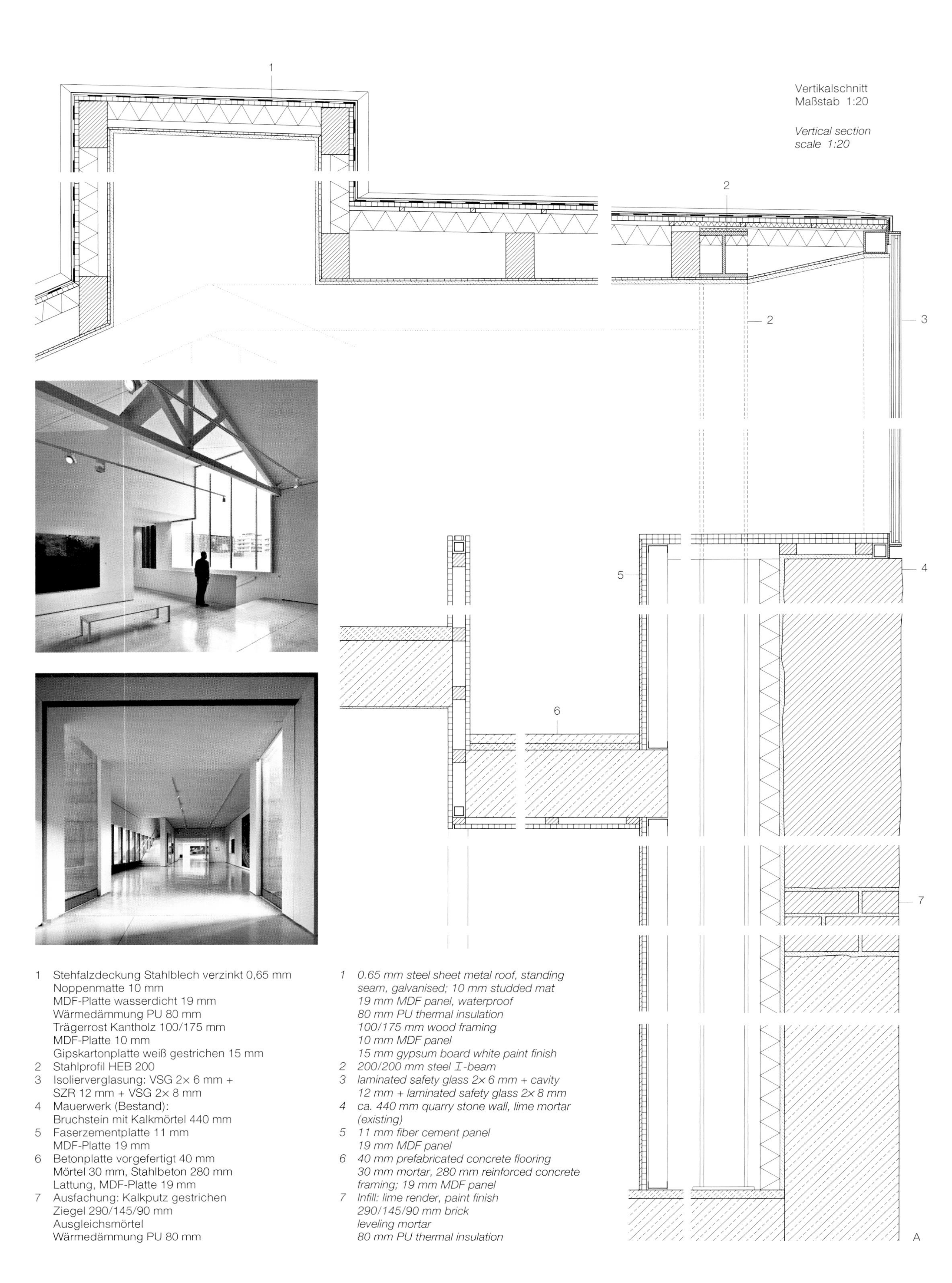

1 Stehfalzdeckung Stahlblech verzinkt 0,65 mm
Noppenmatte 10 mm
MDF-Platte wasserdicht 19 mm
Wärmedämmung PU 80 mm
Trägerrost Kantholz 100/175 mm
MDF-Platte 10 mm
Gipskartonplatte weiß gestrichen 15 mm
2 Stahlprofil HEB 200
3 Isolierverglasung: VSG 2× 6 mm +
SZR 12 mm + VSG 2× 8 mm
4 Mauerwerk (Bestand):
Bruchstein mit Kalkmörtel 440 mm
5 Faserzementplatte 11 mm
MDF-Platte 19 mm
6 Betonplatte vorgefertigt 40 mm
Mörtel 30 mm, Stahlbeton 280 mm
Lattung, MDF-Platte 19 mm
7 Ausfachung: Kalkputz gestrichen
Ziegel 290/145/90 mm
Ausgleichsmörtel
Wärmedämmung PU 80 mm

1 0.65 mm steel sheet metal roof, standing seam, galvanised; 10 mm studded mat
19 mm MDF panel, waterproof
80 mm PU thermal insulation
100/175 mm wood framing
10 mm MDF panel
15 mm gypsum board white paint finish
2 200/200 mm steel I-beam
3 laminated safety glass 2× 6 mm + cavity 12 mm + laminated safety glass 2× 8 mm
4 ca. 440 mm quarry stone wall, lime mortar (existing)
5 11 mm fiber cement panel
19 mm MDF panel
6 40 mm prefabricated concrete flooring
30 mm mortar, 280 mm reinforced concrete framing; 19 mm MDF panel
7 Infill: lime render, paint finish
290/145/90 mm brick
leveling mortar
80 mm PU thermal insulation

Projektbeteiligte und Hersteller • *Design and Construction Teams*

Die Nennung der Projektbeteiligten und der Hersteller erfolgt nach Angabe der jeweiligen Architekten.

Details of design and construction teams are based on information provided by the respective architects.

Seite 64 / *page 64*
Umbau eines barocken Häuserblocks in Ljubljana
Renovation of a Baroque Ensemble in Ljubljana

Stritarjeva ulica / Mestni trg
SLO – Ljubljana

- Bauherr / *Client*:
  DZS Verlags- und Handelsunternehmen, SLO – Ljubljana
  www.dzs.si
- Architekten / *Architects*:
  Ofis Arhitekti,
  SLO – Ljubljana
  www.ofis-a.si
- Projektleitung / *Project architect*:
  Rok Oman, Špela Videcnik
- Mitarbeiter / *Team*:
  Andrej Gregoric, Janez Martincic, Janja Del Linz, Laura Carroll, Erin Durno, Leonor Coutinho, Maria Trnovska, Jolien Maes, Sergio Silva Santos, Grzegorz Ostrowski, Javier Carrera, Magdalena Lacka, Estefania Lopez Tornay, Nika Zufic
- Tragwerksplaner / *Structural engineering*:
  Elea iC, SLO – Ljubljana
  www.elea.si
- Haustechnik / *Mechanical engineering*:
  ISP d.o.o., SLO – Ljubljana
  www.isp.si
- Elektroplanung / *Electrical engineering*:
  Eurolux d.o.o., SLO – Ljubljana
  www.eurolux.si
- Lichtplanung / *Lighting design*:
  Arcadia, SLO – Ljubljana
  www.arcadia-lightwear.co

Seite 69 / *page 69*
Gymnasium in Neubiberg
Secondary School in Neubiberg

Cramer-Klett-Straße 10
D – 85579 Neubiberg

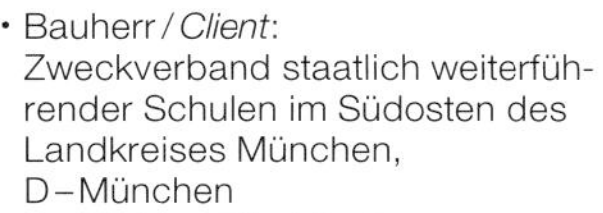

- Bauherr / *Client*:
  Zweckverband staatlich weiterführender Schulen im Südosten des Landkreises München,
  D – München
- Architekten / *Architects*:
  Venus Architekten,
  D – München
  www.venus-architekten.de
  mit / *with*:
  balda architekten GmbH,
  D – Fürstenfeldbruck
  www.balda-architekten.de
- Projektleitung / *Project architects*:
  Maximilian Venus, Franz Balda
- Mitarbeiter / *Team*:
  Sandra Gropp, Madlin Kube, Emeric Tarisznyas
- Tragwerksplaner / *Structural engineering*:
  ChAP Ingenieurbüro für Baustatik,
  D – Fürstenfeldbruck
  www.chap-baustatik.com
- Bauleitung / *Construction management*:
  Venus + Partner Architekten, Roland Schützeneder
- Projektsteuerung / *Projekt management*:
  Brinkmeier + Salz Architekten,
  D – München
  www.bsa-muc.de
  mit / *with*:
  Haupt Ingenieure, D – Unterhaching
  www.haupt-ingenieure.de
- Bauphysik / *Building physics*:
  PMI GmbH, D – Unterhaching
  www.pmi-ing.de
- Brandschutz / *Fire protection*:
  Kaupa Ingenieure GmbH & Co. KG,
  D – Windorf
  www.kaupa.de

Seite 74 / *page 74*
Sommerhaus in Linescio
Summer House in Linescio

CH – 6882 Linescio di Fuori

- Bauherr / *Client*:
  privat / *private*
- Architekten / *Architects*:
  Buchner Bründler Architekten BSA SIA,
  CH – Basel
  www.bbarc.ch
- Mitarbeiter / *Team*:
  Hellade Miozzari, Beda Klein
- Tragwerksplaner
  Structural engineer:
  Jürg Merz Ingenieurbüro,
  CH – Maisprach
  www.merz-ingenieur.ch
- Baumeister / *Master builder*:
  Kundenmaurer David Geyer,
  CH – Burg im Leimental

Seite 79 / *page 79*
Wohnhaus in ehemaligem Kornspeicher in Echandens
House in Former Granary in Echandens

Rue du Château 14
CH – 1026 Echandens

- Bauherr / *Client*:
  privat / *private*
- Architekten / *Architects*:
  2b architectes, CH – Lausanne
  Stephanie Bender, Philippe Béboux
  www.2barchitectes.ch
- Tragwerksplaner / *Structural engineering*:
  Normal Office Sàrl, CH – Fribourg
  Peter Braun
  normaloffice@swissonline.ch

Seite 82 / *page 82*
Erweiterung eines Wohnhauses in New Canaan / Connecticut
Addition to a Home in New Canaan / Connecticut

USA – New Canaan / Connecticut

- Bauherr / *Client*:
  k. A. / *not specified*
- Architekten / *Architects*:
  Kengo Kuma & Associates, J – Tokio
  www.kkaa.co.jp
- Tragwerksplaner / *Structural engineering*:
  Makino, USA – Ohio (Entwurf / *Design*)
  www.makino.com
  The Di Salvo Ericson Group,
  USA – Redgefield / Connecticut
  (Ausführung / *Implementation*)
  www.tdeg.com
- Haustechnik / *Mechanical services*:
  Kohler Ronan,
  LLC consulting engineers
  USA – New York
  www.kohlerronan.com
- Bauleitung / *Construction management*:
  Prutting & Company Custom Builders, LLC, USA – New Canaan
  www.prutting.com
  The Deluca Construction Co.,
  USA – Stamford
  www.delucaconst.com

Seite 86 / *page 86*
Wohnhaus in Soglio
House in Soglio

CH – 7610 Soglio

- Bauherr / *Client*:
  privat / *private*
- Architekten / *Architects*:
  Ruinelli Associati Architetti SIA,
  CH – Soglio
  www.ruinelli-associati.ch
- Projektleitung / *Project architect*:
  Armando Ruinelli
- Mitarbeiter / *Team*:
  Fernando Giovanoli, Fabio Rabbiosi
- Tragwerksplaner / *Structural engineering*:
  Toscano AG, CH – St. Moritz
  www.toscano.ch
- Haustechnik / *Mechanical services*:
  Jürg Bulach, CH – Champfér
- Bauphysik / *Building physics*:
  Kuster & Partner, CH – St. Moritz
  www.kusterpartner.ch

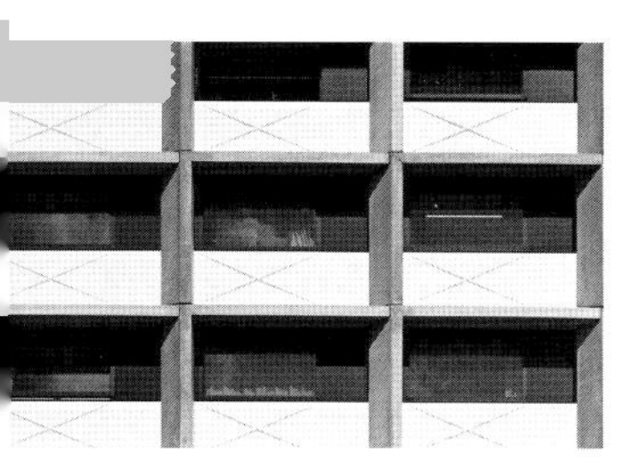

Seite 91 / *page 91*
Sanierung Studentenhochhaus in München
Refurbishment High-Rise Student Housing Block in Munich

Helene-Meyer-Ring 7
D–80809 München

- Bauherr / *Client*:
Studentenwerk München,
D–München
- Architekten / *Architects*:
Knerer und Lang Architekten GmbH,
D–Dresden
www.knererlang.de
- Projektleitung / *Project architect*:
Katja Karbstein
- Mitarbeiter / *Team*:
Roland Hereth, Mary Knopf,
Susanne Conzen, Susanne Glaubitz
- Projektorgansation / *Project organisation*:
Petra Seydel, D–München
- Tragwerksplaner / *Structural engineering*:
Sailer Stepan und Partner GmbH,
D–München
- Haustechnik / *Building services*:
Konrad Huber GmbH, D–München
- Energieplaner / *Energy planner*:
Ingenieure Süd GmbH, D–München

Seite 94 / *page 94*
Umbau der Südstadtschule in Hannover zum Mehrfamilienhaus
Conversion of Südstadt School in Hanover into a Housing Complex

Schlägerstraße 36
D–30171 Hannover

- Bauherr / *Client*:
Planungsgemeinschaft
Südstadtschule GbR, vertreten durch
Plan W, Projektberatung,
D–Hannover
- Architekten / *Architects*:
MOSAIK Architekten, D–Hannover
www.mosaik-architekten.de
- Mitarbeiter / *Team*:
Dirk Altheimer, Martina Kretschmer,
Thorsten Margenburg, Jan Uetzmann
- Tragwerksplaner / *Structural engineering*:
Drewes + Speth, D–Hannover
www.drewes-speth.de
- Projektentwicklung / *Project development*:
Plan W, D–Hannover
www.planw-gmbh.de
- Haustechnik / *Mechanical services*:
SPP Ingenieure, D–Hannover
www.spp-ingenieure.com
- Landschaftsplanung / *Landscape planning*:
Grün plan, D–Hannover
www.gruen-plan.de
- Brandschutz / *Fire protection*:
Ingenieurgesellschaft Stürzl mbH,
D–Dollern
www.stuerzl.info
- Raum-, Bauakustik / *Spatial, building acoustics*:
Ingenieurbüro Reichert, D–Hannover
www.ingenieurbuero-reichert.de
- Energieberatung / *Energy consultant*:
trinity consulting, D–Uetze
www.trinityconsulting.sk/de

Seite 100 / *page 100*
Sanierung der Siedlung Park Hill in Sheffield
Rehabilitation of Park Hill Estate in Sheffield

Park Hill
GB–Sheffield S2 5PN

- Bauherr / *Client*:
Urban Splash, GB–Bradford
- Architekten / *Architects*:
Hawkins\Brown, GB–London
www.hawkinsbrown.com
mit / *with*:
Studio Egret West, GB–London
www.egretwest.com
- Projektleitung / *Project architect*:
Greg Moss
- Tragwerksplaner / *Structural engineering*:
Stockley, GB–London
www.stockley.co.uk
- Generalunternehmer / *Main contractor*:
Urban Splash Build Ltd., GB–Bradford
www.urbansplash.co.uk
- Haustechnik / *Mechanical services*:
Ashmount Consulting Engineers,
GB–Manchester
www.ashmount.net
- Kostenplaner / *Quantity surveyors*:
Simon Fenton Partnership LLP,
GB–Manchester
www.sfp-mcr.co.uk
- Landschaftsplanung / *Landscape planning*:
Grant Associates, GB–Bath
www.urbansplash.co.uk

Seite 105 / *page 105*
Umbau und Erweiterung Hotel Tannerhof in Bayrischzell
Remodelling and Extension of Hotel Tannerhof in Bayrischzell

Tannerhofstraße 32
D–83735 Bayerischzell

- Bauherr / *Client*:
Tannerhof GmbH & Co KG,
D–Bayerischzell
- Architekten / *Architects*:
Florian Nagler, D–München
www.nagler-architekten.de
- Projektleitung / *Project management*:
Florian Becker
- Mitarbeiter / *Team*:
Martin Bücking, Sebastian Streck,
Yvonne Töpfer, Stephan Büsch
- Tragwerksplaner / *Structural engineering*:
Merz Kley Partner, A–Dornbirn
www.mkp-ing.com

Seite 109 / *page 109*
Hotel »The Waterhouse« in Schanghai
Hotel "The Waterhouse" in Shanghai

Maojiayuan Road No. 1-3
CHN–200011 Huangpu District,
Schanghai

- Bauherr / *Client*:
Cameron Holdings Hotel Management
Limited, SGP–Singapur
- Architekten / *Architects*:
Neri & Hu Design and Research Office,
CHN–Schanghai
Lyndon Neri, Rossana Hu
www.neriandhu.com
- Mitarbeiter / *Design team*:
Lyndon Neri, Rosanna Hu,
Debby Haepers, Cai Chun Yan,
Markus Stoecklein, Jane Wang
- Tragwerksplaner / *Structural engineering*:
China Jingye Engineering Technology
Company, SGP–Singapur
www.jingye.com.sg
- Haustechnik / *Mechanical services*:
Far East Consulting Engineers Ltd.,
CHN–Schanghai
www.fecel.com
- Innenarchitekten / *Interior design*:
Neri & Hu Design and Research Office,
CHN–Schanghai
www.neriandhu.com

Seite 114 / *page 114*
»BlueBox« in Bochum
"BlueBox" in Bochum

Lennershofstraße 140
D–44801 Bochum

- Bauherr / *Client*:
BLB Bau- und Liegenschaftsbetrieb
Dortmund,
D–Dortmund
- Architekten / *Architects*:
Archwerk Generalplaner AG
(Sanierung / *Refurbishment* 2011),
D–Bochum
www.archwerk.org
Wolfgang Krenz
- Mitarbeiter / *Team*:
Sascha Völzke, Thomas Nowak,
Tobias Lotzien, Marko Thiess,
Alexander Bech
- Tragwerksplaner / *Structural engineering*:
Tichelmann Simon Barrillas,
D–Darmstadt
www.tsb-ing.de
Karsten Tichelmann
- Bauphysik / *Building physics*:
IFAS Institut für akustische
Signalanalyse, D–Aachen
www.ifas-aachen.de

Seite 121 / *page 121*
Umbau und Sanierung eines Universitätsgebäudes in München
Conversion and Refurbishment of a University Building in Munich

Theresienstraße / Luisenstraße
D-80333 München

- Bauherr / *Client*:
  Freistaat Bayern, vertreten durch Staatliches Bauamt München 2, D-München
- Architekten / *Architects*:
  Hild und K Architekten, D-München
  Andreas Hild, Dionys Ottl
- Mitarbeiter / *Team*:
  Beate Brosig, Julianna Eger, Ina Fidorra, Markus Schubert, Henrik Thomä, Eva Walczyk
- Tragwerksplaner / *Structural engineering*:
  rb-BauPlanung GmbH, D-München
- Tragwerksplaner Klinkerfassade / *Structural engineering brick facade*:
  Sailer Stepan und Partner GmbH, D-München
  www.ssp-muc.com
- Haustechnik / *Building services*:
  Bloos Däumling Huber, D-München
- Elektroplaner / *Electrical planning*:
  Planungsbüro für Elektrotechnik J. Schnabl, D-Oberpframmern
- Bauphysik / *Building physics*:
  Obermeyer Planen + Beraten, D-München
  www.opb.de

Seite 128 / page *128*
Multifunktionshalle in Madrid
Muli-Purpose Hall in Madrid

Paseo De La Chopera 14
E-28045 Madrid

- Bauherr / *Client*:
  Stadtverwaltung Madrid
- Architekten / *Architects*:
  Iñaqui Carnicero Architecture Office, E-Madrid
  Iñaqui Carnicero, Ignacio Vila, Alejandro Viseda
  www.inaquicarnicero.com
- Tragwerksplaner / *Structural engineering*:
  mecanismo diseño y cálculo de estructuras s.l., E-Madrid
  www.mecanismo.es
- Bauleitung / *Construction management*:
  Manuel Iglesias, E-Madrid

Seite 133 / *page 133*
Ingenieurbüro in Rotterdam
Engineering Office in Rotterdam

Piekstraat 77
NL-3071 EL Rotterdam

- Bauherr / *Client*:
  IMd Consulting Engineers, NL-Rotterdam
  www.imdbv.nl
- Architekten / *Architects*:
  Ector Hoogstad Architecten, NL-Rotterdam
  Joost Ector, Jan Hoogstad
  www.ectorhoogstad.com
- Projektteam / *Project team*:
  Joost Ector, Max Pape, Chris Arts, Markus Clarijs, Hetty Mommersteeg, Arja Hoogstad, Paul Sanders, Roel Wildervanck, Ridwan Tehupelasury
- Tragwerksplaner / *Structural engineering*:
  IMd Consulting Engineers, NL-Rotterdam
  www.imdbv.nl

- Bauunternehmer / *Contractor*:
  De Combi, NL-Den Haag
  www.de-combi.nl
- Haustechnik, Elektroplaner / *Mechanical services, electrical planning*:
  Unica, NL-Bodegraven
  www.unica.nl
- Bauphysik / *Building physics*:
  LBP Sight, NL-Nieuwegein
  www.lbpsight.nl

Seite 138 / *page 138*
Bürohaus in Mailand
Office Building in Milan

Via Turati 25-27
I-20121 Mailand

- Bauherr / *Client*:
  Morgan Stanley SGR S.p.A., I-Mailand
  www.morganstanley.com
- Architekten / *Architects*:
  Park Associati, I-Mailand
  Filippo Pagliani, Michele Rossi
  www.parkassociati.com
- Projektleitung / *Project architects*:
  Marco Panzeri
- Mitarbeiter / *Team*:
  Alice Cuteri, Andrea Dalpasso, Marinella Ferrari, Stefano Lanotte, Marco Siciliano, Paolo Uboldi, Fabio Calciati
- Tragwerks-, Haustechnik- und Elektroplaner / *Structural, mechanical and electrical engineering*:
  General Planning, I-Mailand
  www.generalplanning.com
- Bauleitung / *Construction management*:
  EC Harris Built Asset Consultancy, UK-London
  www.echarris.com
- Landschaftsarchitekten / *Landscape architects*:
  Marco Bay Architetto, I-Mailand
  www.marcobay.it

Seite 142 / *page 142*
Kantonsschule in Chur
Cantonal School in Chur

Plessurquai 63,
CH-7000 Chur

- Bauherr / *Client*:
  Kanton Graubünden vertreten durch das Hochbauamt Graubünden, Walter Schmid, Hermann Holzner, Markus Zwyssig, CH-Chur
- Architekten / *Architects*:
  Pablo Horváth, CH-Chur
  www.pablohorvath.ch
- Mitarbeiter / *Team*:
  Ferruccio Badolato, Steffano Crameri, Vineet Pillai, Andreas Wiedensohler
- Projektsteuerung / *Project management*:
  HRS Real Estate AG, Thomas Buff, Marco Belleri, Georg Weigle, CH-St. Gallen
  www.hrs.ch
- Tragwerksplaner / *Structural engineering*:
  Widmer Ingenieure AG, CH-Chur
  Bänziger Partner AG, CH-Chur
  www.bp-ing.ch
- Bauleitung / *Construction management*:
  HRS Real Estate AG, Jörg Boos, CH-St. Gallen,
  www.hrs.ch
- Bauphysik / *Building physics*:
  Mühlebach Partner AG, CH-Wiesendangen
  www.bau-physik.ch
- Elektroingenieur / *Electrical engineer*:
  Marquart Elektroplanung + Beratung, CH-Buchs
  www.maq.ch
- Klimatechnik / *Air conditioning technology*:
  Kalberer + Partner AG, CH-Chur
  www.kapa.ch
- Sanitäringenieur / *Plumbing engineer*:
  Marco Felix AG, Planungsbüro für Haustechnik, CH-Chur
- Fassadenplanung / *Facade planner*:
  Feroplan Engineering AG, CH-Chur
  www.feroplan.ch
- Landschaftsarchitekten / *Landscape architects*:
  Hager Partner AG, CH-Zürich
  www.hager-ag.ch

Seite 148 / *page 148*
Filmzentrum in Madrid
Film Centre in Madrid

Paseo de la Chopera 14
E-28045 Madrid

- Bauherr / *Client*:
  Stadtverwaltung von Madrid
- Architekten / *Architects*:
  Churtichaga+Quadra-Salcedo architectos, E-Madrid
  Josemaría de Churtichaga, Cayetana de la Quadra-Salcedo
  www.chqs.net
- Projektleitung / *Project architect*:
  Josemaría de Churtichaga
- Projektteam / *Project team*:
  Mauro Doncel Marchán, Natanael López Pérez, Leticia López de Santiago
- Tragwerksplaner / *Structural engineering*:
  Euteca S.L., E-Madrid
- Bauunternehmer / *Contractor*:
  Edhinor S.A., E-Madrid
  www.edhinor.es
- Kostenplaner / *Quantity surveyors*:
  Joaquín Riveiro Pita, Martín Bilbao Bergantiños
- Haustechnik / *Mechanical services*:
  Úrculo Ingenieros Consultores S.A., E-Madrid
  www.urculoingenieros.com

Seite 151 / *page 151*
Schwimmhalle in Paris
Indoor Pool in Paris

18 Rue de l'Atlas
F-75019 Paris

- Bauherr / *Client*:
  Stadt Paris
- Architekten / *Architects*:
  YOONSEUX architectes, F-Paris
  Philippe Yoonseux, Kyunglan Yoonseux
  www.yoonseux.com
- Mitarbeiter / *Team*:
  Antoine Arquevaux, Gérald Darmon
- Tragwerksplaner / *Structural engineer*:
  étha, David Fèvre, F-Paris
  www.etha.fr

Seite 154 / *page 154*
Erweiterung Dentalklinik Dublin
Expansion Dublin Dental University Hospital

Lincoln Place
IRL-Dublin 2

- Bauherr / *Client*:
  Board of Dublin Dental Hospital, IRL-Dublin
- Architekten / *Architects*:
  McCullough Mulvin Architects, IRL-Dublin
  Niall McCullough, Valerie Mulvin
  www.mccullougmulvin.com
- Projektleitung / *Project architect*:
  Ruth O'Herlihy
- Tragwerksplaner / *Structural engineering*:
  O'Connor Sutton Cronin, IRL-Dublin
  www.ocsc.ie
- Haustechnik, Elektroplaner *Mechanical services, Electrical planning*:
  Homan O'Brien Associates, IRL-Dublin
  www.homanobrien.ie
- Kostenplanung / *Quantity surveyor*:
  Brendan Merry & Partners, IRL-Dublin
  www.bmp.ie
- Brandschutz / *Fire protection*:
  Michael Slattery & Associates, IRL-Dublin
  www.msa.ie

Seite 160 / *page 160*
Rathaussanierung in Heinkenszand
City Hall Refurbishment in Heinkenszand

Stenevate 10
NL-4451 KB Heinkenszand

- Bauherr / *Client*:
  Gemeinde Borsele, NL-Heinkenszand
- Architekten / *Architects*:
  Atelier Kempe Thill architects and planners, NL-Rotterdam
  André Kempe, Oliver Thill,
  www.atelierkempethill.com
- Projektleitung / *Project architect*:
  Ron van de Berg, Erik Tillemans, Bremen Bouwadviseurs (BBA), NL-Heerlen
  www.bremenbouwadviseurs.nl
- Mitarbeiter Wettbewerb / *Team competition*:
  David van Eck, Bianca Sanchez Babe, Andrius Raguotis, Helen Webster
- Mitarbeiter Ausführung / *Team planning*:
  Ruud Smeelen, Jan Gerrit Wessels, Teun van de Meulen, Roel van de Zeeuw, Andrius Raguotis, Sezen Zehra Beldag, Renzo Sgolacchia, Martins Duselis
- Tragwerksplaner / *Structural engineering*:
  Grontmij Nederland BV, NL-De Bilt
  www.grontmij.nl
  mit / *with*:
  Breed-id, NL-Den Haag
  www.breedid.nl
- Haustechnik / *Mechanical Engineering*:
  Grontmij Nederland BV
  www.grontmij.nl
- Bauphysik / *Building physics*:
  DGMR, NL-Arnheim
  www.dgmr.nl
  mit / *with*:
  Grontmij Nederland BV
- Kostenplanung und Ausschreibung / *Quantity survey and tender documents*:
  Atelier Kempe Thill, Bremen Bouwadviseurs, NL-Rotterdam

Seite 165 / *page 165*
Überdachung des Cour Visconti im Louvre Paris
A Covering for Cour Visconti at the Louvre Paris

Musée du Louvre
F-75001 Paris

- Architekten / *Architects*:
  Mario Bellini, I-Mailand
  www.bellini.it
  Rudy Ricciotti, F-Bandol
  www.rudyricciotti.com
- Projektleitung / *Project architect*:
  Giovanna Bonfanti
- Mitarbeiter / *Team*:
  Raffaele Cipolletta, Gianni Modolo, Edy Gaffulli, Egle De Luca, Nan Shin, Maurizio Di Lauro, Luca Bosetti
- Bauleitung / *Construction management*:
  Gerard Le Goff, Cyril Issanchou
- Tragwerksplanung / *Structural engineering*:
  Berim, F-Pantin
  www.berim.fr
  Hugh Dutton Associés, F-Paris
  www.hda-paris.com
- Lichtplanung / *Light design*:
  L'observatoire, USA-New York
  www.lobsintl.com
- Heizungs- und Sicherheitsplanung / *Heating and safety planning*:
  Cabinet Casso & Cie., F-Paris
  www.cassoetassocies.com
- Akustikplanung / *Acoustic planning*:
  Peutz Consult GmbH, D-Düsseldorf
  www.peutz.de

Seite 170 / *page 170*

Umbau Astley Castle in Nuneaton, Warwickshire
Conversion Astley Castle in Nuneaton, Warwickshire

Castle Drive, Nuneaton
GB–Warwickshire CV10 7QD

- Bauherr / *Client*:
  The Landmark Trust, GB–Berkshire
  www.landmarktrust.org.uk
- Architekten / *Architects*:
  Witherford Watson Mann Architects, GB–London
  www.wwmarchitects.co.uk
- Mitarbeiter / *Team*:
  Freddie Phillipson, Jan Liebe, Daniela Bueter, Joerg Maier, Lina Meister
- Tragwerksplanung / *Structural engineering*:
  Price & Myers, UK–London
  www.pricemyers.com
- Kostenplanung / *Quantity surveyor, contract administrator*:
  Jackson Coles, UK–Milton Keynes
  www.jacksoncoles.co.uk
- Generalunternehmer / *Main contractor*:
  William Anelay, GB–York
  www.williamanelay.co.uk
- Machbarkeitsstudie / *Outline services design*:
  Building Design Partnership, GB–Manchester
  www.bdp.com

Seite 176 / *page 176*

Sanierung und Neugestaltung der Pfarrkirche St. Moritz in Augsburg
St. Moritz Parish Church in Augsburg, Refurbishment and Redesign

Moritzplatz 5
D–86150 Augsburg

- Bauherr / *Client*:
  Kath. Pfarrkirchenstiftung St. Moritz, D–Augsburg
- Architekten / *Architects*:
  John Pawson Ltd., GB–London
  www.johnpawson.com
- Projektleitung / *Project architect*:
  Jan Hobel
- Mitarbeiter / *Team*:
  Stefan Dold, Reginald Verspreeuwen, Christine Bickel, Sanam Salek
- Bauleitung / *Construction management*:
  Rainer Heuberger Architekten, D–Augsburg
- Tragwerksplanung / *Structural engineering*:
  Dr. Schütz Ingenieure, D–Kempten
  info@drschuetz-ingenieure.de
- Haustechnik / *Building services*:
  Ingenieurbüro Ulherr, D–Augsburg
  joachim.ulherr@ib-ulherr.de
- Lichtplanung / Lighting design:
  Mindseye, GB–London
  admir@mindseye3d.com
- Akustik / *Acoustic*:
  Müller BBM, D–München
  harald.frisch@muellerbbm.de
- Elektroplanung / *Electrical planning*:
  Elektro Seitz GmbH, D–Augsburg
  gattinger@elektro-seitz.de

Seite 183 / *page 183*

Umbau und Erweiterung Jugendherberge St. Alban in Basel
Conversion and Extension of St. Alban's Youth Hostel in Basel

St. Alban-Kirchrain 10
CH–4052 Basel

- Bauherr / *Client*:
  Schweizerische Stiftung für Sozialtourismus, CH–Zürich
- Architekten / *Architects*:
  Buchner Bründler Architekten, CH–Basel
  Daniel Buchner, Andreas Bründler
  www.bbarc.ch
- Projektleitung / *Project architect*:
  Sebastian Pitz
- Mitarbeiter / *Team*:
  Jenny Jenisch, Thomas Klement, Hellade Miozzari, Daniel Dratz, Florian Rink, Claudia Furer, Konstantin König, Annika Stötzel
- Bauleitung / *Construction management*:
  Jenny Jenisch, Sebastian Pitz
- Tragwerksplaner / *Structural engineering*:
  Walther Mory Maier Bauingenieure, CH–Münchstein
  www.wmm.ch
- Haustechnik / *Mechanical services*:
  Zurfluh Lottenbach GmbH, CH–Luzern
  www.zurfluhlottenbach.ch
- Elektroplanung / *Electrical planning*:
  Ingenieurbüro Hanimann, CH–Zweisimmen
  www.hanimann.ch

Seite 189 / *page 189*

Museum Can Framis in Barcelona
Museum Can Framis in Barcelona

Roc Boronat 116
E–08018 Barcelona

- Bauherr / *Client*:
  Gebäude / *Building*:
  Vila Casas Foundation und Layetana, E–Barcelona
  Garten / *Garden*:
  Asociación administrativa de cooperación de la U.A., E–Barcelona
- Architekt / *Architect*:
  BAAS, Jordi Badia, E–Barcelona
  www.jordibadia.com
- Projektleitung / *Project architect*:
  Jordi Framis
- Mitarbeiter / *Team*:
  Daniel Guerra, Marta Vitório, Mercè Mundet, Miguel Borrell, Moisés Garcia
- Tragwerksplanung / *Structural engineering*:
  BOMA, Josep Ramón Solé, E–Barcelona
  www.boma.es
- Bauleitung / *Construction management*:
  Gebäude / *Building*:
  Constructora San José, E–Madrid
  www.constructorasanjose.com
  Garten / *Garden*:
  ACSA Verd, E–Barcelona
  www.acsa.es
- Haustechnik, Elektroplanung / *Mechanical services, Electrical planning*:
  PGI Engineering, E–Girona
  www.pgiengineering.com
- Kostenplanung / *Quantity surveyor*:
  FCA Forteza Carbonell Associats, E–Barcelona
  www.fortezacarbonell.com
- Landschaftsplanung / *Landscape planning*:
  Martí Franch, E–Girona
  www.emf.cat

Bildnachweis • *Picture Credits*

Fotos, zu denen kein Fotograf genannt ist, sind Architektenaufnahmen, Werkfotos oder stammen aus dem Archiv DETAIL.
Trotz intensiven Bemühens konnten wir einige Urheber der Abbildungen nicht ermitteln, die Urheberrechte sind jedoch gewahrt. Wir bitten in diesen Fällen um entsprechende Nachricht.
Sämtliche Zeichnungen in diesem Werk stammen aus der Zeitschrift DETAIL.

Photographs not specifically credited were taken by the architects or are works photographs or were supplied from the DETAIL archives.
Despite intensive endeavours we were unable to establish copyright ownership in just a few cases; however, copyright is assured. Please notify us accordingly in such instances.
All drawings were originally published in DETAIL.

Seite /*page* 5, 7:
Christian Schittich, D–München

Seite /*page* 10:
Romain Meffre & Yves Marchand Associés, F–Paris

Seite /*page* 8, 9, 11, 12 unten links / *bottom left,* 13 oben / *top,* 14 oben links / *top left,* 34:
Jakob Schoof, D–München

Seite /*page* 13 unten rechts / *bottom right:*
Markus Löffelhardt, D–Berlin

Seite /*page* 14 oben rechts / *top right:*
René Riller, I-Schlanders

Seite /*page* 15:
Caparol Farben und Lacke, D–Ober-Ramstadt

Seite /*page* 16:
Frank Kaltenbach, D–München

Seite /*page* 18 rechts / *right:*
INTHERMO, D–Ober-Ramstadt

Seite /*page* 19, 21:
Trinity Consulting, D–Uetze

Seite /*page* 22–24, 25 oben links / *top left,* 25 unten / *bottom,* 26 Mitte / *middle,* 26 unten / *bottom,* 27–29:
Norbert Miguletz / Städel Museum

Seite /*page* 25 oben rechts / *top right,* 26 oben / *top:*
Bollinger + Grohmann Ingenieure D–Frankfurt am Main

Seite /*page* 31:
Peter Kallus/Donau Anzeiger

Seite /*page* 32 oben links / *top left:*
Andreas Graf, D–München

Seite /*page* 32 oben rechts / *top right:*
Hans R. Czapka, D–Dingolfing

Seite /*page* 32 unten / *bottom,* 33 unten / *bottom:*
Mark Kammerbauer, D–München

Seite /*page* 41:
Martin Kunze /IBA Hamburg GmbH

Seite /*page* 42:
Schindler Aufzüge AG, D–Berlin

Seite /*page* 47 unten / *bottom,* 48 oben / *top* + unten links / *bottom left:*
MOMENI Gruppe, D–Hamburg

Seite /*page* 48 unten rechts / *bottom right,* 49, 50 links / *left,* 51, 52, 53 oben / *top:*
DS-Plan, D–Stuttgart

Seite /*page* 52 unten / *bottom:*
Nordzucker AG, D–Braunschweig

Seite /*page* 54 unten / *bottom,* 55, 56:
Frank Eßmann, D–Mölln

Seite /*page* 58:
Fotodesign Gebler, D–Hamburg / Sto AG

Seite /*page* 60 links / *left:*
Markus Vogt, D–Mannheim / Sto AG

Seite /*page* 63:
Guerra FG + SG (Fernando e Sergio Guerra), P–Lissabon

Seite /*page* 64–68:
Tomaž Gregorič, SLO–Ljubljana

Seite /*page* 69, 70 rechts / *right,* 71–73:
Jochen Weissenrieder, D–Freiburg

Seite /*page* 74, 75 links / *left,* 76–78:
Ruedi Walti, CH–Basel

Seite /*page* 75 rechts / *right:*
Giuseppe Micchichè / Architekturpreis Beton 13

Seite /*page* 79–81:
Milo Keller, F–Paris

Seite /*page* 82 unten / *bottom,* 83 unten / *bottom,* 84, 85:
Scott Frances / OTTO

Seite /*page* 86, 88, 89, 90:
Archiv Ruinelli Associati, CH–Soglio

Seite /*page* 87:
Ralph Feiner

Seite /*page* 91, 92, 93 rechts / *right:*
Jens Weber, D–München

Seite /*page* 94–99:
Olaf Mahlstedt, D–Hannover

Seite /*page* 100, 104:
Daniel Hopkinson, GB–Manchester

Seite /*page* 102 oben / *top,* unten links / *bottom left,* 103:
Peter Bennett, GB–London

Seite /*page* 102 unten rechts / *bottom right:*
Keith Collie, GB–Kent

Seite /*page* 109, 111, 112 unten / *bottom,* 113 links / *left:*
Derryck Menere, CHN–Schanghai

Seite /*page* 113 rechts / *right:*
Tuomas Uusheimo, FIN–Helsinki

Seite /*page* 110, 112 oben / *top:*
Pedro Pegenaute, E–Pamplona

Seite /*page* 114 / 115, 116, 117, 118 / 119, 120:
Jens Kirchner, D–Düsseldorf

Seite /*page* 115 oben / *top:*
Heinz Lohoff / Universitätsarchiv Bochum

Seite /*page* 118 oben links / *top left:*
©Bau- und Liegenschaftsbetrieb NRW / Universitätsarchiv Bochum

Seite /*page* 366 unten links / *bottom left:*
aus: Konrad Gatz, Franz Hart (Hg.), Stahlkonstruktionen im Hochbau, Callwey, 1966, München, S. 95f.

Seite /*page* 121–127:
Michael Heinrich, D–München

Seite /*page* 128, 129, 130 unten / *bottom,* 131, 132:
Roland Halbe, D–Stuttgart

Seite /*page* 133–137:
Petra Appelhof, NL–Nijmegen

Seite /*page* 138 unten / *bottom,* 139–141:
Andrea Martiradonna, I–Mailand

Seite /*page* 142, 143, 144 Mitte / *middle,* 144 unten / *bottom,* 145 unten / *bottom,* 146 unten / *bottom,* 147:
Ralph Feiner, CH–Malans

Seite /*page* 148–150:
FG+SG Fotografia de Arquitectura

Seite /*page* 151–153:
Alexandra Mocanu, F–Paris

Seite /*page* 154–159:
Christian Richters, D–Münster

Seite /*page* 160–164:
Ulrich Schwarz, D–Berlin

Seite /*page* 165:
Philippe Ruault, F–Nantes

Seite /*page* 166:
Raffaele Cipolletta / Mario Bellini Architects

Seite /*page* 167, 168, 169:
Antoine Mongodin / Musée du Louvre

Seite /*page* 170, 171, 174:
Hélène Binet, GB–London

Seite /*page* 173, 175:
Philip Vile, GB–London

Seite /*page* 176, 178 oben / *top,* 179–182:
Gilbert McCarragher, GB–London

Seite /*page* 177:
Jens Weber, D–München

Seite /*page* 183–188:
Ruedi Walti, CH–Basel

Seite /*page* 189 unten / *bottom,* 190, 191 oben / *top:*
Pedro Pegenaute, E–Pamplona

Seite /*page* 191 unten / *bottom,* 192:
FG+SG Fotografia de Arquitectura, P– Lissabon

Rubrikeinführende Aufnahmen • *Full-page plates*:

Seite /*page* 5:	Neues Museum in Berlin Architekten /*Architects:* David Chipperfield Architects, GB–London Fotograf /*Photographer:* Christian Schittich, D–München
Seite /*page* 7:	Sekretariatsgebäude in Chandigarh / *Secretariat building in Chandigarh* Architekten /*Architects:* Le Corbusier Fotograf /*Photographer:* Christian Schittich, D–München
Seite /*page* 63:	Museum Can Framis in Barcelona Architekten /*Architects:* BAAS, Barcelona Fotograf /*Photographer:* Guerra FG + SG (Fernando e Sergio Guerra), P–Lissabon

Cover • *Cover:*

Stadtpfarrkirche in Müncheberg, Umnutzung zu Bibliothek und Gemeindezentrum
Müncheberg's parish church, conversion to library and community centre
Architekten /*Architects:* Architekt: Klaus Block, D–Berlin
Fotograf /*Photographer:* Ulrich Schwarz, D–Berlin